Hans Benker

Ingenieurmathematik mit Computeralgebra-Systemen

Ausbildung und Studium

Die Bücher der Reihe „Ausbildung und Studium" bieten praxisorientierte Einführungen für die Aus- und Weiterbildung sowie Bausteine für ein erfolgreiches berufsqualifizierendes Studium.

Unter anderem sind erschienen:

Studienführer Wirtschaftsinformatik
von Peter Mertens et al.

Studien- und Forschungsführer Informatik an Fachhochschulen
von Rainer Bischoff (Hrsg.)

Excel für Techniker und Ingenieure
von Hans-Jürgen Holland und Frank Bracke

Turbo Pascal Wegweiser für Ausbildung und Studium
von Ekkehard Kaier

Delphi Essentials
von Ekkehard Kaier

Programmieren mit Fortran 90
von Hans-Peter Bäumer

Wirtschaftsinformatik mit dem Computer
von Hans Benker

Einführung in UNIX
von Werner Brecht

Datenbank-Engineering
von Alfred Moos und Gerhard Daues

Visual Basic Essentials
von Ekkehard Kaier

Excel für Betriebswirte
von Robert Horvat und Kambiz Koochaki

Grundkurs Wirtschaftsinformatik
von Dietmar Abts und Wilhelm Mülder

Praktische Systemprogrammierung
von Helmut Weber

Wissenschaftliches Publizieren mit $\mathrm{\LaTeX2}_\epsilon$
von Torsten Machert

Ingenieurmathematik mit Computeralgebra-Systemen
von Hans Benker

Vieweg

Hans Benker

Ingenieurmathematik mit Computeralgebra-Systemen

AXIOM, DERIVE, MACSYMA, MAPLE,
MATHCAD, MATHEMATICA, MATLAB
und MuPAD in der Anwendung

vieweg

Die deutsche Bibliothek – CIP-Einheitsaufnahme

Benker, Hans:
Ingenieurmathematik mit Computeralgebra-Systemen: AXIOM, DERIVE,
MACSYMA, MAPLE, MATHCAD, MATHEMATICA, MATLAB und MuPAD
in der Anwendung / Hans Benker. – Braunschweig; Wiesbaden: Vieweg, 1998
(Vieweg Ausbildung und Studium)

ISBN 3-528-05673-8

Alle Rechte vorbehalten
© Friedr. Vieweg & Sohn Verlagsgesellschaft mbH, Braunschweig/Wiesbaden, 1998

Der Verlag Vieweg ist ein Unternehmen der Bertelsmann Fachinformation GmbH.

http://www.vieweg.de

Die Wiedergabe von Gebrauchsnamen, Handelsnamen, Warenbezeichnungen usw. in diesem Werk berechtigt auch ohne besondere Kennzeichnung nicht zu der Annahme, daß solche Namen im Sinne der Warenzeichen- und Markenschutz-Gesetzgebung als frei zu betrachten wären und daher von jedermann benutzt werden dürften.

Höchste inhaltliche und technische Qualität unserer Produkte ist unser Ziel. Bei der Produktion und Auslieferung unserer Bücher wollen wir die Umwelt schonen: Dieses Buch
ist auf säurefreiem und chlorfrei gebleichtem Papier gedruckt. Die Einschweißfolie besteht
aus Polyäthylen und damit aus organischen Grundstoffen, die weder bei der Herstellung
noch bei der Verbrennung Schadstoffe freisetzen.

Druck und buchbinderische Verarbeitung: Lengericher Handelsdruckerei, Lengerich
Printed in Germany

ISBN 3-528-05673-8

Vorwort

Der *Hauptzweck* dieses *Buches* besteht darin, *Ingenieuren* und *Naturwissenschaftlern* aufzuzeigen, wie man *mathematische Probleme* aus *Technik* und *Naturwissenschaften* einfach mit dem *Computer* unter Verwendung eines der *universellen Computeralgebra-Systeme* (kurz: *Systeme*) AXIOM, DERIVE, MACSYMA, MAPLE, MATHCAD, MATHEMATICA, MATLAB und MuPAD lösen kann.

Der *Schwerpunkt* des Buches liegt auf der *Umsetzung* der zu lösenden *mathematischen Probleme* in die *Sprache* der *Computeralgebra-Systeme* und der *Interpretation* der gelieferten *Ergebnisse*.
Bei der Anzahl der betrachteten *Systeme* kann natürlich nicht jede Einzelheit bzw. Besonderheit im Detail erläutert werden. Die im Buch behandelten Grundlagen reichen jedoch mit den in allen *Systemen* integrierten *Hilfefunktionen* aus, um *Aufgaben* der *Ingenieurmathematik* mit einem der besprochenen *Systeme lösen* zu können.

Im vorliegenden *Buch* werden *Gemeinsamkeiten* aller betrachteten *Systeme* herausgearbeitet und ihre *Anwendung* zur *Lösung* von *Aufgaben* der *Ingenieurmathematik* untersucht. Der Leser wird damit in die Lage versetzt, ohne große Mühe mit einem der beschriebenen *Systeme* unter Verwendung der *integrierten Hilfefunktionen* arbeiten zu können.
◆

Die *mathematische Theorie* wird im Buch nur kurz dargestellt. Es werden hauptsächlich *Möglichkeiten* zur *exakten* bzw. *näherungsweisen Lösung* der betrachteten Aufgaben diskutiert, da dies für die Anwendung der *Systeme* wichtig ist. Für ein tieferes *Eindringen* in die *Mathematik* wird auf die zahlreichen *Lehrbücher* zur *Ingenieurmathematik* verwiesen (siehe Literaturverzeichnis). Im Rahmen die-

ses Buches zitieren wir die Bücher von Papula [41] zur Ingenieurmathematik.

♦

Der Autor möchte alle Leser dringend darauf hinweisen, nicht nur mittels der im vorliegenden Buch beschriebenen *Computeralgebra-Systeme* Mathematik zu betreiben, sondern auch *Mathematiklehrbücher* zu konsultieren. Um die Mathematik effektiv zur Lösung praktischer Probleme einsetzen zu können, kann man sich nicht nur auf die *Systeme* verlassen, sondern muß auch den theoretischen Hintergrund, d.h., die *mathematischen Grundlagen* beherrschen. Die vorhandenen *Systeme* liefern allerdings ein *wesentliches Hilfsmittel*, um *umfangreiche Rechnungen schnell* und ohne große Mühe *durchzuführen*. So kann sich der Anwender stärker auf die Verbesserung seiner mathematischen Modelle und das tiefere Eindringen in deren mathematische Grundlagen konzentrieren.

♦

Obwohl eine Reihe von Lehrbüchern zur Ingenieurmathematik existieren, sind dem Autor keine deutsch- oder englischsprachigen Bücher bekannt, die mehrere Computeralgebra-Systeme zur Lösung der Grundprobleme der Ingenieurmathematik heranziehen. Es gibt nur Bücher, die einzelne Systeme zur Lösung dieser Aufgaben verwenden (siehe Literaturverzeichnis).

Da *einzelne Systeme* nicht alle Aufgaben lösen oder falsche Lösungen berechnen können, ist es für einen Anwender vorteilhaft, *mehrere Systeme einzusetzen*, um die *Ergebnisse vergleichen* zu können.

♦

Es werden *acht* bekannte *Systeme* bei der Lösung mathematischer Probleme Technik und Naturwissenschaften getestet und ihre Vor- und Nachteile diskutiert. Damit erhält der Anwender Hinweise, welches der besprochenen *Systeme* für sein zu lösendes Problem effektiv ist. Es ist hierbei aber nicht möglich, ein bestes *System* zu empfehlen. Jedes *System* hat *Vor-* und *Nachteile*. Auch spielen Preis und Anwendungszweck eine wesentliche Rolle. Dieses Buch soll mit dazu beitragen, daß sich jeder Anwender sein *optimales System* auswählen kann.

Nach Ansicht des Autors werden zur *Lösung mathematischer Probleme* in *Technik* und *Naturwissenschaften* in Zukunft verstärkt *Computeralgebra-Systeme* herangezogen, um die immer *umfangreicheren Rechnungen* mit einem *vertretbaren Aufwand* unter Verwendung von Computern bewältigen zu können. Der *Aufwand* bei der Anwendung der betrachteten *Systeme* ist wesentlich *geringer* als die Erstellung von *Computerprogrammen* mittels einer *Programmiersprache.*

♦

Das vorliegende *Buch* ist aus Vorlesungen entstanden, die der Autor an der Universität Halle gehalten hat, und *wendet sich* sowohl an *Studenten, Dozenten* und *Professoren* der

* *Mathematik*
* *Technomathematik*
* *Technikwissenschaften*
* *Naturwissenschaften*

von *Fachhochschulen* und *Universitäten* als auch in der *Praxis* tätige

* *Mathematiker*
* *Ingenieure*
* *Naturwissenschaftler*

Die behandelten *Systeme* existieren mit Ausnahme von DERIVE für *verschiedene Computerplattformen,* so u.a. für IBM-kompatible Personalcomputer, Workstations unter UNIX und APPLE-Computer. Wir verwenden im Buch die *aktuellen Programmversionen* für IBM-*kompatible Personalcomputer* (kurz als PCs bezeichnet), die unter WINDOWS 3.1 und/oder 95 laufen.

Da sich der Aufbau der *Benutzeroberfläche* und die *Kommandostruktur* der *Systeme* für die einzelnen *Computertypen* nur unwesentlich unterscheiden, können die im Buch gegebenen Grundlagen für beliebige Computer angewendet werden.

♦

Die *Struktur* der *Kommandos/Menüfolgen* der *Systeme* wird sich bei *zukünftigen weiterentwickelten Versionen* nicht wesentlich ändern:

* Es *verbessert* sich hauptsächlich die *Effektivität* der verwendeten *Methoden.*

- * Die *Benutzeroberfläche* wird von Version zu Version etwas umgestaltet.
- * Der *Umfang* der *lösbaren Aufgaben* wird *erweitert.*

Deshalb kann das *vorliegende Buch* auch in den *nächsten Jahren* als eine *Anleitung* zum *Lösen* von *Problemen* der *Ingenieurmathematik* mittels der besprochenen *Systeme* verwendet werden.

Falls bei einer *neuen Version* eines *Systems* einige *Kommandos/Menüfolgen verändert* bzw. *hinzugefügt* wurden, so kann man sich *Informationen* hierüber aus der *integrierten Hilfe* holen.

♦

Im folgenden werden noch einige *Hinweise* zur *Gestaltung* des *Buches* gegeben:

- Neben den *Überschriften* werden *Kommandos, Menüs* und *Befehle* der *Systeme* und *Vektoren* und *Matrizen* im *Fettdruck* dargestellt.
- *Programm-, Datei-* und *Verzeichnisnamen* werden in *Großbuchstaben* geschrieben.
- *Beispiele* und *Abbildungen* werden in jedem Kapitel mit 1 beginnend *durchnumeriert,* wobei die erste Zahl die Kapitelnummer angibt. So wird z.B. mit **Beispiel 5.3** das Beispiel Nr.3 aus Kapitel 5 bezeichnet.
- *Wichtige Textstellen* werden *kursiv* dargestellt.
- *Wichtige Hinweise* und *Bemerkungen* werden durch das *Zeichen*

markiert.

Abschließend möchte ich mich bei allen *bedanken,* die mich bei der *Erstellung* des *Buches unterstützt* haben:

- Vom *Verlag Vieweg* Herrn *Dr.Klockenbusch* für die Aufnahme des Buchtitels in das Verlagsprogramm und Herrn *Mosena* für die Unterstützung bei der Erstellung des Manuskripts.
- Vom *Fachbereich Mathematik* der *Universität Paderborn* Herrn *Dr.O.Kluge* und Herrn *Dr.F.Postel* für die kostenlose Bereitstellung der neuen Version 1.3 von MuPAD für WINDOWS 95 und die Beantwortung zahlreicher Fragen.
- Der *Firma Scientific Computers* , insbesondere Herrn *Hortsch,* für die kostenlose Bereitstellung der Version 5 von MATLAB einschließlich aller Toolboxen.
- Der *Firma Mathsoft* für die kostenlose Bereitstellung der Version 6.0 PLUS von MATHCAD in deutscher und englischer Sprache.

- Der *Firma Waterloo Maple Inc.* in Waterloo (Kanada) für die kostenlose Bereitstellung der neuen Version von MAPLE.
- Meiner Tochter Uta für die kritische Durchsicht des Manuskripts.
- Meiner Gattin Doris für ihr Verständnis für meine Arbeit an den Wochenenden und im Urlaub.

Merseburg, im Januar 1998   Hans Benker

Inhaltsverzeichnis

1 Einleitung

Der *Hauptzweck* dieses *Buches* besteht darin, *Ingenieuren* und *Naturwissenschaftlern* aufzuzeigen, wie man *mathematische Probleme* aus *Technik* und *Naturwissenschaften* mit dem *Computer* unter Verwendung eines der *universellen Computeralgebra-* und *Mathematik-Systeme* (kurz: *Systeme*) AXIOM, DERIVE, MACSYMA, MAPLE, MATHCAD, MATHEMATICA, MATLAB und MuPAD *lösen* kann.

Computeralgebra-Systeme werden in Zukunft bei der *Lösung mathematischer Aufgaben* aus *Technik-* und *Naturwissenschaften* an *Bedeutung gewinnen,* da die *Komplexität* dieser *Aufgaben zunimmt,* so daß diese nicht mehr per Hand unter Verwendung von Taschenrechnern gelöst werden können. Mittels *Computer* lassen sich die anfallenden oft umfangreichen *Rechnungen* in Sekundenschnelle *erledigen,* wenn man vorhandene *Systeme heranzieht.*
Da *Taschenrechner* überall *durch Computer* (Personalcomputer) *ersetzt* wurden und werden, auf denen *Computeralgebra-Systeme installiert* sind, ist es erforderlich, daß sich auch Ingenieure und Naturwissenschaftler mit der Handhabung und Anwendung dieser *Systeme* beschäftigen. Das vorliegende Buch soll hierbei helfen.
♦
Obwohl zahlreiche *Lehrbücher* zur *Ingenieurmathematik* existieren, sind dem Autor keine deutsch- oder englischsprachigen Bücher bekannt, die mehrere *Computeralgebra-Systeme* zur Lösung von Grundproblemen der *Ingenieurmathematik* heranziehen. Es gibt nur Bücher, die einzelne *Systeme* zur Lösung dieser Aufgaben verwenden (siehe Literaturverzeichnis).

Da ein *einzelnes System* nicht alle Aufgaben lösen oder falsche Lösungen berechnen kann, ist es für einen Anwender vorteilhaft, *mehrere Systeme einzusetzen,* um die Ergebnisse vergleichen zu können. Im vorliegenden Buch werden die acht bekannten *Systeme* AXIOM, DERIVE, MACSYMA, MAPLE, MATHCAD, MATHEMATICA, MATLAB und MuPAD bei der *Lösung mathematischer Probleme* in *Technik*

und *Naturwissenschaften* getestet und ihre *Vor-* und *Nachteile* diskutiert. Damit erhält der Anwender Hinweise, welches der besprochenen *Systeme* für sein zu lösendes Problem effektiv ist. Es ist aber nicht möglich, ein bestes *System* zu empfehlen. Jedes *System* hat *Vor-* und *Nachteile*. Auch spielen Preis und Anwendungszweck eine wesentliche Rolle. Dieses Buch soll mit dazu beitragen, daß sich jeder Anwender seine *optimalen Systeme* auswählen kann.

♦

Das vorliegende *Buch* ist *folgendermaßen aufgebaut* :

I. Im *ersten Teil* wird eine *Einführung* in die verwendeten *Systeme* gegeben, wobei im

*   *Kap.3–11* für die acht verwendeten *Computeralgebra-Systeme* AXIOM, DERIVE, MACSYMA, MAPLE, MATHCAD, MATHEMATICA, MATLAB und MuPAD *Aufbau* und *Handhabung* ausführlich behandelt werden, so daß der Anwender in der Lage ist, diese *Systeme* ohne große Schwierigkeiten zu bedienen.

*   *Kap.12* der *Unterschied* zwischen *exakter* und *numerischer Rechnung* innerhalb der *Systeme* diskutiert wird.

*   *Kap.13* die *Darstellung* von *Zahlen* und *Variablen* für die einzelnen *Systeme* behandelt wird. Des weiteren werden wichtige *integrierte Konstanten* und *Funktionen* besprochen.

*   *Kap.14* die *Ein-* und *Ausgabe* von *Daten* in den einzelnen *Systemen* besprochen wird, die für die Anwendung eine große Rolle spielen.

*   *Kap.15* für den fortgeschrittenen Anwender ein kurzer Einblick in die *Programmiermöglichkeiten* im Rahmen der einzelnen *Systeme* gegeben wird. Mit den behandelten Befehlen ist ein Anwender in der Lage, selbst einfache *Programme* zu *erstellen*, falls für ein zu lösendes Problem keine Standardkommandos in den *Systemen* existieren. Außerdem kann er mit den gegebenen Programmierhinweisen bereits vorhandene Zusatzprogramme besser verstehen und seinen konkreten Problemen anpassen.

II. Im *Hauptteil* des Buches (Kap.16 bis 32) wird die *Lösung* der bei *Problemen* in Technik und Naturwissenschaften auftretenden *mathematischen Aufgaben* mittels der in den Kap.3 bis 15 besprochenen *Systeme* behandelt und an Beispielen diskutiert.

Um den Umfang des Buches in Grenzen zu halten, wird für die *Kapitel* des *Hauptteils* der folgende *Aufbau* gewählt:
* Die *mathematische Theorie* wird nur kurz dargestellt. Es werden *Möglichkeiten* zur *exakten* bzw. *näherungsweisen Lösung* der betrachteten Aufgaben diskutiert, da dies für die Anwendung der *Systeme* wichtig ist. Für ein tieferes Eindringen in die Mathematik wird auf die zahlreichen *Lehrbücher* zur *Ingenieurmathematik* verwiesen, wobei wir im Rahmen dieses Buches die Bücher [41] zitieren.
* Der *Schwerpunkt* liegt auf der *Umsetzung* der zu lösenden Probleme in die *Sprache* der *Systeme* und der *Interpretation* der gelieferten *Ergebnisse*.
* Die *Handhabung* der *Systeme* sowohl bei der *exakten* (*symbolischen*) als auch *numerischen* (*näherungsweisen*) *Lösung* der besprochenen *mathematischen Probleme* wird *erläutert* und an *charakteristischen Beispielen* aus *Technik* und *Naturwissenschaften illustriert*. Die Lösung dieser Beispiele zeigt dem Anwender die *Möglichkeiten* und *Grenzen* der *Systeme* auf.
♦

Das *vorliegende Buch* kann als
* begleitendes *Nachschlage*– und *Übungsbuch* für *Studenten* zu den *Vorlesungen*
* *Handbuch* für *Lehrkräfte* und *Praktiker*
dienen, um sich mit der *Anwendung* des *Computers* zur *Lösung* grundlegender *Aufgaben* der *Ingenieurmathematik* vertraut zu machen.
♦

Falls für eine zu *lösende Aufgabe* ein *System nicht erwähnt* wird, so bedeutet dies, daß die Lösung des gegebenen Problems mit diesem *System* nicht ermittelt werden konnte.
♦

In der *Literaturübersicht* werden wichtige *Bücher* über *Computeralgebra-Systeme* und *Ingenieurmathematik* zusammengestellt.
♦

1.1   Ingenieurmathematik

Mathematische Modelle für *Probleme* aus *Technik* und *Naturwissenschaften* bestehen aus einer Reihe von *Relationen* und *Gleichungen*, die *technische* und *naturwissenschaftliche Gesetze* und *Sachverhalte* beschreiben.

Die *Ingenieurmathematik*

* *beschäftigt* sich mit der *Lösung* von *Relationen* und *Gleichungen*, die für das *mathematische Modell* eines *Problems* aus *Technik* und *Naturwissenschaften* gegeben sind.
* *umfaßt* alle *mathematischen Gebiete*, die zur Lösung von Aufgaben aus *Technik* und *Naturwissenschaften* benötigt werden. Da diese Aufgaben sehr komplex sind, wird eine große Palette von mathematischen Disziplinen benötigt. Dies zeigt sich an den im Buch behandelten mathematischen Gebieten.
* muß natürlich bereits bei der *Aufstellung* der *mathematischen Modelle* herangezogen werden.
    ◆

1.2   Mathematik mit dem Computer

Auch die *Ingenieurmathematik* kommt in Zukunft nicht umhin, zur *Lösung* anfallender *Probleme* verstärkt *Computer heranzuziehen,* damit die immer *umfangreicheren Rechnungen* mit einem *vertretbaren Aufwand* bewältigt werden können.

Um die *Anwendung* des *Computers* zur *Lösung mathematischer Aufgaben* für *breite Anwenderkreise* zu ermöglichen, benötigt man leicht bedienbare und effektive *Systeme*. Deshalb wurden in den letzten zehn Jahren *Systeme* für die *Mathematik* entwickelt, die einfach anwendbar sind.

Der *Aufwand* bei der Anwendung der betrachteten *Computeralgebra-Systeme* ist wesentlich *geringer* als die Erstellung von *Computerprogrammen* mittels einer *Programmiersprache*.

Die *Systeme* verwenden *Methoden* der *Computeralgebra*, um *mathematische Probleme exakt* (*symbolisch*) zu *lösen*.

Da sich jedoch viele praktische Probleme nicht exakt lösen lassen, wurden in die *Systeme numerische* (*näherungsweise*) *Methoden* (*Algorithmen*) integriert, so daß sie für den Anwender ein *wirkungsvolles Hilfsmittel* darstellen, um ohne großen Aufwand und tiefere *Computer-* und *Programmierkenntnisse* anfallende *mathematische Aufgaben lösen* zu können.

Der Autor möchte alle Leser dringend darauf hinweisen, nicht nur mittels der im vorliegenden Buch beschriebenen *Computeralgebra-Systeme* die *Mathematik* zu betreiben, sondern auch die angegebenen *Mathematiklehrbücher* zu *konsultieren*. Um die Mathematik effektiv zur Lösung praktischer Probleme einsetzen zu können, kann man sich nicht nur auf die *Computeralgebra-Systeme* verlassen, sondern muß auch den theoretischen Hintergrund, d.h., die mathematischen Grundlagen beherrschen. Die vorhandenen *Systeme* liefern allerdings ein *wesentliches Hilfsmittel*, um *umfangreiche Rechnungen* schnell durchzuführen. So kann sich der Anwender stärker auf die Verbesserung seiner mathematischen Modelle und das tiefere Eindringen in deren mathematische Grundlagen konzentrieren.

♦

1.2.1   Computeralgebra-Systeme

Zur Lösung von Aufgaben der *Ingenieurmathematik* verwenden wir im Rahmen des Buches die verbreiteten *universellen Computeralgebra-* und *Mathematik-Systeme* AXIOM, DERIVE, MACSYMA, MAPLE, MATHCAD, MATHEMATICA, MATLAB und MuPAD mit deren Hilfe man eine breite Palette anfallender Probleme lösen kann.

Da in alle Elemente der *Computeralgebra* integriert sind, kann man allgemein von *Computeralgebra-Systemen* sprechen. Im weiteren werden wir sie kurz als *Systeme* bezeichnen.

Für die *praktischen Bedürfnisse* eines Anwenders ist es völlig ausreichend, wenn er weiß, *welche Probleme* mittels der besprochenen *Systeme lösbar* sind und wie sich die *Handhabung* dieser *Systeme* gestaltet, d.h., er braucht sich nicht mit dem theoretischen Hintergrund der *Systeme* zu beschäftigen, der nicht zum Gegenstand dieses Buches gehört.

♦

Die verwendeten *Systeme* existieren für *verschiedene Computerplattformen*, so u.a. für IBM-kompatible Personalcomputer, Workstations unter UNIX und APPLE-Computer. Wir verwenden die *aktuellen Versionen* für IBM-*kompatible Personalcomputer* (kurz als PCs bezeichnet), die unter WINDOWS 3.1 und/oder 95 laufen. Da sich der *Aufbau* der *Benutzeroberfläche* und die *Kommando-* und *Menüstruktur* der *Systeme* für die einzelnen Computertypen nur unwesentlich unterscheiden, können die in diesem Buch gegebenen Grundlagen für *beliebige Computer* angewendet werden.

◆

Die *Struktur* der *Kommandos/Menüfolgen* der *Systeme* wird sich bei *zukünftigen weiterentwickelten Versionen* nicht wesentlich ändern:

* Es *verbessert* sich hauptsächlich die *Effektivität* der verwendeten *Methoden.*
* Die *Benutzeroberfläche* wird von Version zu Version etwas umgestaltet.
* Der *Umfang* der *lösbaren Aufgaben* wird *erweitert.*

Deshalb kann das *vorliegende Buch* auch in den *nächsten Jahren* als eine *Anleitung* zum *Lösen* von *Problemen* der *Ingenieurmathematik* mittels der besprochenen *Systeme* verwendet werden.

Falls bei einer *neuen Version* einige *Kommandos/Menüfolgen verändert* bzw. *hinzugefügt* wurden, so kann man sich *Informationen* hierüber aus der *integrierten Hilfe* holen.

◆

1.2.2   Weitere Systeme

Neben den im *Buch besprochenen* universellen *Systemen* existiert noch das System REDUCE, von dem nach Wissen des Autors jedoch keine WINDOWS-Version existiert.

Weitere Systeme zur *Lösung spezieller Probleme* sind z.B. UNISTAT, SAS, SYSTAT, STATGRAPHICS, SPSS zur Lösung von *Aufgaben* der *Statistik,* die natürlich für die Statistik effektiver arbeiten und eine breitere Lösungspalette als die universellen Computeralgebra-Systeme haben.

Da in Technik und Naturwissenschaften vielfältige mathematische Aufgaben zu lösen sind, empfehlen sich die im Buch beschriebenen *universellen Computeralgebra-Systeme.*

Eine Reihe von *Aufgaben* der *Ingenieurmathematik* lassen sich auch mit dem *Tabellenkalkulationsprogramm* EXCEL lösen, das auf vielen Bürocomputern installiert ist. Hinweise hierzu findet man in den Büchern [3], [65], [69], [70], [92].

◆

1.2.3 Programme für numerische Algorithmen

Eine weitere Möglichkeit, um *mathematische Probleme* mittels *Computer* zu lösen, besteht in der *Programmierung* von *numerischen Methoden* (*Näherungsmethoden*) mittels bekannter *Programmiersprachen* wie BASIC, C, FORTRAN, PASCAL. Diese Vorgehensweise wird *erforderlich*, wenn

* man *keine Computeralgebra-Systeme* zur Verfügung hat,
* vorhandene *Computeralgebra-Systeme* für ein zu lösendes Problem *keine Lösung liefern*.

Wenn man selbst ein *Programm* für ein zu lösendes Problem *schreiben* möchte, muß man

* *Kenntnisse* in einer *Programmiersprache* besitzen,
* den verwendeten *numerischen Algorithmus* mathematisch verstehen.

Man sollte die *eigene Programmierung* nur als ein *letztes Hilfsmittel* heranziehen, da das Erstellen eines effektiven Programms große Routine erfordert.

Deshalb empfiehlt es sich, bereits *vorhandene Numerikprogramme anzuwenden*. Derartige Programme werden von einer Reihe von *Softwarefirmen* angeboten und sind von professionellen Programmierern erstellt und ausführlich getestet.

Eine bekannte Firma, die für eine Vielzahl mathematischer Probleme *Numerikprogramme* anbietet, ist die NAG GmbH.

2 Computeralgebra

Die im Rahmen dieses Buches verwendeten *Systeme* kann man als *Computeralgera-Systeme* bezeichnen, da in allen Methoden der *Computeralgebra* enthalten sind. MATHCAD und MATLAB waren ursprünglich *Systeme* für *numerische Rechnungen*. In ihren *neueren Versionen* enthalten sie jedoch eine *abgerüstete Variante* des *Symbolprozessors* von MAPLE, so daß man mit ihnen ebenfalls *exakte Berechnungen* im Rahmen der *Computeralgebra* durchführen kann.

Für die *Anwendung* von *Computeralgebra-Systemen* braucht man kein Experte der Computeralgebra zu sein. Es ist aber für die Arbeit mit diesen Systemen nützlich, wenn man über grundlegende *Prinzipien* der *Computeralgebra* informiert ist, um z.B. das Scheitern einer Berechnung zu verstehen. Deshalb geben wir in den *folgenden* beiden *Abschnitten* einen *kurzen Einblick* in die *Methoden* der *Computeralgebra* und die *Funktionsweise* von *Computeralgebra-Systemen*.

2.1 Gegenstand der Computeralgebra

Die *symbolische (formelmäßige, d.h. exakte) Verarbeitung mathematischer Ausdrücke* auf einem Computer bezeichnet man als *Computeralgebra* oder *Formelmanipulation*. Beide Begriffe werden *synonym* verwandt, wobei die Bezeichnung *Formelmanipulation* aus nachfolgend genannten Gründen den Sachverhalt besser trifft:

* Der Begriff *Computeralgebra* könnte leicht zu dem Mißverständnis führen, daß man sich nur mit der Lösung algebraischer Probleme beschäftigt. Die Bezeichnung *Algebra* steht jedoch für die verwendeten Methoden zur *symbolischen Manipulation mathematischer Ausdrücke*, d.h., die *Algebra* liefert im wesentlichen das *Werkzeug* zum Auflösen von *Ausdrücken* und zur *Entwicklung* von *Algorithmen*.

* Es lassen sich nur solche mathematischen Probleme lösen, für die nach *endlich vielen Schritten (Manipulationen)* die *exakte Lö-*

sung gefunden wird, d.h., es muß ein *endlicher Lösungsalgorithmus* existieren. Der Grund hierfür liegt in dem Sachverhalt, daß alle *Berechnungen exakt* (*symbolisch*) ausgeführt werden.

In der *Computeralgebra* werden *rationale Zahlen* und wenn möglich auch *reelle Zahlen* wie z.B. $\sqrt{2}$ und π *exakt* dargestellt, d.h. durch *Brüche* bzw. *Symbole*, und nicht in *gerundeter Form* als endliche *Dezimalzahlen* wie in der *Numerik*.

Der *Hauptschwerpunkt* der *Computeralgebra* liegt folglich in *algebraischen Umformungen* im Gegensatz zu den *arithmetischen Operationen* der *Numerik*.

♦

Den *Gegensatz* zur *Computeralgebra* bilden *numerische Algorithmen/Verfahren* (*Näherungsverfahren*) zur Lösung mathematischer Probleme:

* Sie rechnen mit *gerundeten endlichen Dezimalzahlen* und liefern deshalb nur *Näherungswerte* für die Lösung. Die auftretenden *Rundungsfehler* resultieren aus der *endlichen Rechengenauigkeit* des *Computers*.

* Sie müssen immer nach einer *endlichen Anzahl* von *Schritten abgebrochen* werden, auch wenn das exakte Ergebnis noch nicht erreicht wurde (als Beispiel sei das bekannte Newton-Verfahren zur Nullstellenbestimmung erwähnt). So treten neben den *Rundungsfehlern* zusätzlich *Abbruchfehler* auf.

* Sie können *falsche Ergebnisse* liefern, da sie nicht immer konvergieren, d.h. gegen die Lösung streben.

♦

Während *numerische Algorithmen/Verfahren* schon bei Grundkenntnissen einer Programmiersprache (z.B. BASIC, C, PASCAL) für den *Computer programmiert* werden können, erfordert das Erstellen eines *Computeralgebra-Systems* tiefe *algebraische Kenntnisse*. So wurden die sich auf dem Markt befindlichen *Computeralgebra-Systeme* von Wissenschaftlergruppen im Verlaufe mehrerer Jahre erstellt und werden laufend verbessert (neue Versionen).

Für den *Anwender* verhält sich der *Sachverhalt* gerade *umgekehrt*. Die *Anwendung* eines *Computeralgebra-Systems* gestaltet sich wesentlich *einfacher* (siehe Kap.3–11) als das *Erstellen* eines *fehlerfreien Computerprogramms* für einen *numerischen Algorithmus*.

♦

Diskutieren wir den *Unterschied* zwischen *Computeralgebra* und *Numerik* am *Beispiel* der *Integralrechnung* (siehe Abschn.25.2):

- Ein *Computeralgebra-Programm* ist *nicht in der Lage*, jedes *unbestimmte Integral*

$$\int f(x)\,dx$$

  zu *berechnen*.
  Es lassen sich nur diejenigen *unbestimmten Integrale berechnen*, bei denen eine *Stammfunktion* F(x) der Funktion f(x), d.h. F'(x) = f(x), nach *endlich vielen Schritten* in *exakter* (analytischer) *Form* angebbar ist (z.B. durch *partielle Integration*, *Substitution*, *Partialbruchzerlegung*). In diesen Fällen liefert die *Computeralgebra* eine *Stammfunktion* als *analytischen Ausdruck* (Formel) und zeigt einen großen *Vorteil gegenüber numerischen Verfahren*, die nur *Dezimalzahlen* als *Näherungen* für die *Funktionswerte* der *Stammfunktion* in *einzelnen Punkten* liefern können.

- Der *Vorteil* der *Numerik* liegt darin, daß hiermit *jedes* gegebene *Integral näherungsweise berechnet* werden kann.

- Betrachten wir die *Lösungsproblematik* der *Computeralgebra-Systeme* am Beispiel der *Integralrechnung*.
  Beispiel 2.1:
  Zur *exakten Berechnung* des *unbestimmten Integrals*

$$\int x \cdot \sin x \; dx$$

  werden bei den *Systemen* folgende *Kommandos* eingegeben:
  * AXIOM :   **integrate** (x * sin (x) , x)
  * DERIVE :   **int** (x * sin (x) , x)
  * MACSYMA: **integrate** (x * sin (x) , x)
  * MAPLE :   **int** (x * sin (x) , x) ;
  * MATHEMATICA :   **Integrate** [x * Sin [x] , x]
  * MATLAB :   **syms** x ; **int** (x * sin (x))
  * MuPAD :   **int** (x * sin (x) , x) ;

Dieses *Integral* ist durch *partielle Integration berechenbar*, so daß die *Systeme* auf dem Bildschirm unmittelbar das *Ergebnis* sin (x) – x · cos (x) *anzeigen*.
Dagegen liefert die *Berechnung* des *unbestimmten Integrals*

$$\int e^{x^2}\,dx$$

mittels der *Systeme kein Ergebnis*, da für die *Funktion*

$$e^{x^2}$$

keine Stammfunktion ermittelbar ist, die aus *elementaren Funktionen* besteht. In diesem Fall führen in die *Systeme* integrierte *numerische Verfahren* zum Erfolg, die aber nur eine *Näherungslösung* für die *Stammfunktion* liefern (siehe Beispiel 25.4).

♦

Obwohl die *Computeralgebra* stark von der *Algebra* beeinflußt ist und hierfür viele Probleme löst (z.B. *Matrizenrechnung, Determinantenberechnung, Gleichungslösung*), zeigt bereits das vorangehende Beispiel der Integralrechnung, daß auch Probleme der *mathematischen Analysis* (u.a. *Differential-* und *Integralrechnung, Differentialgleichungen*) und darauf aufbauende Anwendungen mittels Computeralgebra gelöst werden können.

Ein *typisches Beispiel* hierfür liefert die *Differentiation* von Funktionen. Durch Kenntnis der *Regeln* für die *Ableitung* der *Elementarfunktionen* (x^n, sin x, e^x usw.) und der bekannten *Differentiationsregeln* (*Summen-, Produkt-, Quotienten-* und *Kettenregel*) läßt sich die *Differentiation* jeder noch so komplizierten (differenzierbaren) Funktion *exakt durchführen*, die sich aus Elementarfunktionen zusammensetzt. Dies kann als eine algebraische Behandlung der Differentiation verstanden werden.

Zur *Berechnung* gewisser *Klassen* von *Integralen* und gewisser *Typen* von *Differentialgleichungen* lassen sich ebenfalls *endliche Lösungsalgorithmen* angeben, so daß diese Aufgaben im Rahmen der Computeralgebra lösbar sind.

Zusammenfassend kann zur *Anwendung* des *Computers* in der *Mathematik* und damit auch in der *Ingenieurmathematik folgendes bemerkt* werden:

● Um *mathematische Aufgaben* mit dem *Computer* zu *lösen*, bestehen *zwei Möglichkeiten*:
   I. Anwendung der *Computeralgebra*
   II. Anwendung *numerischer Algorithmen/Verfahren*
● Die *Gegenüberstellung* von *Computeralgebra* und *numerischen Verfahren* liefert folgende *Vor-* und *Nachteile*:
   ● Die *Vorteile* der *Computeralgebra* liegen in der *formelmäßigen Eingabe* des zu *lösenden Problems*. Das *Ergebnis* wird ebenfalls wieder als *Formel* geliefert, falls das *Problem exakt lösbar* ist. Daher rührt die Bezeichnung *Formelmanipulation*. Diese Vorgehensweise ist der manuellen Lösung mit Papier und Bleistift nachgebildet und deshalb ohne große Programmierkenntnisse anwendbar. Da

mit allen *Zahlen symbolisch gerechnet* wird, treten *keine Rundungsfehler* auf.

- Der einzige (aber nicht unwesentliche) *Nachteil* der *Computeralgebra* besteht darin, daß sich nur solche Probleme lösen lassen, für die ein *endlicher Lösungsalgorithmus* existiert. Anderenfalls ist man auf *numerische Algorithmen/Verfahren* (*Näherungsverfahren*), d.h. die *numerische Mathematik* (*Numerik*), als einzige Alternative angewiesen.

- Der *Vorteil* der *Numerik* besteht darin, daß ihre Methoden (Algorithmen) *universell einsetzbar* sind, d.h., für die meisten zu lösenden mathematischen Probleme existieren numerische Algorithmen.

- Um einen *numerischen Algorithmus* auf dem Computer zu realisieren, muß man erst ein *Programm* (in einer Programmiersprache) *schreiben* oder auf vorhandene *Programmbibliotheken* zurückgreifen. Dies erfordert bedeutend tiefere Computerkenntnisse und einen größeren Aufwand als die Anwendung von *Computeralgebra-Systemen*. Weitere *Nachteile* der *Numerik* bestehen im folgenden:

  * Es treten *Rundungsfehler* auf, da mit *endlichen Dezimalzahlen* gerechnet wird.

  * Das *Ergebnis* wird in *Form* von *Zahlenwerten* geliefert, wodurch die Anschaulichkeit verlorengeht.

  * Es werden i.a. nur *Näherungswerte* für das *Ergebnis* geliefert, da der *Algorithmus* auch im Falle der Konvergenz nach *endlich vielen Schritten abgebrochen* werden muß.

  * Die *Konvergenz* eines *numerischen Algorithmus* läßt sich nicht für jede zu lösende Aufgabe im voraus nachweisen, so daß das gelieferte Ergebnis falsch sein kann.

    ♦

Betrachten wir ein *Beispiel*, um die *Unterschiede* zwischen *Computeralgebra* und *Numerik* zu *veranschaulichen*.

Beispiel 2.2:

a) Die *reellen Zahlen* $\sqrt{2}$ oder π

   werden bei der *Eingabe* von einem *Computeralgebra-System* nicht durch eine *endliche Dezimalzahl*

   $\sqrt{2} \approx 1.414214$ bzw. $\pi \approx 3.141593$

approximiert, wie dies bei *numerischen Verfahren* erforderlich ist, sondern *symbolisch erfaßt,* so daß bei einer weiteren Rechnung z.B. für

$$(\sqrt{2})^2$$

als *exakter Wert* 2 folgt.

b) An der Lösung des einfachen *linearen Gleichungssystems*

$$x + a\cdot y = 1$$
$$b\cdot x - y = 1$$

das zwei *frei wählbare Parameter* a und b enthält, läßt sich ebenfalls der *typische Unterschied* zwischen *Computeralgebra* und *Numerik* zeigen. Ein *Vorteil* der *Computeralgebra* liegt darin, daß derartige Aufgaben lösbar sind, während bei der Anwendung *numerischer Verfahren* für a und b *Zahlenwerte* gegeben sein müssen. Alle *Computeralgebra-Systeme* liefern die *formelmäßige Lösung*

$$x = \frac{a+1}{b\cdot a+1} \, , \; y = \frac{b-1}{b\cdot a+1}$$

Der Anwender muß lediglich erkennen, daß die Formeln für a·b = −1 nicht gelten, da das Gleichungssystem in diesem Fall keine Lösung besitzt.

♦

Die Bestrebungen in der *Weiterentwicklung* der *Computermathematik* gehen dahin, die *Vorteile* von *Computeralgebra* und *Numerik* zu *kombinieren.* So besitzen die *Computeralgebra-Systeme Kommandos* zur *numerischen Berechnung,* die man anwenden kann, wenn die *exakte Berechnung* mittels *Computeralgebra scheitert* (siehe Beispiel 2.3).

♦

Beispiel 2.3:

Alle *Systeme* besitzen zur Lösung mathematischer Standardaufgaben (Gleichungslösung, Integration,...) neben *Kommandos* zur *exakten* auch *Kommandos* zu *näherungsweisen Berechnung.*

So sind für *bestimmte Integrale* $\int_a^b f(x) \, dx$ z.B. in

- MAPLE
  die *Kommandos*
  * **int** (f(x) , x = a .. b) ;
    zur *exakten* (*symbolischen*) *Berechnung*

      * **evalf** (**int** (f(x) , x = a .. b)) ;
      zur *näherungsweisen* (*numerischen*) *Berechnung*
- MATHEMATICA
  die *Kommandos*
  * **Integrate** [f[x] , { x , a , b }]
    zur *exakten* (*symbolischen*) *Berechnung*
  * **NIntegrate** [f[x] , { x , a , b }]
    zur *näherungsweisen* (*numerischen*) *Berechnung*

enthalten.

Die *Kommandos* zur *numerischen Berechnung* liefern für das *nicht exakt berechenbare bestimmte Integral*

$$\int_1^2 e^{x^2}\, dx \ \text{ den } \textit{Näherungswert } 14.989\,976\,01$$

♦

Methoden der *Computeralgebra* werden auch erfolgreich in der *Numerik* verwendet. So ersetzt man z.b. die ungenaue *numerische Differentiation* durch die *exakte* (*symbolische*).

♦

2.2   Funktionsweise von Computeralgebra-Systemen

Computeralgebra-Systeme arbeiten *interaktiv*, d.h., der *Nutzer* steht mittels *Bildschirm* im laufenden *Dialog* mit dem *Computer*, wobei sich der folgende *Zyklus* wiederholt:

Eingabe	Berechnung	Ausgabe
der zu *lösenden Aufgabe* durch den *Nutzer*	der *Aufgabe* durch das *Computeralgebra-System*	der *Ergebnisse* auf dem *Bildschirm*

Die Arbeit mit den zur Zeit zur Verfügung stehenden *Computeralgebra-Systemen* wird dadurch erleichtert, daß sie eine leicht zu bedienende *Benutzeroberfläche* (*Benutzerschnittstelle* / *Benutzerinterface* / *Front End*) besitzen, über die man mit dem System in den Dialog tritt (siehe Kap.3–11). Alle besprochenen *Systeme* verfügen über eine WINDOWS-Version, deren *Benutzeroberflächen* einen *ähnlichen Aufbau* haben. Diese *Oberflächen* gestatten in ihren *Arbeitsfenstern*, die *durchgeführten Rechnungen* so in Form von *Arbeitsblättern/Rechenblättern* zu gestalten, wie es bei Rechnungen per Hand üblich ist (siehe Kap.3–11). Für diese *Arbeitsblätter/Rechenblätter* werden häufig die englischsprachigen Bezeichnungen *Worksheet, Notebook, Document* oder *Scratchpad* verwendet.

◆

Computeralgebra-Systeme haben folgende *Struktur:*

Benutzeroberfläche	**Kern**	**Zusatzpakete**
(englisch: *front end*)	(englisch: *kernel*)	(englisch: *packages*)

wobei

* die *Benutzeroberfläche* den *Dialog* zwischen *Nutzer* und *System* ermöglicht,
* im *Kern*, der bei jeder Anwendung geladen wird, die *mathematischen Grundoperationen* realisiert sind,
* die *Zusatzpakete* speziellere Anwendungen enthalten und nur bei Bedarf geladen werden müssen.

Diese *Struktur* hat wesentlichen *Anteil* bei der *Einsparung* von *Speicherplatz* im RAM und läßt laufende *Erweiterungen* der *Systeme* durch den Nutzer zu.

Für *Benutzeroberfläche, Kern* und *Zusatzpaket* wird in der deutschsprachigen Computerliteratur häufig die entsprechende *englische Bezeichnung* verwendet.

◆

In allen *Systemen* sind umfangreiche *Hilfen* enthalten, die dem Nutzer bei Unklarheiten ausführliche Unterstützung geben.

◆

Die *Anwendung* eines vorhandenen *Computeralgebra-Systems* gestaltet sich wesentlich *einfacher* und anschaulicher als die *Erstellung* eines fehlerfreien *Computerprogramms* für einen *numerischen Algorithmus* mittels einer *Programmiersprache* (BASIC, C, FORTRAN, PASCAL). Selbst die *Anwendung* eines *vorhandenen Numerikprogramms* aus einer *Programmbibliothek* erfordert mehr *Computerkenntnisse* als die Anwendung eines Computeralgebra-Systems.

Dies liegt vor allem darin begründet, daß *Computeralgebra-Systeme interaktiv* arbeiten im Gegensatz zu den herkömmlichen Programmiersprachen (BASIC, C, FORTRAN, PASCAL), die das *prozedurale Programmieren* unterstützen.

◆

Da sich viele mathematischen Aufgaben nicht mit einem endlichen Algorithmus exakt lösen lassen, wie es für die Computeralgebra erforderlich ist, sind in die universellen *Computeralgebra-Systeme numerische Algorithmen* integriert. So kann man nach einem *Scheitern* der *exakten Berechnung* einer Aufgabe deren *Lösung numerisch* (näherungsweise) mit dem System *ermitteln*. Das besitzt den *Vorteil*, daß man unter der *Benutzeroberfläche* des *Systems* das gegebene *Problem* einfach *näherungsweise lösen* kann, ohne einen Lösungsalgorithmus unter Verwendung einer Programmiersprache programmieren zu müssen.

♦

Wir möchten abschließend nicht versäumen, auf die folgende *Problematik* bei der Arbeit mit *Computeralgebra-Systemen* hinzuweisen:

* Da die *Algorithmen* der *Computeralgebra aufwendig* sind, kann die *Berechnung* für *hochdimensionale (umfangreiche) Probleme unvertretbar lange dauern* oder *wegen Speichermangel abgebrochen* werden. Dies bedeutet, daß die *Berechnung fehlschlägt*, obwohl das *Problem exakt* (*symbolisch*) *lösbar* ist, d.h. im *Sinne* der *Computeralgebra*.

* Die in die *Systeme integrierten numerischen Algorithmen* müssen *nicht immer* eine *brauchbare Näherungslösung* liefern.

Die *Weiterentwicklung* der *Computeralgebra-Systeme* ist darauf gerichtet, die angezeigte Problematik zu verbessern.

♦

3   Handhabung und Aufbau der Systeme

Befassen wir uns ausführlicher mit der *Handhabung* und dem *Aufbau* der *Systeme*, von denen wir die WINDOWS-*Versionen* betrachten. Dabei gehen wir im Abschn.3.1 und 3.2 auf *allgemeine Prinzipien* bei der *Handhabung* bzw. im *Aufbau* der *Systeme* ein, während wir in den Kap.4–11 *Handhabung* und *Aufbau* der einzelnen *Systeme* betrachten.

3.1   Handhabung

Im folgenden geben wir *grundlegende Hinweise* zur *Arbeit* mit den *Systemen*. Dies betrifft vor allem die *Eingabe* mathematischer *Ausdrücke* und die *Auslösung* ihrer *Berechnung* durch *Kommandos* oder *Menüs,* über die in den Kap.4–11 *weitere Hinweise* bei der Erklärung der Arbeitsfenster zu finden sind.

3.1.1   Allgemeine Prinzipien

Die *Eingabe* eines zu berechnenden *mathematischen Ausdrucks* geschieht bei allen *Systemen* über die *Tastatur,* wobei einige *Systeme* (MATHCAD, MATHEMATICA) in ihrer Benutzeroberfläche zusätzlich *mathematische Symbole* bereitstellen.

Die *Berechnung* eines *mathematischen Ausdrucks* (*Problems*) geschieht in den *Systemen* durch

I. *Kommandos,* die in das Arbeitsfenster einzugeben sind, wobei der zu *berechnende Ausdruck* im *Argument* des Kommandos steht.

II. *Auswahl* einer *Menüfolge* aus der *Menüleiste* der *Benutzeroberfläche* mittels *Mausklick,* nachdem der zu *berechnende Ausdruck* *eingegeben* wurde.

Bei einer Reihe von Aufgaben lassen sich beide Möglichkeiten anwenden, d.h., man kann sie sowohl mittels eines *Kommandos* als auch einer *Menüfolge* lösen. Wir werden in den entsprechenden Kapiteln darauf hinweisen.

Betrachten wir zuerst *Kommandos*, die bei AXIOM, MACSYMA, MAPLE, MATHEMATICA, MATLAB und MuPAD die *dominierende Rolle* spielen:

- Zur Lösung des gleichen mathematischen Problems verwenden die Systeme *unterschiedliche Schreibweisen* (Bezeichnungen) für die einzugebenden *Kommandos*. Des weiteren besitzen die Kommandos in den einzelnen *Systemen* eine verschiedene Anordnung und Anzahl der benötigten Argumente und liefern die Ergebnisse in unterschiedlicher Form. Deswegen geben wir im folgenden (Kap.16–32) die *Kommandos* zur Lösung der einzelnen Aufgaben für *jedes System* an.

- *Kommandos* und *Ausdrücke* müssen bei MAPLE und MuPAD nach der Eingabe mit einem *Semikolon abgeschlossen* werden.

- Die *auszuführenden Kommandos* bzw. *Eingaben* von *Ausdrücken* müssen bei AXIOM durch Anklicken des Knopfes links neben dem eingegebenen Ausdruck, bei MATHEMATICA und MuPAD mit der ⇧ ↵ -Tastenkombination und bei allen anderen Systemen mit der ↵ -Taste *ausgelöst* bzw. *abgeschlossen* werden, auch wenn dies im weiteren nicht besonders vermerkt wird.

- Die für die *Kommandos* und *Funktionen* benötigten *Argumente* sind bei MATHEMATICA in *eckige Klammern* und bei allen *anderen Systemen* in *runde Klammern* einzuschließen.

- Möchte man bei AXIOM, MACSYMA, MAPLE, MATHEMATICA, MATLAB oder MuPAD *mehrere Kommandos*
  Kommando_1 , Kommando_2 , ... , Kommando_n
  nacheinander ausführen (*Kommandofolge*), so besteht die Möglichkeit, diese alle einzugeben und erst nach der Eingabe des letzten (n-ten) Kommandos die Eingabe abzuschließen. Die einzelnen Kommandos müssen durch *Trennzeichen* separiert werden. Dazu verwenden
  * MAPLE und MuPAD *Doppelpunkt* oder *Semikolon* (hier werden zusätzlich die Ergebnisse der einzelnen Kommandos angezeigt),
  * AXIOM, MATHEMATICA und MATLAB das *Semikolon,*
  * MACSYMA das *Dollarzeichen,*
  d.h.
  * MAPLE und MuPAD
    Kommando_1 : Kommando_2 : ... : Kommando_n ;
    oder

Kommando_1 ; Kommando_2 ; ... ; Kommando_n ;
* MACSYMA
Kommando_1 $ Kommando_2 $ ... $ Kommando_n
* AXIOM, MATHEMATICA und MATLAB
Kommando_1 ; Kommando_2 ; ... ; Kommando_n

- Falls bei der *Eingabe* eines *Kommandos* (einer *Kommandofolge*) bzw. eines *Ausdrucks* ein *Zeilenwechsel* gewünscht wird, so geschieht dies bei
  * MACSYMA und MAPLE mittels der ⟨⇧⟩⟨⏎⟩-Tasten
  * MATHCAD mittels des *Operators*

     aus der *Operatorpalette* Nr.1 (*Arithmetikpalette*)
  * MATHEMATICA und MuPAD mittels ⟨⏎⟩

- Der im Argument von Kommandos manchmal vorkommende *Pfeil* → wird durch Eingabe von – (Bindestrich) und > (Größerzeichen) realisiert.

Die genaue Vorgehensweise bei der *Lösung* einer gegebenen *Aufgabe mittels Kommandofolgen* wird in den folgenden Kapiteln ausführlich erläutert.

♦

Die Lösung von Aufgaben mittels *Menüfolgen* tritt vor allem bei DERIVE und MATHCAD auf:

- Die *Durchführung* von *Berechnungen* unter Verwendung von Menüs geschieht über die entsprechende *Menüleiste* der *Benutzeroberfläche*.
- Dabei benötigt man meistens eine *Folge* von *Menüs* und *Untermenüs*, die wir in der folgenden Form schreiben
  Menü_1 ⇒ Menü_2 ⇒ ... ⇒ Menü_n
  wobei der *Pfeil* ⇒ jeweils für einen *Mausklick* steht und die *gesamte Menüfolge* ebenfalls durch *Mausklick* abgeschlossen wird.

Die genaue Vorgehensweise bei der *Lösung* einer gegebenen *Aufgabe* mittels *Menüfolgen* wird in den entsprechenden Kapiteln ausführlich erläutert.

♦

Falls ein *System* bei der *Berechnung* eines Problems *keine Lösung* findet, so kann sich dies auf verschiedene Weise äußern:
I. Es wird eine *Meldung ausgegeben*, daß keine Lösung gefunden wurde.
II. Das *Rechenkommando* wird *unverändert zurückgegeben*.

III. Die *Rechnung* wird *nicht* in angemessener Zeit *beendet.*
Möchte man im letzten Fall III. die *Rechnung abbrechen,* so geschieht dies bei

* DERIVE und MATHCAD : mit der ⎡Esc⎤-Taste,
* MACSYMA : durch *Anklicken* von *Interrupt* in der *Nachrichtenleiste,*
* MAPLE : mit dem STOP-*Symbol*

  aus der *Symbolleiste,*
* MATHEMATICA
  mit der *Menüfolge* **Kernel ⇒ Interrupt Evaluation...** oder
  Kernel ⇒ Abort Evaluation,
* MATLAB : mit der *Tastenkombination* ⎡Strg⎤⎡C⎤ ,
* MuPAD : mit dem *Symbol*

  aus der *Symbolleiste.*
  ◆

Bei der *Anwendung* der *Systeme* möchte man häufig die erhaltenen *Ergebnisse* in folgenden Rechnungen *weiterverwenden.* Für die dafür benötigten *Zuweisungen (Lösungszuweisungen)* stellen die Systeme Hilfsmittel zur Verfügung. Dabei sind zwei grundlegende Fälle zu unterscheiden. Das *Ergebnis* liegt entweder in Form von *Zahlenwerten* oder in *Funktionsform* vor. Wie man bei *Funktionen* vorgeht, wird ausführlich im Abschn.21.3 beschrieben. *Zahlenwerte* treten häufig bei der *Lösung* von *Gleichungen* auf. Wie man diese weiterverwendet, findet man im Kap.23.
◆

3.1.2 Besonderheiten der einzelnen Systeme

Im folgenden betrachten wir einige *wesentliche Besonderheiten* in den einzelnen *Systemen* :

AXIOM   AXIOM *löst* im Unterschied zu den anderen Systemen ein *Kommando* durch *Anklicken* des *Knopfes* links neben dem eingegebenen Kommando *aus.*

MAPLE   MAPLE *schließt* jedes *Kommando mit* einem *Semikolon ab.*

MATHCAD   MATHCAD gestaltet die *Anzeige* des *Ergebnisses* von *Rechnungen* durch die *Menüfolge* **Symbolic ⇒ Derivation Format...**

In der erscheinenden *Dialogbox* kann man bestimmen, ob das *Ergebnis neben* oder *unterhalb* der eingegebenen *Aufgabe* erscheint und ob ein kurzer *Text* über die *durchgeführte Operation* (**Show derivation comments**) angezeigt werden soll.

Für die *Durchführung* sämtlicher *Rechnungen* gestattet MATHCAD *zwei Formen*

- *Automatikmodus* (*Automatic Mode*):
  Der *Automatikmodus* ist die *Standardeinstellung* von MATHCAD. Man erkennt seine *Aktivierung* am *Häkchen* im *Menü* **Math** neben *Automatic Mode* und am Wort *auto* in der *Nachrichtenleiste*. Er wird durch eine der *folgenden Operationen ein-* bzw. *ausgeschaltet*:

  * *Menüfolge*
  Math ⇒ Automatic Mode
  * *Anklicken* der *Glühbirne*

  in der *Symbolleiste*.
  Im *Automatikmodus* werden *numerischen Berechnungen sofort ausgeführt*, z.B. nach der Eingabe des numerischen Gleichheitszeichens, und er bewirkt die Neuberechnung des gesamten aktuellen Dokuments, wenn irgendwelche Variablen oder Funktionen verändert werden. Für *exakte Berechnungen* gilt dies nur bei Anwendung des *symbolischen Gleichheitszeichens*. Möchte man ein eingelesenes Dokument nur durchblättern, kann sich der Automatikmodus hemmend auswirken, da man auf die Berechnung sämtlicher im Dokument enthaltener Formeln, Gleichungen usw. warten muß. In diesem Fall empfiehlt sich der Übergang zum manuellen Modus.

- *manueller Modus* :
  Der *manuelle Modus* wir durch *Ausschalten* des *Automatikmodus* erhalten. Im *manuellen Modus* wird eine *Berechnung* erst dann durchgeführt, wenn man die F9-*Taste* drückt. Dies gilt für das gesamte aktuelle Dokument. Werden Variablen und Funktionen verändert, so bleiben alle darauf aufbauenden Berechnungen unverändert, wenn man sie nicht durch Betätigung der F9-Taste auslöst. Dieser Modus ist beim Durchblättern eines Dokuments zu empfehlen. Weiterhin sollte er verwendet werden, wenn man die Auswirkung von Änderungen nur für einige Formeln des aktuellen Dokuments untersuchen möchte.

  ◆

MATHEMA-TICA

Bei MATHEMATICA müssen die *Kommandos* mit einem *Groß-buchstaben beginnen* und im weiteren bis auf zusammengesetzte Kommandos in Kleinbuchstaben geschrieben werden, wobei die *Argumente* in *eckige Klammern* einzuschließen sind.
So führt z.B. das *Integrationskommando*
* **Integrate** [f[x] , { x , a , b }]
  die *exakte Integration*
* **NIntegrate** [f[x] , { x , a , b }]
  die *numerische Integration*
der *Funktion* f(x) im Intervall [a,b] durch.
Jedes *Kommando* wird mittels der *Tastenkombination* ⇧ ⏎ aus-gelöst.

MATLAB

MATLAB muß für *exakte Berechnungen* die (symbolischen) *Varia-blen* mittels des *Kommandos* **syms** deklarieren, wie in den Kap.16–32 behandelt wird.

MuPAD

MuPAD schließt jedes *Kommando mit* einem *Semikolon ab* und *löst* es mittels der *Tastenkombination* ⇧ ⏎ *aus.*

3.2   Aufbau

Die *Systeme* haben folgende *Struktur,* wie wir bereits in Abschn.2.2 sahen:
* *Benutzeroberfläche* (englisch: *Front end*)
* *Kern* (englisch: *Kernel*)
* *Zusatzpakete* (englisch: *Packages*)
wobei die drei *Bestandteile folgende Aufgaben erfüllen:*
* Die WINDOWS-*Benutzeroberfläche* (WINDOWS-*Interface*) dient dem *interaktiven Arbeiten,* d.h., sie realisiert den *Dialog* zwischen *Nutzer* und *System.* Sie wird häufig in Anlehnung an die eng-lischsprachigen Bezeichnungen *Front End, Worksheet-Oberfläche ,Worksheet-Interface, Notebook-Oberfläche* oder *Notebook-In-terface* genannt.

Über diese *Benutzeroberfläche* besteht ein laufender *Dialog* zwi-schen *Nutzer* und *System* mittels des *Bildschirms,* wobei sich fortlaufend der folgende *Zyklus* wiederholt:

Eingabe	Berechnung	Ausgabe
des zu lösenden *Problems* durch den *Nutzer*	des Problems durch das *Computeralgebra-System*	der *Ergebnisse* auf dem *Bildschirm*

- Im *Kern* (englisch: *Kernel*), der bei jeder Anwendung geladen wird, sind die *mathematischen Grundoperationen realisiert*.
- Die *Zusatzpakete* (englisch: *Packages*) enthalten *spezielle Anwendungen* und müssen nur *bei Bedarf geladen* werden. Diese Pakete haben wesentlichen Anteil bei der *Einsparung* von *Speicherplatz* im RAM und lassen laufende *Erweiterungen* der *Systeme* durch den Nutzer zu.

Dem allgemeinen Trend folgend, wird häufig für *Benutzeroberfläche*, *Kern* und *Zusatzpakete* in der deutschsprachigen Computerliteratur die entsprechende *englische Bezeichnung* verwendet.
♦

Das *Arbeitsfenster* ist der *wichtigste Teil* der *Benutzeroberfläche* für die *interaktive Arbeit* mit den *einzelnen Systemen*. Das *Arbeitsfenster* ist offensichtlich einem *Arbeitsblatt/Rechenblatt* für *mathematische Rechnungen* per Hand nachempfunden:

Eingabe der zu lösenden *Aufgabe* → *Ausgabe* der *Lösung*

Wir *illustrieren* die *Darstellungsmöglichkeiten* in den *Arbeitsfenstern*, indem wir *einfache Rechnungen* aus Beispiel 3.1 in den *einzelnen Systemen* durchführen und die daraus resultierenden *Arbeitsfenster* der *Systeme* in den folgenden Abschnitten *grafisch darstellen*.
♦

Beispiel 3.1:

In diesem Beispiel betrachten wir einige *Rechnungen*, die in den folgenden Kap.4-11 mittels der *einzelnen Systeme* durchgeführt werden, um die *Gestaltung* der *Arbeitsfenster* zu *demonstrieren*:

a) Man *berechne* die *Summe* der folgenden *beiden Brüche*:

$$\frac{1}{2} + \frac{1}{3} = \frac{5}{6}$$

b) Man *berechne* die folgende *Potenz:*

$$(a+b)^3 = a^3 + 3 \cdot a^2 \cdot b + 3 \cdot a \cdot b^2 + b^3$$

c) Man *vereinfache* den folgenden *Ausdruck:*

$$\frac{a^2 - b^2}{a+b} = a - b$$

d) Man *faktorisiere* den folgenden *Ausdruck:*

$$a^3 + 3 \cdot a^2 \cdot b + 3 \cdot a \cdot b^2 + b^3 = (a+b)^3$$

♦

Obwohl von DERIVE und MATHCAD *deutschsprachige Versionen* existieren, betrachten wir im vorliegenden *Buch* ausschließlich die *englischsprachigen Versionen*, da diese überwiegen und sämtliche neue Versionen zuerst in englischer Sprache erscheinen. Die englischsprachigen Versionen sind mit geringen Sprachkenntnissen anwendbar, wenn man die im Buch gegebenen Hinweise heranzieht.

♦

Auf detaillierte *Installationshinweise* für die einzelnen *Systeme* können wir verzichten, da sich die *Installation* der aktuellen Versionen *menügesteuert vollzieht*, nachdem man die entsprechende *Installationsdatei* INSTALL.EXE (MAPLE) bzw. SETUP.EXE (AXIOM, DERIVE, MACSYMA, MATHCAD, MATHEMATICA, MATLAB, MuPAD) startet. Diese *Menüsteuerung* ist so aufgebaut, daß auch ein Einsteiger das *System* ohne Mühe *installieren* kann, wenn er nur über einige Englischkenntnisse verfügt, um bei den englischsprachigen Versionen die Hinweise zu verstehen.

♦

In den *folgenden Kap.4–11* werden *Handhabung* und *Aufbau* der einzelnen *Systeme* beschrieben. *Weitere Einzelheiten* zu den *Systemen* findet man im *Hauptteil* des *Buches* (Kap.16–32).

♦

4   AXIOM

Wir legen die *Version 2.1.1* für WINDOWS 95 von 1996 zugrunde, die in englischer Sprache vorliegt und von der Firma NAG vertrieben wird. Während die vorhergehenden Versionen nur für das Betriebssystem UNIX erstellt wurden, gibt es diese Version auch für PCs.

4.1   Benutzeroberfläche

Nach dem *Starten* von AXIOM ergibt sich die in Abb.4.1 dargestellte *Benutzeroberfläche* der WINDOWS-Version, wenn man zusätzlich mittels der *Menüfolge* **File ⇒ New AXIOM Worksheet** ein *neues Arbeitsfenster öffnet.*

Abb.4.1.
Benutzer-
oberfläche
von AXIOM

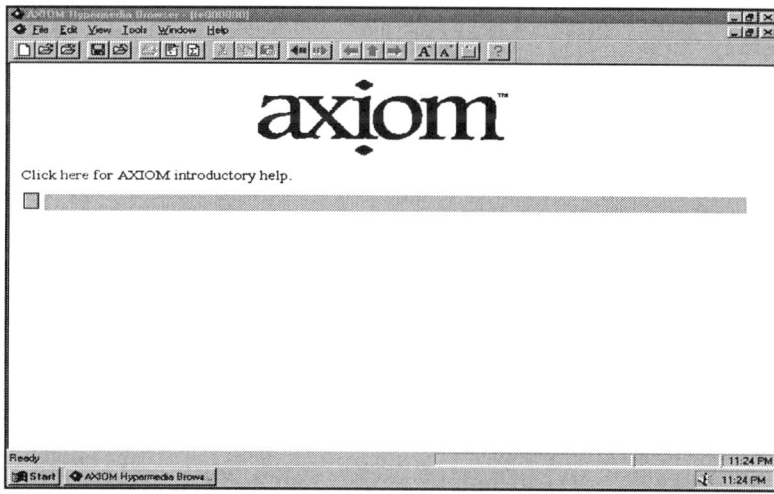

Die *Benutzeroberfläche teilt* sich von oben nach unten *wie folgt auf:*

I. Menüleiste

Die *Menüleiste* (englisch: *Menu bar*) befindet sich am oberen Bildschirmrand und enthält *folgende Menüs,* die wiederum *Untermenüs* enthalten können:

- **File**
  enthält u.a. die bei WINDOWS-Programmen üblichen *Datei-operationen.*
- **Edit**
  enthält u.a. die bei WINDOWS-Programmen üblichen *Editier-operationen.*
- **View**
  dient zum *Ein-* und *Ausblenden* der *Symbolleiste* (*Tool bar*), *Nachrichtenleiste /Statusleiste* (*Status bar*) und *Titelleiste* (*Title bar*).
- **Tools**
  dient u.a. zur *Einstellung* von *Farben, Schriftarten* und verwendeten mathematischen *Symbolen* im Arbeitsfenster.
- **Window**
  dient zur *Fensteraufteilung:* mehrere *geöffnete Arbeitsblätter* (*Worksheets*) können *gleichzeitig betrachtet* werden.
- **Help**
  beinhaltet die *Hilfefunktionen* von AXIOM.

Die *Auswahl* der gewünschten *Menüs/Untermenüs* geschieht mittels *Mausklick.* Wird ein *Untermenü* mit *drei Punkten ...* beendet, so bedeutet dies, daß nach dem Anklicken eine *Dialogbox* erscheint, die auszufüllen ist.

II. **Symbolleiste**

Die *Symbolleiste* (englich:*Tool bar*) befindet sich unterhalb der *Menüleiste* und enthält

- schon aus anderen WINDOWS-Programmen bekannte *Symbole* (z.B. für *Ausschneiden, Drucken, Einfügen, Kopieren, Speichern*),
- weitere *spezielle Symbole,* deren *Bedeutung* in der *Nachrichtenleiste* erklärt wird, wenn man den Mauszeiger auf das entsprechende Symbol richtet.

Ein gewünschtes *Symbol* wird mittels *Mausklick aktiviert.*

III. **Arbeitsfenster**

Das *Arbeitsfenster* schließt sich an die Symbolleiste an und nimmt den größten Teil der Benutzeroberfläche ein (siehe Abschn.4.2). Es wird in AXIOM als *Worksheet* bezeichnet.

IV. **Nachrichtenleiste**

Die *Nachrichtenleiste /Statusleiste* (englisch: *Status bar*) befindet sich am unteren Bildschirmrand (unterhalb des Arbeitsfensters).

4.2   Arbeitsfenster

Das *Arbeitsfenster* von AXIOM ist ebenso wie in den anderen Systemen einem *Arbeitsblatt/Rechenblatt* (Berechnungen und erläuternder Text) nachempfunden und wird als *Worksheet* (*Arbeitsblatt*) bezeichnet:

* Man kann *Rechenkommandos, Ausdrücke* und *erläuternden Text eingeben*, wobei der *Text* in Anführungszeichen einzuschließen ist (siehe Abb.4.2).

* Die *Eingabe* geschieht in der *aktuellen* (leeren) *Eingabezeile*, wobei für die *Rechenkommandos kleine Buchstaben* zu verwenden sind.

* Die *Berechnung* eines *Ausdrucks* bzw. *Aktivierung* eines *Kommandos* wird durch *Anklicken* des *Knopfes* (Button) links neben der Eingabezeile *ausgelöst*.

* Die *berechneten Ergebnisse* erscheinen unterhalb der Eingabe und werden *fortlaufend* in der *Form* (1), (2),... *numeriert*.

* *Frühere Eingaben* können *verändert* werden, indem der Kursor in der entsprechenden Eingabezeile positioniert und anschließend korrigiert wird.

* Auf *früher eingegebene Ausdrücke* kann folgendermaßen zurückgegriffen werden:

% oder %%(–1)	für den *Ausdruck* der *letzten Ausgabe*
%%(–2)	für den *Ausdruck* der *vorletzten Ausgabe*
%%(–3)	für den *Ausdruck* der *drittletzten Ausgabe*
%%(–n)	für den *Ausdruck* der *n-letzten Ausgabe*
%%(n)	für den *Ausdruck* der *n-ten Ausgabe*

Jede *Arbeitssitzung* mit AXIOM, d.h. das *Arbeitsfenster*, läßt sich analog wie bei anderen *Systemen* durch die aus vielen WINDOWS-Programmen bekannte *Menüfolge*

File ⇒ SaveAs... ⇒ Dateiname:

in Form einer *Datei* mit der *Endung* .TEX auf *Festplatte* oder *Diskette abspeichern* und mittels der *Menüfolge*

File ⇒ Open... ⇒ Dateiname:

bei späteren Sitzungen wieder *einlesen*.

♦

Abb.4.2.
Die Benut-
zeroberflä-
che von
AXIOM nach
einer Arbeits-
sitzung
(Beispiel 3.1)

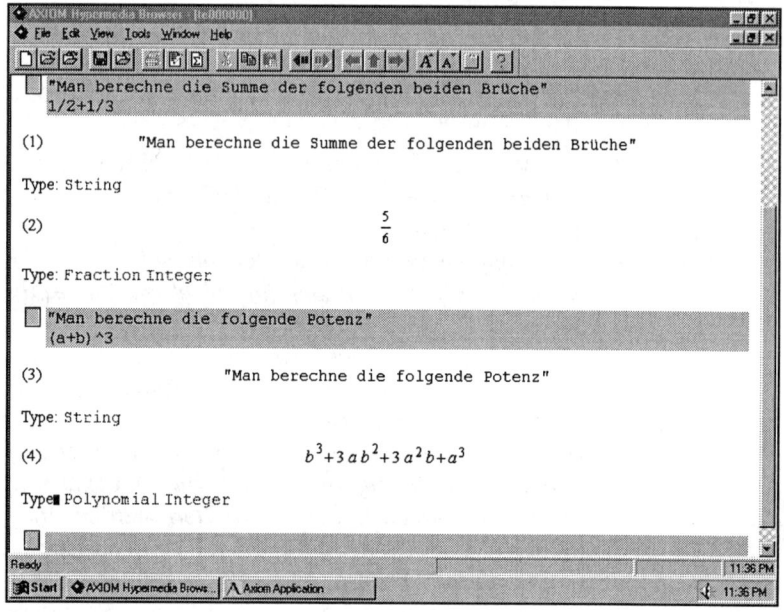

5   DERIVE

Wir verwenden im Rahmen dieses Buches die englischsprachige *Version 4.01* von DERIVE unter WINDOWS 95. Die vorhergehenden Versionen waren nur unter DOS lauffähig (siehe [1-3]).

DERIVE findet auf einer Diskette (3½"-HD) in komprimierter Form Platz.

Von allen *Computeralgebra-Systemen* besitzt DERIVE den geringsten Umfang und stellt die bescheidensten Speicherplatzanforderungen.

Deshalb bietet sich DERIVE bereits zur *Installation* auf *Taschenrechnern* an. Den ersten Taschenrechner mit DERIVE hat zu Beginn des Jahres 1996 die Firma TEXAS-INSTRUMENTS auf den Markt gebracht (Modell TI-92).

♦

Im *Unterverzeichnis* MATH von DERIVE sind *folgende Dateien* enthalten:

- **Demonstrationsdateien**
  besitzen die *Endung* .DMO und enthalten *Beispiele* aus Gebieten, die der Dateiname bezeichnet: z.B. enthält die Datei MATRIX.DMO *Beispiele* zu *Vektoren* und *Matrizen*.
- **Mathematik- und Grafikdateien**
  besitzen die *Endung* .MTH und enthalten *Beispiele* bzw. weitere *zusätzliche Funktionen*.

Diese *Dateien* lassen sich mittels der folgenden *Menüfolgen laden*:

* **File ⇒ Load ⇒ Demo...**   (*Dateien* mit der *Endung* .DMO)
* **File ⇒ Load ⇒ Math...**   (*Dateien* mit der *Endung* .MTH)
♦

5.1   Benutzeroberfläche

Die WINDOWS-*Benutzeroberfläch*e von DERIVE ist in Abb.5.1 zu sehen.

Abb.5.1.
Benutzer-
oberfläche
der WIN-
DOWS-Ver-
sion von DE-
RIVE

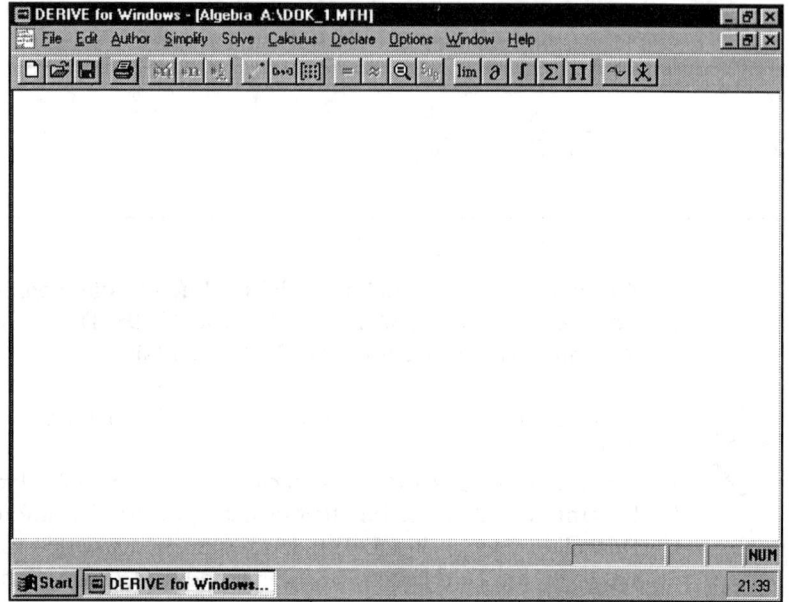

Die *Benutzeroberfläche teilt* sich von oben nach unten *wie folgt auf:*

I. **Menüleiste** (englisch: *Menu bar*)

Die *Menüleiste* enthält die 10 *Menüs*

File, Edit, Author, Simplify, Solve, Calculus, Declare, Options, Window, Help

die wiederum *Untermenüs enthalten* können, die wir im folgenden und bei den einzelnen Anwendungen erklären.

Die *Auswahl* der gewünschten *Menüs/Untermenüs* geschieht mittels *Mausklick.*

Wird ein *Untermenü* mit *drei Punkten ...* beendet, so bedeutet dies, daß nach dem Anklicken eine *Dialogbox* erscheint, die auszufüllen ist.

Im folgenden geben wir eine *Kurzbeschreibung* der *Menüs:*

- **File**
  enthält u.a. die bei WINDOWS-Programmen üblichen *Dateioperationen.*

- **Edit**
  enthält u.a. die bei WINDOWS-Programmen üblichen *Editieroperationen.*

- **Author**

Dieses *Menü* dient der gesamten *Eingabe* in das *Arbeitsfenster* mittels der *Untermenüs*

* **Expression...**
  zur *Eingabe mathematischer Ausdrücke* in die erscheinende *Dialogbox* **Author Expression**

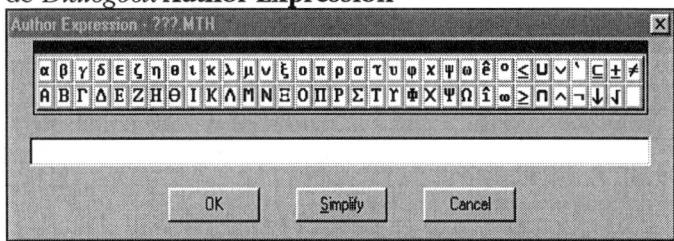

Hier wird in die freie Zeile der zu *berechnende Ausdruck eingegeben*, wozu die beiden *Symbolleisten* mit herangezogen werden können. Die Eingabe kann für bestimmte Rechnungen zusätzlich mit einem vorhandenen *Rechenkommando* geschehen (siehe Beispiel 5.1).

Nach *Anklicken* von **OK** in der *Dialogbox* erscheint die *Eingabe* im *Arbeitsfenster*.

Beispiel 5.1:

Bei einer Reihe von *Problemen* gestattet DERIVE *zwei Lösungsmöglichkeiten:*

* alleinige Verwendung von *Menüs* (Menüfolge)
* zusätzlicheVerwendung von *Rechenkommandos*

Dies wird am *Beispiel* der *Integralberechnung* (siehe Abschn. 25.2) demonstriert:

Das durch partielle Integration berechenbare *bestimmte Integral*

$$\int_1^2 x \cdot \sin x \; dx$$

kann mit DERIVE auf eine der folgenden *zwei Arten berechnet* werden: Durch die *Menüfolge*

1. **Author** ⇒ **Expression...** x * sin (x) ⇒ **OK** ⇒ **Calculus** ⇒ **Integrate...** ⇒ **Simplify**
   nach *Anklicken* von **Definite Integral** und *Eintragen* der *Integrationsvariablen* x (bei **Variable**), der *Grenzen* 1 (bei **Lower Limit**) und 2 (bei **Upper Limit**) in der erscheinenden *Dialogbox*.

2. **Author** ⇒ **Expression...** **int** (x * sin (x) , x , 1 , 2) ⇒ **Simplify**

mit dem *Integrationskommando* (*Rechenkommando*) **int**

Erläuternder Text zu einzelnen Rechnungen ist ebenfalls mittels der *Dialogbox* **Author Expression** (in *Anführungszeichen eingeschlossen*) *einzugeben* und *erscheint* nach *Anklicken* von **OK** im *Arbeitsfenster*.

* **Vector...** und **Matrix...**
  zur *Eingabe* von *Vektoren* bzw. *Matrizen,* wobei in die erste erscheinende *Dialogbox* die *Dimension* einzutragen ist, d.h. die *Anzahl* der *Zeilen* (Rows) und *Spalten* (Columns). Nach Anklicken von OK erscheint eine *zweite Dialogbox,* in die die entsprechenden *Elemente* des *Vektors* bzw. der *Matrix* geschrieben werden. Nach Anklicken von OK erscheint der *Vektor* bzw. die *Matrix* im *Arbeitsfenster.*

• **Simplify**
  Dieses *Menü* dient der *Verarbeitung* eines im *Arbeitsfenster befindlichen markierten mathematischen Ausdrucks* mittels der folgenden *Untermenüs*

  * **Basic...**
    löst die *Vereinfachung* (*Berechnung*) des markierten *Ausdrucks aus.*

  * **Expand...**
    löst die *Entwicklung* des markierten *Ausdrucks aus.*

  * **Factor...**
    löst die *Faktorisierung* des markierten *Ausdrucks aus.*

  * **Approximate...**
    approximiert den markierten *Ausdruck* durch eine *Dezimalzahl.*

  * **Substitute for**
    dient der *Substitution* von Variablen (*Variables...*) oder von Teilausdrücken (*Subexpression...*) des markierten *Ausdrucks,* wobei der zu *substituierende Ausdruck* in die erscheinende *Dialogbox* einzutragen ist.

• **Solve**
  dient zur *exakten* und *numerischen Lösung* von *Gleichungen* und *Gleichungssystemen.*

• **Calculus**
  ist das *Rechenmenü* und bewirkt in seinen *Untermenüs*

  * *Grenzwertberechnung* (**Limit...**)

*   *Differentiation* (**Differentiate...**)
*   *Taylorentwicklung* (**Taylor...**)
*   *Integration* (**Integrate...**)
*   *Summenberechnung* (**Sum...**)
*   *Produktberechnung* (**Product...**)

des im *Arbeitsfenster* stehenden *Ausdrucks* mittels der erscheinenden *Dialogbox.*

- **Declare**
  Dieses Menü dient zur *Vereinbarung* von *Funktionen* und *Variablen* über das erscheinende *Untermenü.*

- **Options**
  dient zur Festlegung der *farblichen Gestaltung* (Color) des *Bildschirms* und zur Festlegung von *Druckoptionen.*

- **Window**
  dient zur *Gestaltung* des *Arbeitsfensters* und zum Anlegen von *Grafikfenstern.*

- **Help**
  liefert *englischsprachige Hilfen* zu DERIVE. Mittels der *Menüfolge* **Help** ⇒ **Index** kann man sich *Informationen* zu DERIVE-Funktionen und -Begriffen anzeigen lassen, auch wenn man nur den entsprechenden Anfangsbuchstaben kennt.

In DERIVE werden die meisten *Rechenoperationen* über die *Menüleiste* aktiviert, die damit zur *wichtigsten Leiste* bei der Arbeit wird. Hierin besteht ein wesentlicher *Unterschied* zu AXIOM, MACSYMA, MAPLE, MATHEMATICA, MATLAB und MuPAD, bei denen die *Rechenoperationen* durch *Kommandos* mit entsprechenden Argumenten im Arbeitsfenster realisiert werden.

◆

Die gegebene *Zusammenstellung* der *Menüs* genügt, um mit DERIVE arbeiten zu können. Auf die meisten dieser Menüs kommen wir ausführlicher bei den entsprechenden Anwendungen im Hauptteil des Buches (Kap.16–32) zurück.

◆

II. Symbolleiste (englisch: *Tool bar*)

Eine kurze *Erklärung* der *Symbole* der *Symbolleiste* wird in der *Nachrichtenleiste* gegeben, wenn man den Mauszeiger auf das entsprechende Symbol stellt.

Die *ersten vier Symbole* der *Symbolleiste* sind aus vielen WINDOWS-Programmen bekannt und brauchen nicht näher erläutert werden.

Die *folgenden Symbole* stehen für *Menüs* und können bei vielen Rechnungen angewandt werden. Dabei steht für das

* *Menü* **Simplify** zur *Vereinfachung* von *Ausdrücken* das *Symbol*

* *Untermenü* **Approximate** im *Menü* **Simplify** zur *näherungsweisen Berechnung* das *Symbol*

* *Menü* **Solve** zur *Lösung* von *Gleichungen* und *Relationen* das *Symbol*

* *Untermenü* **Substitute for** im *Menü* **Simplify** zur *Substituierung* von *Variablen* in *Ausdrücken* das *Symbol*

Weitere Symbole dienen der *Arbeit* mit und der *Berechnung* von *mathematischen Ausdrücken*. So finden wir hier u.a. *Symbole* zur

* *Erzeugung* von *Vektoren* und *Matrizen*

     bzw.

* *Grenzwertberechnung*

* *Differentiation*

* *Integration*

* *Summen-* und *Produktberechnung*

     bzw.

* *grafischen Darstellung* von *Kurven* und *Flächen*

     bzw.

Auf diese Symbole werden wir in den entsprechenden Kapiteln näher eingehen, wobei das gewünschte *Symbol* mittels *Mausklick aktiviert* wird.

III. Arbeitsfenster

Das *Arbeitsfenster* nimmt den größten Teil des Bildschirms ein und dient zur Durchführung der Rechnungen (siehe Abschn. 5.2).

IV. **Nachrichtenleiste/Statusleiste** (englisch: *Status bar*)
Die *Nachrichtenleiste* befindet sich unterhalb des Arbeitsfensters und gibt dem Nutzer eine Reihe von *Hinweisen.*

5.2   Arbeitsfenster

Das *Arbeitsfenster* von DERIVE zeigt

- vom Nutzer mittels der *Menüfolge*
  Author ⇒ Expression... ⇒ OK
  eingegebene mathematische Ausdrücke bzw. *Rechenkommandos*
- vom Nutzer mittels der *Menüfolge*
  Author ⇒ Expression... ⇒ OK *eingegebenen Text*, der in Anführungszeichen einzuschließen ist (siehe Abb.5.2).
- von DERIVE *berechnete Ergebnisse* und *gezeichnete Grafiken*

Mit *mathematischen Ausdrücken* wird in DERIVE folgendermaßen operiert:

- Ausdrücke werden auf eine der *folgenden Arten* in das *Arbeitsfenster eingegeben:* Nach
  * *Aktivierung* der *Menüfolge* **Author ⇒ Expression...**
  * *Anklicken* des *Symbols*

    in der *Symbolleiste*
  erscheint die *Dialogbox* **Author Expression**, in die der Ausdruck *eingegeben* wird. Nach *Anklicken* von **OK** erscheint er im *Arbeitsfenster.* Der *zu lösende Ausdruck* (Eingabe) und die *Lösung* (Ausgabe) stehen bei DERIVE in *zwei aufeinanderfolgenden Zeilen* im *Arbeitsfenster* und werden fortlaufend *numeriert.* Damit kann später leicht auf die im Arbeitsfenster stehenden Ausdrücke zurückgegriffen werden, indem man in der *Dialogbox* **Author Expression** hinter dem Zeichen # die Nummer des gewünschten Ausdrucks eingibt.
- Ausdrücke, die im *Arbeitsfenster stehen* und *markiert* sind, können mittels der *Menüs* der *Menüleiste* bzw. den *Symbolen* der *Symbolleiste verarbeitet* werden.
- Ausdrücke, die schon im *Arbeitsfenster stehen* und *markiert* sind, werden mit der ⒡- oder ⒡- Taste wieder in die *Dialogbox* **Author Expression** kopiert. Das gleiche wird mittels der *Menüfolge* **Edit ⇒ Expression...** erreicht.

- Ausdrücke, die *zuletzt eingegeben* oder *berechnet* wurden (*aktueller Ausdruck*), erscheinen im Arbeitsfenster mit einem *Balken* (*Auswahlbalken*) *markiert*. Möchte man einen *anderen Ausdruck markieren*, so geschieht dies durch *Mausklick*.
- Ausdrücke, die im *Arbeitsfenster stehen* und *markiert* sind, können folgendermaßen *verändert* werden:
  Die *Menüfolge* **Edit** ⇒ **Expression...** bringt den *Ausdruck* in die *Dialogbox* **Author Expression**, in der er *korrigiert* werden kann.

Ein *Beispiel* für das *Aussehen* des *Arbeitsfensters* während einer Arbeitssitzung findet man in Abb.5.2.

Abb.5.2.
Die Benutzeroberfläche von DE-RIVE nach einer Arbeitssitzung (Beispiel3.1)

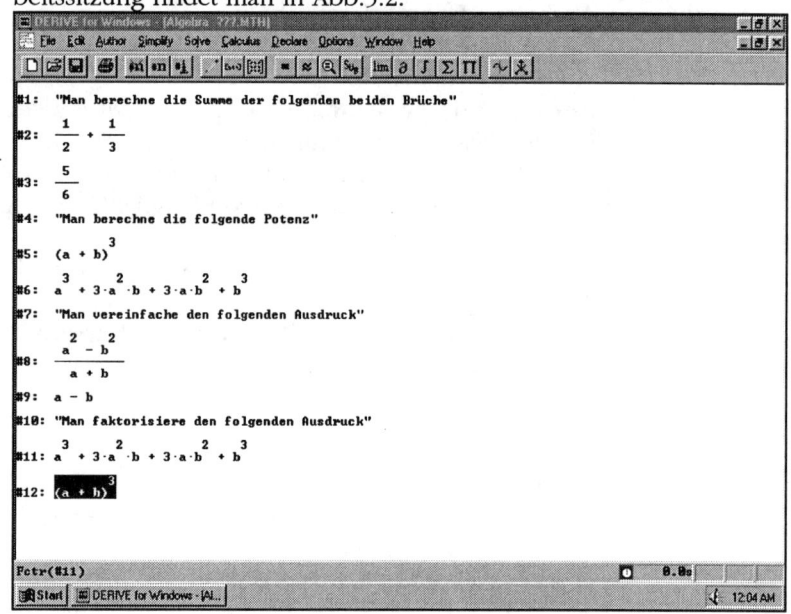

Jede *Arbeitssitzung* mit DERIVE, d.h. das *Arbeitsfenster*, läßt sich analog wie bei den anderen Systemen durch die aus vielen WINDOWS-Programmen bekannte *Menüfolge*

File ⇒ **SaveAs...** ⇒ **Dateiname:**

auf die *Festplatte* oder auf *Diskette abspeichern* (mit der *Endung* .MTH) und mittels der *Menüfolge*

File ⇒ **Open...** ⇒ **Dateiname:**

bei späteren Sitzungen wieder *einlesen*.

◆

6 MACSYMA

Im folgenden legen wir die *Version 2.1* für WINDOWS (3.1 oder 95) von 1996 zugrunde, die ebenso wie die vorhergehenden Versionen nur in englischer Sprache vorliegt.

6.1 Benutzeroberfläche

Nach dem *Starten* von MACSYMA ergibt sich die in Abb.6.1 dargestellte WINDOWS-*Benutzeroberfläche.*

Abb.6.1.
Benutzer-
oberfläche
von MAC-
SYMA

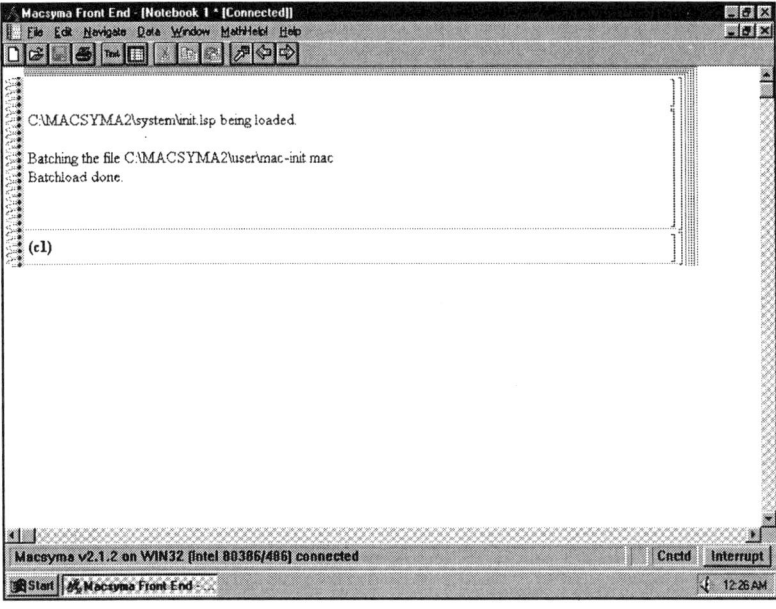

Die *Benutzeroberfläche teilt* sich von oben nach unten *wie folgt auf:*

I. Menüleiste

Die *Menüleiste* (englisch: *Menu bar*) befindet sich am oberen Bildschirmrand und enthält u.a. *folgende Menüs,* die wiederum *Untermenüs* enthalten können:

- **File**
  enthält u.a. die bei WINDOWS-Programmen üblichen *Datei-operationen*.
- **Edit**
  enthält u.a. die bei WINDOWS-Programmen üblichen *Editier-operationen*.
- **Navigate**
  dient zur *Bewegung innerhalb* des *Notebooks*.
- **Window**
  dient zur *Fensteraufteilung* (mehrere geöffnete Notebooks können gleichzeitig betrachtet werden).
- **MathHelp!**
  enthält *Hilfen* zu allen *mathematischen Problemen*, die mit MACSYMA gelöst werden können.
- **Help**
  beinhaltet *Hilfefunktionen* von MACSYMA.

Die *Auswahl* der gewünschten *Menüs/Untermenüs* geschieht mittels *Mausklick*. Wird ein *Untermenü* mit *drei Punkten* ... beendet, so bedeutet dies, daß nach dem Anklicken eine *Dialogbox* erscheint, die auszufüllen ist.

II. Symbolleiste

Die *Symbolleiste* (englisch: *Tool bar*) befindet sich unterhalb der *Menüleiste* und enthält

- schon aus anderen WINDOWS-Programmen bekannte Symbole (z.B. für *Ausschneiden, Drucken, Einfügen, Kopieren, Speichern*),
- spezielle MACSYMA-Symbole wie das *Text-Symbol* zum Einfügen von Text.

Eine kurze *Erklärung* der *Symbole* der *Symbolleiste* wird in der *Nachrichtenleiste* gegeben, wenn man den Mauszeiger auf das entsprechende Symbol stellt.

Ein gewünschtes *Symbol* wird mittels *Mausklick aktiviert*.

III. Arbeitsfenster

Das *Arbeitsfenster* schließt sich an die Symbolleiste an und nimmt den größten Teil der Benutzeroberfläche ein. Es wird in MACSYMA als *Notebook* bezeichnet (siehe Abschn.6.2).

IV. Nachrichtenleiste

Die *Nachrichtenleiste /Statusleiste* (englisch: *Status bar*) befindet sich am unteren Bildschirmrand (unterhalb des Arbeitsfensters).

6.2   Arbeitsfenster

Das *Arbeitsfenster* von MACSYMA ist ebenso wie das der anderen *Systeme* einem *Arbeitsblatt/Rechenblatt* (Berechnungen und erläuternder Text) nachempfunden und wird bei MACSYMA als *Notebook* (Notizblock) bezeichnet:

* Man kann *Rechenkommandos, Ausdrücke* und *erläuternden Text eingeben*, wobei *Text* durch Anklicken des *Symbols*

  eingefügt wird (siehe Abb.6.2).

* Die *Eingabe* geschieht in der *aktuellen* (leeren) *Eingabezeile*, wobei für die *Rechenkommandos* kleine oder große Buchstaben verwendet werden können.

* Die *Berechnung* eines *Ausdrucks* bzw. *Aktivierung* eines *Kommandos* wird durch Drücken der ⏎-Taste ausgelöst.

* Die *berechneten Ergebnisse* erscheinen unterhalb der Eingabe. *Eingabe* und *Ergebnisse* werden *fortlaufend numeriert* (siehe Abb.6.2).

* *Frühere Eingaben* können *verändert* und wieder ausgeführt/berechnet werden, indem der Kursor in der entsprechenden Eingabezeile positioniert, anschließend korrigiert und die Operation mit der ⏎-Taste beendet wird.

* Auf *früher eingegebene Ausdrücke* kann folgendermaßen zurückgegriffen werden:

%	für den *Ausdruck* der *letzten Ausgabe*
%th(2)	für den *Ausdruck* der *vorletzten Ausgabe*
%th (3)	für den *Ausdruck* der *drittletzten Ausgabe*
%th(n)	für den *Ausdruck* der *n-letzten Ausgabe*

Jede *Arbeitssitzung* mit MACSYMA läßt sich analog wie bei anderen *Systemen* durch die aus vielen WINDOWS-Programmen bekannte *Menüfolge*

File ⇒ SaveAs... ⇒ Dateiname:

in Form einer *Datei* mit der *Endung* .MFE auf *Festplatte* oder *Diskette abspeichern* und mittels der *Menüfolge*

File ⇒ Open... ⇒ Dateiname:

bei späteren Sitzungen wieder *einlesen*.

♦

Abb.6.2.
Benutzer-
oberfläche
von MAC-
SYMA nach
einer Arbeits-
sitzung (Bei-
spiel 3.1)

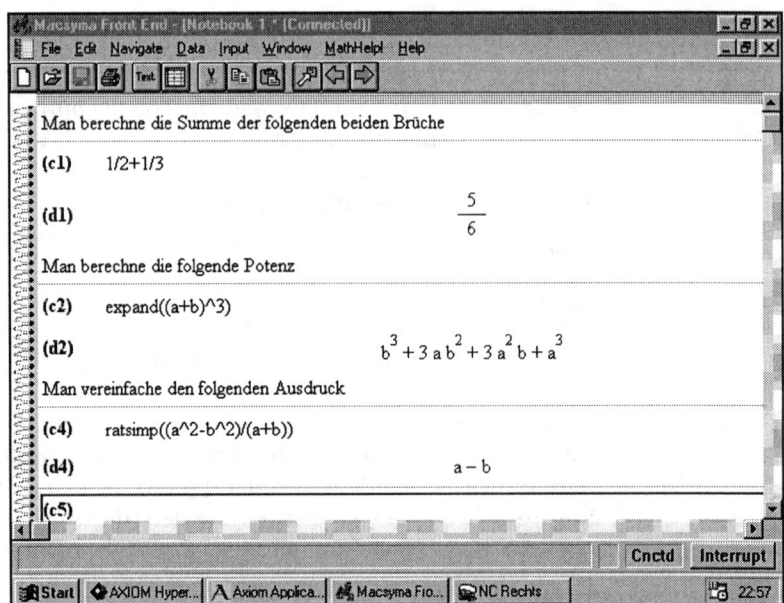

Man berechne die Summe der folgenden beiden Brüche

(c1)   1/2+1/3

(d1) $\dfrac{5}{6}$

Man berechne die folgende Potenz

(c2)   expand((a+b)^3)

(d2) $b^3 + 3\,a\,b^2 + 3\,a^2\,b + a^3$

Man vereinfache den folgenden Ausdruck

(c4)   ratsimp((a^2-b^2)/(a+b))

(d4) $a - b$

(c5)

7   MAPLE

Im folgenden legen wir die Version MAPLE V *Release* 4 für WIN-
DOWS (3.1 oder 95) von 1996 zugrunde, die ebenso wie die vorhergehenden Versionen nur in englischer Sprache existiert.

7.1   Benutzeroberfläche

Nach dem *Starten* von MAPLE ergibt sich die in Abb.7.1 dargestellte
Benutzeroberfläche (*Worksheet-Interface*) der WINDOWS-Version
von MAPLE.

Abb.7.1.
Benutzer-
oberfläche
von MAPLE

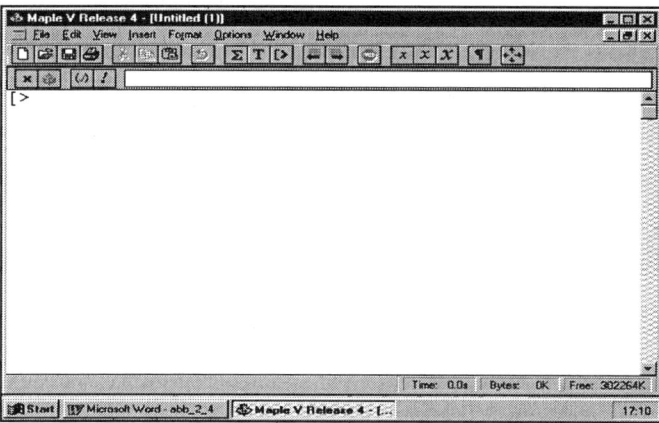

Die *Benutzeroberfläche teilt* sich von oben nach unten *wie folgt auf:*
I. Menüleiste
   Die *Menüleiste* (englisch: *Menu bar*) befindet sich am oberen
   Bildschirmrand und enthält *folgende Menüs,* die wiederum *Un-
   termenüs* enthalten können:
   • **File**
      enthält u.a. die bei WINDOWS-Programmen üblichen *Datei-
      operationen.*
   • **Edit**

enthält u.a. die bei WINDOWS-Programmen üblichen *Editier-operationen.*

- **View**
  dient u.a. zur *Ein-* bzw. *Ausschaltung* der *Symbol-, Kontext-* und *Statusleiste* (*Tool bar, Context bar, Status line*) mittels Mausklick und der Größe der Darstellung im Arbeitsfenster (*Zoom Factor*).
- **Insert**
  dient u.a. zur *Umschaltung* von *Texteingabe/Textmodus* (*Text Input*) in *Formeleingabe/Formelmodus* (*Maple Input*).
- **Format**
  dient u.a. zur *Gestaltung* des *Arbeitsfensters* (Bestimmung der Schriftarten und -größen).
- **Options**
  Hier können *Optionen eingestellt* werden.
- **Window**
  dient zur *Aufteilung* des *Arbeitsfensters*, wenn man *mehrere Notebooks* (*Worksheets*) geöffnet hat.
- **Help**
  Hier findet man *Hilfen* zu allen in MAPLE enthaltenen Menüs, Kommandos und Funktionen.

Die *Auswahl* der gewünschten *Menüs/Untermenüs* geschieht mittels *Mausklick.* Wird ein *Untermenü* mit *drei Punkten ...* beendet, so bedeutet dies, daß nach dem Anklicken eine *Dialog-box* erscheint, die auszufüllen ist.

II. **Symbolleiste**

Die *Symbolleiste* (englisch: *Tool bar*) befindet sich unterhalb der *Menüleiste*. Sie besitzt eine Reihe schon aus anderen WINDOWS-Programmen bekannter *Symbole* (z.B. für *Ausschneiden, Druk-ken, Einfügen, Kopieren, Speichern*) und weitere MAPLE-*Symbole* wie das

- STOP-*Symbol*

  zum *Abbruch* laufender *Rechnungen,*
- *Symbol*

  zur *Umschaltung* in den *Formelmodus* (für die Eingabe von Aufgaben/Formeln),
- *Symbol*

zur *Umschaltung* in den *Textmodus* (für die Eingabe von Text).

Eine kurze *Erklärung* der *Symbole* der *Symbolleiste* wird in der *Nachrichtenleiste* gegeben, wenn man den Mauszeiger auf das entsprechende Symbol stellt.

Ein gewünschtes *Symbol* wird mittels *Mausklic aktiviert.*

III.Kontextleiste

Die *Kontextleiste* (englisch: *Context bar*) befindet sich als *weitere Leiste* unter der *Symbolleiste.* Sie

* dient im *Textmodus* zur *Einstellung* von *Schriftart* und -*größe,*
* enthält im *Formelmodus Symbole,* die

    * zur *Umwandlung* der eingegebenen *Rechenkommandos* in die *mathematische Standardschreibweise* mittels

    * zum *Übergang* in den *Textmodus* mittels des *Ahornblatt-Symbols*

dienen.

Im *Textmodus* wird die *Kontextleiste* durch eine *Schriftartleiste ersetzt*, in der man *Schriftart* und -*größe* einstellen kann.

IV.Arbeitsfenster

Das *Arbeitsfenster* schließt sich an die Kontextleiste an und nimmt den größten Teil der Benutzeroberfläche ein (siehe Abschn.7.2). Es wird in MAPLE als *Worksheet* (Notizblatt) bezeichnet.

V. Nachrichtenleiste

Die *Nachrichtenleiste/Statusleiste* (englisch: *Status bar*) befindet sich unterhalb des Arbeitsfensters am unteren Bildschirmrand.

7.2 Arbeitsfenster

Durch die *Trennung* in *Text-* und *Kommando/Formel-Bereiche* (mittels Text- bzw. Formelmodus) läßt sich das MAPLE-*Arbeitsfenster* ebenso wie bei den anderen *Systemen* als *Arbeitsblatt/Rechenblatt* (Berechnungen und erläuternder Text) gestalten, für das häufig die englischsprachigen Bezeichnungen *Worksheet* (Notizblatt) oder wie bei MATHEMATICA *Notebook* (Notizblock) verwendet werden:

* Man kann *Kommandos, Ausdrücke* und *erläuternden Text einge-ben* (siehe Abb.7.2), wobei *Kommandos* und *Ausdrücke* mit einem *Semikolon abgeschlossen* werden. Die *Umschaltung* zwi-

schen *Formel-* (*Formelmodus*) und *Texteingabe* (*Textmodus*) kann auf eine der folgenden drei Arten erfolgen:

I.   In der *Menüleiste* mittels des *Menüs* **Insert** durch *Maple Input* (für *Formelmodus*) oder *Text Input* (für *Textmodus*).

II. In der *Symbolleiste* mittels des *Symbols*

zur *Umschaltung* in den *Formelmodus*, und mittels des *Symbols*

zur *Umschaltung* in den *Textmodus*.

III. In der *Kontextleiste* mittels des *Ahornblatt-Symbols*

zur *Umschaltung* zwischen *Formel-* und *Textmodus*.

- Die *Eingabe* geschieht in die **aktuelle** leere *Eingabezeile* nach dem *Eingabeprompt* >, wobei für Rechenkommandos *Kleinbuchstaben* zu verwenden sind und jede *Eingabe* mit einem *Semikolon abgeschlossen* werden muß.
- Die *Berechnung* eines *Ausdrucks* bzw. *Aktivierung* eines *Kommandos* wird durch *Drücken* der ⏎ *–Taste* ausgelöst.
- Die *berechneten Ergebnisse* erscheinen unterhalb der Eingabe.
- *Frühere Eingaben* können *verändert* und wieder ausgeführt/berechnet werden, indem der Kursor in der entsprechenden Eingabezeile positioniert, anschließend korrigiert und die Operation mit der ⏎–Taste beendet wird.
- Auf *früher eingegebene Ausdrücke* kann folgendermaßen zurückgegriffen werden: Für den *Ausdruck* der
  * *letzten Ausgabe :*   "
  * *vorletzten Ausgabe :*   " "
  * *drittletzten Ausgabe :*   " " "

  Auf weiter zurückliegende Ausgaben kann nicht zurückgegriffen werden.

In der *Version 4* von MAPLE ist es erstmals wie bei MATHCAD und MATHEMATICA 3.0 möglich, *mathematische Formeln* in der üblichen *Standardnotation* darzustellen. Dies geschieht *nach Eingabe* des *Rechenkommandos* oder *Ausdrucks* (mit Semikolon) durch *Mausklick* auf das *Symbol*

in der *Kontextleiste* (siehe Beispiel 7.1).♦

Abb.7.2.
Benutzero-
berfläche
von MAPLE
nach einer
Arbeitssit-
zung (Bei-
spiel 3.1)

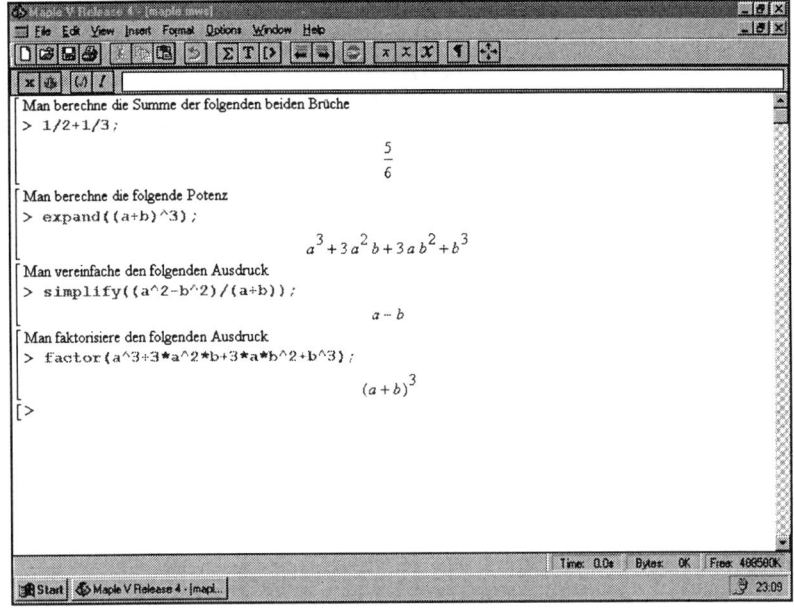

Beispiel 7.1:

a) Der *eingegebene Ausdruck*
   (x^2–1)/(x+1) ;
   wird in die *mathematische Standardnotation*

   $$\frac{x^2 - 1}{x + 1}$$

b) Das *eingegebene Differentiationskommando*
   diff (x^2 , x) ;
   wird in die *mathematische Standardnotation*

   $$\frac{\partial}{\partial x} x^2$$

c) Das *eingegebene Integrationskommando*
   int (x^2 , x) ;
   wird in die *mathematische Standardnotation*

   $$\int x^2 \, dx$$

durch *Mausklick* auf das *Symbol*

umgeformt, wie aus Abb.7.3 zu ersehen ist.

♦

Abb.7.3.
Benutzero-
berfläche
von MAPLE
für Beispiel
7.1 (mit ma-
thematischer
Standardno-
tation)

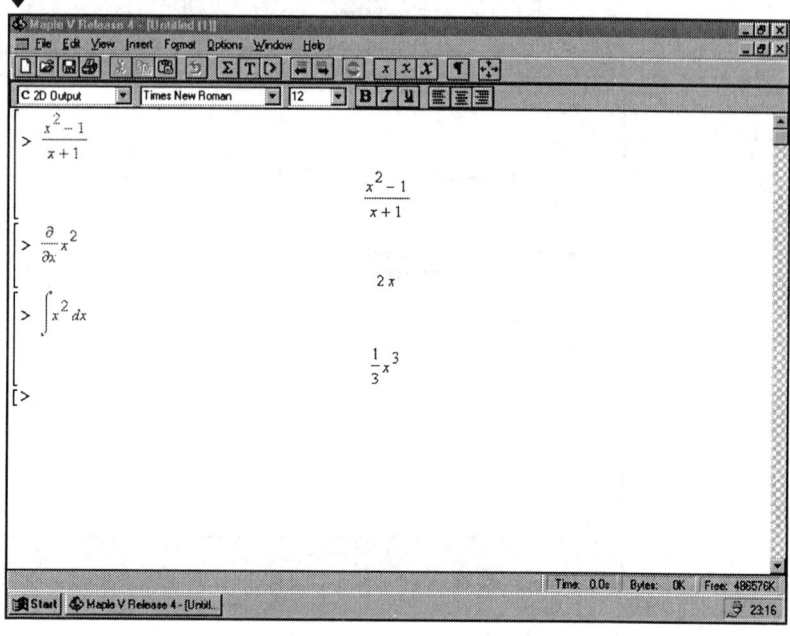

Aus der MAPLE-Bibliothek werden *Zusatzpakete* durch das *Kommando* **with** (Paketname) ; *geladen.* So bewirkt z.B. **with** (linalg) ; das *Laden* des Pakets *Lineare Algebra.*

♦

Das *Arbeitsblatt/Rechenblatt* (*Notebook/Worksheet*) einer Arbeitssitzung mit MAPLE läßt sich durch die aus vielen WINDOWS-Programmen bekannte *Menüfolge*
File ⇒ SaveAs... ⇒ Dateiname:
als *Datei* mit der *Endung* .MWS auf *Festplatte* oder *Diskette abspeichern* und bei späteren Sitzungen durch die *Menüfolge*
File ⇒ Open... ⇒ Dateiname:
wieder *einlesen.*

♦

8   MATHCAD

Im folgenden wird die _Version 6.0 PLUS_ für WINDOWS (3.1 oder 95) von 1995 zugrunde gelegt, die in englischer und deutscher Sprache vorliegt. Wir beschreiben den Aufbau der englischen Version. Wir stellen absichtlich die _englische Version_ in den Vordergrund, da jede neu entwickelte Version zuerst in englisch erscheint. Die _Version 6.0 PLUS_ besitzt den gleichen Aufbau und die gleiche Benutzeroberfläche wie die _Version 6.0_, sie ist nur um die folgenden _Leistungsmerkmale erweitert:_

* erweiterte symbolische Funktionen
* mehr numerische Rechenfunktionen
* erweiterte Matrixfunktionen
* zusätzliche Lösungsfunktionen für Differentialgleichungen
* integrierbare C/C++−Funktionen
* statistische Funktionen
* Integraltransformationen
* erweiterte Grafikfunktionen
* erweiterte Programmiermöglichkeiten

Die leistungsstärkere Version 6.0 PLUS mit erweitertem Funktionsumfang ist für diejenigen Anwender gedacht, die eine größere Auswahl an mathematischer Funktionalität benötigen.

MATHCAD wird von der Firma MATHSOFT (USA) zügig weiterentwickelt. So wurden innerhalb von zwei Jahren die Versionen 4 (1993), 5 (1994), 6 (1995) und 7 (1997) erstellt. Für den kleinen Geldbeutel wird noch eine mit dem Namen MATHCAD 99 bezeichnete Version mit verringertem Funktionsumfang (entspricht der Vollversion 3.1) in deutscher Sprache angeboten.

MATHCAD war ursprünglich wie MATLAB ein _System_ für _näherungsweise (numerische) Rechnungen._
Erst ab der Version 3 wurde eine abgerüstete Variante des _Symbolprozessors_ von MAPLE übernommen, um _exakte (symbolische) Rechnungen_ durchführen zu können. Dieser _Symbolprozessor_ wird automatisch beim Start von MATHCAD geladen. Damit sind alle _Unter-_

menüs des *Menüs* **Symbolic** zur *symbolischen Rechnung* anwendbar.

◆

8.1   Benutzeroberfläche

Nach dem *Starten* von MATHCAD erhält man die in Abb.8.1 dargestellte *Benutzeroberfläche* für die WINDOWS-Version.

Abb.8.1.
Benutzer-
oberfläche
von MATH-
CAD 6.0
PLUS

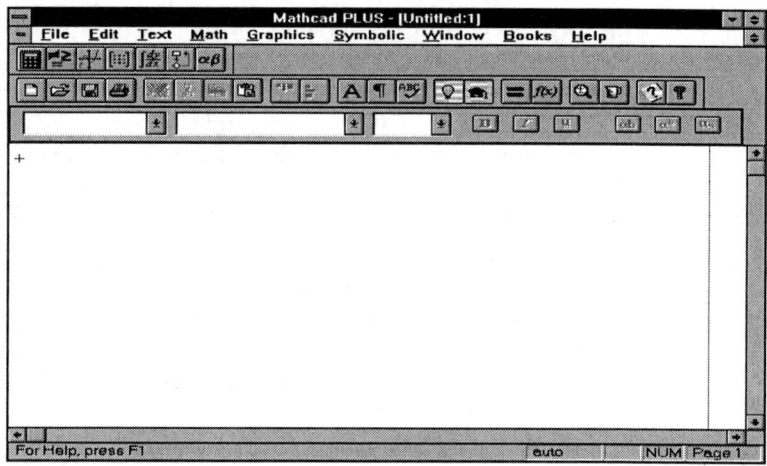

Die *Benutzeroberfläche teilt* sich von oben nach unten *wie folgt auf:*

I. **Menüleiste**

Die *Menüleiste* (englisch: *Menu bar*) befindet sich am oberen Bildschirmrand und enthält *folgende Menüs,* die wiederum *Untermenüs* enthalten können:

- **File**

  enthält u.a. die bei WINDOWS-Programmen üblichen *Datei-operationen.*

- **Edit**

  enthält u.a. die bei WINDOWS-Programmen üblichen *Editier-operationen.*

- **Text**

  verwendet man u.a. zur

  * *Umschaltung* von *Formel-* in *Texteingabe* durch Anklicken des *Untermenüs* **Create Text Region.**

    Dies dient zur *Gestaltung* des MATHCAD-*Arbeitsfensters* als *Arbeitsblatt/Rechenblatt* (*Berechnungen* und *erläuternder Text*).

Beim *Start* ist man automatisch im *Berechnungsmodus* (*Formelmodus*) und kann zu berechnende Ausdrücke eingeben. Man erkennt diesen Modus am *Einfügekreuz* +. Möchte man in den *Textmodus umschalten*, d.h., *erläuternden Text* eingeben, so geschieht dies wie eben beschrieben oder durch *Eingabe von* " oder *Anklicken* des *folgenden Symbols* in der *Symbolleiste:*

Das *Verlassen* der *Texteingabe* (und damit wieder *Übergang* zur *Formeleingabe*) geschieht mittels Mausklick außerhalb des Textes.

* *Einstellung* der *Schriftart* mittels **Change Default Font...**
* *Änderung* der *Schriftart* mittels **Change Font...**

• **Math**

Hier können u.a.

* das *Format* bei *Zahlenrechnungen* **Numerical Format...**
* die *Schriftart* für die *Formeleingabe*
  Apply Font Tag...
  Modify Font Tag...
* die *automatische Berechnung* eines Dokuments
  Automatic Mode
  (in der *Nachrichtenzeile* erscheint die Meldung *auto*)
  eingestellt,
* *Matrizen* mittels **Matrices...**
  definiert,
* *Maßeinheiten* mittels **Units**
* *Funktionsbezeichnungen* mittels **Choose Function...**
  eingefügt werden.

• **Graphics**

Graphics dient u.a. zur *grafischen Darstellung* von

* *Kurven* mittels **Create X–Y Plot**
* *Flächen* mittels **Create Surface Plot**

einschließlich der Festlegung der zu verwendenden *Koordinatensysteme.*

• **Symbolic**

In diesem Menü befinden sich *folgende Untermenüs* zur *exakten (symbolischen) Berechnung* mittels des aus MAPLE übernommenen *Symbolprozessors:*

* *Evaluate* (Berechnen)
* *Simplify* (Vereinfachen)

* *Expand Expression* (Ausdruck entwickeln)
* *Collect on Subexpression* (in Teilausdrücken zusammenfassen)
* *Polynomial Coefficients* (Polynomkoeffizienten)
* *Differentiate on Variable* (nach Variablen differenzieren)
* *Integrate on Variable* (nach Variablen integrieren)
* *Solve for Variable* (nach Variablen auflösen)
* *Substitute for Variable* (Variablen substituieren)
* *Expand to Series...* (in eine Reihe entwickeln)
* *Convert to Partial Fraction* (in Partialbrüche zerlegen)
* *Matrix Operations* (Matrixoperationen)
* *Transforms* (Laplace-, Fourier- und Z-Transformationen)

- **Window**

  Window dient zur Einteilung und farblichen *Gestaltung* des *Arbeitsfensters* :

  * Sind *mehrere Dokumente* (Arbeitsfenster) geöffnet, so können diese mit **Tile** *nebeneinander* oder *untereinander* und mit **Cascade** *überlappend* angeordnet werden.
  * *Leisten* können aus der Anzeige *ausgeblendet* werden, so z.B. mittels **Hide Tool Bar** die *obere Symbolleiste*.

- **Books**

  dient zum *Öffnen* der integrierten (*Book Sampler* und *Desktop Reference*) oder zusätzlich gekauften und installierten *Elektronischen Bücher*.

- **Help**

  beinhaltet die *Hilfefunktionen* von MATHCAD.

Die *Auswahl* der gewünschten *Menüs/Untermenüs* geschieht mittels *Mausklick*. Wird ein *Untermenü* mit *drei Punkten* ... beendet, so bedeutet dies, daß nach dem Anklicken eine *Dialogbox* erscheint, die auszufüllen ist.

II. Leiste der Operatorpaletten

Die *Leiste* der *Operatorpaletten* (englisch: *Operator palettes* oder *Symbol palettes*) mit *sieben Symbolen* befindet sich unterhalb der Menüleiste. Durch *Mausklick* auf ein *Symbol* erscheint im Arbeitsfenster eine *Palette* mit *Operatoren*, die durch Mausklick an der durch den Kursor (Einfügekreuz) markierten Stelle im Arbeitsfenster eingefügt werden können.

Die *geöffneten Operatorpaletten* bleiben im Arbeitsfenster, wenn man sie nicht wieder schließt. So kann man alle Operatorpaletten öffnen, wie in Abb.8.2 zu sehen ist. Da bei allen geöffneten Operatorpaletten im Arbeitsfenster nur wenig Platz verbleibt, gibt es die Möglichkeit, häufig benötigte Operatorpaletten mit gedrückter Maustaste in die Nachrichtenleiste zu ziehen, wie in Abb.8.3 zu sehen ist.

Die vorhandenen *Operatorpaletten* enthalten die gängigen *mathematischen Symbole/Operatoren* (u.a. Differentiationssymbol, Integralzeichen, Summenzeichen, Matrixsymbol, Wurzelzeichen), so daß alle Rechnungen in der üblichen *mathematischen Standardnotation* durchgeführt werden können. Diese *Operatoren* dienen sowohl zur Durchführung *exakter* als auch *numerischer Rechnungen.*

III. Symbolleiste

Die *Symbolleiste* (englisch: *Tool bar*) befindet sich unterhalb der Leiste der Operatorpaletten und enthält schon aus anderen WINDOWS-Programmen bekannte Symbole (z.B. für *Ausschneiden, Drucken, Einfügen, Kopieren, Speichern*) und weitere MATH-CAD-Symbole, auf die wir im Laufe des Buches eingehen.

Eine kurze *Erklärung* der *Symbole* der *Symbolleiste* wird gegeben, wenn man den Mauszeiger auf das entsprechende Symbol stellt.

Ein gewünschtes *Symbol* wird mittels *Mausklick aktiviert.*

IV. Schriftartleiste

Die *Schriftartleiste* (englisch: *Font bar*) liegt unter der Symbolleiste und dient zur *Einstellung* der *Schriftarten.*

V. Arbeitsfenster

Das *Arbeitsfenster* nimmt den *Hauptteil* der *Benutzeroberfläche* ein und liegt unterhalb der Leisten I – IV (siehe Abschn.8.2). Es wird in MATHCAD als *Dokument* (engl. document) bezeichnet.

VI. Nachrichtenleiste

Die *Nachrichtenleiste/Statusleiste* (englisch: *Status bar*) liegt unter dem Arbeitsfenster und ist aus vielen WINDOWS-Programmen bekannt. Aus der *Nachrichtenleiste* erhält man u.a. Informationen über die aktuelle Seitennummer, die gerade durchgeführte Operation, den *Berechnungsmodus* (z.B. *auto*).

Abb.8.2.
Aktivierte
Operatorpa-
letten Nr.1-7
von MATH-
CAD

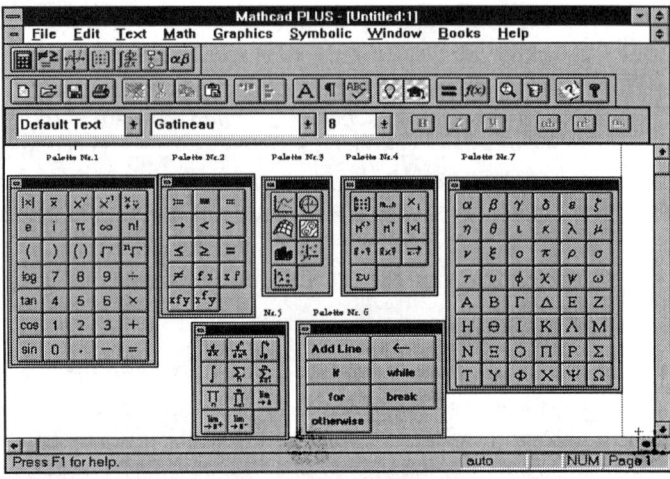

Abb.8.3.
Operatorpa-
letten in der
Nachrich-
tenleiste von
MATHCAD

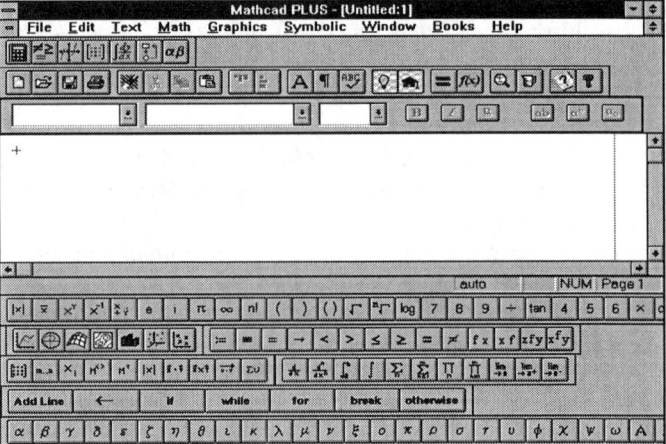

8.2   Arbeitsfenster

Durch die *Trennung* in *Text-* und *Rechenbereiche* läßt sich das
MATHCAD-*Arbeitsfenster* ebenso wie bei den anderen *Systemen* als
Arbeitsblatt/Rechenblatt (Berechnungen und erläuternder Text) gestalten, für das die Bezeichnung *Dokument* (englisch: *document*)
verwendet wird:

• Man kann *erläuternden Text, Rechenkommandos* und *Ausdrücke*
  unter Zuhilfenahme der *Operatorpaletten eingeben* (siehe Abb.
  8.4). Die *Umschaltung* zwischen *Rechnung* (*Formelmodus*) und

Text (*Textmodus*) wird ausführlich bei der Behandlung des Menüs *Text* besprochen.

- Die *Eingabe* erscheint an der durch den Kursor *markierten Stelle* im *Arbeitsfenster*, wobei für Rechenkommandos *Kleinbuchstaben* zu verwenden sind.

- Je nach durchzuführender *Rechnung* muß eine *Variable* des *Ausdrucks markiert* oder der *gesamte Ausdruck* mittels einer *Selektionsbox umrahmt* werden, bevor man den *Berechnungsvorgang* durch *Aktivierung* des entsprechenden *Rechenmenüs* aus dem *Menü* **Symbolic** bzw. durch *Eingabe* des *symbolischen Gleichheitszeichens* → (für exakte Berechnungen) oder *numerischen Gleichheitszeichens* = (für numerische Berechnungen) *auslöst*. Die genaue *Vorgehensweise* bei den einzelnen Rechnungen wird in den entsprechenden Kapiteln angegeben.

- Die *berechneten Ergebnisse* können neben oder unterhalb der Eingabe erscheinen. Man kann dies durch die *Menüfolge*
  Symbolic ⇒ Derivation Format...
  erreichen. In der erscheinenden *Dialogbox* läßt sich auch die *Ausgabe* eines kurzen *Kommentars* einstellen.

- *Frühere Eingaben* können *verändert* werden, indem der Kursor an der entsprechenden Stelle positioniert und anschließend korrigiert wird.

- *Früher eingegebene Ausdrücke* können *wieder verwendet* werden, indem sie mit einer *Selektionsbox umrahmt* und danach mit den üblichen *Kopieroperationen* an die gewünschte Stelle des Arbeitsfensters kopiert werden.

Ein *Vorteil* von MATHCAD gegenüber anderen *Systemen* liegt in der *Gestaltung* des *Arbeitsblattes* :
Text und *mathematische Rechnungen* lassen sich an jeder beliebigen Stelle des Arbeitsfensters positionieren. Dabei kann man die *Formeln* dank der Operatoren aus den Operatorpaletten in der *mathematischen Standardnotation* erstellen, so daß MATHCAD auch zusätzlich als Schreibprogramm für wissenschaftliche Texte verwendet werden kann.

Bei MATHCAD existieren im Unterschied zu den anderen *Systemen* *drei Formen* für den *Kursor* :

- *Einfügekreuz* +

Mit ihm kann man die *Position* im *Arbeitsfenster* festlegen, an der die Eingabe des zu berechnenden Ausdrucks im Formelmodus stattfinden soll.

- *Einfügebalken* |

Er ist schon aus Textverarbeitungsprogrammen bekannt und dient zum *Einfügen* oder *Löschen* von *Zahlen* und *Buchstaben* und zum *Markieren* von *Variablen* bei symbolischen Berechnungen. Beim Markieren kann er vor oder hinter einer Variablen eingefügt werden, wie aus Beispiel 8.1 ersichtlich ist.

Beispiel 8.1:

Wenn der *Ausdruck* $e^x + \cos(x) + 3$

bzgl. x symbolisch *differenziert* oder *integriert* werden soll, muß die Variable x vor dem Aufruf des entsprechenden Menüs einmal mit dem *Einfügebalken markiert* werden, d.h.

$e^{|x} + \cos(x) + 3$ *oder* $e^{x|} + \cos(x) + 3$ *oder* $e^x + \cos(|x) + 3$

oder $e^x + \cos(x|) + 3$

Anschließend kann das entsprechende *Untermenü* (für die Differentiation bzw. Integration) aus dem *Menü* **Symbolic** *aktiviert* werden.

♦

- *Selektionsbox* ⌐‾‾‾‾⊐

Die *Selektionsbox* dient einerseits zum *Markieren* ganzer *Ausdrücke* für die *symbolische* oder *numerische Berechnung*, andererseits benötigt man sie zum *Eingeben mathematischer Ausdrücke*. *Erzeugt* wird diese *Selektionsbox* durch *Mausklick* oder *Betätigung* der ⬆-oder ⌐‾‾⊐-Tasten. Da eine derartige Box bei den anderen Systemen nicht vorkommt, empfehlen sich einige Übungen.

Beispiel 8.2:

Wir möchten den *Ausdruck* $\dfrac{x+y}{x-y} + e^{x+y} + 5$ *eingeben.*

Wir *beginnen* wie gewohnt mit (x+y)/(x−y) und erhalten

$\dfrac{x+y}{x-y|}$. Um e^{x+y}

zu addieren, muß durch dreimaliges Drücken der ⬆-Taste oder einmaliges Drücken der ⌐‾‾⊐-Taste der *Ausdruck*

$\dfrac{x+y}{x-y}$

durch eine *Selektionsbox umrahmt* werden. Jetzt kann man
+ e^x+y *eingeben* und *erhält*

$$\frac{x+y}{x-y}+e^{x+y|}$$. Um noch 5 addieren zu können, muß e^{x+y}

durch dreimaliges Drücken der ⬆-Taste oder zweimaliges Drük-
ken der ⬚-Taste mit einer *Selektionsbox umrahmt* werden.
Jetzt kann man +5 eingeben.
Die *Anwendung* der *Selektionsbox* dient hier dazu, um wieder in
das gewünschte *Niveau* des Ausdrucks zurückzukehren.
◆

Abb.8.4.
Benutzer-
oberfläche
von MATH-
CAD nach
einer Arbeits-
sitzung (Bei-
spiel3.1)

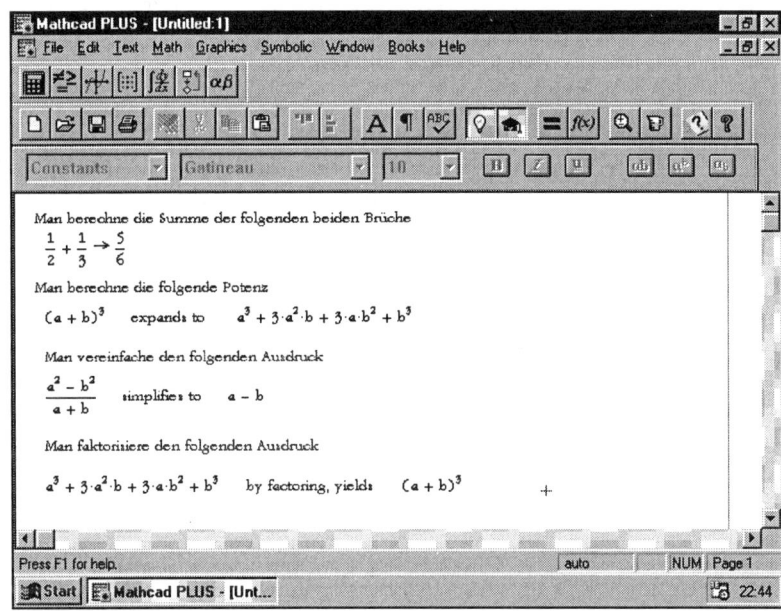

Das *Arbeitsblatt/Rechenblatt* (*Dokument*) einer Arbeitssitzung mit
MATHCAD läßt sich durch die aus vielen WINDOWS-Programmen
bekannte *Menüfolge*
File ⟹ SaveAs... ⟹ Dateiname:
als *Datei* mit der *Endung* .MCD auf *Festplatte* oder *Diskette abspeichern* und bei späteren Sitzungen durch die *Menüfolge*
File ⟹ Open... ⟹ Dateiname: wieder *einlesen*.
◆

8.3 Symbolisches Gleichheitszeichen

Im *Unterschied* zu den anderen *Systemen* lassen sich in MATHCAD eine Reihe von eingegebenen *Aufgaben lösen,* indem man abschließend das

* *symbolische Gleichheitszeichen* → (für *exakte Berechnungen*)
* *numerische Gleichheitszeichen* = (für *numerische Berechnungen*)

eingibt. Wir geben im folgenden immer die Möglichkeiten zur Anwendung dieser *Gleichheitszeichen* an.

Während man das *numerische Gleichheitszeichen* = am einfachsten über das *Gleichheitszeichen* der *Tastatur* eingibt, hat man für die *Eingabe* des *symbolischen Gleichheitszeichens* → die folgenden *zwei Möglichkeiten:*

I. Anwendung des *Operators*

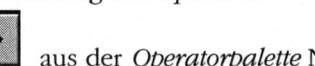 aus der *Operatorpalette* Nr.2 (*Berechnungspalette*)

II. Eingabe der *Tastenkombination* [Strg][.]

Wenn man nach *Eingabe* des *symbolischen Gleichheitszeichens* außerhalb des Ausdrucks mit der Maus klickt oder die Taste [F9] drückt, so wird die *exakte* (*symbolische*) *Berechnung* ausgelöst, falls man sich im *Automatikmodus* (**Math** ⇒ **Automatic Mode**) befindet.

Das *symbolische Gleichheitszeichen* → erspart die Aktivierung des entsprechenden Kommandos aus dem *Menü* **Symbolic**. Es stellt für die Berechnung gewisser Ausdrücke die einzige Möglichkeit zur exakten Berechnung dar. Mit dem symbolischen Gleichheitszeichen kann man auch Funktionswerte exakt berechnen.

Das *symbolische Gleichheitszeichen* kann in Verbindung mit sogenannten *Schlüsselwörtern* verwendet werden, wie im Buch [2] des Autors und im Beispiel 24.9b) illustriert wird.

Auf die *Anwendung* des *symbolischen Gleichheitszeichens* zur Lösung der verschiedenen Aufgaben wird in den Kap.16-32 ausführlicher eingegangen.

Das *symbolische Gleichheitszeichen* → kann auf folgende zwei Arten *deaktiviert* (ausgeschaltet) bzw. wieder *aktiviert* (eingeschaltet) werden:

I. Durch Aktivierung der *Menüfolge* **Math** ⇒ **Live Symbolics**
II. *Anklicken* des *Symbols*

Beim Start von MATHCAD wird das *symbolische Gleichheitszeichen automatisch aktiviert.*

♦

9 MATHEMATICA

Im folgenden legen wir die *Version 3.0* für WINDOWS 95 von 1996 zugrunde, die ebenso wie die vorhergehenden Versionen nur in englischer Sprache vorliegt.
Diese *neue Version* ist dadurch gekennzeichnet, daß
* alle unter der früheren Version 2 erstellten Problemlösungen ohne Einschränkungen laufen,
* die Eingabe der Aufgaben in *mathematischer Standardnotation* analog wie bei MATHCAD unter Verwendung von *Operatorpaletten* (englisch: *Palettes*) möglich ist,
* der *Funktionsumfang* gegenüber der vorhergehenden Version 2.2.3 wesentlich *erweitert* wurde.

9.1 Benutzeroberfläche

Nach dem Starten von MATHEMATICA ergibt sich die in Abb.9.1 dargestellte *Benutzeroberfläche* der WINDOWS-Version, für die häufig die Bezeichnungen *Notebook-Oberfläche, Notebook-Frontend* bzw. *Notebook-Interface* verwendet werden.
In der in Abb.9.1 gezeigten Form wurde bereits die *Operatorpalette*
BasicInput
mittels der *Menüfolge*
File ⇒ Palettes ⇒ BasicInput
geöffnet.
Die *Benutzeroberfläche* teilt sich von oben nach unten *wie folgt auf:*
I. Menüleiste
Die *Menüleiste* (englisch: *Menu bar*) befindet sich am oberen Bildschirmrand und enthält u.a. folgende *Menüs*, die wiederum *Untermenüs* enthalten können:
* **File**
enthält u.a. die bei WINDOWS-Programmen üblichen *Dateioperationen.*
* **Edit**

enthält u.a. die bei WINDOWS-Programmen üblichen *Editier-operationen.*

- **Cell**
  dient zur *Einteilung* des aktuellen *Arbeitsblatts* (*Notebooks*) in *Abschnitte*, die als *Zellen* bezeichnet werden und durch ecki-ge Klammern markiert sind, die sich am rechten Rand des Arbeitsfensters befinden.

- **Format**
  dient u.a. zur *Festlegung* der *Schriftarten* und *-stile* und zur *farblichen Gestaltung* des Bildschirms.

- **Window**
  dient zur *Fensteraufteilung.* Mehrere geöffnete Notebooks können gleichzeitig betrachtet werden.

- **Help**
  enthält *Hilfen* zu allen in MATHEMATICA enthaltenen Kom-mandos und Funktionen.

Die *Auswahl* der gewünschten *Menüs/Untermenüs* geschieht mittels *Mausklick.* Wird ein *Untermenü* mit *drei Punkten* ... be-endet, so bedeutet dies, daß nach dem Anklicken eine *Dialog-box* erscheint, die auszufüllen ist.

II. Symbolleiste

Die *Symbolleiste* (englisch: *Tool bar*) befindet sich unterhalb der *Menüleiste.* Sie besitzt eine Reihe schon aus anderen WINDOWS-Programmen bekannter *Symbole* (z.B. für *Ausschneiden, Druk-ken, Einfügen, Kopieren, Speichern*). Das gewünschte *Symbol* wird mittels *Mausklick aktiviert.*

Eine kurze *Erklärung* der *Symbole* der *Symbolleiste* wird gegeben, wenn man den Mauszeiger auf das entsprechende Symbol stellt.

III. Zeilenlineal

IV. Arbeitsfenster

Das *Arbeitsfenster* schließt sich an das Zeilenlineal an und nimmt den größten Teil der Benutzeroberfläche ein. Es wird in MA-THEMATICA als *Notebook* bezeichnet (siehe Abschn.9.2).

V. Nachrichtenleiste

Die *Nachrichtenleiste / Statusleiste* (englisch: *Status bar*) befindet sich am unteren Bildschirmrand (unterhalb des Arbeitsfensters).

Abb.9.1.
Benutzero-
berfläche
von MATHE-
MATICA

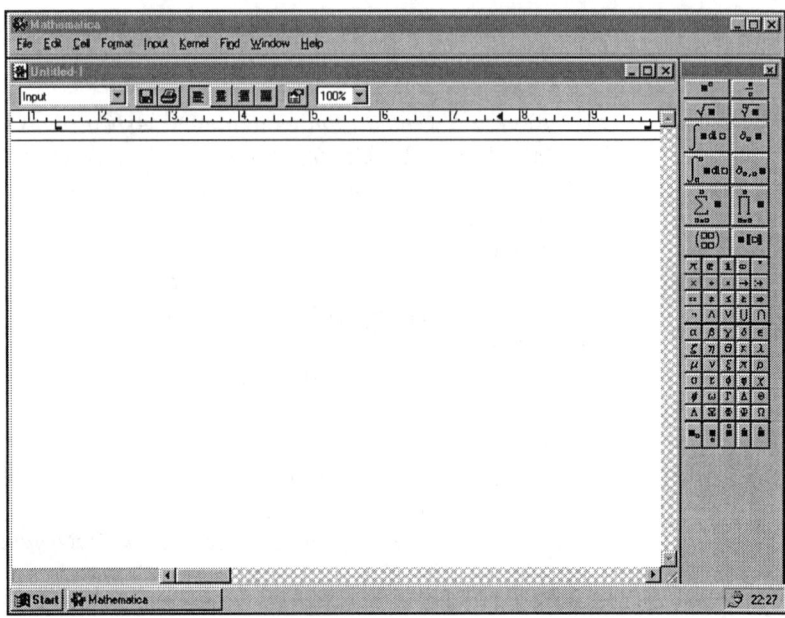

9.2   Arbeitsfenster

Das *Arbeitsfenster* von MATHEMATICA ist ebenso wie das der anderen *Systeme* einem *Arbeitsblatt/Rechenblatt* (*Berechnungen* und *erläuternder Text*) nachgebildet und wird bei MATHEMATICA als *No-
tebo*ok (Notizblock) bezeichnet (siehe Abb. 9.2):

- Man kann *Rechenkommandos, Ausdrücke* und *erläuternden Text
  eingeben.* Die *Umschaltung* erfolgt in der *Symbolleiste* durch
  * *Input* (für *Eingabe* von *Kommandos* und *Ausdrücken*)
  * *Text* (für *Texteingabe*)
  nachdem die entsprechende *Zelle* durch *Mausklick* aktiviert wurde.
- Die *Einteilung* des *Notebooks* in *Zellen* (Abschnitte) und *Teilzel-
  len* (Teilabschnitte) geschieht mittels eckiger Klammern am rechten Rand des Arbeitsfensters und läßt sich durch das *Menü* **Cell**
  steuern. *Aktiviert* wird eine *Zelle* durch *Mausklick* auf die sie
  markierende eckige Klammer.
- Die *Eingabe* von *Ausdrücken* und *Kommandos* geschieht in der
  aktuellen (leeren) *Zelle* und kann unter Verwendung der *Operatorpaletten* geschehen. Werden *Rechenkommandos* verwendet,
  so müssen diese mit einem *großen Buchstaben beginnen* und
  dann durch kleine Buchstaben fortgesetzt werden. Bei zusam-

mengesetzten Kommandos muß das zweite Kommando ebenfalls mit einem großen Buchstaben beginnen.

- Die *Berechnung* eines *Ausdrucks* bzw. die *Aktivierung* eines *Kommandos* wird durch *Drücken* der ⇧ ⏎-*Tasten* ausgelöst.
- Die *berechneten Ergebnisse* erscheinen unterhalb der Eingabe. *Ein-* und *Ausgaben* werden *fortlaufend numeriert* und mit den Bezeichnungen *In* bzw. *Out* versehen.
- *Frühere Eingaben* können *verändert* und wieder ausgeführt/berechnet werden, indem der Kursor in der entsprechenden Eingabezeile positioniert, anschließend korrigiert und die Operation mit den ⇧ ⏎-Tasten beendet wird.

  Auf *früher eingegebene Ausdrücke* kann folgendermaßen zurückgegriffen werden: Für den *Ausdruck* der

  letzten Ausgabe :   %
  vorletzten Ausgabe :   %%
  Ausgabe Nr.n :   %n

Jede *Arbeitssitzung* mit MATHEMATICA (d.h. das *aktuelle Arbeitsfenster*) läßt sich analog wie bei den anderen *Systemen* durch die aus vielen WINDOWS-Programmen bekannte *Menüfolge*

File ⇒ SaveAs... ⇒ Dateiname:

in Form einer *Datei* mit der *Endung* .NB auf *Festplatte* oder *Diskette* *abspeichern* und mittels der *Menüfolge*

File ⇒ Open... ⇒ Dateiname:

bei späteren Sitzungen wieder *einlesen.*

♦

Abb.9.2.
Benutzero-
berfläche
von MATHE-
MATICA
nach einer
Arbeitssit-
zung (Bei-
spiel 3.1)

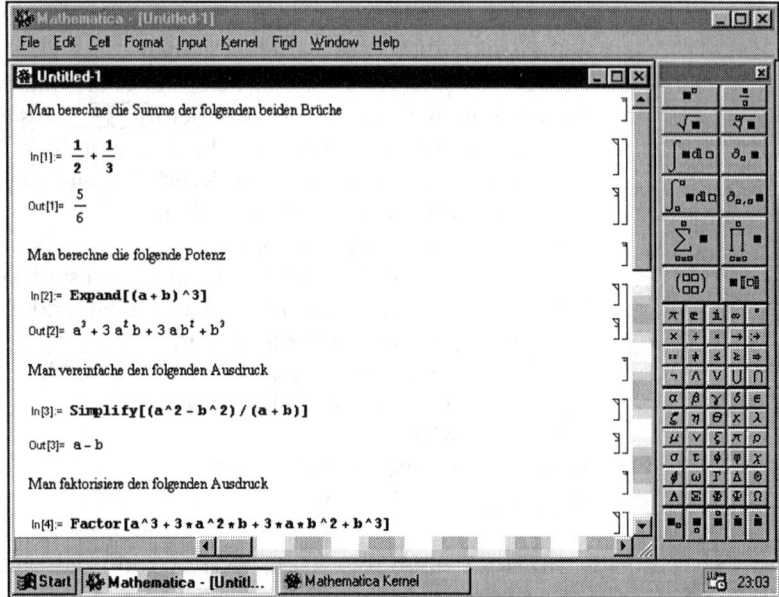

10 MATLAB

Im folgenden legen wir die *Version 5* für WINDOWS 95 von 1996 zugrunde, die ebenso wie die vorhergehenden Versionen nur in englischer Sprache vorliegt. MATLAB steht für *Matrix Laboratorium,* d.h., die ersten Versionen von MATLAB wurden Ende der siebziger Jahre als *Matrixsoftware* erstellt.

In die *neueren Versionen* von MATLAB wurde eine abgerüstete Variante des *Symbolprozessors* von MAPLE übernommen, um *exakte (symbolische) Rechnungen* durchführen zu können. Dieser *Symbolprozessor* wird automatisch beim Start von MATLAB geladen.

10.1 Benutzeroberfläche

Nach dem Starten von MATLAB ergibt sich die in Abb.10.1 dargestellte *Benutzeroberfläche* der WINDOWS-Version.

Abb.10.1.
Benutzer-
oberfläche
von MATLAB

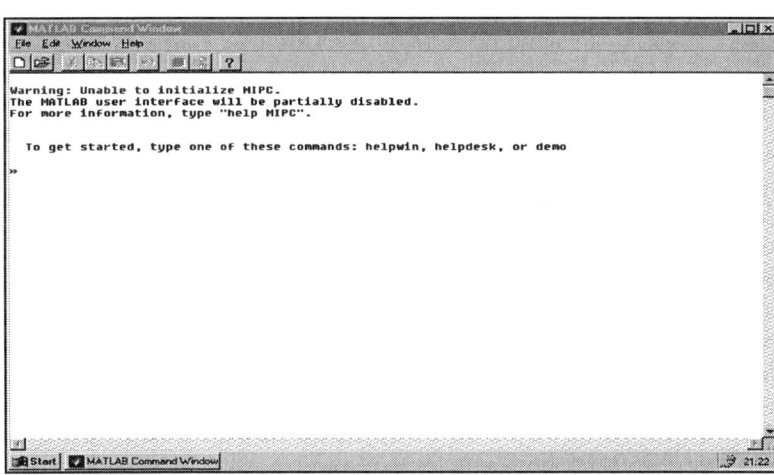

Die *Benutzeroberfläche* teilt sich von oben nach unten *wie folgt auf:*
I. Menüleiste

Die *Menüleiste* (englisch: *Menu bar*) befindet sich am oberen Bildschirmrand und enthält folgende Menüs, die wiederum *Untermenüs* enthalten können:

- **File**
  enthält u.a. die bei WINDOWS-Programmen üblichen *Dateioperationen*
- **Edit**
  enthält u.a. die bei WINDOWS-Programmen üblichen *Editieroperationen.*
- **Window**
  dient zur *Fensteraufteilung.* Mehrere geöffnete Fenster (als *Workspace* bezeichnet) können gleichzeitig betrachtet werden.
- **Help**
  Hier findet man *Hilfen* zu allen in MATLAB enthaltenen Kommandos und Funktionen.

Die *Auswahl* der gewünschten *Menüs/Untermenüs* geschieht mittels *Mausklick.* Wird ein *Untermenü* mit *drei Punkten* ... beendet, so bedeutet dies, daß nach dem Anklicken eine *Dialogbox* erscheint, die auszufüllen ist.

II. Symbolleiste

Die *Symbolleiste* (englisch: *Tool bar*) befindet sich unterhalb der *Menüleiste.* Sie besitzt eine Reihe schon aus anderen WINDOWS-Programmen bekannter *Symbole* (z.B. für *Ausschneiden, Drucken, Einfügen, Kopieren, Speichern*).

Eine kurze *Erklärung* der *Symbole* der *Symbolleiste* wird gegeben, wenn man den Mauszeiger auf das entsprechende Symbol stellt. Ein gewünschtes *Symbol* wird mittels *Mausklick aktiviert.*

III. Arbeitsfenster

Das *Arbeitsfenster* schließt sich an die Symbolleiste an und nimmt den größten Teil der Benutzeroberfläche ein (siehe Abschn.10.2). Es wird in MATLAB als *Workspace* bezeichnet.

10.2 Arbeitsfenster

Das *Arbeitsfenster* von MATLAB ist ebenso wie das der anderen *Systeme* einem *Arbeitsblatt/Rechenblatt* (*Berechnungen* und *erläuternder Text*) nachgebildet und wird als *Workspace* (Arbeitsplatz) bezeichnet:

- Man kann *Kommandos, Ausdrücke* und *erläuternden Text* eingeben, wobei diese *Eingabe* in der *aktuellen* (leeren) *Zeile* nach dem *Eingabeprompt* >> geschieht. Um *Text* von *Kommandos* und *Ausdrücken* zu unterscheiden, muß ihm % vorangestellt werden.

- Die *Berechnung* eines *Ausdrucks* bzw. die *Aktivierung* eines *Kommandos* wird durch *Drücken* der ⏎-*Taste* ausgelöst. Die *berechneten Ergebnisse* erscheinen unterhalb der Eingabe.
- *Frühere Eingaben* können nur *verändert* und wieder *ausgeführt /berechnet* werden, wenn sie in die *aktuelle Zeile kopiert* werden. Dies geschieht durch *Drücken* der ↑-*Taste*. Anschließend wird *korrigiert* und die Operation mit der ⏎-Taste beendet.

Jede *Arbeitssitzung* mit MATLAB (d.h. das *aktuelle Arbeitsfenster*) läßt sich analog wie bei den anderen *Systemen* durch die aus vielen WINDOWS-Programmen bekannte *Menüfolge*

File ⇒ Save Workspace As... ⇒ Dateiname:

als *Datei* mit der *Endung* .MAT auf Festplatte oder Diskette *abspeichern* und mittels der *Menüfolgen*

File ⇒ Open... ⇒ Dateiname:

oder

File ⇒ Load Workspace... ⇒ Dateiname:

bei späteren Sitzungen wieder *einlesen*.

♦

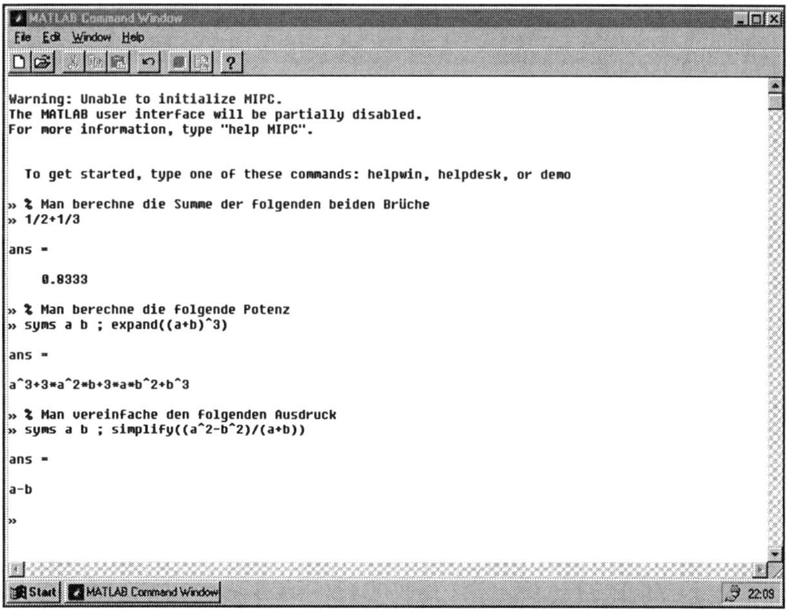

Abb.10.2.
Benutzeroberfläche
von MATLAB
nach einer
Arbeitssitzung (Beispiel 3.1)

```
MATLAB Command Window                                    _□x
File Edit Window Help

Warning: Unable to initialize MIPC.
The MATLAB user interface will be partially disabled.
For more information, type "help MIPC".


    To get started, type one of these commands: helpwin, helpdesk, or demo
» % Man berechne die Summe der folgenden beiden Brüche
» 1/2+1/3

ans =

    0.8333

» % Man berechne die folgende Potenz
» syms a b ; expand((a+b)^3)

ans =

a^3+3*a^2*b+3*a*b^2+b^3

» % Man vereinfache den folgenden Ausdruck
» syms a b ; simplify((a^2-b^2)/(a+b))

ans =

a-b

»


Start    MATLAB Command Window                               22:09
```

11   MuPAD

Im folgenden legen wir die *Version 1.3* für WINDOWS 95 von 1997 zugrunde, die nur in englischer Sprache vorliegt.
Das *Computeralgebra-System* MuPAD wird von einer Arbeitsgruppe der Universität Paderborn unter Leitung von B. Fuchssteiner seit 1989 entwickelt. Dabei steht MuPAD für *Multi Processing Algebra Data tool.* Die Endung PAD steht auch für die Geburtsstadt PADER-BORN.

11.1   Benutzeroberfläche

Nach dem Starten von MuPAD ergibt sich die in Abb.11.1 dargestellte *Benutzeroberfläche* der WINDOWS-Version.

Abb.11.1.
Benutzer-
oberfläche
von MuPAD

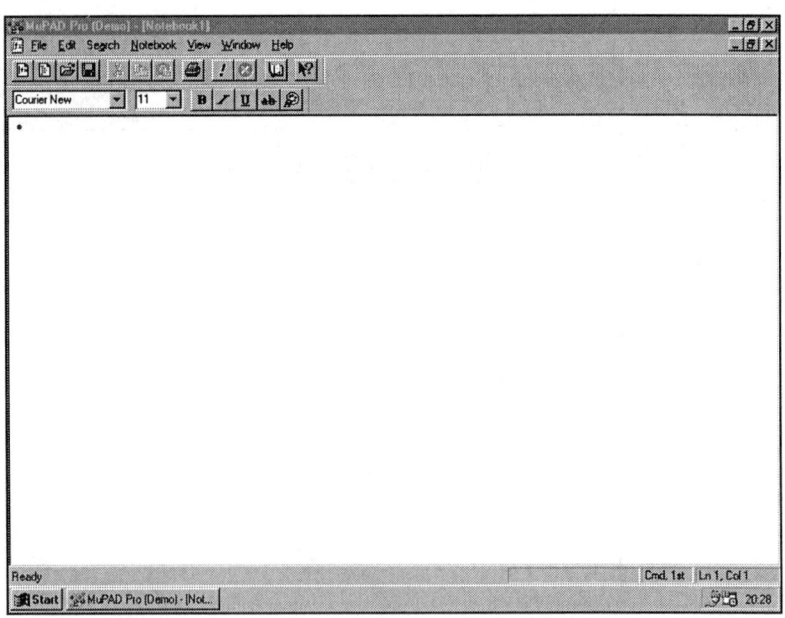

Die *Benutzeroberfläche teilt* sich von oben nach unten *wie folgt auf:*

I. Menüleiste

Die *Menüleiste* (englisch: *Menu bar*) befindet sich am oberen Bildschirmrand und enthält folgende Menüs, die wiederum *Untermenüs* enthalten können:

- **File**
  enthält u.a. die bei WINDOWS-Programmen üblichen *Dateioperationen*

- **Edit**
  enthält u.a. die bei WINDOWS-Programmen üblichen *Editieroperationen.*

- **Search**
  dient zum *Bewegen (Suchen)* im *aktuellen Arbeitsblatt (Notebook).*

- **Notebook**
  dient zur *Gestaltung* des *aktuellen Arbeitsblatts (Notebooks).*

- **View**
  dient zur *Gestaltung* des *Arbeitsfensters,* so z.B. zum Ein- und Ausschalten der Symbolleiste (*Standard Tool bar*), Formatleiste (*Format bar*), Statusleiste (*Status bar*).

- **Window**
  dient zur *Fensteraufteilung.* Mehrere geöffnete Arbeitsblätter (Notebooks) können gleichzeitig betrachtet werden.

- **Help**
  Hier findet man *Hilfen* zu allen in MuPAD enthaltenen Kommandos und Funktionen.

Die *Auswahl* der gewünschten *Menüs/Untermenüs* geschieht mittels *Mausklick.* Wird ein *Untermenü* mit *drei Punkten ...* beendet, so bedeutet dies, daß nach dem Anklicken eine *Dialogbox* erscheint, die auszufüllen ist.

II. Symbolleiste

Die *Symbolleiste* (englisch: *Tool bar*) befindet sich unterhalb der *Menüleist.* Sie besitzt eine Reihe schon aus anderen WINDOWS-Programmen bekannter *Symbole* (z.B. für *Ausschneiden, Drucken, Einfügen, Kopieren, Speichern*) und weitere spezielle MuPAD-Symbole wie z.B. das *Symbol*

für den *Abbruch* einer laufenden *Rechnung.*
Eine kurze *Erklärung* der *Symbole* der *Symbolleiste* wird gegeben, wenn man den Mauszeiger auf das entsprechende Symbol stellt. Ein gewünschtes *Symbol* wird mittels *Mausklick aktiviert.*

III.Formatleiste

dient u.a. zur *Festlegung* der *Schriftarten* und -*stile*.

IV. Arbeitsfenster

Das *Arbeitsfenster* schließt sich an die Formatleiste an und nimmt den größten Teil der Benutzeroberfläche ein (siehe Abschn. 11.2). Es wird in MuPAD als *Notebook* bezeichnet.

V. Nachrichtenleiste

Die *Nachrichtenleiste /Statusleiste* (englisch: *Status bar*) befindet sich am unteren Bildschirmrand (unterhalb des Arbeitsfensters).

11.2   Arbeitsfenster

Das *Arbeitsfenster* von MuPAD ist ebenso wie das der anderen *Systeme* einem *Arbeitsblatt/Rechenblatt* (Berechnungen und erläuternder Text) nachempfunden und wird als *Notebook* (Notizblock) bezeichnet:

- Man kann *Kommandos, Ausdrücke* und *erläuternden Text* eingeben*,* wobei diese *Eingabe* in der *aktuellen* (leeren) *Zeile* nach dem *Eingabeprompt* • geschieht. *Kommandos* und *Ausdrücke* sind in Kleinbuchstaben einzugeben und werden mit einem *Semikolon abgeschlossen.* Zwischen *Text-* und *Formeleingabe* wird mittels der *Menüfolgen*
  Notebook ⇒ Change To Text
  bzw.
  Notebook ⇒ Change To Input
  umgeschaltet.

- Die *Berechnung* eines *Ausdrucks* bzw. die *Aktivierung* eines *Kommandos* wird durch *Drücken* der *Tastenkombination* ⇧ ⏎ ausgelöst. Die *berechneten Ergebnisse* erscheinen unterhalb der Eingabe.

- *Frühere Eingaben* können *verändert* und wieder ausgeführt/berechnet werden, indem der *Kursor* auf die entsprechende Zeile gesetzt und danach korrigiert wird. Abschließend wird die Operation mit der *Tastenkombination* ⇧ ⏎ beendet.
  Auf *früher eingegebene Ausdrücke* kann folgendermaßen *zurückgegriffen* werden: Für den *Ausdruck* der
  letzten Ausgabe :   %
  vorletzten Ausgabe :   %(-2)
  n-letzten Ausgabe :   %(-n)

Jede *Arbeitssitzung* mit MuPAD (d.h. das *aktuelle Arbeitsfenster*) läßt sich analog wie bei anderen *Systemen* durch die aus vielen WINDOWS-Programmen bekannte *Menüfolge*

File ⇒ Save As... ⇒ Dateiname:

als *Datei* mit der *Endung* **.MNB** auf *Festplatte* oder *Diskette abspeichern* und mittels der *Menüfolge*

File ⇒ Open... ⇒ Dateiname:

bei späteren Sitzungen wieder *einlesen.*

♦

Abb.11.2.
Benutzeroberfläche von MuPAD nach einer Arbeitssitzung (Beispiel 3.1)

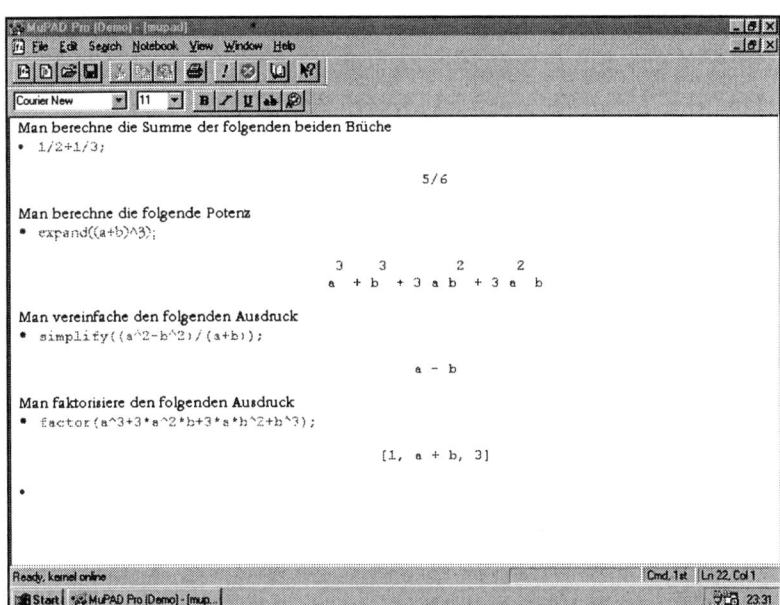

12 Exakte und näherungsweise Rechnungen

In den vorangehenden Kapiteln haben wir bereits die *Eingabe* eines zu *berechnenden Ausdrucks* und die *Auslösung* seiner *Berechnung* für die einzelnen *Systeme* kennengelernt.

Wir haben aber noch nicht im einzelnen die unterschiedlichen *Vorgehensweisen* bei der *Durchführung* von *exakten* (*symbolischen*) bzw. *näherungsweisen* (*numerischen*) *Berechnungen* eines *mathematischen Ausdrucks* (*Zahlenausdrucks*) in den *Systemen* behandelt. Dies kann auf eine der *folgenden Arten* geschehen:

I. *Eingabe* von *Kommandos* in das *Arbeitsfenster*,

II. *Auswahl* einer *Menüfolge* aus der *Menüleiste* durch *Mausklick*.

Für die *exakte* oder *näherungsweise Durchführung* der *Grundrechenarten* verwenden alle *Systeme* die folgenden *Operationssymbole*:

+	*Addition*	−	*Subtraktion*	*	*Multiplikation*
/	*Division*	^	*Potenzierung*	!	*Fakultät*

Einige *Systeme* lassen *zusätzliche Schreibweisen* zu, so z.B. DERIVE und MATHEMATICA das *Leerzeichen* für die *Multiplikation*.

Für die *Durchführung* der *Grundrechenarten* gelten die üblichen *Prioritäten*, d.h., *zuerst* wird *potenziert, dann multipliziert (dividiert)* und *zuletzt addiert* (subtrahiert). Ist man sich über die Reihenfolge der durchgeführten Operationen nicht sicher, so empfiehlt sich das Setzen zusätzlicher Klammern.

Bei *allen* durchzuführenden *Rechnungen* ist *zuerst* die *exakte* (*symbolische*) *Berechnungsart* zu empfehlen. Erst wenn diese versagt, sollte die *näherungsweise* (*numerische*) *Berechnung* angewandt werden.

Wenn man das *Ergebnis* einer *Berechnung* als *Dezimalzahl* erhalten möchte, empfiehlt sich ebenfalls die exakte Berechnung mit anschließender *Annäherung* des *Ergebnisses* durch eine *Dezimalzahl* (siehe Abschn.12.2).

♦

Befinden sich *Dezimalzahlen* in *Zahlenausdrücken,* so wird von den *Systemen* bei der *exakten Berechnung* das *Ergebnis* als *Dezimalzahl* geliefert.

♦

12.1 Exakte Rechnungen mittels Computeralgebra

Bereits bei den *Grundrechenoperationen* zeigt sich das *Grundprinzip* des *exakten Rechnens* der *Computeralgebra:*
Man erhält z.B. bei der Addition der Brüche

$$\frac{1}{3} + \frac{1}{4} \quad \text{das } exakte \text{ } Ergebnis \quad \frac{7}{12}$$

und nicht die *Dezimalnäherung* 0.58333....
Die *Vorgehensweise* bei der *exakten Berechnung* eines *Zahlenausdrucks* A in den einzelnen *Systemen* ist *folgende:*

AXIOM

AXIOM *löst* durch *Anklicken* des *Knopfes* links neben dem eingegebenen Ausdruck die *exakte Berechnung* aus, nachdem der *Zahlenausdruck* A *eingegeben* wurde.

DERIVE

DERIVE bietet *zwei Möglichkeiten zur exakten Berechnung:*
* Der *Zahlenausdruck* A wird nach Anwendung der *Menüfolge*
  Author ⇒ Expression...
  in die erscheinende *Dialogbox* **Author Expression** *eingegeben.* *Abschließend* wird durch *Anklicken* von **Simplify** die *Berechnung ausgelöst.*
* Wenn sich der zu berechnende *Zahlenausdruck* A bereits im *Arbeitsfenster* befindet, so wird er durch *Mausklick markiert.* Das abschließende *Anklicken* des *Symbols*

in der Symbolleiste *löst* die *Berechnung aus.*

MACSYMA

MACSYMA *löst* durch *Drücken* der ⏎–*Taste* die *exakte Berechnung aus,* nachdem der *Zahlenausdruck* A *eingegeben* wurde.

MAPLE

MAPLE *löst* durch *Drücken* der ⏎–*Taste* die *exakte Berechnung aus,* nachdem der *Zahlenausdruck* A *eingegeben* und mit einem *Semikolon abgeschlossen* wurde, d.h. A ;

MATHCAD

In MATHCAD wird der *Ausdruck* A unter *Verwendung der Operatorpaletten eingegeben* und mit einer *Selektionsbox umrahmt.*
Danach bestehen *drei Möglichkeiten* zur *exakten Berechnung:*

I. *Aktivierung* der *Menüfolge* **Symbolic ⇒ Simplify**

II. *Aktivierung* der *Menüfolge*
    Symbolic ⇒ Evaluate ⇒ Evaluate Symbolically

III. Eingabe des *symbolischen Gleichheitszeichens* →
    durch Anklicken des *Operators*

aus der *Operatorpalette Nr.2 (Berechnungspalette)*

Aufgrund der einfachen Handhabung empfiehlt sich bei MATHCAD für *exakte Rechnungen* die Anwendung des *symbolischen Gleichheitszeichens* →
♦

MATHEMA-TICA

MATHEMATICA *löst* durch *Drücken* der *Tastenkombination* ⇧ ↵ die *exakte Berechnung aus*, nachdem der *Zahlenausdruck* A unter *Verwendung* der *Operatorpaletten eingegeben* wurde.

MATLAB

In MATLAB wird der *Zahlenausdruck* A *eingegeben*, wobei das *Kommando* **sym** für *symbolische Ausdrücke* zu verwenden ist, wie im Beispiel 12.1 illustriert wird. *Abschließend* wird durch *Drücken* der ↵*-Taste* die *Berechnung ausgelöst*.

Beispiel 12.1:

Die *exakte Berechnung* der *Summe*

$$\frac{1}{2} + \frac{1}{3} = \frac{5}{6}$$

der *beiden Brüche* ist bei MATLAB *folgendermaßen möglich:*

*   **sym** (1/2) + **sym** (1/3)

*   **sym** (1/2 + 1/3)

Die *Eingabe* von 1/2 + 1/3 ergibt die *Näherung* 0.8333.
♦

MuPAD

MuPAD *löst* durch *Drücken* der *Tastenkombination* ⇧ ↵ die *exakte Berechnung aus*, nachdem der *Zahlenausdruck* A *eingegeben* und mit einem *Semikolon abgeschlossen* wurde, d.h. A ;
♦

In allen *Rechnungen* läßt sich die umfangreiche Palette der in den *Systemen integrierten Konstanten* und *Funktionen verwenden* (siehe Kap.13).

Falls Unklarheiten wegen der *Schreibweise* dieser *Konstanten* und *Funktionen* bestehen, bieten die einzelnen *Systeme Hilfen* an, wie im Kap.13 beschrieben wird.

♦

Möchte man als *Ergebnis* einer *exakten Rechnung* eine *Dezimalzahl* erhalten, so ist ein *Numerikkommando* auf das erhaltene Ergebnis anzuwenden (siehe Abschn.12.2).

♦

Wenn man anstatt der Zahlenausdrücke allgemeine *Funktionsausdrücke* betrachtet, so sind mittels der *Systeme* weitere *Operationen* möglich, wie *umformen, differenzieren, integrieren.*
Diese Operationen bilden den Gegenstand des Hauptteils dieses Buches (ab Kap.16).

♦

12.2 Näherungsweise Rechnungen

Näherungsweise (numerische) Rechnungen vollziehen sich im Rahmen von *Dezimalzahlen,* wobei Computer nur Zahlen mit einer *endlichen Anzahl* von *Ziffern* verarbeiten können.
In *Dezimalzahlen* muß bei allen *Systemen* statt des Kommas der *Punkt (Dezimalpunkt)* verwendet werden.
Falls bei einem *System* das *Kommando* (die *Menüfolge*) zur *exakten* (symbolischen) *Berechnung* eines *Ausdrucks* A kein Ergebnis liefert oder als *Ergebnis* eine *Dezimalzahl* benötigt wird, kann das entsprechende *Numerikkommando* zur *näherungsweisen Berechnung* herangezogen werden:

AXIOM

AXIOM benötigt das *Kommando* **numeric** zur *numerischen Berechnung* des *Zahlenausdrucks* A : **numeric** (A)
Abschließend wird durch *Anklicken* des *Knopfes* links neben dem eingegebenen Ausdruck A die *numerische Berechnung ausgelöst.*
Beispiel 12.2:
AXIOM *berechnet* durch *Eingabe* von
numeric ((sin(3) + sqrt(2))/(sqrt(3) + cos(5)))
für den *Zahlenausdruck*

$$\frac{\sin 3 + \sqrt{2}}{\sqrt{3} + \cos 5}$$ den *Näherungswert* 0.77160468

♦

DERIVE

DERIVE bietet *zwei Möglichkeiten* zur *numerischen Berechnung:*

* Der *Zahlenausdruck* A ist nach *Aktivierung* der *Menüfolge*
Author ⇒ **Expression...**
in die erscheinende *Dialogbox* **Author Expression** *einzugeben*
und mit **OK** *abzuschließen.* Anschließend löst die *Menüfolge*
Simplify ⇒ **Approximate...** ⇒ **Approximate**
die *numerische Berechnung* aus.

* Wenn sich der zu berechnende *Zahlenausdruck* A bereits im *Arbeitsfenster* befindet, so wird er durch *Mausklick markiert.* Das
abschließende Anklicken des *Symbols*

in der Symbolleiste *löst* die *numerische Berechnung aus.*

Beispiel 12.3:

DERIVE *berechnet* durch *Eingabe* von
(sin(3) + sqrt(2))/(sqrt(3) + cos(5))
in die *Dialogbox* **Author Expression**
für den *Zahlenausdruck*

$$\frac{\sin 3 + \sqrt{2}}{\sqrt{3} + \cos 5}$$ den *Näherungswert* 0.77160468

◆

MACSYMA

MACSYMA *verwendet* die *Kommandos* **float** (*einfache Genauigkeit*)
bzw. **dfloat** (*doppelte Genauigkeit*) zur *numerischen Berechnung*
des *Zahlenausdrucks* A: **float** (A) bzw. **dfloat** (A)
Abschließend wird durch *Drücken* der ⏎-*Taste* die *numerische Berechnung ausgelöst.*

Beispiel 12.4:

MACSYMA *berechnet* durch *Eingabe* von
float ((sin(3) + sqrt(2))/(sqrt(3) + cos(5)))   *oder*
dfloat ((sin(3) + sqrt(2))/(sqrt(3) + cos(5)))
für den *Zahlenausdruck*

$$\frac{\sin 3 + \sqrt{2}}{\sqrt{3} + \cos 5}$$ den *Näherungswert* 0.7716 bzw. 0.77160467576952

◆

MAPLE

MAPLE *verwendet* das *Kommando* **evalf** zur *numerischen Berechnung* des *Zahlenausdrucks* A : **evalf** (A) ;
Abschließend wird durch *Drücken* der ⏎-*Taste* die *numerische Berechnung ausgelöst.*

Beispiel 12.5:

MAPLE *berechnet* mittels
evalf ((sin(3) + sqrt(2))/(sqrt(3) + cos(5))) ;

für den *Zahlenausdruck*

$$\frac{\sin 3 + \sqrt{2}}{\sqrt{3} + \cos 5}$$ den *Näherungswert* 0.77160468

♦

MATHCAD

Bei MATHCAD ist der zu *berechnende Zahlenausdruck* A unter Zuhilfenahme der Operatorpaletten in das *Arbeitsfenster einzugeben*. Er erscheint im Arbeitsfenster an der durch den *Kursor* + (*Einfügekreuz*) markierten Stelle. Danach ist er mit einer *Selektionsbox* zu umrahmen.

Abschließend löst eine der *folgenden Aktivitäten* den *Vorgang* für die *numerische Berechnung* aus:

• *Eingabe* des *numerischen Gleichheitszeichens* = , die
  * mittels *Tastatur*
  * durch *Anklicken* des *Symbols*

  in der *Operatorpalette Nr.2*
  durchgeführt werden kann.
  Das *numerische Gleichheitszeichen* = darf man *nicht* mit dem *symbolischen Gleichheitszeichen*

  oder dem *Gleichheitsoperator* (*Gleichheitssymbol*)

  verwechseln, die sich ebenfalls in der *Operatorpalette Nr.2* befinden.

• *Eingabe* der *Menüfolge*
  Symbolic ⇒ Evaluate ⇒ Floating Point Evaluation...
  wobei in der erscheinenden *Dialogbox* eine *Genauigkeit* bis zu 4000 *Stellen* eingestellt werden kann.

Aufgrund der einfachen Handhabung empfiehlt sich bei MATHCAD für *numerische Rechnungen* die Anwendung des *numerischen Gleichheitszeichens* =

♦

Beispiel 12.6:

MATHCAD *berechnet* mittels des *numerischen Gleichheitszeichens*

$$\frac{\sin(3) + \sqrt{2}}{\sqrt{3} + \cos(5)} = 0.771604675769529 \quad ■$$

♦

**MATHEMA-
TICA**

MATHEMATICA *berechnet* mit einem der beiden *Kommandos*
* **N** [A]
* A // **N**
den *Zahlenausdruck* A *numerisch*, wenn abschließend die *Tastenkombination* ⌖ ⏎ gedrückt wird.
Beispiel 12.7:
Jedes der beiden *Kommandos*
* (Sin[3] + Sqrt[2])/(Sqrt[3] + Cos[5]) // **N**
* **N** [(Sin[3] + Sqrt[2])/(Sqrt[3] + Cos[5])]
berechnet für den *Zahlenausdruck*

$$\frac{\sin 3 + \sqrt{2}}{\sqrt{3} + \cos 5}$$ den *Näherungswert* 0.77160468

◆

MATLAB

MATLAB *löst* durch *Drücken* der ⏎-*Taste* die *numerische Berechnung aus*, nachdem der *Zahlenausdruck* A eingegeben wurde.
Beispiel 12.8:
MATLAB *berechnet* durch *Eingabe* von
(sin(3) + sqrt(2))/(sqrt(3) + cos(5)) für den *Zahlenausdruck*

$$\frac{\sin 3 + \sqrt{2}}{\sqrt{3} + \cos 5}$$ den *Näherungswert* 0.7716

◆

MuPAD

MuPAD *verwendet* das Kommando **float** zur *numerischen Berechnung* des *Zahlenausdrucks* A : **float** (A) ;
Abschließend wird durch *Drücken* der *Tastenkombination* ⌖ ⏎ die *numerische Berechnung ausgelöst*.
Beispiel 12.9:
MuPAD *berechnet* durch *Eingabe* von
float ((sin(3) + sqrt(2))/(sqrt(3) + cos(5))) ;
für den *Zahlenausdruck*

$$\frac{\sin 3 + \sqrt{2}}{\sqrt{3} + \cos 5}$$ den *Näherungswert* 0.7716046757

◆

Wir haben bisher nur die *numerische Berechnung* von *Zahlenausdrücken* betrachtet.
Die *Systeme* gestatten natürlich auch die *numerische Berechnung komplizierterer mathematischer Probleme*, z.B. die *numerische Lösung* von *Gleichungen* und *Differentialgleichungen* und die *numerische Berechnung bestimmter Integrale*. Hierauf gehen wir im

Hauptteil dieses *Buches* ein, wobei wir einige der eben gegebenen Kommandos wieder antreffen werden.

♦

Durch Anwendung der behandelten *Numerikkommandos* für die *Berechnung* eines *Zahlenausdrucks* A erhält man als *Näherung* (Approximation) eine *Dezimalzahl*, deren *Stellenzahl* mittels der folgenden *Kommandos/Menüfolgen* eingestellt werden kann:

AXIOM
Bei AXIOM ist die gewünschte *Stellenzahl* n für die Berechnung des Ausdrucks A als *zweites Argument* in das *Numerikkommando* **numeric** einzutragen, d.h. **numeric (A , n)**

DERIVE
Bei DERIVE erscheint bei der *numerischen Berechnung* des *Ausdrucks* A nach der *Menüfolge* **Simplify ⇒ Approximate...** eine *Dialogbox*, in der die gewünschte *Stellenzahl* bei

Digits of precision

einzutragen ist.

MACSYMA
MACSYMA kann mittels der *Kommandos* **float** und **dfloat** die *einfache* (5 Stellen) bzw. *doppelte Genauigkeit* (13 Stellen) eingestellt werden.

MAPLE
MAPLE bestimmt durch Eingabe des *Kommandos*

Digits:= *Anzahl der Stellen* **;**

vor dem durchzuführenden *Numerikkommando* die *Anzahl* der ausgegebenen *Dezimalstellen*.

MATHCAD
MATHCAD kann die gewünschte *Stellenzahl* für die Berechnung des Ausdrucks A

* vor der *Berechnung* mittels des *numerischen Gleichheitszeichens* durch die *Menüfolge* **Math ⇒ Numerical Format...** in der erscheinenden *Dialogbox* in **Displayed Precision** auf maximal 15 *Stellen* einstellen.

* bei *Berechnung* mittels der *Menüfolge*
Symbolic ⇒ Evaluate ⇒ Floating Point Evaluation... in der erscheinenden *Dialogbox* mit einer *Genauigkeit* bis zu 4000 *Stellen* einstellen.

In MATHCAD kann für die *Numerikkommandos* (z.B. zur Lösung von Gleichungen und Differentialgleichungen, zur Interpolation) die gewünschte *Genauigkeit* (Standardwert 0.001) mittels der *Menüfolge* **Math ⇒ Built-In Variables...**

in der erscheinenden *Dialogbox* bei TOL eingestellt werden. Das gleiche Resultat wird durch Eingabe der Zuweisung TOL := .....
erreicht. Man darf allerdings nicht erwarten, daß das angegebene Resultat die eingestellte Genauigkeit besitzt. Man weiß nur, daß das

angewandte numerische Verfahren abbricht, wenn die Differenz zweier aufeinanderfolgender Näherungen kleiner als TOL ist.

♦

MATHEMA-TICA

Bei MATHEMATICA ist die *gewünschte Stellenzahl* n für die Berechnung des Ausdrucks A als zweites Argument in das *Numerikkommando* **N** einzutragen, d.h. **N** [A , n].

MATLAB

MATLAB gibt bei der *numerischen Berechnung vier Dezimalstellen* aus. Schreibt man *vor* dem zu berechneneden *Ausdruck* das *Kommando* **format long** , (mit Komma getrennt), so werden *14 Dezimalstellen* ausgegeben.

MuPAD

MuPAD bestimmt durch Eingabe des *Kommandos*

DIGITS:= *Anzahl der Stellen* :

vor dem durchzuführenden *Numerikkommando* die *Anzahl* der ausgegebenen *Dezimalstellen*.

13 Zahlen, Variablen, integrierte Konstanten und Funktionen

13.1 Ganze, rationale, reelle und komplexe Zahlen

Die *Systeme* kennen folgende *Zahlendarstellungen:*

- *Ganze Zahlen* werden in der üblichen Form als *Folge* von *Ziffern* eingegeben. Gibt man sie bei *exakten Rechnungen* mit *Dezimalpunkt* hinter der letzten Ziffer ein (d.h. in Dezimalschreibweise), so werden die *Ergebnisse* als *Dezimalzahlen* ausgegeben.

- *Rationale Zahlen* können für *exakte Rechnungen* als *Brüche ganzer Zahlen* eingegeben werden. Des weiteren ist ihre *Eingabe* als *Dezimalzahlen* zulässig. Da aber nur *endliche Dezimalzahlen* möglich sind, können *Rundungsfehler* auftreten.

- *Reelle Zahlen* lassen sich für *exakte Rechnungen* im Rahmen der *Computeralgebra* nur *exakt eingeben,* wenn dies als *Symbol möglich* ist, wie z.B.

  $\sqrt{2}$, π und e

  Ansonsten ist nur die *näherungsweise Eingabe* als *endliche Dezimalzahl* möglich.

- *Komplexe Zahlen* $z = a + b \cdot i$
  werden in der üblichen *mathematischen Schreibweise* mit *Realteil* a und *Imaginärteil* b eingegeben, wobei die *imaginäre Einheit* i bei den einzelnen *Systemen unterschiedlich geschrieben* wird:
  - * AXIOM : %i
  - * DERIVE : $\hat{\imath}$
    wird mittels #i eingegeben oder als *Symbol* aus der *Dialogbox* **Author Expression** entnommen.
  - * MACSYMA : %i
  - * MAPLE : I
  - * MATHCAD : i oder j
    Falls der *Imaginärteil* 1 ist, muß 1i bzw. 1j *ohne Multiplikationspunkt* geschrieben werden.

* MATHEMATICA : I
* MATLAB : i oder j
* MuPAD : I

13.2   Variablen

Variablen (veränderliche Größen) spielen in der *Ingenieurmathematik* eine *fundamentale Rolle,* da die Untersuchung von *Zusammenhängen* zwischen *veränderlichen Größen* einen *Hauptschwerpunkt* bildet. Sie treten in *Formeln* und *Ausdrücken* auf, die *mathematische Modelle* für *technische* und *naturwissenschaftliche Sachverhalte* bilden.

Bei der *Anwendung* der *Systeme* zur Lösung von *Aufgaben* in *Technik* und *Naturwissenschaften* kommt man deshalb ohne *Variablen* nicht aus. Um *Variablen* in den *einzelnen Systemen* einsetzen zu können, benötigt man Kenntnisse über ihre

* *Darstellungsmöglichkeiten*
* *Wirkungsweisen*

Die *unterschiedlichen Vorgehensweisen* für die *Bezeichnung* von *Variablen* und *indizierten Variablen* und deren *Wirkungsweisen* werden im folgenden für die einzelnen *Systeme erläutert:*

AXIOM

AXIOM gestattet die *Darstellung indizierter Variablen*

x_k bzw. x_{ik} in der *Form* x(k) bzw. x(i,k)

deren Verwendung ausführlicher bei *Matrizen* (Abschn.20.2) erläutert wird.

Des weiteren sind in AXIOM *Variablennamen* zugelassen, die aus *mehreren Zeichen (Buchstaben* und *Ziffern)* bestehen, so daß für indizierte Variablen auch die Darstellung xk bzw. xik möglich ist.

AXIOM *unterscheidet* bei *Variablennamen* zwischen *Groß-* und *Kleinschreibung.* Jeder *Variablenname* muß mit einem *Buchstaben beginnen.*

DERIVE

DERIVE gestattet *keine Darstellung indizierter Variablen*

x_k bzw. x_{ik}

Man kann diese nur in der *Form* xk bzw. xik darstellen, d.h., durch *Variablen,* die aus *mehreren Zeichen (Buchstaben* und *Ziffern)* bestehen.

Um in DERIVE *Variablen* verwenden zu können, die aus *mehreren Zeichen* bestehen, muß vorher mittels der *Menüfolge*

Declare ⇒ **AlgebraState** ⇒ **Input...**

in der erscheinenden *Dialogbox* (*Input Options*) in **Input Mode** mittels *Maus* **Word** angeklickt werden. Damit wird auf *Worteingabe* umgeschaltet.

DERIVE *unterscheidet* bei *Variablennamen nicht* zwischen *Groß-* und *Kleinschreibung*. Jeder *Variablenname* muß mit einem *Buchstaben beginnen*.

MACSYMA

MACSYMA gestattet die *Darstellung indizierter Variablen*

x_k bzw. x_{ik} in der *Form* x[k] bzw. x[i,k]

deren Verwendung ausführlicher bei *Matrizen* (Abschn.20.2) erläutert wird.

Des weiteren sind in MACSYMA *Variablennamen* zugelassen, die aus *mehreren Zeichen* (*Buchstaben* und *Ziffern*) bestehen, so daß für indizierte Variablen auch die Darstellung xk bzw. xik möglich ist.

MACSYMA *unterscheidet* bei *Variablennamen* zwischen *Groß-* und *Kleinschreibung*. Jeder *Variablenname* muß mit einem *Buchstaben beginnen*.

MAPLE

MAPLE gestattet die *Darstellung indizierter Variablen*

x_k bzw. x_{ik} in der *Form* x[k] bzw. x[i,k]

deren Verwendung ausführlicher bei *Matrizen* (Abschn.20.2) erläutert wird.

Des weiteren sind in MAPLE *Variablennamen* zugelassen, die aus *mehreren Zeichen* (*Buchstaben* und *Ziffern*) bestehen, so daß für indizierte Variablen auch die Darstellung xk bzw. xik möglich ist.

MAPLE *unterscheidet* bei *Variablennamen* zwischen *Groß-* und *Kleinschreibung*. Jeder *Variablenname* muß mit einem *Buchstaben beginnen*.

MATHCAD

MATHCAD besitzt von allen *Systemen* die weitreichendsten Möglichkeiten bei der *Darstellung* von *Variablen*.

Variablennamen lassen sich in der üblichen Form sowohl durch *Kombination* von *Buchstaben* (auch griechischen) und *Ziffern*, z.B. x, y, x1, y2, ab3, als auch in *indizierter Form*, z.B. x_1, y_n, z_a, $a_{i,k}$, darstellen, wobei MATHCAD zwischen *Groß-* und *Kleinschreibung unterscheidet*. Jeder *Variablenname* muß mit einem *Buchstaben beginnen*.

Bei der *Darstellung indizierter Variablen* bietet MATHCAD in Abhängigkeit vom Verwendungszweck *zwei Möglichkeiten:*

I. Möchte man eine *Variable* x_i als *Komponente* eines *Vektors* **x** interpretieren (siehe Abschn.20.2), so muß man diese durch Anklicken des *Operators* aus der *Operatorpalette Nr.4* (*Matrixpalette*)

erzeugen, indem man in die erscheinenden *Platzhalter*

■,

x und den *Index* (*Feldindex*) i einträgt und damit x_i erhält.

II. Ist man nur an einer *Variablen* x mit *tiefgestelltem Index* i interessiert, so erhält man diese, indem man nach der Eingabe von x
einen Punkt eintippt. Die anschließende Eingabe von i erscheint
jetzt tiefgestellt und man erhält

x_i

Man bezeichnet diese Art von *Index* als *Literalindex* im Gegensatz zum *Feldindex* aus I.
Der *Unterschied* zwischen diesen beiden Arten von *indizierten Variablen* ist schon *optisch* zu *erkennen*, da beim *Literalindex* zwischen Variable und Index ein Leerzeichen steht und der Literalindex
die gleiche Größe wie die Variable besitzt.

MATHCAD gestattet zusätzlich die *Definition* sogenannter *Bereichsvariablen* v mittels v := a , a + Δv .. b unter Verwendung des *Operators*

aus der *Operatorpalette Nr.4* (*Matrixpalette*)

Die so definierten *Bereichsvariablen* nehmen alle *Werte* zwischen a
und b mit der *Schrittweite* Δv an (siehe Beispiel 13.1).
Man benötigt sie u.a. zur *grafischen Darstellung* von *Funktionen*
(siehe Kap.22) und zur Bildung von *Schleifen* siehe Abschn.15.3).
Fehlt die *Schrittweite* Δv, d.h., definiert man die *Bereichsvariable* v
in der *Form* v := a .. b , so nimmt v die Werte zwischen a und b mit
der *Schrittweite* 1 an, d.h. v = a , a+1 , a+2 , ... , b
♦
Beispiel 13.1:
a) Wir definieren zwei *Bereichsvariable* x und y in den *Bereichen*
[1.4,2.1] bzw. [−2,4] mit der Schrittweite 0.2 bzw. 1 und geben

durch *Eingabe* des *numerischen Gleichheitszeichens* = die berechneten Werte als *Wertetabelle* (*Ausgabetabelle*) aus:

x := 1.4 , 1.6 .. 2.1   y := - 2 .. 4

x
1.4
1.6
1.8
2

y
- 2
- 1
0
1
2
3
4

b) Berechnen wir die Funktion cos x für die Werte x = 1, 1.3,..., 2, indem wir x als *Bereichsvariable* mit der *Schrittweite* 0.3 *im Intervall* [1,2] definieren:

x := 1 , 1.3 .. 2

x   cos(x)

x	cos(x)
1	0.54
1.3	0.267
1.6	- 0.029
1.9	- 0.323

Die Eingabe des *numerischen Gleichheitszeichens* nach x und cos(x) liefert die *Werte* der *Bereichsvariablen* x bzw. die *Wertetabelle* (*Ausgabetabelle*) für die Funktion cos x.

MATHEMA-TICA

MATHEMATICA gestattet die *Darstellung indizierter Variablen* x_k bzw. x_{ik} in der *folgenden Form* x[k] bzw. x[i,k]

wobei allerdings eine *andere Form* mit doppelten Klammern gefordert wird, wenn man *Elemente* von *Vektoren* und *Matrizen* darstellen möchte (siehe Abschn.20.2).

Des weiteren sind in MATHEMATICA *Variablennamen* zugelassen, die aus *mehreren Zeichen* bestehen, d.h. aus einer *Kombination* von *Buchstaben* (auch griechischen) und *Ziffern*. So ist für *indizierte Variablen* auch die Darstellung xk bzw. xik möglich.

MATHEMATICA *unterscheidet* bei *Variablennamen* zwischen *Groß-* und *Kleinschreibung*. Jeder *Variablenname* muß mit einem *Buchstaben beginnen*.

MATLAB

MATLAB gestattet die *Darstellung indizierter Variablen* x_k bzw. x_{ik} in der *Form* x(k) bzw. x(i,k) deren Verwendung ausführlicher bei *Matrizen* (siehe Abschn.20.2) erläutert wird.

Des weiteren sind in MATLAB *Variablennamen* zugelassen, die aus *mehreren Zeichen* (*Buchstaben* und *Ziffern*) bestehen, so daß für *indizierte Variablen* auch die Darstellung xk bzw. xik möglich ist. MATLAB *unterscheidet* bei *Variablennamen* zwischen *Groß-* und *Kleinschreibung.* Jeder *Variablenname* muß mit einem *Buchstaben beginnen.*

MuPAD

MuPAD gestattet die *Darstellung indizierter Variablen* x_k bzw. x_{ik} in der *Form* x[k] bzw. x[i,k]

deren Verwendung ausführlicher bei *Matrizen* (siehe Abschn.20.2) erläutert wird.

Des weiteren sind in MuPAD *Variablennamen* zugelassen, die aus *mehreren Zeichen* (*Buchstaben* und *Ziffern*) bestehen, so daß für *indizierte Variablen* auch die Darstellung xk bzw. xik möglich ist. MuPAD *unterscheidet* bei *Variablennamen* zwischen *Groß-* und *Kleinschreibung.* Jeder *Variablenname* muß mit einem *Buchstaben beginnen.*

♦

Bei der Festlegung von *Variablennamen* sollte man in allen *Systemen* zusätzlich *beachten,* daß keine *Namen integrierter Funktionen* oder *vordefinierter Konstanten* verwendet werden, da diese dann nicht mehr verfügbar sind.

♦

Variablen können in den *Systemen* durch *Zuweisungsoperatoren Zahlen* oder *Konstanten* zugewiesen werden (siehe Abschn.15.1).

♦

13.3 Integrierte Konstanten

Den *Systemen* sind eine Reihe von *Konstanten/Größen* bekannt, von denen wir im folgenden nur die häufig benötigten angeben:

- $\pi = 3.14159...$
  - * AXIOM: **%pi**
  - * DERIVE: **pi** oder *Symbol* π aus *Dialogbox*
    Author Expression
  - * MACSYMA: **%pi**
  - * MAPLE: **Pi**
  - * MATHEMATICA: **Pi** oder *Symbol* π aus *Operatorpalette*

BasicInput
* MATHCAD: π aus *Operatorpalette Nr.1* (*Arithmetikpalette*)
* MATLAB: **pi**
* MuPAD: **PI**

• e = 2.718281...
* AXIOM: **%e**
* DERIVE: **ê** oder *Symbol* aus *Dialogbox* **Author Expression**
* MACSYMA: **%e**
* MAPLE: **exp (1)**
* MATHCAD: **e**
* MATHEMATICA: **E**
* MATLAB: **exp (1)**
* MuPAD: **E**

• i = $\sqrt{-1}$
* AXIOM: **%i**
* DERIVE: **î** oder *Symbol* aus *Dialogbox* **Author Expression**
* MACSYMA: **%i**
* MAPLE: **I**
* MATHCAD: **1i**
* MATHEMATICA: **I**
* MATLAB: **i** oder **j**
* MuPAD: **I**

• ∞
* AXIOM: **%infinity**
* DERIVE: **inf** oder *Symbol* ∞ aus *Dialogbox*
  Author Expression
* MACSYMA: **inf**
* MAPLE: **infinity**
* MATHCAD: ∞ aus *Operatorpalette Nr.1* (*Arithmetikpalette*)
* MATHEMATICA: **Infinity** oder *Symbol* ∞ aus der *Operatorpalette* **BasicInput**
* MATLAB: **inf**
* MuPAD: **infinity**

13.4   Integrierte Funktionen

Den *Systemen* sind eine Reihe von *Funktionen bekannt*, von denen wir am häufigsten die sogenannten *elementaren Funktionen* benötigen.

Elementare Funktionen werden durch *folgende Bezeichnungen* eingegeben:

• *Quadratwurzel:* **sqrt**

- *e-Funktion:* **exp**
- *Logarithmusfunktion:* **ln** oder **log**
- *Betrag:* **abs**
- *trigonometrische Funktionen:* **sin, cos, tan, cot, arcsin,**...
  (bei DERIVE, MATHCAD, MATLAB und MuPAD **asin,**...)
- *hyperbolische Funktionen:* **sinh, cosh, tanh, coth, arcsinh,**...
  (bei DERIVE, MATHCAD, MATLAB und MuPAD **asinh,**...)

Bei MATHEMATICA muß der *erste Buchstabe* des *Funktionsnamens* ein *Großbuchstabe* sein und bei *Umkehrfunktionen* noch der Buchstabe der Funktion, z.B. *ArcTan.*

♦

Das *Argument* der *Funktionen* ist in den *Systemen* bis auf MATHEMATICA in *runde Klammern* einzuschließen, während MATHEMATICA hierfür *eckige Klammern* verwendet.

♦

Falls *Unklarheiten* wegen der *Schreibweise* der *Funktionen* bestehen, so kann man die *Hilfen* in den einzelnen *Systemen* auf folgende Art und Weise konsultieren:

AXIOM

Durch *Aufrufen* des AXIOM *Browsers* oder AXIOM *User Guides* aus dem Startfenster.

DERIVE

DERIVE liefert nach *Aktivierung* der *Menüfolge* **Help ⇒ Index** eine *Dialogbox,* aus der man die *Schreibweise* der gesuchten *Funktion* entnehmen kann.

MACSYMA

MACSYMA liefert nach *Aktivierung* der *Menüfolge* **Help ⇒ Search...** eine *Dialogbox,* aus der man die *Schreibweise* der gesuchten *Funktion* entnehmen kann.

MAPLE

MAPLE liefert nach *Aktivierung* der *Menüfolge*
Help ⇒ Topic Search...
eine *Dialogbox,* aus der man die *Schreibweise* der gesuchten *Funktion* entnehmen kann.

MATHCAD

MATHCAD liefert nach *Aktivierung* der *Menüfolge*
Math ⇒ Choose Function...
oder durch *Anklicken* von

in der *Symbolleiste* eine *Dialogbox,* aus der man die *Schreibweise* der gesuchten *Funktion entnehmen* und durch Mausklick an der durch den Kursor markierten Stelle im Arbeitsfenster *einfügen* kann.

MATHEMA-TICA

MATHEMATICA liefert nach *Aktivierung* der *Menüfolge*

Help ⇒ Help...

eine *Dialogbox,* in der man durch Anklicken von *Mathematical Functions* in der danebenliegenden Spalte die Liste der *integrierten Funktionen* erhält. Durch Anklicken von *Elementary Functions* in dieser Spalte kann man in einer weiteren Spalte die Schreibweise der elementaren Funktionen entnehmen. Klickt man hier die gewünschte Funktion an, so erhält man über sie ausführliche Erläuterungen.

MATLAB

MATLAB liefert nach *Aktivierung* der *Menüfolge*

Help ⇒ Help Window...

eine *Dialogbox,* aus der man die *Schreibweise* der gesuchten *Funktion* entnehmen kann.

MuPAD

MuPAD liefert nach *Aktivierung* der *Menüfolge*

Help ⇒ Browse Manual...

eine *Dialogbox,* aus der man die *Schreibweise* der gesuchten *Funktion* entnehmen kann.

Neben *elementaren Funktionen* sind in die *Systeme weitere mathematische Funktionen* (u.a. *höhere Funktionen, Rundungsfunktionen, Minimum/Maximum* von *n Zahlen*) *integriert,* über die man ebenfalls aus den *Hilfen* der *Systeme* Informationen erhalten kann.

14 Datentypen, Dateneingabe und -ausgabe

Bei der *Arbeit* mit den *Systemen* ist es *vorteilhaft, mehrere Größen* als eine *Gesamtheit* zu betrachten und hiermit zu rechnen wie mit einem einzigen Objekt. Diese Größen stellen meistens *Zahlen, Variablen, Ausdrücke* oder *Gleichungen* dar und werden im folgenden zusammenfassend als *Daten* bezeichnet.
In den folgenden Abschnitten befassen wir uns mit der *Darstellung* von *Daten,* d.h. mit *Datentypen,* und mit der *Ein-* und *Ausgabe* von *Daten* in den einzelnen *Systemen.*

14.1 Datentypen

Bei Problemen der *Ingenieurmathematik* spielen *Daten* eine große Rolle, da in *mathematischen Modellen* aus Technik und Naturwissenschaften *Zahlen, Tabellen, Matrizen* und *Gleichungen* auftreten.
Bis auf MATLAB, das *Felder* benutzt, verwenden die *Systeme* hauptsächlich *Listen* zur *Darstellung* von *Daten,* wobei diese *Felder* und *Listen* unter Verwendung von eckigen oder geschweiften Klammern gebildet werden.
MACSYMA, MAPLE und MuPAD verwenden neben *Listen weitere Datentypen* wie *Felder, Folgen, Mengen* und *Tabellen.*

Da MATHCAD alle Rechnungen in der *mathematischen Standardnotation* durchführt, benötigt man hier *keine Datentypen.*
♦

Die *Systeme* stellen *Rechenoperationen* für vorhandene *Datentypen* zur Verfügung, um mit anfallenden Daten einfacher rechnen zu können, wie wir im Verlaufe dieses Buches sehen (ab Kap.16).
♦

Die in den einzelnen *Systemen* zugelassenen *Datentypen* werden im folgenden kurz vorgestellt und an Beispielen erläutert:
* *Listen* haben in den einzelnen *Systemen* folgende *Form:*
  * AXIOM :   [$a_1, ..., a_n$]

* DERIVE : $[\ a_1,...,a_n\ ]$
* MACSYMA : $[\ a_1,...,a_n\ ]$
* MAPLE : $[\ a_1,...,a_n\ ]$
* MATHEMATICA : $\{\ a_1,...,a_n\ \}$
* MuPAD : $[\ a_1,...,a_n\ ]$

d.h., AXIOM, MACSYMA, DERIVE, MAPLE und MuPAD verwenden *eckige* und MATHEMATICA *geschweifte Klammern* zur *Darstellung* von *Listen*.

Der *Datentyp* der *Liste* findet u.a. zur *Darstellung* von *Matrizen* in den *Systemen* Anwendung:

* DERIVE und MATHEMATICA *definieren Matrizen* direkt als *geschachtelte Listen* (siehe Beispiel 14.1 und Abschn.20.2).
* AXIOM, MACSYMA, MAPLE und MuPAD benötigen *Funktionen* zur *Definition* von *Matrizen*, die jedoch als *Argumente Listen* verwenden (siehe Abschn.20.2).

♦

MATHCAD benötigt *keine Listen*, um *Matrizen darzustellen*. Hier werden *Matrizen* in der *üblichen mathematischen Schreibweise* eingegeben und verwendet. Das gleiche gilt zusätzlich für MATHEMATICA, wenn man die *Operatorpalette* **BasicCalculations** verwendet (siehe Kap.20).

♦

Bei allen *Systemen* können die *Listenelemente* $a_1,...,a_n$ *wieder Listen* sein, d.h., Listen lassen sich *schachteln* (siehe Beispiel 14.1).

♦

Beispiel 14.1:
DERIVE und MATHEMATICA schreiben *Matrizen* vom *Typ* (m,n)

$$\mathbf{A} = \begin{pmatrix} a_{11} & a_{12} & \cdots & a_{1n} \\ a_{21} & a_{22} & \cdots & a_{2n} \\ \vdots & \vdots & \vdots & \vdots \\ a_{m1} & a_{m2} & \cdots & a_{mn} \end{pmatrix}$$

direkt als *geschachtelte Liste* in der Form (siehe Abschn.20.2)

* $[\ [\ a_{11},...,a_{1n}\ ],...,[\ a_{m1},...,a_{mn}\ ]\ ]$ DERIVE
* $\{\ \{\ a_{11},...,a_{1n}\ \},...,\{\ a_{m1},...,a_{mn}\ \}\ \}$ MATHEMATICA

d.h., die *Listenelemente* sind die *Zeilenvektoren* der *Matrix* **A**, die ihrerseits die Elemente einer Zeile zu einer Liste zusammenfassen.
♦

 AXIOM, DERIVE, MACSYMA und MATHEMATICA verwenden *Listen* zusätzlich für die *Eingabe* von *Gleichungen* (siehe Kap.23), während MAPLE und MuPAD hierfür *Mengen* verwenden.
♦

 Der mögliche *Zugriff* auf einzelne *Listenelemente* in AXIOM, MACSYMA, MAPLE, MATHEMATICA und MuPAD ist aus dem folgenden Beispiel 14.2 ersichtlich. Bei DERIVE konnte keine Zugriffsmöglichkeit auf einzelne Listenelemente ermittelt werden.
♦

Beispiel 14.2:

a) AXIOM gestattet *Zugriffe* auf *Listenelemente* in folgender Form:

a1)Für die *definierte Liste*

liste1 := [2 , 1 , 7 , 2 , 4 , 5 , 4 , 1 , 2]

geschieht der *Zugriff* auf das i-te Element mittels **liste1**(i)

a2)Für die *definierte geschachtelte Liste*

liste2 := [[2 , 1 , 3] , [4 , 3 , 7] , [6 , 1 , 5]]

geschieht der *Zugriff* mittels **liste2**(i,k), so liefert z.B.
liste2(2,3) die Zahl 7

b) MACSYMA gestattet *Zugriffe* auf *Listenelemente* in folgender Form:

b1)Für die *definierte Liste*

liste1: [2 , 1 , 7 , 2 , 4 , 5 , 4 , 1 , 2]

geschieht der *Zugriff* auf das i-te Element mittels **liste1**[i]

b2)Für die *definierte geschachtelte Liste*

liste2: [[2 , 1 , 3] , [4 , 3 , 7] , [6 , 1 , 5]]

geschieht der *Zugriff* mittels **liste2** [i][k], so liefert z.B.
liste2 [2][3] die Zahl 7

c) MAPLE gestattet *Zugriffe* auf *Listenelemente* in folgender Form:

c1)Für die *definierte Liste*

liste1 := [2 , 1 , 7 , 2 , 4 , 5 , 4 , 1 , 2] **;**

geschieht der *Zugriff* auf das i-te Element mittels **liste1**[i];

c2) Für die *definierte geschachtelte Liste*
liste2 := [[2 , 1 , 3] , [4 , 3 , 7] , [6 , 1 , 5]] ;
geschieht der *Zugriff* mittels **liste2** [i , k] ;
d) MATHEMATICA gestattet *Zugriffe* auf *Listenelemente* in folgender Form:
d1) Für die *definierte Liste*
liste1 := { 2 , 1 , 7 , 2 , 4 , 5 , 4 , 1 , 2 }
geschieht der *Zugriff* auf das i-te *Element* mittels
liste1 [[i]]
d2) Für die als *Liste*
A := { { 2 , 1 , 3 } , { 4 , 3 , 7 } , { 6 , 1 , 5 } }
definierte *dreireihige Matrix* **A** geschieht der *Zugriff* auf das *Element* a_{ik} mittels **A** [[i , k]]
e) MuPAD gestattet *Zugriffe* auf *Listenelemente* in folgender Form:
e1) Für die *definierte Liste*
liste1 := [2 , 1 , 7 , 2 , 4 , 5 , 4 , 1 , 2] ;
geschieht der *Zugriff* auf das *i-te Element* mittels **liste1** [i];
e2) Für die *definierte geschachtelte Liste*
liste2 := [[2 , 1 , 3] , [4 , 3 , 7] , [6 , 1 , 5]] ;
geschieht der *Zugriff* mittels **liste2** [i][k] ;
♦

- *Folgen* werden nur von MAPLE *verwendet*, und zwar zur Darstellung endlicher *mathematischer Folgen*.
Die *Erzeugung* von *Folgen* und den *Zugriff* auf *Folgenelemente* zeigen wir für MAPLE im folgenden Beispiel 14.3.
Beispiel 14.3:
a) Für die *definierte Folge* **folge1** := 1 , 3 , 2 , 5 , 4 , 8 ;
geschieht in MAPLE der *Zugriff* auf das i-te *Folgenelement* mittels **folge1** [i] ;
b) Für die mit dem *Kommando* **seq** *definierte Folge*
folge2 := **seq** (i , i=1 .. 10) ;
berechnet MAPLE die *Folge* 1 , 2 , 3 , 4 , 5 , 6 , 7 , 8 , 9 , 10
d.h., es wird die Schrittweite 1 angewandt.
c) Für die mit dem *Kommando* **seq** *definierte Folge*
folge3 := **seq** (**seq** (i + k , i = 1 .. 3) , k = 1 .. 3) ;
berechnet MAPLE die *Folge* 2 , 3 , 4 , 3 , 4 , 5 , 4 , 5 , 6
♦

- *Tabellen* werden von MAPLE und MuPAD *verwendet*.

- *Felder* benutzen MACSYMA, MAPLE, MATLAB und MuPAD. Sie werden z.b. von MATLAB zur *Definition* von *Matrizen* verwendet (siehe Beispiel 14.4 und Abschn.20.2).

  Beispiel 14.4:

  MATLAB schreibt *Matrizen* **A** vom *Typ* (m,n) als *Feld* in der Form A = [a_{11},..., a_{1n} ; ... ; a_{m1},..., a_{mn}]

  d.h., die *Zeilenvektoren* der *Matrix* **A** werden nicht geschachtelt, sondern durch *Semikolon getrennt*.

  Auf das *Element* a_{ik} wird *mittels* A(i,k) *zugegriffen*.

  ♦

- *Mengen* werden in MAPLE und MuPAD nicht als Listen dargestellt, sondern haben eine gesonderte Bezeichnung mittels geschweifter Klammern. Des weiteren werden in MAPLE und MuPAD *Mengen* für die *Eingabe* von *Gleichungen* verwendet (siehe Kap.23).

14.2   Dateneingabe und -ausgabe

Ein- und *Ausgabe-Kommandos/-Menüfolgen* für *Daten* bezeichnet man in den *Systemen* als *Dateizugriffsfunktionen*. Manchmal werden sie auch als *Lese-* und *Schreibfunktionen* bezeichnet.

Die *Ein-* und *Ausgabe* von *Daten* ist für die *Ingenieurmathematik* wichtig, da häufig *Meßwerte* (z.b. aus Prozeßsteuerungen) zu *verarbeiten* sind, wozu diese in das verwendete *System eingegeben* (*eingelesen*) und die erhaltenen *Ergebnisse ausgegeben* werden müssen.

♦

Wir betrachten im folgenden ausschließlich *Daten* in *Zahlenform* (*Zahlendateien*) und unterscheiden zwischen *unstrukturierten* und *strukturierten Dateien*:

- Bei *unstrukturierten Dateien* werden die *Zahlen hintereinander* angeordnet und durch *Trennzeichen/Separatoren* (Leerzeichen, Komma, Tabulator, Zeilenvorschub) getrennt. Bei *Dezimalzahlen* muß der *Dezimalpunkt* verwendet werden, da das Komma als Trennzeichen interpretiert wird.

- *Strukturierte Dateien* unterscheiden sich nur durch die *Anordnung* der *Zahlen* von *unstrukturierten Dateien*. Die *Zahlen* müssen in *strukturierter Form* (*Matrixform* mit *Zeilen* und *Spalten*) angeordnet sein, d.h., in jeder Zeile muß die gleiche Anzahl von Zahlen stehen, die durch *Trennzeichen/Separatoren* (Leerzeichen, Komma, Tabulator) getrennt sind. Das Trennzeichen *Zei-*

lenvorschub wird hier zur Kennzeichnung der Zeilen benötigt. Bei *Dezimalzahlen* muß der *Dezimalpunkt* verwendet werden, da das Komma als Trennzeichen interpretiert wird.

◆

Die *Verwendung* von *Dateizugriffsfunktionen* wird in den *Beispielen* 14.5 bis 14.11 demonstriert. Da die hier verwendeten *Matrizen* erst im Kap.20 eingeführt werden, ist bei Unklarheiten vorher dieses Kapitel durchzuarbeiten.

◆

Die einzelnen *Systeme* stellen folgende *Dateizugriffsfunktionen* zur Verfügung:

AXIOM

AXIOM kann *Dateien* von/auf Diskette oder Festplatte *lesen* oder *speichern*, die im ASCII-*Format* vorliegen und aus *Zahlen* bestehen, die durch *Trennzeichen* (Kommas, Leerzeichen oder Zeilenumbrüche) voneinander getrennt sind. Dafür ist *folgende Vorgehensweise erforderlich*:

- Zuerst muß mit dem *Kommando* **open** folgendes *festgelegt* werden:
  * der *Pfad,*
  * ob es sich um eine *Eingabe* (*input*) oder *Ausgabe* (*output*) handelt,
  * um welche *Zahlenarten* (*Integer* oder *Float*) es sich bei der Datei handelt.
- Abschließend erfolgt mittels der *Kommandos* **read !** und **write !** die *Ein-* bzw. *Ausgabe* der gewünschten *Datei*. Die genaue Vorgehensweise ist aus Beispiel 14.5 ersichtlich.

Beispiel 14.5:

a) Mittels des *Kommandos*
   datei : File List Integer := open ("A:\DATEN " , "input")
   wird die *Eingabe* der *Datei* DATEN mit *ganzen Zahlen* von *Diskette vorbereitet*. Abschließend *liest* das *Kommando*
   read ! datei
   die sich in der *Datei* DATEN auf *Diskette* befindlichen Zahlen (1 2 3 4 5 6 7 8 9) in der Form [1 , 2 , 3 , 4 , 5 , 6 , 7 , 8 , 9] in das *Arbeitsfenster* ein.

b) Mittels des *Kommandos*
   datei : File List Integer := open ("A:\DATEN " , "output")
   wird die *Ausgabe* von *ganzen Zahlen* in die *Datei* DATEN auf Diskette *vorbereitet*. Abschließend realisiert das *Kommando*
   write ! (**datei** , [1 , 2 , 3 , 4 , 5 , 6 , 7 , 8 , 9])

die *Speicherung* der *Zahlendatei* [1, 2, 3, 4, 5, 6, 7, 8, 9] in die
Datei DATEN auf *Diskette* in der *Form* (1 2 3 4 5 6 7 8 9)

c) Mittels des *Kommandos*

datei : File List Float := **open** ("A:\DATEN " , "output")

wird die *Ausgabe* von *reellen Zahlen* in die *Datei* DATEN auf
Diskette *vorbereitet*. Abschließend realisiert das *Kommando*

write ! (**datei** , [1.2 , 3.4 , 5.6 , 7.8])

die *Speicherung* der *Zahlendatei* [1.2 , 3.4 , 5.6 , 7.8] in die *Datei* DATEN auf *Diskette* in der *Form* (1.2 3.4 5.6 7.8)

DERIVE   DERIVE kann *Dateien* von/auf Diskette oder Festplatte *lesen* oder
speichern, die im ASCII-*Format* vorliegen und aus *Zahlen* bestehen,
die durch *Trennzeichen* (Kommas, Leerzeichen oder Zeilenumbrüche) voneinander getrennt sind. Dafür ist *folgende Vorgehensweise
erforderlich*:

• Mittels der *Menüfolge* **File ⇒ Load ⇒ Data...**

läßt sich eine auf Diskette oder Festplatte vorhandene *strukturierte* oder *unstrukturierte Datei* DATEN.DAT *einlesen*, wenn
man in die erscheinende *Dialogbox* den *Dateinamen* und den
entsprechenden *Pfad* eingibt.

• Eine im *Arbeitsfenster* markierte *Liste* wird mittels der *Menüfolge*
File ⇒ Save As...

in die Datei DATEN.DAT *abgespeichert*, wenn in der erscheinenden *Dialogbox* als Dateiname DATEN.DAT und der *Pfad* eingetragen wird. Weiterhin muß in dieser *Dialogbox* bei **Save Expressions** und bei **Expressions** *Selected* durch Mausklick angekreuzt werden.

Beispiel 14.6:

a) Die auf Diskette (im Laufwerk A) befindliche ASCII–*Datei* DA-
TEN.DAT

∗ von den durch *Komma getrennten Zahlen*
1 , 2 , 3 , 4 , 5 , 6 , 7 , 8 , 9

∗ von den durch *Leerzeichen getrennten Zahlen*
1 2 3 4 5 6 7 8 9

wird mit der *Menüfolge*
File ⇒ Load ⇒ Data... ⇒ A:\DATEN.DAT

in das *Arbeitsfenster* in der *Form* [1 2 3 4 5 6 7 8 9] *geladen*.

b) Die im *Arbeitsfenster* markierte *Liste* (*Vektor*)
[1 , 2 , 3 , 4 , 5 , 6 , 7 , 8 , 9] wird mittels der *Menüfolge*
File ⇒ Save As... ⇒ A:\DATEN

auf *Diskette* im Laufwerk A in die Datei DATEN.MTH in der
Form [1 , 2 , 3 , 4 , 5 , 6 , 7 , 8 , 9] *abgespeichert*, wenn vorher

in der erscheinenden *Dialogbox* bei **Save** *Expressions* und bei **Expressions** *Selected* durch Mausklick angekreuzt werden.

c) Die auf *Diskette* (in Laufwerk A) *befindliche* folgende *strukturierte* ASCII-*Datei* DATEN.DAT von durch *Komma* oder *Leerzeichen* *getrennten Zahlen* der *Form*

1,5	1 5
2,6	2 6
3,7 bzw.	3 7
4,8	4 8

wird mittels der *Menüfolge*
File ⇒ Load ⇒ Data... ⇒ A:\DATEN.DAT
als *Matrix* der *Form*

$$\begin{pmatrix} 1 & 5 \\ 2 & 6 \\ 3 & 7 \\ 4 & 8 \end{pmatrix}$$

in das *Arbeitsfenster eingelesen* und in der *Form*
[[1 , 5] , [2 , 6] , [3 , 7] , [4 , 8]]
angezeigt.

d) Die im *Arbeitsfenster* markierte *Liste* (Matrix)
[[1 , 5] , [2 , 6] , [3 , 7] , [4 , 8]]
wird mittels der *Menüfolge* **File ⇒ Save As... ⇒ A:\DATEN**
auf *Diskette* im Laufwerk A in die Datei DATEN.MTH in der
Form [[1 , 5] , [2 , 6] , [3 , 7] , [4 , 8]]
abgespeichert, wenn vorher in der erscheinenden *Dialogbox* bei
Save *Expressions* und bei **Expressions** *Selected* durch *Mausklick*
angekreuzt werden.

♦

MAPLE

MAPLE besitzt *mehrere Kommandos* zum *Einlesen* und *Ausgeben* von *Dateien,* die im ASCII-*Format* vorliegen. Wir behandeln im folgenden nur die beiden am häufigsten verwendeten *Kommandos* zur *Ein–* und *Ausgabe* von *Zahlendateien:*

• das *Lesekommando* **readdata** (*Dateiname* , *Option* , n) ;
liest die *strukturierte Datei,* deren Name als *Dateiname* eingetragen ist und die n *Spalten* besitzt. Die betreffende Datei muß im reinen ASCII-*Format* vorliegen und die enthaltenen Zahlen müssen durch *Trennzeichen/Separatoren* (Leerzeichen oder Zeilenumbrüche) voneinander getrennt sein. Kommas und Semikolons sind hier als Trennzeichen nicht erlaubt:

* Die genaue *Vorgehensweise* bei der *Anwendung* von **readdata** wird im Beispiel 14.7c) demonstriert.
* Im Argument *Option* kann man die Zahlenart *float* (Dezimalzahl) oder *integer* (ganze Zahl) angeben. *Fehlt* die *Option,* so werden die eingelesenen Zahlen als *Deziamalzahlen* (mit Dezimalpunkt) dargestellt.
* *Fehlt* im Argument von **readdata** die *Anzahl* n der *Spalten,* so wird *nur* die *erste Spalte eingelesen.*
* Die zu lesende Datei muß sich im *Unterverzeichnis* BIN.WIN von MAPLE befinden.

• Das *Schreibkommando* **writedata** (*Dateiname* , A) ;
speichert die im MAPLE-Arbeitsfenster definierte Matrix **A** in die *strukturierte* ASCII–*Datei* unter dem bei *Dateiname* angegebenen Namen auf die Festplatte in das *Unterverzeichnis* BIN.WIN von MAPLE:

* Die genaue Vorgehensweise bei der *Anwendung* von **writedata** wird in den Beispielen 14.7a) und b) demonstriert.
* Es ist zu beachten, daß *Vektoren* (Zeilen- oder Spaltenvektoren) immer *als Spaltenvektoren abgespeichert* werden.

In MAPLE wurden *keine Möglichkeiten* gefunden, um direkt von / auf Diskette lesen/speichern zu können.
Durch Probieren wurde ermittelt, daß MAPLE nur in das *Unterverzeichnis* BIN.WIN abspeichert bzw. hieraus einliest.
♦

Beispiel 14.7:
a) Wir *definieren* eine dreireihige *Matrix* **A** mittels
A := **array** ([[1 , 2 , 3] , [3 , 4 , 5] , [5 , 6 , 7]]) ;
Die *Ausgabe* von MAPLE auf dem Bildschirm lautet nach dieser Zuweisung

$$A := \begin{bmatrix} 1 & 2 & 3 \\ 3 & 4 & 5 \\ 5 & 6 & 7 \end{bmatrix}$$

Diese Matrix *speichern* wir mittels des *Kommandos*
writedata (DATEN , A) ;
in die *strukturierte* ASCII–*Datei* mit dem *Namen* DATEN auf die Festplatte in das *Unterverzeichnis* BIN.WIN von MAPLE.
Die *Datei* DATEN enthält die *abgespeicherte Matrix* in der *Form*

```
1  2  3
3  4  5
5  6  7
```

wobei die Zahlen durch Leerzeichen getrennt sind.

b) Der *Spaltenvektor*

$$a = \begin{pmatrix} 1 \\ 2 \\ 3 \\ 4 \\ 5 \end{pmatrix}$$

und der *Zeilenvektor* **b** = (1 , 2 , 3 , 4 , 5)
die man in MAPLE durch die *Zuweisungen*
a := [[1] , [2] , [3] , [4] , [5]] ; bzw. b := [1 , 2 , 3 , 4 , 5] ;
bildet, werden durch das *Schreibkommando*
writedata (DATEN , a) ; *bzw.* **writedata** (DATEN , b) ;
in die ASCII–*Datei* DATEN in Form *einer Spalte*

```
1
2
3
4
5
```

im *Unterverzeichnis* BIN.WIN von MAPLE *abgespeichert.*

c) Möchte man eine Datei in das MAPLE-Arbeitsfenster einlesen, so muß diese vorher in das *Unterverzeichnis* BIN.WIN von MAPLE gespeichert werden.
Nehmen wir an, daß sich die *strukturierte* ASCII–*Datei* (mit drei Spalten) mit dem *Namen* DATEN aus Beispiel a) in diesem Unterverzeichnis befindet. Mittels des *Lesekommandos*
A := **readdata** (DATEN , *integer* , 3) ;
wird die *Datei* DATEN *eingelesen* und A in der folgenden Form
A := [[1 , 2 , 3] , [3 , 4 , 5] , [5 , 6 , 7]]
als Liste zugeordnet. Die Option *integer* im Argument von **readdata** bewirkt, daß die Zahlen als *ganze Zahlen* (ohne Dezimalpunkt) dargestellt werden.
Möchte man, daß MAPLE die *eingelesene Datei* in *Matrixschreibweise* darstellt, so ist das *Lesekommando* in der *Form*
A := **array** (**readdata** (DATEN , *integer*, 3)) ;
einzugeben und MAPLE zeigt das Ergebnis der Zuweisung in der folgenden *Matrixform* an:

$$A := \begin{bmatrix} 1 & 2 & 3 \\ 3 & 4 & 5 \\ 5 & 6 & 7 \end{bmatrix}$$

Verwendet man das *Lesekommando* in der *Form*
A := **readdata** (DATEN) ;
so wird *nur* die *erste Spalte* der Matrix A in der *Form*
A := [1. , 3. , 5.] *eingelesen*, wobei die Zahlen als Dezimalzahlen (mit Dezimalpunkt) dargestellt werden.

◆

MATHCAD

MATHCAD besitzt von allen *Systemen* die *umfangreichsten Möglichkeiten* zur *Ein–* und *Ausgabe* von *Daten* (im ASCII-*Format*) von/auf Diskette oder Festplatte:

- *Dateizugriffsfunktionen* gestatten in MATHCAD das *Einlesen* und *Ausgeben* von *Daten* (Zahlen) aus bzw. in *unstrukturierte(n)/ strukturierte(n) Dateien. Unstrukturierte Dateien* werden durch die *Endung* .DAT und *strukturierte* durch die *Endung* .PRN gekennzeichnet.

- MATHCAD kann *Zahlendateien lesen*, die im reinen ASCII-*Format* vorliegen und deren *Zahlen* durch *Trennzeichen/Separatoren* (Kommas, Leerzeichen oder Zeilenumbrüche) voneinander getrennt sind.

Die am häufigsten verwendeten *Dateizugriffsfunktionen* sind :

- **READ** (daten)
  liest eine *Zahl* aus der *unstrukturierten Datei* DATEN.DAT.

- **WRITE** (daten)
  schreibt eine *Zahl* in die *unstrukturierte Datei* DATEN.DAT.

- **APPEND** (daten)
  fügt eine *Zahl* an die vorhandene *unstrukturierte Datei* DATEN.DAT an.

- **READPRN** (daten)
  liest die *strukturierte Datei* DATEN.PRN in eine *Matrix*. Jeder Zeile bzw. Spalte der Matrix wird eine Zeile bzw. Spalte der Datei zugeordnet.

- **WRITEPRN** (daten)
  schreibt eine *Matrix* in die *strukturierte Datei* DATEN.PRN. Jeder Zeile bzw. Spalte der Datei wird eine Zeile bzw. Spalte der Matrix zugeordnet.

- **APPENDPRN** (daten)

fügt eine Matrix an die vorhandene, *strukturierte Datei* DA-TEN.PRN an. Jeder Zeile bzw. Spalte der Matrix wird eine neue Zeile bzw. Spalte der Datei zugeordnet.

Mit den *vordefinierten Variablen* (*Built-In Variables*) **PRNCOL-WIDTH** und **PRNPRECISION** aus dem Menü **Math** lassen sich für die Funktion **WRITEPRN** die verwendete Spaltenbreite (Standardwert 8) bzw. Stellengenauigkeit (Standardwert 4) festlegen.
♦

Es ist zu beachten, daß die *Dateizugriffsfunktionen* in *Groß-buchstaben* und die *Dateinamen* in *Kleinbuchstaben* zu schreiben sind.
♦

Beim *Lesen* und *Schreiben* von Dateien muß man natürlich wissen, wo/wohin MATHCAD die *gewünschte Datei lesen/schreiben* kann. Ohne weitere Vorkehrungen sucht bzw. schreibt MATHCAD die Datei in das *Standardverzeichnis*. Dies ist das Verzeichnis, aus dem das aktuelle MATHCAD-*Dokument* geladen oder in das es zuletzt gespeichert wurde. Wenn sich die *Datei* in einem *anderen Ver-zeichnis* befindet, so muß man dies MATHCAD mittels der folgen-den *Menüfolge* **File ⇒ Associate Filename...** mitteilen, indem man in der erscheinenden *Dialogbox* das entsprechende *Verzeichnis* einstellt und die betrachtete Datei mit Namen und Endung in das *Feld* **Dateiname** einträgt. Als *Argument* der *Dateizugriffsfunktionen* wird nur der Name der Datei (ohne Endung) verwendet, der in das *Feld* **Mathcad variable** einzutragen ist.
♦

Beispiel 14.8:
Für die im folgenden verwendeten *Matrizen* haben wir als *Startwert* für die *Indizierung* den *Wert* 1 mittels der *Menüfolge*
Math ⇒ Built-In Variables... ⇒ ORIGIN ⇒ 1
eingestellt und setzen voraus, daß jeweils der *Standort* der *Datei* mittels der *Menüfolge* **File ⇒ Associate Filename...** festgelegt wur-de.
a) Wenn die *strukturierte* ASCII-*Datei* DATEN.PRN die Form

1
2
3
4

5
hat, so liefert das *Einlesen* A := **READPRN** (daten) als *Ergebnis*

$$A = \begin{bmatrix} 1 \\ 2 \\ 3 \\ 4 \\ 5 \end{bmatrix} \blacksquare$$

Für die ASCII-*Datei* DATEN.PRN 1 , 2 , 3 , 4 , 5
liefert das *Einlesen* A := **READPRN** (daten)
als *Ergebnis* A = (1 2 3 4 5)
Verwendet man die Funktion **READ** zum *Lesen* von *unstrukturierten Dateien*, so liefert a:= **READ** (daten) den Wert a=1, d.h.,
es wird immer nur das *erste Element eingelesen.*

b) Wenn die *strukturierte* ASCII-*Datei* DATEN.PRN die Form
1 2 3
3 4 5
5 6 7
hat, so liefert das *Einlesen* A:= **READPRN** (daten)

$$A = \begin{pmatrix} 1 & 2 & 3 \\ 3 & 4 & 5 \\ 5 & 6 & 7 \end{pmatrix} \blacksquare$$

Befindet sich die Matrix **A** im MATHCAD-Arbeitsfenster, so liefert
das *Schreiben* **WRITEPRN** (daten) := A die *strukturierte* ASCII-
Datei DATEN.PRN in der folgenden Form:
1 2 3
3 4 5
5 6 7
♦

**MATHEMA-
TICA**

MATHEMATICA besitzt *mehrere Kommandos* zum *Einlesen* und
Ausgeben von ASCII–*Dateien* von/auf Diskette oder Festplatte.
Wir behandeln im folgenden nur die beiden am häufigsten verwen-
deten *Kommandos* zur *Ein–* und *Ausgabe* von *Zahlendateien*:

• das *Lesekommando*
  ReadList [*"Dateiname"* , *Number* , *Optionen*]
  liest die *strukturierte Datei*, deren Name als *Dateiname* einzutragen ist:
  * Die betreffende Datei muß im reinen ASCII-*Format* vorliegen
    und die enthaltenen Zahlen müssen durch *Trennzeichen / Se-
    paratoren* (Leerzeichen oder Zeilenumbrüche) voneinander

getrennt sein. Kommas und Semikolons sind als Trennzeichen nicht erlaubt.

* Das Argument *Number* muß unbedingt angegeben werden, damit MATHEMATICA erkennt, daß es sich um eine *Zahlendatei* handelt.

* Im Argument *Optionen* kann man mittels *RecordLists–>True* das *zeilenweise Einlesen* (d.h. als *Matrix*) der *Datei* veranlassen. *Fehlt* diese *Option*, so wird die *Matrixstruktur* der einzulesenden Datei *nicht beibehalten*. Die *eingelesenen Zahlen* werden alle *nacheinander* in einem *Vektor* (Liste) angeordnet (siehe Beispiel 14.9a).

* Wenn sich die zu *lesende Datei* nicht im *Hauptverzeichnis* von MATHEMATICA befindet, muß im Argument *"Dateiname"* das *Verzeichnis* mit *angegeben* werden.
  So liest z.B. *"A:\DATEN.ASC"* die Zahlendatei DATEN.ASC von der Diskette im Laufwerk A ein.

* Die genaue *Vorgehensweise* bei der *Anwendung* von **Read-List** wird im Beispiel 14.9a) demonstriert.

• Die *Schreibkommandofolge*
  stream = **OpenWrite** [*"Dateiname"*] ; **Write** [*stream* , A]
  speichert die im MATHEMATICA-Arbeitsfenster definierte Matrix **A** in die *strukturierte* ASCII-*Datei* unter dem bei *"Dateiname"* im *Kommando* **OpenWrite** angegebenen Namen auf die Festplatte in das *Hauptverzeichnis* von MATHEMATICA:

  * Falls man eine zu speichernde Datei nicht ins *Hauptverzeichnis* von MATHEMATICA speichern möchte, muß im Argument *"Dateiname"* des *Kommandos* **OpenWrite** das *Verzeichnis* mit *angegeben* werden:
    So speichert z.B. *"A:\DATEN.ASC"* die gegebene Zahlendatei unter dem Namen DATEN.ASC auf die Diskette im Laufwerk A.

  * Es ist zu beachten, daß *Vektoren* (Zeilen- oder Spaltenvektoren) immer als *Spaltenvektoren abgespeichert* werden.

  * Die genaue Vorgehensweise bei der *Anwendung* von **Write** wird im Beispiel 14.9b) demonstriert.

Beispiel 14.9:

a) In der *strukturierten* ASCII-*Datei* MATRIX.ASC befinden sich die durch Leerzeichen getrennten *Zahlen* einer *Matrix* in drei Zeilen (durch Zeilenwechsel getrennt) in der Form

```
1  2  3
4  5  6
7  8  9
```

Diese Datei wird mittels des *Lesekommandos*

* A = **ReadList** ["MATRIX.ASC" , *Number*]

eingelesen und A wird die folgende Liste zugewiesen

{ 1 , 2 , 3 , 4 , 5 , 6 , 7 , 8 , 9 }

d.h., die Matrixstruktur der einzulesenden Datei wird nicht beibehalten. Die eingelesenen Zahlen werden alle nacheinander in einem *Vektor* (Liste) angeordnet.

* A = **ReadList** ["MATRIX.ASC" , *Number, RecordLists*→*True*]

eingelesen und **A** wird die folgende Liste zugewiesen

{{ 1 , 2 , 3 } , { 4 , 5 , 6 } , { 7 , 8 , 9 }}

d.h., durch die Option *RecordLists->True* wird die *eingelesene Datei* **A** als *Matrix* (geschachtelte Liste) *zugewiesen*.

b) Für die *Abspeicherung* einer im MATHEMATICA-Arbeitsfenster befindlichen *Matrix* auf Diskette oder Festplatte gibt es *zwei Möglichkeiten*:

   I. *Abspeicherung als Liste*

     Die im MATHEMATICA-*Arbeitsfenster* **A** mittels

     A = {{ 1 , 2 , 3 } , { 4 , 5 , 6 } , { 7 , 8 , 9 }}

     zugewiesene *Matrix*

$$\begin{pmatrix} 1 & 2 & 3 \\ 4 & 5 & 6 \\ 7 & 8 & 9 \end{pmatrix}$$

     wird mittels der *Schreibkommandofolge*

     stream = **OpenWrite** ["A:\MATRIX.ASC"] ; **Write** [*stream*, A]

     auf die *Diskette* im Laufwerk A in der folgenden *Listenform* gespeichert {{ 1 , 2 , 3} , { 4 , 5 , 6 } , { 7 , 8 , 9 }}

   II. *Abspeicherung* als *strukturierte Datei* (*Matrixform*)

     Die im MATHEMATICA-*Arbeitsfenster* **A** mittels

     A = {{ 1 , 2 , 3 } , { 4 , 5 , 6 } , { 7 , 8 , 9 }} //**MatrixForm**

     zugewiesene *Matrix*

$$\begin{pmatrix} 1 & 2 & 3 \\ 4 & 5 & 6 \\ 7 & 8 & 9 \end{pmatrix}$$

     wird mittels der *Schreibkommandofolge*

     stream = **OpenWrite** ["A:\MATRIX.ASC"] ;

     SetOptions [*stream* , *FormatType* → *OutputForm*] ;

Write [*stream* , A]
auf die Diskette im Laufwerk A in der folgenden *Matrixform*
gespeichert

1 2 3

4 5 6

7 8 9

d.h. als *strukturierte* ASCII-*Datei*.

♦

MATLAB

MATLAB kann *Dateien* von/auf Diskette oder Festplatte *lesen* oder
speichern, die im ASCII-*Format* vorliegen und aus *Zahlen* bestehen,
die durch *Trennzeichen* (Kommas, Leerzeichen oder Zeilenumbrüche) voneinander getrennt sind. Dafür werden die *folgenden Kommandos* zur Verfügung gestellt:

* **load** zum *Einlesen*
* **save** zum *Abspeichern*

Die genaue Vorgehensweise ist aus Beispiel 14.10 ersichtlich.

Beispiel 14.10:

a) Für die auf *Diskette* befindliche ASCII-*Datei* DATEN.DAT
   1 2 3 4 5 liefert das *Einlesen* **load** A:\ DATEN.DAT –ascii
   für die *Datei* DATEN die Form 1 2 3 4 5, die nach Eingabe von
   DATEN im Arbeitsfenster angezeigt wird.

b) Das *Feld* f = [1 , 2 ; 3 , 4] wird mittels
   save A:\DATEN.DAT f –ascii
   als ASCII-*Datei* auf die Diskette im Laufwerk A *gespeichert* und
   mittels **load** A:\DATEN.DAT –ascii
   wieder *eingelesen*, wobei die *Datei* DATEN in der *Form*

1 2

3 4

   nach Eingabe von DATEN im Arbeitsfenster angezeigt wird.

♦

MuPAD

MuPAD kann *Dateien* von/auf Diskette oder Festplatte *lesen* oder
speichern, die im ASCII-*Format* vorliegen und aus *Zahlen* bestehen,
die durch *Trennzeichen* (Kommas, Leerzeichen oder Zeilenumbrüche) voneinander getrennt sind. Dafür werden die *folgenden Kommandos* zur Verfügung gestellt:

* **finput** zum *Einlesen*
* **fprint** zum *Abspeichern*

Die genaue Vorgehensweise ist aus Beispiel 14.11 ersichtlich.

Beispiel 14.11:

a) Für die auf *Diskette* befindliche ASCII-*Datei* DATEN.DAT

1 2 3 4 5 liefert das *Einlesen* mittels
* **finput** (" A: DATEN.DAT ")
  den Wert 1, d.h., hier wird nur der erste Wert der Datei eingelesen.
* **finput** (" A: DATEN.DAT ", c1 , c2 , c3 , c4 , c5) : c1 , c2 ,
  c3 , c4 , c5 ;
  alle Werte in der Form 1 , 2 , 3 , 4 , 5
b) Die *geschachtelte Liste*   *liste* := [[1 , 2] , [3 , 4]] ;
   wird mittels **fprint** ("A:DATEN.DAT ", *liste*) ;
   auf Diskette *abgespeichert* und mittels
   finput ("A:DATEN.DAT ") ; wieder *eingelesen.*
   ◆

Es wird dem Leser empfohlen, mit dem gegebenen *Kommandos* zur
Ein- und *Ausgabe* zu *experimentieren,* da nicht immer die ge-
wünschten Resultate erzielt werden. Dabei sollten auch die in den
Systemen enthaltenen *Hilfen* und *Beispiele* herangezogen werden.
   ◆

15 Programmierung innerhalb der Systeme

Manchmal ist es erforderlich, *eigene Programme* zu *schreiben*, damit man diejenigen *Probleme lösen* kann, für die *keine* passenden *Kommandos* in den vorhandenen *Systemen* gefunden wurden. In den *Systemen* werden *Programme* zu bestimmten Problemstellungen auch als *Pakete* (*Packages*), *Zusatzdateien, Dokumente, Toolboxen...* bezeichnet.

Im folgenden geben wir eine *Einführung* in die umfangreichen *Programmiermöglichkeiten* im Rahmen der *Systeme*, die es dem Anwender ermöglicht, selbst *Programme* zu *schreiben*. Eine umfassende Behandlung der Problematik ist jedoch im Rahmen dieses Buches nicht möglich. Hierfür muß auf die Literatur (siehe [8],[16],[17],[20]) und die Handbücher verwiesen werden.

Um ähnliche *Programme* schreiben zu können, wie man es von den *Programmiersprachen* BASIC, C, FORTRAN und PASCAL gewöhnt ist (*prozedurale Programmierung*), benötigt man

* *Zuweisungen* (*Zuordnungen*)
* *Schleifen*
* *Verzweigungen*

Diese *Programmierwerkzeuge* findet man in den verwendeten *Systemen*, wie wir im Verlaufe dieses Kapitels sehen.

Die mit der *prozeduralen Programmierung* in den *Systemen* erstellten *Programme* sind nicht die schnellsten und effektivsten. Deshalb werden neben der *prozeduralen Programmierung* in den meisten *Systemen* weitergehende *Programmiermöglichkeiten* geboten, wie *Listenverarbeitung, funktionale, objektorientierte und regelbasierte Programmierung*, die das Erstellen effektiver und schneller Programme gestatten. Dies sind aber Aufgaben für den fortgeschrittenen Programmierer, der Anregungen in der Literatur und den Handbüchern findet.

♦

Man bezeichnet AXIOM, MACSYMA, MAPLE und MATHEMATICA nicht zu Unrecht als *Programmiersprachen*, die ohne weiteres mit modernen Programmiersprachen wie BASIC, C, FORTRAN, PASCAL,... konkurrieren können.

Wenn *mathematische Aufgaben* zu lösen sind, besitzen die *Systeme* sogar *Vorteile* gegenüber den *Programmiersprachen* , da die gesamte Palette der *integrierten Kommandos* verwendet werden kann.

Wir beschränken uns im folgenden auf die *prozedurale Programmierung* im Rahmen der *Systeme*, da diese zum Schreiben *einfacher Programme* ausreicht. Wenn man hiermit genügend Erfahrung gewonnen hat, sollten dann die weiterführenden Programmiermöglichkeiten genutzt werden.

Kenntnisse in der *Programmierung* innerhalb der *Systeme* sind auch nützlich, wenn man sich die zahlreichen vorhandenen Programme ansehen will, um diese eventuell den eigenen Erfordernissen anzupassen.

Wer schon Kenntnisse in einer Programmiersprache wie BASIC, C, FORTRAN, PASCAL,.... hat, kann ohne große Mühe mittels der *Sprachen* der *Systeme* eigene *Programme erstellen*. Dies liegt darin begründet, daß in den *Systemen* ebenfalls die in den Programmiersprachen verwendeten *Zuweisungen, Schleifen, Verzweigungen* und *Unterprogramme* bekannt sind, die zur Erstellung einfacher Programme ausreichen.

Die *Programmiersprachen* der einzelnen *Systeme unterscheiden sich* voneinander. Erste Unterschiede sind schon aus den im folgenden gegebenen Befehlen zur prozeduralen Programmierung ersichtlich. Beim tieferen Eindringen in die Programmiersprachen ergeben sich weitere Unterschiede, so daß erstellte *Programme nicht austauschbar* sind.

Einige *Systeme* gestatten das *Einbinden* von C-*Programmen*.

Im folgenden möchten wir erste Vorstellungen vermitteln, welche Möglichkeiten sich durch Programmierung in den *Systemen* ergeben:

* Dazu beschäftigen wir uns zuerst im Abschn.15.1 mit *Zuweisungen*, die jeder Anwender beherrschen sollte, da diese die Arbeit mit den *Systemen* wesentlich erleichtern.
* In den daran anschließenden Abschn.15.2 und 15.3 besprechen wir die *grundlegenden Befehle* zu *Verzweigungen* und *Schleifen*, um einfache Programme schreiben zu können.
* Im letzten Abschn.15.4 geben wir Hinweise zur Erstellung von einfachen Programmen und geben ein einfaches Beispiel.

15.1 Zuweisungen

Zuweisungen von *Werten* a (*Zahl* oder *Konstante*) an *Variable* v benötigt man häufig bei durchzuführenden Rechnungen und werden durch folgende *Zuweisungsoperatoren* realisiert :
* In AXIOM, DERIVE, MAPLE und MuPAD durch den *Zuweisungsoperator* := , d.h. v:= a
* MACSYMA verwendet als *Zuweisungsoperator* nur den *Doppelpunkt* : , d.h. v : a
* Bei MATHCAD unterscheidet man zwischen *lokalen* und *globalen Zuweisungen*, die durch die *Operatoren*

  bzw.

aus der *Operatorpalette Nr.2 (Berechnungspalette)*

gebildet werden.
Durch diese beiden verschiedenen Zuweisungsarten lassen sich analog zu den Programmiersprachen *lokale* und *globale Variablen* definieren. MATHCAD analysiert bei einer Abarbeitung eines Dokuments (von links oben nach rechts unten) zuerst alle globalen Variablen. Erst danach werden die vorhandenen Ausdrücke berechnet.
Bei *numerischen Rechnungen* müssen alle *Variablen* und *Parameter* vorher durch eine dieser Zuweisungen *definiert* sein. *Nichtdefinierte Variablen* werden *invertiert* (durch schwarzes Kästchen) dargestellt.

Falls bei der Erstellung eines Programms die *Programmierungspalette (Operatorpalette Nr.6) verwendet* wird, so verlangt MATHCAD hier den *Zuweisungsoperator* (siehe Beispiel 15.13)

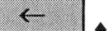 ♦

* Bei MATHEMATICA existieren *drei Zuweisungsoperatoren:*
  I.   :=
  II. =
  III. →

  Da das *Gleichheitszeichen* durch == (doppeltes Gleichheitszeichen) dargestellt wird, steht der *Operator* = neben := ebenfalls für *Zuweisungen* zur Verfügung.

  Der *Unterschied* zwischen den beiden *Operatoren* = und := besteht darin, daß der *Operator* = den zugewiesenen *Ausdruck sofort berechnet* und *zuweist*, während beim *Operator* := der Ausdruck nur formal zugewiesen und erst bei weiterer Verwendung berechnet wird (*verzögerte Zuweisung*).

  Hinzu kommt noch der *Zuweisungsoperator* →, der mittels – und > eingegeben wird. Dieser Operator wird beispielsweise bei der Zuweisung von Optionen oder in Kombinationen mit anderen Kommandos eingesetzt.

  Treten bei der Verwendung der Operatoren = oder := Probleme auf, so sollte man es mit dem jeweils anderen versuchen.

* MATLAB verwendet als *Zuweisungsoperator* das *Gleichheitszeichen* = , d.h. v = a , während für die *Gleichheit* das *doppelte Gleichheitszeichen* == benutzt wird.

Die eben behandelten *Zuweisungsoperatoren* finden in den *Systemen* auch bei *Funktionsdefinitionen* Anwendung (siehe Abschn.21.3).

◆

15.2 Verzweigungen

Verzweigungen werden meistens mit dem *Befehl* **if** gebildet und liefern in *Abhängigkeit* von *Bedingungen* verschiedene Resultate (*bedingte Anweisung*). Die vorkommenden *Bedingungen* bestehen aus *logischen Ausdrücken*, wie zum *Beispiel*

$x \leq y$, $x \neq y$, $x < a$ **and** $x > b$, $x \geq c$ **or** $x \leq d$

wobei **and** für das *logische* UND, **or** für das *logische* ODER und **not** für das *logische* NICHT stehen (siehe Kap.16).

Falls die *Ungleichheitszeichen* $\leq$ und $\geq$ in den *Systemen* nicht vorhanden sind, werden sie durch <= bzw. >= dargestellt.

Für die *Programmierung* von *Verzweigungen* werden in den einzelnen *Systemen folgende Befehle* bereitgestellt:

AXIOM

AXIOM realisiert *Verzweigungen* mit dem *Befehl* **if** , der die *Form*

if *Bedingung* **then** *Anweisung_1* **else** *Anweisung_2* *besitzt*, d.h., falls die *Bedingung* wahr ist, wird *Anweisung_1*, falls sie falsch ist, *Anweisung_2* ausgeführt.

Die *Anweisungen* dürfen wieder den *Befehl* **if** enthalten, d.h., dieser kann *verschachtelt* werden.

Mehrere Anweisungen sind als *Liste einzugeben*, d.h., durch Komma zu trennen und in [ ] einzuschließen.

Beispiel 15.1:

a) Die *Bestimmung* des *Maximums* M von *drei Zahlen* a , b und c kann mit dem **if**-*Befehl* folgendermaßen *programmiert* werden:
M := (a , b , c) + –> **if** a > b **then if** a > c **then** a **else** c **else** **if** b > c **then** b **else** c
Der *Aufruf* der *Funktion* M(a,b,c) *berechnet* das *Maximum*.

b) Es lassen sich *rekursive Funktionen* mit dem **if** -*Befehl* definieren, wie die *Funktion* zur *Berechnung* der *Fakultät* n! zeigt:
fak (n) == **if** n = 0 **then** 1 **else** n * fak (n − 1)
♦

DERIVE

DERIVE realisiert *Verzweigungen* mit dem *Befehl* **if** , der die *Form*
if (*Bedingung* , *Anweisung_1* , *Anweisung_2* , *Anweisung_3*)
besitzt, d.h., falls die *Bedingung wahr* ist, wird *Anweisung_1*, falls sie *falsch* ist, *Anweisung_2* ausgeführt. Kann die *Gültigkeit* der *Bedingung nicht festgestellt* werden, wird die *Anweisung_3* ausgeführt.
Die *Anweisungen* dürfen wieder den *Befehl* **if** enthalten, d.h., dieser kann *verschachtelt* werden.

Mehrere Anweisungen sind als *Liste einzugeben*, d.h., durch Komma zu trennen und in [ ] einzuschließen.

Beispiel 15.2:

a) Die *Bestimmung* des *Maximums* M von *drei Zahlen* a , b und c kann mit dem **if**-Befehl folgendermaßen *programmiert* werden:
M (a , b , c) := **if** (a>b , **if** (a>c , a , c) , **if** (b>c , b , c))
Der *Aufruf* der *Funktion* M(a,b,c) *berechnet* das *Maximum*.

b) Es lassen sich *rekursive Funktionen* mit dem **if** -*Befehl* definieren, wie die *Funktion* zur *Berechnung* der *Fakultät* n! zeigt:
fak (n) := **if** (n = 0 , 1 , n * fak (n − 1))
♦

MACSYMA

MACSYMA realisiert *Verzweigungen* mit dem *Befehl* **if** , der die *Form*
if *Bedingung* **then** *Anweisung_1* **else** *Anweisung_2*
besitzt, d.h., falls die *Bedingung* wahr ist, wird *Anweisung_1*, falls sie falsch ist, *Anweisung_2* ausgeführt.
Die *Anweisungen* dürfen wieder den *Befehl* **if** enthalten, d.h., dieser kann *verschachtelt* werden.

Mehrere Anweisungen sind als *Liste einzugeben,* d.h., durch Komma zu trennen und in [ ] einzuschließen.

Beispiel 15.3:

a) Die *Bestimmung* des *Maximums* M von *drei Zahlen* a , b und c kann mit dem **if**-*Befehl* folgendermaßen programmiert werden:
   M (a , b , c) := **if** a > b **then if** a > c **then** a **else** c **else if** b > c **then** b **else** c
   Der *Aufruf* der *Funktion* M(a,b,c) *berechnet* das *Maximum.*

b) Es lassen sich *rekursive Funktionen* mit dem **if** -*Befehl* definieren, wie die *Funktion* zur *Berechnung* der *Fakultät* n! zeigt:
   fak (n) := **if** n = 0 **then** 1 **else** n * fak (n − 1)
   ◆

MAPLE

MAPLE stellt für *Verzweigungen* folgende **if** -*Befehle* bereit, die alle mit **fi** abgeschlossen werden müssen:

* **if** *Bedingung* **then** *Anweisungen* **fi** ;
* **if** *Bedingung* **then** *Anweisungen_1* **else** *Anweisungen_2* **fi** ;
* **if** *Bedingung_1* **then** *Anweisungen_1* **elif** *Bedingung_2* **then** *Anweisungen_2* **fi** ;
* **if** *Bedingung_1* **then** *Anweisungen_1* **elif** *Bedingung_2* **then** *Anweisungen_2* **else** *Anweisungen_3* **fi** ;

Die *Struktur* der gegebenen *Befehle* ist leicht erkennbar:

* Wenn die *Bedingung* nach **if** wahr ist, werden die *Anweisungen* nach **then** ausgeführt.
* Falls **else** vorkommt, dann werden die danach folgenden *Anweisungen* ausgeführt, wenn die *Bedingung* nicht wahr ist.
* Der *Befehl* **elif** ist durch Zusammenziehen von **else** und **if** entstanden.

Mehrere Anweisungen sind durch *Semikolon* oder *Doppelpunkt* zu *trennen.*

Beispiel 15.4:

a) Die *Bestimmung* des *Maximums* M von *drei Zahlen* a , b und c kann mit dem **if**-*Befehl* folgendermaßen programmiert werden:
   M := (a , b , c) → **if** a > b **then if** a > c **then** a **else** c **fi elif** b > c **then** b **else** c **fi** ;
   Der *Aufruf* der *Funktion* M(a,b,c) ; *berechnet* das *Maximum.*

b) Es lassen sich *rekursive Funktionen* mit dem **if** -*Befehl* definieren, wie die *Funktion* zur *Berechnung* der *Fakultät* n! zeigt:
   fak := n → **if** n = 0 **then** 1 **else** n * fak (n − 1) **fi** ;
   ◆

MATHCAD

MATHCAD realisiert *Verzweigungen* mit einem der beiden *Befehle* **if** oder **until**. Wir betrachten nur **if**, das mittels des *Operators* aus der *Operatorpalette Nr.6* (*Programmierungspalette*)

gebildet wird.

Durch *Anklicken* dieses *Operators* erscheint im Arbeitsfenster

▪ if ▪

Weiterhin kann man noch den *Operator* **otherwise** aus der gleichen Operatorpalette erfolgreich einsetzen.

Beispiel 15.5:

Bei den folgenden Beispielen benötigt man zusätzlich den *Operator* **Add Line** aus der *Operatorpalette Nr.6* (Programmierpalette), um *mehrere Programmzeilen* zu erzeugen.

a) Die *Bestimmung* des *Maximums* M von *drei Zahlen* a , b und c kann mit dem **if**-*Befehl* folgendermaßen programmiert werden:

$$M(a,b,c) := \begin{cases} a & \text{if} & \begin{array}{l} a \geq b \\ a \geq c \end{array} \\ b & \text{if} & \begin{array}{l} b \geq a \\ b \geq c \end{array} \\ c & \text{otherwise} \end{cases}$$

Der *Aufruf* der *Funktion* M(a,b,c) *berechnet* das *Maximum*.

b) Es lassen sich *rekursive Funktionen* mit dem **if** -*Befehl* definieren, wie die *Funktion* zur *Berechnung* der *Fakultät* n! zeigt:

$$fak(n) := \begin{cases} n \cdot fak(n-1) & \text{if } n > 1 \\ 1 & \text{otherwise} \end{cases}$$

◆

MATHEMA-TICA

MATHEMATICA realisiert *Verzweigungen* mit *folgenden Befehlen:*

* **If** [*Bedingung* , *Anweisungen_1* , *Anweisungen_2*]
  Die *Anweisungen_1* werden ausgeführt, wenn die *Bedingung* wahr ist, ansonsten die *Anweisungen_2*.

* **Which** [*Bedingung_1* , *Anweisungen_1* , *Bedingung_2* , *Anweisungen_2* ,...]
  Die *Bedingungen_i* (i = 1 , 2 , ...) werden der Reihe nach überprüft, bis eine *Bedingung_k* wahr ist. Anschließend werden die hierauf folgenden *Anweisungen_k* ausgeführt.

Mehrere Anweisungen sind als *Liste* einzugeben, d.h., durch Kommas zu trennen und in { } einzuschließen.

Beispiel 15.6:

a) Die *Bestimmung* des *Maximums* M von *drei Zahlen* a , b und c
kann mit dem **if**-*Befehl* folgendermaßen programmiert werden:
M [a_ , b_ , c_] := **If** [a>b , **If** [a>c , a , c] , **If** [b>c , b , c]]
Der *Aufruf* der *Funktion* M[a,b,c] *berechnet* das *Maximum.*

b) Es lassen sich *rekursive Funktionen* mit dem **if** -*Befehl* definieren,
wie die *Funktion* zur *Berechnung* der *Fakultät* n! zeigt:
fak [n_] := **Which** [n == 0 , 1 , n > 0 , n * fak [n − 1]]
♦

MATLAB

MATLAB stellt für *Verzweigungen* folgende **if** -*Befehle* bereit:
* **if** *Bedingung* , *Anweisungen* , **end**
* **if** *Bedingung* , *Anweisungen_1* , **else** *Anweisungen_2* , **end**
* **if** *Bedingung_1* , *Anweisungen_1* , **elseif** *Bedingung_2* , *Anweisungen_2* , **end**
* **if** *Bedingung_1* , *Anweisungen_1* , **elseif** *Bedingung_2* , *Anweisungen_2* , **else** *Anweisungen_3* , **end**

Die *Struktur* der gegebenen *Befehle* ist leicht erkennbar:
* Wenn die *Bedingung* nach **if** wahr ist, werden die *Anweisungen* ausgeführt.
* Falls **else** vorkommt, dann werden die danach folgenden *Anweisungen* ausgeführt, wenn die *Bedingung* nicht wahr ist.
* Der *Befehl* **elseif** ist durch Zusammenziehen von **else** und **if** entstanden.

Mehrere Anweisungen sind durch *Kommas* zu *trennen.*
Da die Befehlsstruktur analog zu MAPLE ist, verzichten wir auf ein Beispiel. Im Beispiel 21.8b) findet man eine Anwendung.

MuPAD

MuPAD stellt für *Verzweigungen* folgende **if** -*Befehle* bereit:
* **if** *Bedingung* **then** *Anweisungen* ; **end_if** ;
* **if** *Bedingung* **then** *Anweisungen_1* ; **else** *Anweisungen_2* ; **end_if** ;
* **if** *Bedingung_1* **then** *Anweisungen_1* ; **elif** *Bedingung_2* **then** *Anweisungen_2* ; **end_if** ;
* **if** *Bedingung_1* **then** *Anweisungen_1* ; **elif** *Bedingung_2* **then** *Anweisungen_2* ; **else** *Anweisungen_3* ; **end_if** ;

Die *Struktur* der gegebenen *Befehle* ist leicht erkennbar:
* Wenn die *Bedingung* nach **if** wahr ist, werden die *Anweisungen* nach **then** ausgeführt.
* Falls **else** vorkommt, dann werden die danach folgenden *Anweisungen* ausgeführt, wenn die *Bedingung* nicht wahr ist.
* Der *Befehl* **elif** ist durch Zusammenziehen von **else** und **if** entstanden.

Mehrere Anweisungen sind durch *Semikolon* oder *Doppelpunkt* zu *trennen.*

Beispiel 15.7:

a) Die *Bestimmung* des *Maximums* M von *drei Zahlen* a , b und c kann mit dem **if**-*Befehl* folgendermaßen programmiert werden:

M := **func** ((**if** a > b **then if** a > c **then** a ; **else** c ; **end_if** ; **elif** b > c **then** b ; **else** c ; **end_if**) , a , b , c) ;

Der *Aufruf* der *Funktion* M(a,b,c) ; *berechnet* das *Maximum.*

b) Es lassen sich *rekursive Funktionen* mit dem **if** -*Befehl* definieren, wie die *Funktion* zur *Berechnung* der *Fakultät* n! zeigt:

fak := **func** ((**if** n = 0 **then** 1 ; **else** n * fak (n − 1) ; **end_if**) , n) ;

♦

Weitere Beispiele für die *Anwendung* von *Verzweigungen* findet man im Abschn.21.3 bei der *Definition* von *Funktionen*, die sich aus mehreren Ausdrücken zusammensetzen.

♦

15.3 Schleifen

Schleifen (*Laufanweisungen*) dienen zur *Wiederholung* von *Befehlsfolgen*

Schleifen werden meistens mit den *Befehlen* **for** oder **while** gebildet.

Zwei *typische Anwendungen* für *Schleifen* findet man im folgenden *Beispiel.*

Beispiel 15.8:

a) Ein *typisches Beispiel* für die Anwendung einer *Schleife* mit *vorgegebener Anzahl* von *Durchläufen* ist die *Berechnung* einer *endlichen Summe*, für die alle *Systeme* schon fertige Kommandos zur Verfügung stellen (siehe Abschn.19.1).

Zur *Illustration* der hier verwendeten *Schleifenbildung* berechnen wir im folgenden mit den *Systemen* die einfache *Summe*

$$S = \sum_{k=1}^{10} \frac{1}{k} = \frac{7381}{2520} \approx 2.928968$$

für deren Berechnung man 10 Schleifendurchläufe benötigt.

b) Ein *typisches Beispiel* für die Anwendung von *Schleifen* mit *unbekannter Anzahl* von *Durchläufen* bilden die *Iterationsverfahren*, von denen es in der *numerischen Mathematik* eine Reihe zur Lösung verschiedener Probleme gibt.

Als einfaches Beispiel betrachten wir im folgenden ein *Iterationsverfahren* zur *Berechnung* der *Quadratwurzel* $\sqrt{a}$ (a > 0) *mittels*

$$x_{k+1} = \frac{1}{2} \cdot \left(x_k + \frac{a}{x_k} \right) \text{ mit } k = 1, 2, \ldots$$

Dieses *Verfahren konvergiert*, wenn man einen *Startwert* x_1 wählt, der größer als a/3 ist. Wir werden im folgenden den Startwert a wählen.

Bei diesem *konvergenten Iterationsverfahren* gestaltet sich der Abbruch mit der *Genauigkeitsschranke* eps einfach durch

$$\left| x_{k+1}^2 - a \right| < eps$$

♦

AXIOM

Zur *Programmierung* von *Schleifen* stellen die *Systeme folgende Befehle* bereit:
Zur *Schleifenbildung* stehen *zwei Befehle* zur Verfügung:

* **for** *Index* **in** *Startwert* .. *Endwert* **by** *Schrittweite* **repeat** *Anweisungen*

  Hier werden die *Anweisungen* solange ausgeführt, bis der *Index* den *Endwert* erreicht hat.

* **while** *Bedingung* **repeat** *Anweisungen*

  Hier werden die *Anweisungen* solange ausgeführt, solange die *Bedingung* wahr ist.

Wenn bei beiden Befehlen bei *Anweisungen* mehrere Anweisungen stehen, so sind diese als *Liste* (siehe Abschn.14.1) *einzugeben.*
♦

Beispiel 15.9:
a) Zur *Berechnung* der *Summe* aus *Beispiel 15.8a)* kann folgende *Kommandofolge* verwendet werden:
   S := 0 ; **for** k **in** 1 .. 10 **by** 1 **repeat** S := S+1/k ; **numeric** (S)
b) Betrachten wir die *Verwendung* von *Schleifen* am *Iterationsverfahrens* aus *Beispiel 15.8b)* zur *Berechnung* der *Quadratwurzel* von a mit der *Genauigkeit* eps, wobei konkret a=2 und die Genauigkeit von 6 Stellen gewählt wird:
   a := 2 ; eps := 10^(-6) ; x := a ; **while abs** (x^2 − a) > eps
   repeat x := (x + a/x)/2 ; **numeric** (x)
♦

DERIVE

Zur *Schleifenbildung* kann der *Befehl* **iterates** herangezogen werden: Die *Menüfolge*

Author ⇒ **Expression...** **iterates** (f(x) , x , a) ⇒ **OK** ⇒ **Simplify**
⇒ **Approximate...** ⇒ **Approximate**
wiederholt die *Zuweisung* x := f(x) solange, bis x gleich einem der
vorherigen Werte wird, wobei mit x = a (*Startwert*) begonnen wird.
Mit einem zusätzlichen vierten Argument n, d.h. mit der *Menüfolge*
Author ⇒ **Expression...** **iterates** (f(x) , x , a , n) ⇒ **OK** ⇒
Simplify ⇒ **Approximate...** ⇒ **Approximate**
kann die Anzahl n der Wiederholungen (Iterationen) festgelegt
werden.
Der *Befehl* **iterates** gibt alle Zuweisungen auf dem Bildschirm aus,
während er in der *Schreibweise* **iterate** nur den letzten Wert ausgibt.
Bei beiden *Befehlen* existiert noch ein *fünftes Argument*. Diese Variable k bezeichnet die aktuelle Iterationsanzahl und ·startet mit 1.
Damit lautet die *Menüfolge*
Author ⇒ **Expression...** **iterate** (f(x) , x , a , n , k) ⇒ **OK** ⇒
Simplify ⇒ **Approximate...** ⇒ **Approximate**
für die allgemeine *Iteration*
$x_{k+1} = f(x_k)$ mit $x_1 = a$ und $k = 1 , \dots , n$
Die *Anwendungsmöglichkeiten* dieses *Befehls* für *Iterationen* und
zur *Schleifenbildung* sind aus dem folgenden Beispiel ersichtlich.
Beispiel 15.10:
a) Zur *Berechnung* der *Summe* aus *Beispiel 15.8a)* wäre in DERIVE
der *Befehl* **iterate** in der *Form*
   Author ⇒ **Expression...** **iterate** (s+1/k , s , 0 , 10 , k) ⇒ **OK**
   ⇒ **Simplify** ⇒ **Approximate...** ⇒ **Approximate**
   zu *verwenden*.
   Leider funktionierte der *Befehl* **iterate** mit dem fünften Argument
   nicht bei der vorliegenden Version von DERIVE, obwohl er im
   Handbuch dokumentiert ist.
b) Das *Iterationsverfahren* aus *Beispiel 15.8b)* zur *Berechnung* der
   Quadratwurzel läßt sich in DERIVE mittels der *Menüfolge*
   Author ⇒ **Expression...** **iterate** ((x + a/x)/2 , x , a) ⇒ **OK**
   ⇒ **Simplify** ⇒ **Approximate...** ⇒ **Approximate**
   realisieren.
   ◆

MACSYMA

Zur *Schleifenbildung* stehen *zwei Befehle* zur Verfügung:
* **for** *Index* : *Startwert* **step** *Schrittweite* **thru** *Endwert* **do** *Anweisungen*
   Hier werden die *Anweisungen* solange ausgeführt, bis der *Index*
   den *Endwert* erreicht hat.

* **for** *Variable* **:** *Anfangswert* **step** *Schrittweite* **while** *Bedingung*
   do *Anweisungen*
   Hier werden die *Anweisungen* solange ausgeführt, solange die
   Bedingung wahr ist.

Wenn *mehrere Anweisungen* nacheinander stehen, so sind diese als
Liste einzugeben. Falls die Schrittweite 1 beträgt, kann **step** weggelassen werden.

♦

Beispiel 15.11:

a) Zur *Berechnung* der *Summe* aus *Beispiel 15.8a)* kann folgende
   Kommandofolge verwendet werden:
   S : 0
   for k : 1 **step** 1 **thru** 10 **do** S : S+1/k
   dfloat (S)

b) Betrachten wir die *Verwendung* von *Schleifen* am Beispiel des
   Iterationsverfahrens aus *Beispiel 15.8b)* zur *Berechnung* der
   Quadratwurzel von a mit der *Genauigkeit* eps, wobei konkret
   a=2 und die Genauigkeit von 6 Stellen gewählt wird :
   a : 2
   eps : 10^(-6)
   x : a
   for i : 1 **while abs** (x^2 − a) > eps **do** x : (x + a/x)/2
   dfloat (x)

   ♦

MAPLE Zur *Schleifenbildung* stehen *zwei Befehle* zur Verfügung:

* **for** *Index* **from** *Startwert* **by** *Schrittweite* **to** *Endwert* **do** *Anwei-*
   sungen **od** ;
   Hier werden die *Anweisungen* solange ausgeführt, bis der *Index*
   den *Endwert* erreicht hat. Falls man **by** (d.h. die *Schrittweite*)
   oder **from** (d.h. den *Startwert*) wegläßt, wird hierfür jeweils der
   Wert 1 verwendet.

* **while** *Bedingung* **do** *Anweisungen* **od** ;
   Hier werden die *Anweisungen* solange ausgeführt, solange die
   Bedingung wahr ist.

Wenn *mehrere Anweisungen* nacheinander stehen, so sind diese
durch *Semikolon* oder *Doppelpunkt* zu trennen.

♦

Beispiel 15.12:

a) Zur *Berechnung* der *Summe* aus *Beispiel 15.8a)* kann eine der folgenden *Kommandofolgen* verwendet werden:

   a1) S := 0 : **for** k **from** 1 **by** 1 **to** 10 **do** S := S+1/k **od** : **evalf** (S) ;

   a2) S := 0 : **for** k **to** 10 **do** S := S+1/k **od** : **evalf** (S) ;

   a3) S := 0 : k := 1 : **while** k <= 10 **do** S := S+1/k : k := k+1 **od** : **evalf** (S) ;

b) Betrachten wir die *Verwendung* von *Schleifen* am Beispiel des *Iterationsverfahrens* aus *Beispiel 15.8b)* zur *Berechnung* der *Quadratwurzel* von a mit der *Genauigkeit* eps, wobei konkret a=2 und die Genauigkeit von 6 Stellen gewählt wird:

   a := 2 : eps := 10^(-6) : x := a : **while abs** (x^2 – a) > eps **do** x := (x + a/x)/2 **od** : **evalf** (x) ;

   ◆

MATHCAD *Schleifen* lassen sich durch die *Operatoren*

 und

aus der *Operatorpalette Nr.6* (*Programmierungspalette*)

   bilden.

Durch *Anklicken* dieser *Operatoren* lassen sich *while*- und *for-Schleifen* bilden. Im Arbeitsfenster erscheinen

* while ∎

   ∎   für *while-Schleifen*

* for ∎ ∈ ∎

   ∎   für *for-Schleifen*

Die Anwendung dieser beiden Schleifen wird im folgenden Beispiel demonstriert.

Beispiel 15.13:

a) Die *Summe* aus *Beispiel 15.8a)* kann folgendermaßen berechnet werden, wobei zusätzlich die *Operatoren* aus der *Operatorpalette Nr.6*

   * **Add Line**   zum *Einfügen* einer *zusätzlichen Zeile*

   * **←**   zur *Zuweisung* von *Werten*

verwendet werden:

   a1) Unter *Verwendung* einer *while-Schleife*

$$S := \left| \begin{array}{l} k \leftarrow 0 \\ S \leftarrow 0 \\ \text{while } k \leq 9 \\ \quad \left| \begin{array}{l} k \leftarrow k + 1 \\ S \leftarrow S + \dfrac{1}{k} \end{array} \right. \end{array} \right.$$

a2) Unter *Verwendung* einer *for–Schleife*

$$S := \left| \begin{array}{l} S \leftarrow 0 \\ \text{for } k \in 1 .. 10 \\ \quad \left| S \leftarrow S + \dfrac{1}{k} \right. \end{array} \right.$$

b) Betrachten wir die *Verwendung* von *Schleifen* am Beispiel des *Iterationsverfahrens* aus *Beispiel 15.8b)* zur *Berechnung* der *Quadratwurzel* von a mit der *Genauigkeit* ε :

$$\text{wurzel}(a, \varepsilon) := \left| \begin{array}{l} x \leftarrow a \\ \text{while } \left| x^2 - a \right| > \varepsilon \\ \quad \left| x \leftarrow \dfrac{1}{2} \cdot \left(x + \dfrac{a}{x} \right) \right. \end{array} \right.$$

$$\text{wurzel}(2, 10^{-15}) = 1.414213562373095$$

d.h., das Iterationsverfahren wird mit der *Funktion* **wurzel (a,ε)** realisiert, wobei nach deren Aufruf die *Eingabe* des *numerischen Gleichheitszeichens* das *Ergebnis* liefert. Dieses wird konkret für die Wurzel von 2 mit der Genauigkeit von 15 Stellen berechnet.
♦

MATHEMA-TICA

Zur *Schleifenbildung* dienen die folgenden drei *Befehle:*

* **Do** [*Anweisungen* , { *Index* , *Startwert* , *Endwert* , *Schrittweite* }]
  Die *Anweisungen* werden hier solange ausgeführt, bis der *Index* den *Endwert* erreicht hat.

* **While** [*Bedingung* , *Anweisungen*]
  Die *Anweisungen* werden hier ausgeführt, solange die *Bedingung* wahr ist.

* **For** [*Startanweisungen* , *Bedingung* , *Schrittweitenanweisung* , *Anweisungen*]
  Zuerst werden hier die *Startanweisungen* ausgeführt. Anschließend werden die *Anweisungen* solange ausgeführt, bis die *Be-*

dingung nicht mehr wahr ist, wobei bei jedem Durchlauf die *Schrittweitenanweisung* wirksam wird.

Für die *Schrittweitenanweisung* gibt es folgende Möglichkeiten zur *Schrittweitenerhöhung:*

* k ++   falls die *Schrittweite* 1 ist,
* k + = dk   falls die *Schrittweite* dk ist.

Mehrere Anweisungen sind als *Liste* einzugeben, d.h., durch Kommas zu trennen und in { } einzuschließen.

Beispiel 15.14:

a) Zur Berechnung der *Summe* aus *Beispiel 15.8a)* bietet sich eine der *folgenden Kommandofolgen* an:

a1) **For** [{ S = 0 , k = 1 } , k <= 10 , k++ , S = S + 1/k] ; **N**[S]

a2) S = 0 ; **Do** [S = S + 1/k , { k , 1 , 10 , 1 }] ; **N**[S]

a3) S = 0 ; k = 1 ; **While** [k <= 10 , { S = S + 1/k , k = k + 1 }] ; **N**[S]

Innerhalb der *Befehle* **Do**, **For** und **While** muß die *Zuweisung* mittels = erfolgen, während der *Anfangswert* für k und S mit = oder := *zugewiesen* werden kann.

b) Betrachten wir die *Verwendung* von *Schleifen* am Beispiel des *Iterationsverfahrens* aus *Beispiel 15.8b)* zur *Berechnung* der *Quadratwurzel* von a mit der *Genauigkeit* eps, wobei konkret a=2 und die Genauigkeit von 6 Stellen gewählt wird:

a = 2 ; eps = 10^(-6) ; x = a ; **While** [**Abs** [x^2 − a] > eps , x = (x + a/x)/2] ; **N** [x]

♦

MATLAB

Zur *Schleifenbildung* stehen *zwei Befehle* zur Verfügung:

* **for** *Index* = *Startwert* : *Endwert* , *Anweisungen* ; **end**

  Hier werden die *Anweisungen* solange ausgeführt, bis der *Index* mit der *Schrittweite* 1 den *Endwert* erreicht hat.

* **while** *Bedingung* , *Anweisungen* ; **end**

  Hier werden die *Anweisungen* solange ausgeführt, solange die *Bedingung* wahr ist.

Wenn *mehrere Anweisungen* nacheinander stehen, so sind diese durch *Kommas* zu *trennen*.

♦

Beispiel 15.15:

a) Zur *Berechnung* der *Summe* aus *Beispiel 15.8a)* kann folgende *Kommandofolge* verwendet werden:

S = 0 ; **for** k = 1 : 10 , S = S + 1/k ; **end** ; S

b) Betrachten wir die *Verwendung* von *Schleifen* am Beispiel des *Iterationsverfahrens* aus *Beispiel 15.8b)* zur *Berechnung* der *Quadratwurzel* von a mit der *Genauigkeit* eps, wobei konkret a=2 und die Genauigkeit von 6 Stellen gewählt wird:

a = 2 ; eps = 10^(-6) ; x = a ; **while abs** (x^2 − a) > eps , x = (x + a/x)/2 ; **end** ; x

♦

MuPAD

Zur *Schleifenbildung* stehen *zwei Befehle* zur Verfügung:

* **for** *Index* **from** *Startwert* **to** *Endwert* **step** *Schrittweite* **do** *Anweisungen* **end_for** ;
  Hier werden die *Anweisungen* solange ausgeführt, bis der *Index* den *Endwert* erreicht hat.

* **while** *Bedingung* **do** *Anweisungen* **end_while** ;
  Hier werden die *Anweisungen* solange ausgeführt, solange die *Bedingung* wahr ist.

Wenn *mehrere Anweisungen* nacheinander stehen, so sind diese durch *Semikolon* oder *Doppelpunkt* zu trennen.

♦

Beispiel 15.16:

a) Zur *Berechnung* der *Summe* aus *Beispiel 15.8a)* kann folgende *Kommandofolge* verwendet werden:

S := 0 : **for** k **from** 1 **to** 10 **step** 1 **do** S := S + 1/k **end_for** : **float** (S) ;

b) Betrachten wir die *Verwendung* von *Schleifen* am Beispiel des *Iterationsverfahrens* aus *Beispiel 15.8b)* zur *Berechnung* der *Quadratwurzel* von a mit der *Genauigkeit* eps, wobei konkret a=2 und die Genauigkeit von 6 Stellen gewählt wird:

a := 2 : eps := 10^(-6) : x := a : **while abs** (x^2 − a) > eps **do** x := (x + a/x)/2 **end_while** : **float** (x) ;

♦

15.4   Erstellung einfacher Programme

Mit den in den Abschn.15.1–15.3 besprochenen Programmierelementen lassen sich *Programme* zur *Lösung komplexerer Probleme* der Ingenieurmathematik im Rahmen der *Systeme* schreiben. Diese *Programme* heißen

* *Zusatzdateien* (*Hilfsdateien*) bei DERIVE,

* *Zusatzpakete* (englisch: *Packages*) bei AXIOM, MAPLE und MATHEMATICA,

* *Dokumente/Elektronische Bücher* (englisch: *Documents, Electronic Books*) bei MATHCAD,
* *Toolboxen* bei MATLAB.

Zu verschiedenen Gebieten der Ingenieurmathematik, wie Differentialgleichungen, Statistik, Optimierung, wurden für einzelne *Systeme*, wie MATHCAD, MATHEMATICA und MATLAB, umfangreiche Programmpakete von professionellen Programmierern erstellt, die man zusätzlich kaufen kann.

♦

Die *Struktur* der *Programme* in den einzelnen *Systemen* unterscheidet sich natürlich. Man kann aber folgende *Gemeinsamkeiten* erkennen:
* *Programmkopf* mit *Programmnamen, Erläuterungen* zur *Handhabung* und *Hilfen* zu den enthalten *Algorithmen*,
* *Definition* lokaler *Variabler*,
* *Programmierung* der verwendeten *Algorithmen* mittels der enthaltenen Programmiersprache und vorhandener Kommandos, wobei zusätzlich C-Programme eingebunden werden können.
* Programmende

♦

Wir können im Rahmen dieses Buches keine Hinweise zur Erstellung *professionneller Programme* geben. Hierzu muß auf die Handbücher und weiterführende Literatur [8],[16],[17],[20] verwiesen werden.

Der Einsteiger sollte seine ersten Programme in der oben gegebenen Struktur in das Arbeitsfenster seines *Systems* schreiben (siehe Beispiel 15.17) und dieses Arbeitsfenster in der in den Kap.4-11 beschriebenen Art und Weise abspeichern. Damit steht das Programm jederzeit zur Verfügung.

♦

Wir werden abschließend für das *einfache Beispiel* des *Newtonverfahrens* zur *näherungsweisen Bestimmung* einer *Lösung* von *Gleichungen* der Form f(x) = 0, d.h. zur *näherungsweisen Bestimmung* einer *Nullstelle* der *Funktion* f(x), mit einer gegebenen Funktion f(x) ein kleines *Programm* in MATHCAD und MATHEMATICA schreiben.

Für andere *Systeme* sollte der Leser ebenfalls *Programme* für das *Newtonverfahren* und weitere *numerische Verfahren schreiben*, um *Erfahrungen* bei der *Programmierung* zu *sammeln.*
Für MAPLE und MATHEMATICA findet man derartige *Programme* in [8] bzw. [72]/3.

♦

Beispiel 15.17:

Das *Newtonverfahren* zur *näherungsweisen Bestimmung* einer *Nullstelle* einer gegebenen *Funktion* f(x) ,d.h. einer *Lösung* der *Gleichung* f(x)=0 , ist ein *Iterationsverfahren* der *Gestalt*

$$x_{k+1} = x_k - \frac{f(x_k)}{f'(x_k)} \qquad (k = 1 , 2 , \dots)$$

und benötigt einen *Startwert* x_1. Das Verfahren ist anwendbar solange $f'(x_k) \neq 0$ gilt. Die *Konvergenz* dieses Verfahren ist aber *nicht gesichert.* Ein *hinreichendes Kriterium* für die *Konvergenz* des Verfahrens ist gegeben, wenn in einer *Umgebung* der zu *berechnenden einfachen Nullstelle* und auch für den *Startwert* x_1 folgendes gilt:

$$\left| \frac{f(x) \cdot f''(x)}{\left(f'(x) \right)^2} \right| < 1$$

Wir werden das *Newtonverfahren* in MATHCAD und MATHEMATICA *programmieren* und verwenden es zur Bestimmung der einzigen zwischen 1 und 2 liegenden *reellen* Nullstelle der Funktion (aus [41]/1,IV,3.6)

$$f(x) = x^2 + 2 - e^x$$

Als *Startwert* wird 1.5 benutzt. Wir *brechen* das *Verfahren* ab, wenn der Absolutbetrag der Differenz zweier aufeinanderfolgender berechneter Werte kleiner als eine vorgegebene Schranke *eps* ist.

In den *anderen Systemen* gestaltet sich die *Programmierung analog:*

* Zuerst müssen die *Funktion* f(x) und der *Startwert* x1 eingegeben werden.
* Danach werden die *hinreichenden Bedingungen überprüft.*
* Abschließend wird das *Newtonsche Iterationsverfahren* unter Verwendung des *Kommandos* für die *Differentiation eingegeben.*
* Zwischen den einzelnen Programmteilen kann *erläuternder Text* eingegeben werden.

In MATHCAD und MATHEMATICA kann das *Newtonverfahren folgendermaßen programmiert* werden:

- MATHCAD
NEWTON-VERFAHREN zur Bestimmung einer reellen Nullstelle
der Funktion f(x) :
Eingabe der Funktion und des Startwertes für das Newtonverfahren

$$f(x) := x^2 + 2 - e^x \qquad x1 := 1.5$$

Überprüfung der hinreichenden Bedingung

$$K(x) := \left| \frac{f(x) \cdot \dfrac{d^2}{d x^2} f(x)}{\left(\dfrac{d}{d x} f(x) \right)^2} \right| \qquad K(x1) - 0.26190196707484$$

Durchführung des Newtonverfahrens

$$\text{newton}(x1, \varepsilon) := \left| \begin{array}{l} x \leftarrow x1 \\[2mm] \text{while} \quad \left| \begin{array}{l} \left| \dfrac{d}{d x} f(x) \right| > 0 \\[3mm] \left| \dfrac{f(x)}{\dfrac{d}{d x} f(x)} \right| > \varepsilon \end{array} \right. \\[6mm] \qquad x \leftarrow x - \dfrac{f(x)}{\dfrac{d}{d x} f(x)} \end{array} \right.$$

$$\text{newton}\left(1.5, 10^{-6}\right) - 1.319073854423356$$

Wir haben in MATHCAD das Verfahren als *Funktion*
newton (x1 , eps)
programmiert.
Der Aufruf für konkrete(n) Startwert und Genauigkeit liefert
nach Eingabe des numerischen Gleichheitszeichens = das Ergebnis.
- MATHEMATICA
NEWTON-VERFAHREN zur Bestimmung einer reellen Nullstelle
der Funktion f(x) :

Eingabe der Funktion, des Startwertes für das Newtonverfahren und der Genauigkeit eps

f[x_] = x^2 + 2 − E^x ; x1 = 1.5 ; eps = 10^(-6)

Berechnung der Ableitung der Funktion

fs[x_] = **D** [f[x] , x]

Überprüfung der hinreichenden Bedingung

K[x_] = **Abs** [f[x] * **D** [fs[x] , x]/(fs[x]^2)] ; K[x1]

Durchführung des Newtonverfahrens

x = x1 ; **While** [**Abs** [fs[x]] > 0 && **Abs** [f[x]/fs[x]] > eps ,

x = x − f[x]/fs[x]] ; **N** [x]

◆

Beispiel 15.17 zeigt bereits deutlich den *großen Vorteil* der *Programmierung* in einem *Computeralgebra-System* gegenüber der Programmierung mit herkömmlichen Programmiersprachen wie BASIC, C, PASCAL,... :

Man kann sämtliche vorhandenen *Kommandos* des *Systems* in die *Programmierung einbinden*, wodurch die *Programmierung* wesentlich *erleichtert* wird. So können z.B. die wichtigen Kommandos zur Gleichungslösung, Differentiation und Integralberechnung verwendet werden.

Im gegebenen *Beispiel* wurde das *Differentiationskommando* eingebunden.

◆

16   Mengen und Logik

Mit den *Systemen* lassen sich eine Vielzahl von Rechnungen und Untersuchungen im Rahmen der *Mengenlehre* und *Logik* durchführen. Diese stehen aber nicht im Mittelpunkt der Ingenieurmathematik. Wir behandeln im folgenden nur einige grundlegende Operationen, die wir im weiteren für die Darstellung mathematischer Ausdrücke bzw. für die Programmierung benötigen.

16.1   Mengen

Alle *Systeme* gestatten *Rechnungen* mit *Mengen* im Rahmen der *Mengenlehre*. Wir werden im folgenden hierauf nur kurz eingehen, da die Mengenlehre nicht im Mittelpunkt der Ingenieurmathematik steht.

Die *Systeme* AXIOM, MACSYMA, MATHEMATICA, MATLAB und MuPAD verwenden *Listen* zur *Darstellung* von *Mengen*. DERIVE und MAPLE verwenden für Mengen eine zu Listen verschiedene Darstellung.
Mengen werden bei DERIVE, MAPLE und MATHEMATICA mittels *geschweifter Klammern* gebildet, d.h. in der *mathematischen Standardnotation* (siehe Beispiel 16.1), während die anderen *Systeme* *eckige Klammern* verwenden
♦

Für *Mengen* stehen in den *Systemen* aus der *Mengenlehre* bekannte *Operationen* zur Verfügung, wie
* *Vereinigung*   : ∪
* *Durchschnitt* : ∩
* *Differenz*   : \
Diese *Mengenoperationen* werden in den *Systemen folgendermaßen dargestellt:*
• *Vereinigung*
   * AXIOM : **setUnion**
   * DERIVE : ∪

Das Symbol ist in der *Palette* der *Dialogbox*
Author Expression enthalten.
* MACSYMA, MAPLE, MATLAB, MuPAD : **union**
* MATHEMATICA : ∪ oder **Union**
  Das *Symbol* ∪ ist in der *Palette*
  File ⇒ Palettes... ⇒ BasicInput enthalten.
- *Durchschnitt*
  * AXIOM : **setIntersection**
  * DERIVE : ∩
    Das Symbol ist in der *Palette* der *Dialogbox* von
    Author ⇒ Expression... enthalten.
  * MACSYMA, MAPLE, MATLAB, MuPAD : **intersect**
  * MATHEMATICA : ∩ oder **Intersection**
    Das *Symbol* ∩ ist in der *Palette*
    File ⇒ Palettes... ⇒ BasicInput enthalten.
- *Differenz*
  * AXIOM : **setDifference**
  * DERIVE, MATHEMATICA, MATLAB : \
    \ wird mittels *Tastatur* eingegeben.
  * MACSYMA : **setdifference**
  * MAPLE, MuPAD : **minus**
    ◆

Die genaue *Vorgehensweise* bei der Anwendung der *Mengenopera-tionen* ist aus *Beispiel* 16.1 ersichtlich.
◆

Bei MAPLE gibt es *Unterschiede* zwischen *Mengen* und *Listen*:
Bei *Mengen*
* werden mehrfach auftretende gleiche Elemente nur einmal an-gegeben,
* wird die Reihenfolge der einzelnen Elemente willkürlich festge-legt.
Der *Zugriff* auf einzelne *Mengenelemente* geschieht in MAPLE aber analog zu *Listen* (siehe Abschn.14.1).
MAPLE benötigt Mengen neben der Mengenlehre noch für die Ein-gabe von Gleichungssystemen.
◆

Betrachten wir *Beispiele* für *Mengenoperationen* in den *Systemen*.

Beispiel 16.1:

a) MAPLE liefert bei der Anwendung von *Mengenoperationen* folgendes:

a1) { 2 , 3 , 1 } **union** { 2 , 3 , 4 } ;
   ergibt die *Vereinigungsmenge*
   { 1 , 2 , 3 , 4 }

a2) { { 1, 2, 3 } , { 2, 3 } } **intersect** { { 2, 4, 5 } , { 2, 3 } , { 1 } } ;
   ergibt die *Durchschnittsmenge*
   { { 2 , 3 } }

a3) Für die *definierte Menge*
   menge1 := { 1 , 4 , 6 , 3 } ;
   geschieht der *Zugriff* auf das *zweite Element* mittels **menge1**[2] ; und liefert als Ergebnis 3, d.h., MAPLE führt die definierte Menge in der *Form*
   { 1 , 3 , 4 , 6 }

a4) Für die *definierte Menge*
   menge2 := { { 2 , 4 , 5 } , { 2 , 3 } , { 1 } } ;
   geschieht der *Zugriff* auf das *zweite Element* mittels **menge2**[2]; und liefert als Ergebnis { 2 , 4 , 5 } , da MAPLE die Menge in der *Form*
   { { 2 , 3 } , { 2 , 4 , 5 } , { 1 } }
   führt.

a5) Die *definierte Menge*
   menge3 := { 2 , 2 , 4 , 5 , 4 , 6 , 7 , 5 , 6 } ;
   wird von MAPLE in der *Form*
   { 2 , 4 , 5 , 6 , 7 }
   geführt, d.h., MAPLE läßt mehrfach vorhandene Zahlen weg und sortiert die übrigbleibenden der Größe nach.

b) *Berechnen* wir die *Vereinigung*
   { 2 , 3 , 1 } ∪ { 2 , 3 , 4 } = { 1 , 2 , 3 , 4 }

b1) mittels DERIVE, MATHEMATICA :
   { 2 , 3 , 1 } ∪ { 2 , 3 , 4 }
   bzw. zusätzlich bei MATHEMATICA
   Union [{ 2 , 3 , 1 } , { 2 , 3 , 4 }]

b2) mittels MACSYMA, MATLAB :
   union ([2 , 3 , 1] , [2 , 3 , 4])

b3) mittels AXIOM :
   setUnion ([2 , 3 , 1] , [2 , 3 , 4])

c) *Berechnen* wir den *Durchschnitt*
   { 3 , 1 , 2 } ∩ { 6 , 2 , 4 , 3 } = { 2 , 3 }

c1) mittels DERIVE, MATHEMATICA :

{ 3 , 1 , 2 } ∩ { 6 , 2 , 4 , 3 }

bzw. zusätzlich bei MATHEMATICA

Intersection [{ 3 , 1 , 2 } , { 6 , 2 , 4 , 3 }]

c2)   mittels MACSYMA, MATLAB :

intersect ([3 , 1 , 2] , [6 , 2 , 4 , 3])

c3)   mittels AXIOM :

setIntersection ([3 , 1 , 2] , [6 , 2 , 4 , 3])

d)   *Berechnen* wir die Differenz

{ 3 , 1 , 2 } \ { 6 , 2 , 3 , 4 } = { 1 }

d1)   mittels DERIVE, MATLAB :

{ 3 , 1 , 2 } \ { 6 , 2 , 3 , 4 }

d2)   mittels MACSYMA :

setdifference ([3 , 1 , 2] , [6 , 2 , 3 , 4])

d3)   mittels MAPLE :

{ 3 , 1 , 2 } **minus** { 6 , 2 , 3 , 4 }

d4)   mittels AXIOM :

setDifference ([3 , 1 , 2] , [6 , 2 , 3 , 4])

♦

16.2   Logik

Mit den *Systemen* lassen sich auch *logische Operationen* und *Rechnungen* mit *logischen Ausdrücken* durchführen.

Wir benötigen in der *Ingenieurmathematik* lediglich *logische Ausdrücke*, um beim Erstellen einfacher Programme *Verzweigungen* realisieren zu können. Im *Unterschied* zu *algebraischen Ausdrücken* (siehe Kap.18), die Zahlenwerte liefern, können *logische Ausdrücke* nur die beiden Werte *wahr* (*true*) oder *falsch* (*false*) annehmen.

Wir benötigen vor allem *logische Ausdrücke* folgender *Formen*

* $x = y$, $x \neq y$, $x \leq y$, $x \geq y$
* $x > a$ **and** $x < b$, $x \geq c$ **or** $x \leq d$

in denen

●   *Vergleichsoperatoren*

= , ≠ , ≤ , ≥ , < , >

●   *logische Operatoren*

*   **and** (und) für das *logische* UND
*   **or** (oder) für das *logische* ODER
*   **not** (nicht) für die *logische Negation*

auftreten.

In den *Systemen* werden diese *Operatoren folgendermaßen dargestellt:*

●   *Vergleichsoperatoren*

- =
  - * MATHEMATICA, MATLAB : = =
  - * MATHCAD : $=$
    Gleichheitsoperator aus der *Operatorpalette Nr.2*
  - * *Alle anderen Systeme:* =
- ≠
  - * AXIOM : ~ =
  - * DERIVE : ≠
    ist in der *Palette* der *Dialogbox* **Author Expression** enthalten
  - * MAPLE, MuPAD : <>
  - * MATHEMATICA : ! =
  - * MATHCAD : $\neq$
    Ungleichheitsoperator aus der *Operatorpalette Nr.2*
  - * MATLAB : ~ =
- ≤ , ≥
  - * MATHCAD: $\leq$ $\geq$
    aus der *Operatorpalette Nr.2*
  - * *Alle anderen Systeme:* <= bzw. >=
- < , >
  Bei *allen Systemen* mittels der *Tastatur*
- *logische Operatoren*
  - UND
    - * DERIVE : ∧
      ist in der *Palette* der *Dialogbox* **Author Expression** enthalten
    - * AXIOM, MAPLE, MuPAD : **and**
    - * MATHEMATICA : **&&**
    - * MATLAB : **&**
  - ODER
    - * DERIVE : ∨
      ist in der *Palette* der *Dialogbox* **Author Expression** enthalten
    - * AXIOM, MAPLE, MuPAD : **or**
    - * MATHEMATICA : | |
    - * MATLAB : |
  - NICHT
    - * DERIVE : ¬

ist in der *Palette* der *Dialogbox* **Author Expression** enthalten

* AXIOM, MAPLE, MuPAD : **not**
* MATHEMATICA : **!**
* MATLAB : ~

17   Anwendung als wissenschaftlicher Taschenrechner

Die *Anwendung* als *Taschenrechner* zählt nicht zu den Haupteinsatzgebieten der *Systeme*. Hierfür kann man weiterhin den *Taschenrechner* benutzen.

Die *Taschenrechnerfunktionen* werden benötigt, wenn man *exakte Ergebnisse* (ohne Rundungsfehler) für die *Grundrechenoperationen* braucht oder im Verlauf einer Arbeitssitzung *Grundrechenoperationen* durchzuführen hat:

* Für die *Grundrechenarten* verwenden alle *Systeme* die folgenden *Operationssymbole*:
  * *Addition*   +
  * *Subtraktion*   −
  * *Multiplikation*   *
  * *Division*   /
  * *Potenzierung*   ∧
  * *Fakultät*   !

  Einige *Systeme* lassen *zusätzliche Schreibweisen* zu, so z.B. das *Leerzeichen* in DERIVE und MATHEMATICA für die *Multiplikation*.

* Für die *Durchführung* der *Operationen* gelten die üblichen *Prioritäten*:
  * *zuerst* wird *potenziert*,
  * *dann* wird *multipliziert* (*dividiert*),
  * *zuletzt* wird *addiert* (*subtrahiert*).

  Ist man sich über die *Reihenfolge* der *Operationen* nicht sicher, empfiehlt sich das Setzen *zusätzlicher Klammern*.

* In *Dezimalzahlen* verwenden die *Systeme* statt des Kommas den *Dezimalpunkt*.

* Bei allen *exakten Berechnungen* im Rahmen der *Computeralgebra* ist zu *beachten*, daß
  * bei der *Computeralgebra* das *Grundprinzip* der *exakten Arithmetik* gilt:

    So liefert z.B. die *Addition* $\dfrac{1}{2} + \dfrac{1}{3}$ das *Ergebnis* $\dfrac{5}{6}$

(wieder als Bruch dargestellt) und bei der *Eingabe reeller Zahlen* als *Symbol* wie z.B. $\sqrt{2}$, e und π erfolgt keine weitere Umformung (siehe Abschn.12.1).

* alle *Systeme* die *Möglichkeit* besitzen, mittels zusätzlicher *Numerikkommandos rationale* und allgemein *reelle Zahlen* durch *Dezimalzahlen* mit *vorgegebener Genauigkeit anzunähern* (siehe Abschn.12.2)

- Für alle *Rechnungen* steht in den *Systemen* die gesamte Palette der *elementaren Funktionen* zur Verfügung (siehe Abschn.13.4)
- Die *Systeme* kennen *wichtige Konstanten* wie π und e (siehe Abschn.13.3).
- Die *Technik* für die *Durchführung* der *Rechnungen* mittels der einzelnen *Systeme* wird im Kap.12 behandelt.

Beispiel 17.1:

Die *Berechnung* des *Ausdrucks*

$$\frac{\sqrt{11}+\sin\dfrac{\pi}{5}+\ln 4}{\sqrt[3]{8}-\tan\dfrac{\pi}{3}+e^2}$$

stellt eine *typische Taschenrechnerfunktion* dar:

* Bei der *exakten Berechnung* mittels *Computeralgebra* liefern die *Systeme* (hier MATHCAD) das *Ergebnis*

$$\frac{\sqrt{11}+\sin\left(\dfrac{\pi}{5}\right)+\ln(4)}{\sqrt[3]{8}-\tan\left(\dfrac{\pi}{3}\right)+e^2} \to \frac{\left(\sqrt{11}+\dfrac{1}{4}\cdot\sqrt{2}\cdot\sqrt{5-\sqrt{5}}+\ln(4)\right)}{\left(2-\sqrt{3}+\exp(2)\right)}$$

d.h., es werden nur diejenigen *Terme* im Ausdruck *berechnet*, die *exakt berechenbar* sind.

* Bei der *numerischen Berechnung* mittels der integrierten *Numerikkommandos* liefern die *Systeme* (hier MATHCAD) das *Ergebnis* als *Dezimalzahl* (z.B. mit der eingestellten *Genauigkeit* von 15 *Dezimalstellen*)

$$\frac{\sqrt{11}+\sin\left(\dfrac{\pi}{5}\right)+\ln(4)}{\sqrt[3]{8}-\tan\left(\dfrac{\pi}{3}\right)+e^2} = 0.690962615598092 \quad\blacksquare$$

♦

18 Umformung von Ausdrücken

Die *Umformung (Manipulation) mathematischer Ausdrücke* bildet einen *Schwerpunkt* in Anwendungen der *Systeme*.
In der *Ingenieurmathematik* benötigt man derartige *Umformungen* bei der *Rechnung* mit *technischen* und *naturwissenschaftlichen Formeln*.
Bei *mathematischen Ausdrücken* unterscheidet man zwischen *algebraischen* und *transzendenten Ausdrücken*:

* Unter einem *algebraischen Ausdruck* versteht man eine *Zusammenstellung* von *Zahlen* und *Buchstaben* (Variablen und Konstanten) unter Verwendung der *Rechenoperationen*
  * *Addition* +
  * *Subtraktion* –
  * *Multiplikation* *
  * *Division* /
  * *Potenzierung* ∧

Beispiel 18.1:
Die folgenden Ausdrücke sind *algebraische Ausdrücke*.

a) $(a + c)^3$
b) $a^3 + 3a^2c + 3ac^2 + c^3$
c) $\dfrac{a + c}{a^2 - 2b + d}$

d) $\dfrac{x^6 + x + 1}{3x^7 + 2x^5 + x + 2}$
e) $\dfrac{1}{1 + x} + \dfrac{1}{1 - x}$
f) $\dfrac{x^4 - 1}{(x - 1)(x + 1)}$

♦

* *Transzendente Ausdrücke* werden wie algebraische Ausdrücke gebildet, wobei zusätzlich *Exponentialfunktionen, trigonometrische* und *hyperbolische Funktionen* und deren *Umkehrfunktionen* auftreten können. Sobald eine dieser Funktionen in einem Ausdruck erscheint, wird er als *transzendenter Ausdruck* bezeichnet.

Beispiel 18.2:
Die folgenden Ausdrücke sind *transzendente Ausdrücke*.

a) $\dfrac{\cos(x + y) + x^2}{\sin x \cdot \sin y - y}$ b) $\dfrac{e^{a+b} + \sin c}{\tan b - \cos d}$ c) $\dfrac{\ln x + e^x - 2}{\sin x + a^{2x} + b}$

◆

Algebraische Ausdrücke lassen sich
- *vereinfachen* (kürzen, zusammenfassen)
  Beispiel 18.3:

  a) $\dfrac{a^2 - b^2}{a - b} = a + b$ b) $\dfrac{1}{x - 1} - \dfrac{1}{x + 1} = \dfrac{2}{x^2 - 1}$

  c) $\dfrac{x^2 + 2xy + y^2}{x^2 - y^2} = \dfrac{x + y}{x - y}$

  ◆

- in *Partialbrüche zerlegen*, falls sie *gebrochenrational* sind, d.h., sich als *Quotient zweier Polynome* darstellen.
  Beispiel 18.4:

  $\dfrac{2x}{x^2 - 1} = \dfrac{1}{x + 1} + \dfrac{1}{x - 1}$

  ◆

- *potenzieren* (Anwendung des *binomischen Satzes:* Sonderfall für *Multiplizieren*)
  Beispiel 18.5:

  $(a + b)^4 = a^4 + 4a^3 b + 6a^2 b^2 + 4ab^3 + b^4$

  ◆

- *multiplizieren*
  Beispiel 18.6:

  a) $\dfrac{1}{x^2 - 1} \cdot \dfrac{x - 1}{x + 2} = \dfrac{1}{(x + 1)(x + 2)}$

  b) $(x + 1) \cdot (x - 1) = x^2 - 1$

  ◆

- *faktorisieren* (als inverse Operation zum Multiplizieren)
  Beispiel 18.7:

  a) $x^3 + x^2 - x - 1 = (x + 1)^2 (x - 1)$

  b) $a^3 + 3a^2 b + 3ab^2 + b^3 = (a + b)^3$

  ◆

- auf einen *gemeinsamen Nenner* bringen
  Beispiel 18.8:

  $\dfrac{1}{x + 1} + \dfrac{1}{x + 2} = \dfrac{2x + 3}{(x + 1)(x + 2)}$ ◆

Behandeln wir zuerst in den Abschnitten 18.1–18.6 die *Kommandos/Menüfolgen* für die *Umformungen algebraischer Ausdrücke* in den einzelnen *Systemen,* wobei der *konkrete Ausdruck* mit A bezeichnet wird.

18.1 Vereinfachung

Im folgenden betrachten wir *Kommandos/Menüfolgen* in den einzelnen *Systemen,* die im Arbeitsfenster befindliche *Ausdrücke* A *vereinfachen* (siehe Beispiel 18.3, 18.9), wofür die meisten *Systeme* in den *Kommandos/Menüfolgen* die *englische Bezeichnung* **simplify** für *vereinfachen* verwenden:

AXIOM

AXIOM *vereinfacht* den *Ausdruck* A mit dem *Kommando*
simplify (A)

DERIVE

DERIVE bietet *zwei Möglichkeiten* zur *Vereinfachung* des *Ausdrucks* A:

* Die Anwendung der *Menüfolge*
  Author ⇒ Expression... A ⇒ **Simplify**
* Wenn sich der zu berechnende *Ausdruck* A bereits im *Arbeitsfenster* befindet, so wird er durch *Mausklick markiert.* Das abschließende *Anklicken* des *Symbols*

  löst die *Vereinfachung aus.*

MACSYMA

MACSYMA *vereinfacht* den *Ausdruck* A mit dem *Kommando*
ratsimp (A)
Falls der Ausdruck damit noch nicht vollständig vereinfacht wurde, kann man das *Kommando* **fullratsimp** (A) heranziehen.

MAPLE

MAPLE *vereinfacht* den *Ausdruck* A mit dem *Kommando*
simplify (A) ;

MATHCAD

MATHCAD bietet *zwei Möglichkeiten* zur *Vereinfachung:*

I. Der *Ausdruck* A wird *eingegeben* und mit einer *Selektionsbox* umrahmt. Danach bewirkt die *Menüfolge* **Symbolic ⇒ Simplify** die *Vereinfachung* des *Ausdrucks* A.

II. Unter Verwendung des *Schlüsselworts* **simplify** und des *symbolischen Gleichheitszeichens* → wird folgendes eingegeben:
  simplify
  A →

**MATHEMA-
TICA**

MATHEMATICA *vereinfacht* den *Ausdruck* A mit dem *Kommando*
Simplify [A]

MATLAB

MATLAB *vereinfacht* den *Ausdruck* A mit der *Kommandofolge*
syms x y ... ; **simplify** [A]

falls der *Ausdruck* A von den *Variablen* x , y , ... abhängt. Das *Kommando* **syms** dient zur *Bezeichnung* der *symbolischen Variablen*.

MuPAD

MuPAD *vereinfacht* den *Ausdruck* A mit dem *Kommando*
simplify (A) ;
♦

Beispiel 18.9:
Der *Ausdruck* aus *Beispiel 18.3a)* wird von den *Systemen* mittels folgender *Kommandos/Menüfolgen vereinfacht:*

* AXIOM
  simplify ((a^2 – b^2)/(a – b))
* DERIVE
  Author ⇒ **Expression...** (a^2 – b^2)/(a – b) ⇒ **Simplify**
* MACSYMA
  ratsimp ((a^2 – b^2)/(a – b))
* MAPLE
  simplify ((a^2 – b^2)/(a – b)) ;
* MATHCAD
  Unter Verwendung des *Schlüsselworts* **simplify** folgt:
  simplify
  $$\frac{a^2 - b^2}{a - b} \to a + b$$
* MATHEMATICA
  Simplify [(a^2 – b^2)/(a – b)]
* MATLAB
  syms a b ; **simplify** ((a^2 – b^2)/(a – b))
* MuPAD
  simplify ((a^2 – b^2)/(a – b)) ;

18.2   Partialbruchzerlegung

Der betrachtete *gebrochenrationale Ausdruck* A sei eine Funktion von x, d.h.

$$A = A(x) = \frac{Z(x)}{N(x)}$$

wobei Z(x) das *Zähler-* und N(x) das *Nennerpolynom* darstellen.

Im folgenden betrachten wir *Kommandos/Menüfolgen* in den einzelnen *Systemen*, die im Arbeitsfenster befindliche *Ausdrücke* A(x) in *Partialbrüche zerlegen* (siehe Beispiele 18.4, 18.10):

AXIOM bietet folgende Vorgehensweise :

AXIOM

DERIVE

* Zuerst muß das *Nennerpolynom* N(x) des *Ausdrucks* A(x) *faktorisiert* werden.
* Anschließend *zerlegt* das *Kommando*
  partialFraction (Z(x) , N(x))
  den *Ausdruck* A in *Partialbrüche*.
  DERIVE liefert nach Anwendung der *Menüfolge*
  Author ⇒ Expression... A(x) ⇒ OK ⇒ Simplify ⇒ Expand...
  eine *Dialogbox*, in der man die *Variablen* bei **Expansion Variables**
  einträgt und **Rational** mit der Maus anklickt. Das abschließende
  Anklicken von **Expand** bewirkt die *Partialbruchzerlegung* des *Ausdrucks* A.

MACSYMA

MACSYMA *zerlegt* den *Ausdruck* A(x) unter Verwendung des *Kommandos* **partfrac** (A(x) , x) in *Partialbrüche*.

MAPLE

MAPLE *zerlegt* den *Ausdruck* A(x) mit dem *Kommando*
convert (A(x) , parfrac , x) ; in *Partialbrüche*.

MATHCAD

MATHCAD bewirkt mit der *Menüfolge*
Symbolic ⇒ Convert to Partial Fraction
die *Partialbruchzerlegung* des *Ausdrucks* A(x), nachdem der *Ausdruck* A(x) *eingegeben* und die *Variable* x *markiert* wurden.

MATHEMA-TICA

MATHEMATICA *zerlegt* den *Ausdruck* A(x) mit dem *Kommando*
Apart [A(x)] in *Partialbrüche*.

MATLAB

MATLAB *zerlegt* den *Ausdruck* A(x) mit dem *Kommando*
[a , b , c] = **residue** (Z , N) ; in *Partialbrüche*, wobei der *Vektor* Z die Koeffizienten des Zählerpolynoms und N die Koeffizienten des Nennerpolynoms in absteigender Reihenfolge enthält. Als Ergebnis sind in a die Konstanten der einzelnen Partialbrüche, in b die Nullstellen des Nennerpolynoms und in c der konstante Teil der Entwicklung enthalten.

MuPAD

MuPAD *zerlegt* den *Ausdruck* A(x) mit dem *Kommando*
partfrac (A(x) , x) ; in *Partialbrüche*.
♦

Da die *Partialbruchzerlegung* die *Nullstellen* des *Nennerpolynoms* benötigt, können bei allen *Systemen Schwierigkeiten* auftreten, wenn das *Nennerpolynom komplexe* und/oder *nichtganzzahlige Nullstellen* besitzt (siehe Abschn.23.3 und Beispiel 18.10b)
♦

Beispiel 18.10:

a) Die *Systeme* liefern die *Partialbruchzerlegung*

$$\frac{x+2}{x^6+x^4-x^2-1} = \frac{3}{8}\frac{1}{x-1} - \frac{1}{8}\frac{1}{x+1} - \frac{1}{2}\frac{x+2}{(x^2+1)^2} - \frac{1}{4}\frac{x+2}{x^2+1}$$

b) Alle *Systeme scheitern* an der *Partialbruchzerlegung* des einfachen *Ausdrucks*

$$\frac{x+1}{x^3 - x^2 + 2 \cdot x + 1}$$

dessen *Nennerpolynom* eine reelle nichtganzahlige und zwei komplexe Nullstellen besitzt.

♦

18.3 Potenzieren

Im folgenden betrachten wir *Kommandos/Menüfolgen* in den einzelnen *Systemen*, die im Arbeitsfenster befindliche *Ausdrücke* A *potenzieren* (siehe Beispiele 18.5, 18.11), wofür die meisten *Systeme* in den *Kommandos/Menüfolgen* die *englische Bezeichnung* **expand** für *entwickeln* verwenden:

AXIOM

AXIOM *potenziert* den *Ausdruck* A mit dem *Kommando*

expand (A)

DERIVE

DERIVE liefert nach Anwendung der *Menüfolge*

Author ⇒ **Expression...** A ⇒ **OK** ⇒ **Simplify** ⇒ **Expand...**

eine *Dialogbox*, in der man die *Variablen* bei **Expansion Variables** einträgt und **Rational** mit der Maus anklickt. Das abschließende Anklicken von **Expand** *potenziert* den *Ausdruck* A.

MACSYMA

MACSYMA *potenziert* den *Ausdruck* A mit dem *Kommando*

expand (A)

MAPLE

MAPLE *potenziert* den *Ausdruck* A mit dem *Kommando*

expand (A) ;

MATHCAD

MATHCAD bietet *zwei Möglichkeiten* zur *Potenzierung* eines *Ausdrucks* A:

I. Der *Ausdruck* A wird *eingegeben* und mit einer *Selektionsbox* umrahmt. *Abschließend* wird die folgende *Menüfolge aktiviert:*

Symbolic ⇒ **Expand Expression**

II. Unter Verwendung des *Schlüsselworts* **expand** und des *symbolischen Gleichheitszeichens* → wird folgendes eingegeben:

expand

A →

MATHEMA-TICA

MATHEMATICA *potenziert* den *Ausdruck* A mit dem *Kommando*

Expand [A]

MATLAB

MATLAB *potenziert* den *Ausdruck* A mit der *Kommandofolge*

syms x y ... ; **expand** (A)

falls der *Ausdruck* A von den *Variablen* x , y , ... abhängt. Das *Kommando* **syms** dient zur *Bezeichnung* der *symbolischen Variablen*.

MuPAD

MuPAD *potenziert* den *Ausdruck* A mit dem *Kommando*

expand (A) ;

♦

Beispiel 18.11:

Die *Systeme* berechnen die *folgende Potenz*

$$(a+b+c)^2 = a^2 + b^2 + c^2 + 2 \cdot (a \cdot b + a \cdot c + b \cdot c)$$

♦

18.4 Multiplikation

Im folgenden betrachten wir *Kommandos/Menüfolgen* in den einzelnen *Systemen*, die im Arbeitsfenster befindliche *Ausdrücke* A *ausmultiplizieren* (siehe Beispiele 18.6, 18.12), wofür die meisten *Systeme* in den *Kommandos/Menüfolgen* die *englische Bezeichnung* **expand** für *entwickeln* verwenden:

AXIOM

AXIOM bewirkt das *Ausmultiplizieren* des *Ausdrucks* A mit dem *Kommando* **expand** (A)

DERIVE

DERIVE liefert nach Anwendung der *Menüfolge*

Author ⇒ Expression... A ⇒ OK ⇒ Simplify ⇒ Expand...

eine *Dialogbox*, in der man die *Variablen* bei **Expansion Variables** einträgt und **Rational** mit der Maus anklickt. Das abschließende Anklicken von **Expand** bewirkt das *Ausmultiplizieren* des *Ausdrucks* A.

MACSYMA

MACSYMA bewirkt das *Ausmultiplizieren* des *Ausdrucks* A mit dem *Kommando* **expand** (A)

MAPLE

MAPLE bewirkt das *Ausmultiplizieren* des *Ausdrucks* A mit dem *Kommando* **expand** (A) ;

MATHCAD

MATHCAD bietet *zwei Möglichkeiten* zum *Ausmultiplizieren* eines *Ausdrucks* A:

I. Der *Ausdruck* A wird *eingegeben* und mit einer *Selektionsbox* umrahmt. Abschließend wird die folgende *Menüfolge* aktiviert:

Symbolic ⇒ Expand Expression

II. Unter Verwendung des *Schlüsselworts* **expand** und des *symbolischen Gleichheitszeichens* → wird folgendes eingegeben:

expand

A →

MATHEMA-TICA

MATHEMATICA bewirkt das *Ausmultiplizieren* des *Ausdrucks* A mit den *Kommandos* **Expand** [A] oder **Simplify** [A]

MATLAB

MATLAB bewirkt das *Ausmultiplizieren* des *Ausdrucks* A mit der *Kommandofolge* **syms** x y... ; **expand** (A)
falls der *Ausdruck* A von den *Variablen* x , y , ... abhängt.
Das *Kommando* **syms** dient zur *Bezeichnung* der *symbolischen Variablen*.

MuPAD

MuPAD bewirkt das *Ausmultiplizieren* des *Ausdrucks* A mit dem *Kommando* **expand** (A) ;

♦

Beispiel 18.12:
Die *Systeme* führen die folgende *Multiplikation* durch:
$$(x^2 + x + 1)*(x^3 - x^2 + 1) = x^5 + x + 1$$
♦

18.5   Faktorisierung

Im folgenden betrachten wir *Kommandos/Menüfolgen* in den einzelnen *Systemen*, die im Arbeitsfenster befindliche *Ausdrücke* A *faktorisieren* (siehe Beispiele 18.7, 18.13), wofür die meisten *Systeme* in den *Kommandos/Menüfolgen* die englische *Bezeichnung* **factor** für *faktorisieren* verwenden:

AXIOM

AXIOM bewirkt die *Faktorisierung* des *Ausdrucks* A mit dem *Kommando* **factor** (A)

DERIVE

DERIVE liefert nach Anwendung der *Menüfolge*
Author ⇒ Expression... A ⇒ **OK ⇒ Simplify ⇒ Factor...**
eine *Dialogbox*, in der man die *Variablen* bei **Factor Variables** einträgt und **Rational** mit der Maus anklickt. Das abschließende Anklicken von **Factor** bewirkt die *Faktorisierung* des *Ausdrucks* A.

MACSYMA

MACSYMA bewirkt die *Faktorisierung* des *Ausdrucks* A mit dem *Kommando* **factor** (A)

MAPLE

MAPLE bewirkt die *Faktorisierung* des *Ausdrucks* A mit dem *Kommando* **factor** (A) ;

MATHCAD

MATHCAD bietet *zwei Möglichkeiten* zur *Faktorisierung* eines *Ausdrucks* A:
I. Der *Ausdruck* A wird *eingegeben* und mit einer *Selektionsbox* umrahmt. Abschließend wird die folgende *Menüfolge* aktiviert:
Symbolic ⇒ Factor Expression
II. Unter Verwendung des *Schlüsselworts* **factor** und des *symbolischen Gleichheitszeichens* → wird folgendes eingegeben:
factor
A →

MATHEMA-TICA

MATLAB

MATHEMATICA bewirkt die *Faktorisierung* des *Ausdrucks* A mit dem *Kommando* **Factor** [A]

MATLAB bewirkt die *Faktorisierung* des *Ausdrucks* A mit der *Kommandofolge* **syms** x y ... ; **factor** (A)

falls der *Ausdruck* A von den *Variablen* x , y , ... abhängt. Das *Kommando* **syms** dient zur *Bezeichnung* der *symbolischen Variablen*.

MuPAD

MuPAD bewirkt die *Faktorisierung* des *Ausdrucks* A mit dem *Kommando* **factor** (A) ;

◆

Beispiel 18.13:

Mit den gegebenen Kommandos lassen sich folgende *Ausdrücke* mit den *Systemen* problemlos in *Faktoren zerlegen* :

a) $a^2 + 2*a*b + b^2 = (a+b)^2$

b) $x^6 + x^4 - x^2 - 1 = (x-1)(x+1)(1+x^2)^2$

◆

Man darf *nicht erwarten*, das von den *Systemen* jeder *Ausdruck* faktorisiert wird. So hängt z.B. die *Faktorisierung* eines *Polynoms* (siehe Beispiel 18.13b) eng mit der *Nullstellenbestimmung* zusammen (siehe Abschn.23.3).

◆

18.6   Auf einen gemeinsamen Nenner bringen

Im folgenden betrachten wir *Kommandos/Menüfolgen* in den einzelnen *Systemen*, die im Arbeitsfenster befindliche *rationale Ausdrücke* A auf einen *gemeinsamen Nenner bringen*, d.h. gleichnamig machen (siehe Beispiele 18.8, 18.14):

AXIOM

AXIOM bringt den *Ausdruck* A mit dem *Kommando* **simplify** (A) auf einen *gemeinsamen Nenner*.

DERIVE

DERIVE bringt den *Ausdruck* A durch *Anwendung* einer der *Menüfolgen*

*   **Author ⇒ Expression... A ⇒ Simplify**

*   **Author ⇒ Expression... A ⇒ OK ⇒ Simplify ⇒ Factor... ⇒ Trivial ⇒ Factor**

auf einen *gemeinsamen Nenner*.

MACSYMA

MACSYMA bringt den *Ausdruck* A mit dem *Kommando* **ratsimp** (A) auf einen *gemeinsamen Nenner*.

MAPLE

MAPLE bringt den *Ausdruck* A mit dem *Kommando* **simplify** (A) ;

MATHCAD

auf einen *gemeinsamen Nenner*.
MATHCAD bietet *zwei Möglichkeiten*, um einen *Ausdrucks* A auf einen *gemeinsamen Nenner* zu bringen:

I. Der *Ausdruck* A wird *eingegeben* und mit einer *Selektionsbox umrahmt*. Abschließend wird die folgende *Menüfolge* aktiviert.
Symbolic ⇒ Simplify

II. Unter Verwendung des *Schlüsselworts* **simplify** und des *symbolischen Gleichheitszeichens* → wird folgendes eingegeben:
simplify
A →

MATHEMA-TICA

MATHEMATICA bringt den *Ausdruck* A durch *Anwendung* eines der *Kommandos*
* **Together** [A]
* **Simplify** [A]
auf einen *gemeinsamen Nenner*.

MATLAB

MATLAB bringt den *Ausdruck* A mit der *Kommandofolge*
syms x y ... ; **simplify** (A)
auf einen *gemeinsamen Nenner*, falls der *Ausdruck* A von den *Variablen* x , y , ... abhängt. Das *Kommando* **syms** dient zur *Bezeichnung* der *symbolischen Variablen*.

MuPAD

MuPAD bringt den *Ausdruck* A mit dem *Kommando* **normal** (A) ;
auf einen *gemeinsamen Nenner*.
♦

Beispiel 18.14:
Die *Systeme* lösen die Aufgabe:

$$\frac{1}{x-1} - \frac{1}{x+1} = \frac{2}{x^2-1} \quad \text{bzw.} \quad \frac{2}{(x-1)(x+1)}$$

♦

18.7   Umformung trigonometrischer Ausdrücke

Betrachten wir die *Umformung trigonometrischer Ausdrücke*, die einen *Spezialfall* transzendenter Ausdrücke darstellen.
Dies betrifft vor allem die *Umformung trigonometrischer Funktionen*, so z.B. die bekannten *Additionstheoreme*.
Die einzelnen *Systeme* stellen hierfür eine Reihe von *Kommandos/Menüfolgen* zur Verfügung, wobei der *umzuformende Ausdruck* mit A bezeichnet wird:
AXIOM verwendet für *Additionstheoreme* das *Kommando*

AXIOM

expand (A)
Beispiel 18.15:
expand (sin(x+y)) *liefert* cos(x)sin(y) + sin(x)cos(y)♦

DERIVE

DERIVE liefert nach Aktivierung der *Menüfolge*

Declare ⇒ Algebra State ⇒ Simplification...

eine *Dialogbox*, in der **Trigonometry** auf *Expand* bzw. *Collect* eingestellt wird, d.h., es wird die *Umformungsrichtung festgelegt.*
Danach gibt es *zwei Möglichkeiten:*

* Die *Menüfolge*

   Author ⇒ Expression... A ⇒ Simplify

   bewirkt die *Umformung* des eingegebenen *trigonometrischen Ausdrucks* A.

* Wenn sich der umzuformende *trigonometrische Ausdruck* A bereits im *Arbeitsfenster* befindet, wird er durch *Mausklick markiert.* Das abschließende *Anklicken* des *Symbols*

   löst die *Umformung* des *Ausdrucks* A *aus.*

Beispiel 18.16:

Mittels der Umformungsrichtung *Expand* berechnet DERIVE
sin(x+y) = cos(x)sin(y) + sin(x)cos(y)
und mittels der Umformungsrichtung *Collect*

$$\sin(x)*\sin(y) = \frac{\cos(x - y) \ - \ \cos(x + y)}{2}$$

♦

MACSYMA

MACSYMA besitzt eine Reihe von *Kommandos* zur *Umformung* eines *trigonometrischen Ausdrucks* A:

trigexpand (A) , **trigreduce** (A) , **trigsimp** (A) , **halfangles** (A)

Illustrieren wir die *Wirkungsweise* der einzelnen *Kommandos* im *folgenden Beispiel.*

Beispiel 18.17:

a) **trigexpand** (sin(x+y))

   liefert cos(x)sin(y) + sin(x)cos(y)

b) **trigreduce** (cos(x)sin(y) + sin(x)cos(y))

   liefert sin(x+y)

   d.h., **trigreduce** stellt die *Umkehrung* von **trigexpand** dar.

c) **trigsimp**(A) versucht, im *Ausdruck* A die bekannten *Formeln*

$$\sin^2 x + \cos^2 x = 1 \qquad \text{und} \qquad \cosh^2 x - \sinh^2 x = 1$$

   zu *substituieren.*

d) **halfangles** (cos(x/2))

   liefert $\dfrac{\sqrt{\cos(x)+1}}{\sqrt{2}}$

♦

MAPLE

MAPLE verwendet die *Kommandos*

* **expand (A) ;**
  für *Additionstheoreme,*

* **combine (A , trig) ;**
  zur *Umwandlung* von *Produkten* trigonometrischer Funktionen
  in *Summen,*

* **convert (A , F) ;**
  zur *Umwandlung* des *Ausdrucks* A in einen *Ausdruck,* der die
  Funktion F *enthält.*

Beispiel 18.18:

Das *Kommando*

* **expand** (sin(x+y)) ; liefert das *Ergebnis*
  sin(x) cos(y) + cos(x) sin(y)

* **combine** (sin(x)*cos(y), trig) ; liefert das *Ergebnis*
  $$\frac{\sin(x + y) + \sin(x - y)}{2}$$

* **convert** (sin(2*x), tan) ; liefert das *Ergebnis*
  $$2\frac{\tan(x)}{1 + \tan(x)^2}$$
  ◆

MATHCAD

MATHCAD bietet *zwei Möglichkeiten,* um einen *trigonometrischen
Ausdruck* A *umzuformen:*

I. Der *Ausdruck* A wird *eingegeben* und mit einer *Selektionsbox
    umrahmt.* Abschließend wird die folgende *Menüfolge* aktiviert:
    Symbolic ⇒ Expand Expression

II. Unter Verwendung des *Schlüsselworts* **expand** und des *symboli-
    schen Gleichheitszeichens* → wird folgendes eingegeben:
    expand
    A →

Beispiel 18.19:

Die Anwendung der gegebenen *Menüfolge* I. auf sin(x+y) liefert das
Ergebnis in folgender Form :

sin(x+y)   *expands to*   sin(x) · cos(y) + cos(x) · sin(y)
◆

**MATHEMA-
TICA**

MATHEMATICA kann durch Angabe der *Option* **Trig → True** in den
Kommandos für die Umformung algebraischer Ausdrücke *trigonometrische Ausdrücke umformen.*

Beispiel 18.20:

Das *Kommando*

* **Apart** [Cos[x+y] , Trig→True] *liefert das Ergebnis*

Cos[x] Cos[y] − Sin[x] Sin[y]

* **Cancel** [Sin[x]*Sin[y] , Trig→True] *liefert* das *Ergebnis*

$$\frac{Cos[x - y] - Cos[x + y]}{2}$$

* **Expand** [Sin[x]^3 , Trig→True] *liefert* das *Ergebnis*

$$\frac{3\ Sin[x] - Sin[3\ x]}{4}$$

* **Factor** [(3*Sin[x] − Sin[3*x])/4 , Trig→True] *liefert* das *Ergebnis*

$$Sin[x]^3$$

♦

Weitere *Spezialkommandos* zur *Umformung trigonometrischer Ausdrücke* erhält man in MATHEMATICA durch Laden des *Pakets* ALGEBRA`TRIGONOMETRY`.

♦

MATLAB

MATLAB verwendet für *Additionstheoreme* die *Kommandofolge*
syms x y ... ; **expand** (A)
falls der *Ausdruck* A von den *Variablen* x , y , ... abhängt.
Das *Kommando* **syms** dient zur *Bezeichnung* der *symbolischen Variablen*.
Beispiel 18.21:
syms x y ; **expand** (sin(x+y)) *liefert* cos(x)sin(y) + sin(x)cos(y)
♦

MuPAD

MuPAD verwendet für *Additionstheoreme* das *Kommando*
expand (A) ;
Beispiel 18.22:
expand (sin(x+y)) ; *liefert* cos(x)sin(y) + sin(x)cos(y)
♦

Es konnte bei allen *Systemen* beobachtet werden, daß nicht jeder *trigonometrische Ausdruck* umgeformt wird.
♦

19 Summen und Produkte

In *ingenieurtechnischen Berechnungen* sind häufig (endliche) *Summen* und manchmal (endliche) *Produkte reeller Zahlen* zu *berechnen.*

Endliche Summen und *Produkte* werden von den *Systemen* problemlos *berechnet,* da nur eine endliche Anzahl von Rechenoperationen erforderlich ist (*endlicher Algorithmus*). Bei einer großen Anzahl von Gliedern kann die Berechnung allerdings lange dauern. Die gegebenen *Kommandos/Menüfolgen berechnen Summen* und *Produkte exakt.* Möchte man sie *numerisch* berechnen, so ist ein *Numerikkommando* aus Abschn.12.2 *anzuschließen.*
♦

19.1 Summen

Zur *exakten Berechnung* einer *endlichen Summe* der *Form*

$$\sum_{k=m}^{n} a_k = a_m + a_{m+1} + \ldots + a_n$$

mit den *Elementen (reellen Zahlen)* $a_k = f(k)$
($k = m$, $m+1$, ... , n ; $m \leq n$)
die auch als *endliche Reihe* bezeichnet wird, stellen die *Systeme* folgende *Kommandos/Menüfolgen* bereit, in denen für m und n ganze Zahlen einzusetzen sind:

AXIOM
AXIOM *berechnet* die *Summe* mit dem *Kommando*
sum (f(k), k = m..n)

DERIVE
DERIVE bietet *drei Möglichkeiten* zur *Berechnung* von *Summen:*
I. Nach *Anwendung* der *Menüfolge*
Author ⇒ Expression... f(k) **⇒ OK ⇒ Calculus ⇒ Sum...**
erscheint eine *Dialogbox*, in der bei **Variable** k, **Sum** *Definite* und bei **Definite sum** in **Lower Limit** (*untere Grenze*) m und **Upper Limit** (*obere Grenze*) n eingetragen werden.
Das *abschließende Anklicken* von **Simplify** mit der Maus löst die *Berechnung* aus.

II. *Anwendung* der *Menüfolge*

Author ⇒ **Expression... sum** (f(k) , k , m , n) ⇒ **Simplify**

mit dem *Summationskommando* **sum**.

III. Nach *Anklicken* des *Summenoperators*

in der *Symbolleiste* erscheint eine *Dialogbox* (wie bei I.), in die f(k), bei **Variable** k, bei **Sum** *Definite*, bei **Definite sum** in **Lower Limit** (*untere Grenze*) m und **Upper Limit** (*obere Grenze*) n eingetragen werden.

Das *abschließende Anklicken* von **Simplify** löst die *Berechnung* aus.

MACSYMA   MACSYMA *berechnet* die *Summe* mit dem *Kommando*

sum (f(k) , k , m , n)

MAPLE   MAPLE *berechnet* die *Summe* mit dem *Kommando*

sum (f(k), k = m..n) ;

MATHCAD   MATHCAD besitzt den *Summenoperator*

$$\sum_{\blacksquare = \blacksquare}^{\blacksquare} \blacksquare$$

den man aus der *Operatorpalette Nr. 5* durch *Mausklick auswählt*. *Danach* wird

* in den *Platzhalter hinter* dem *Summenzeichen* f(k)
* in die *Platzhalter unter* dem *Summenzeichen* k und m
* in den *Platzhalter über* dem *Summenzeichen* n

eingetragen, wodurch sich der folgende *Summenausdruck* ergibt:

$$\sum_{k=m}^{n} f(k)$$

Anschließend markiert man diesen *Summenausdruck* mit einer *Selektionsbox*.

Eine der *folgenden Aktivitäten* löst *abschließend* die *exakte Berechnung* der *Summe* aus:

* *Aktivierung* der *Menüfolge*

   Symbolic ⇒ **Evaluate** ⇒ **Evaluate Symbolically**

* *Eingabe* des *symbolischen Gleichheitszeichens* →

MATHEMATICA   MATHEMATICA bietet *zwei Möglichkeiten* zur *Berechnung* von *Summen:*

I. *Anwendung* des *Kommandos* **Sum** [f(k) , { k , m , n }]

II. Verwendung einer der *Operatorpaletten*

* **Calculus** ⇒ **Common Operations**
  die durch die *Menüfolge*
  File ⇒ **Palettes** ⇒ **BasicCalculations**
* **BasicInput**
  die durch die *Menüfolge*
  File ⇒ **Palettes** ⇒ **BasicInput**
  aufgerufen werden.

Man wählt in der *erscheinenden Palette* den *Summenoperator*

$$\sum_{\Box=\Box}^{\Box} \Box$$

durch *Mausklick* aus, füllt die *Platzhalter* analog wie bei MATHCAD aus und erhält

$$\sum_{k=m}^{n} f(k)$$

MATLAB

MATLAB *berechnet* die *Summe* mit der *Kommandofolge*
syms k ; **symsum** (f(k), m , n)
Das *Kommando* **syms** dient zur Bezeichnung der *symbolischen Variablen*.
Weiterhin existiert das *Kommando* **sum** (**x**) zur *Berechnung* der *Summe* der *Komponenten* des *Vektors* **x**.

MuPAD

MuPAD *berechnet* die *Summe* mit dem *Kommando*
sum (f(k), k = m..n) ;
♦

Beispiel 19.1:

Die *Summe* (endliche Reihe) $\displaystyle\sum_{k=1}^{10} \frac{1}{k} = \frac{7381}{2520}$

wird von den *Systemen folgendermaßen* berechnet:

* AXIOM :   **sum** (1/k , k = 1..10)
* DERIVE :   **sum** (1/k , k , 1 , 10)
* MACSYMA :   **sum** (1/k , k , 1 , 10)
* MAPLE :   **sum** (1/k , k = 1..10) ;
* MATHCAD :

$$\sum_{k=1}^{10} \frac{1}{k} \rightarrow \frac{7381}{2520}$$

* MATHEMATICA :   **Sum** [1/k , { k , 1 , 10 }]
* MATLAB :   **syms** k ; **symsum** (1/k , 1 , 10)
* MuPAD :   **sum** (1/k , k = 1..10) ;
  ♦

19.2 Produkte

Zur *exakten Berechnung* von (endlichen) *Produkten* der *Form*

$$\prod_{k=m}^{n} a_k = a_m \cdot a_{m+1} \cdots a_n$$

mit den *Elementen* (reelle Zahlen) $a_k = f(k)$

($k = m$, m+1 , ... , n ; $m \le n$)

stellen die *Systeme* folgende *Kommandos/Menüfolgen* zur Verfügung, in denen für m und n ganze Zahlen einzusetzen sind:

AXIOM   AXIOM *berechnet* das *Produkt* mit dem *Kommando*
product (f(k) , k = m..n)

DERIVE   DERIVE bietet *drei Möglichkeiten* zur *Berechnung* von *Produkten:*

I. Nach *Anwendung* der *Menüfolge*
Author ⇒ **Expression...** f(k) ⇒ **OK** ⇒ **Calculus** ⇒ **Product...**
erscheint eine *Dialogbox*, in der bei **Variable** k, **Product** *Definite* und bei **Definite product** in **Lower Limit** (*untere Grenze*) m und **Upper Limit** (*obere Grenze*) n *eingetragen* werden.
Das *abschließende Anklicken* von **Simplify** mit der Maus löst die *Berechnung* aus.

II. *Anwendung* der *Menüfolge*
Author ⇒ **Expression...** **product** (f(k) , k , m , n) ⇒ **Simplify**
mit dem *Produktkommando* **product**.

III. Nach *Anklicken* des *Produktoperators*

in der *Symbolleiste* erscheint eine *Dialogbox* (wie bei I.), in der f(k), bei **Variable** k, bei **Product** *Definite*, bei **Definite product** in **Lower Limit** (*untere Grenze*) m und **Upper Limit** (*obere Grenze*) n *eingetragen werden*.
Das *abschließende Anklicken* von **Simplify** löst die *Berechnung* aus.

MACSYMA   MACSYMA *berechnet* das *Produkt* mit dem *Kommando*
product (f(k) , k , m , n)

MAPLE   MAPLE *berechnet* das *Produkt* mit dem *Kommando*
product (f(k) , k = m..n) ;

MATHCAD   MATHCAD verwendet bei der *Produktberechnung* die *gleiche Vorgehensweise* wie bei der *Summenberechnung*. Es ist nur statt des Summenoperators der *Produktoperator*

$$\prod_{\blacksquare - \blacksquare}^{\blacksquare} \blacksquare$$

aus der *Operatorpalette Nr.5 auszuwählen.*

MATHEMATICA bietet *zwei Möglichkeiten* zur *Berechnung* von *Produkten:*

I. *Anwendung* des *Kommandos* **Product** [f(k) , { k , m , n }]

II. Verwendung einer der *Operatorpaletten*

* **Calculus** ⇒ **Common Operations**
  die durch die *Menüfolge*
  File ⇒ **Palettes** ⇒ **BasicCalculations**
* **BasicInput**
  die durch die *Menüfolge*
  File ⇒ **Palettes** ⇒ **BasicInput**

aufgerufen werden.

Man wählt in der *erscheinenden Palette* den *Produktoperator*

$$\prod_{\square=\square}^{\square} \square$$

durch *Mausklick* aus, füllt die *Platzhalter* analog wie bei MATHCAD aus und erhält

$$\prod_{k=m}^{n} f[k]$$

MATLAB besitzt nur das *Kommando* **prod** (**x**) zur *Berechnung* des *Produkts* der *Komponenten* des *Vektors* **x.**

MuPAD *berechnet* das *Produkt* mit dem *Kommando*
product (f(k) , k = m..n) ;
♦

Beispiel 19.2:

Das *Produkt* $\prod_{k=1}^{8} k = 40320$

wird von den *Systemen folgendermaßen* berechnet:

* AXIOM :   **product** (k , k = 1..8)
* DERIVE :   **product** (k , k , 1 , 8)
* MACSYMA :   **product** (k , k , 1 , 8)
* MAPLE :   **product** (k , k = 1..8) ;
* MATHCAD :

$$\prod_{k=1}^{8} k \to 40320$$

* MATHEMATICA :   **Product** [k , { k , 1 , 8 }]
* MuPAD :   **product** (k , k = 1..8) ;

♦

20 Vektoren und Matrizen

20.1 Ingenieurtechnische Anwendungen

Vektoren und *Matrizen* spielen in *Technik* und *Naturwissenschaften* eine *grundlegende Rolle*, so u.a. bei (siehe [41]/2,I)

* der *Darstellung* und *Lösung linearer Gleichungssysteme*,
* der *Beschreibung elektrischer Netzwerke* unter Verwendung der *Kirchhoffschen Gesetze*. Hier läßt sich der *strukturelle Aufbau* durch *Matrizen* darstellen.
* der *Beschreibung* von *Vierpolen* durch *Verknüpfungsmatrizen*,
* der *Beschreibung* von *Kettenschaltungen* von *Vierpolen* durch *Übertragungsmatrizen*.

20.2 Eingabe von Vektoren und Matrizen

Wir betrachten *Matrizen* **A** mit m *Zeilen* und n *Spalten* (d.h. vom *Typ* (m,n)) mit den *Elementen* a_{ik} :

$$A = \begin{pmatrix} a_{11} & a_{12} & \cdots & a_{1n} \\ a_{21} & a_{22} & \cdots & a_{2n} \\ \cdots & \cdots & \cdots & \cdots \\ a_{m1} & a_{m2} & \cdots & a_{mn} \end{pmatrix}$$

und *n-dimensionale Vektoren* der *Form*

* $\mathbf{a} = (a_1, \ldots, a_n)$ (*Zeilenvektor*, d.h. *Matrix* vom *Typ* (1,n))

* $\mathbf{a} = \begin{pmatrix} a_1 \\ \vdots \\ a_n \end{pmatrix}$ (*Spaltenvektor*, d.h. *Matrix* vom *Typ* (n,1))

Um mit *Vektoren* und *Matrizen* arbeiten zu können, müssen diese zuerst in die *Arbeitsfenster* der *Systeme eingegeben* werden. Dies geschieht mittels folgender *Kommandos/Menüfolgen* :

AXIOM   AXIOM bietet die *Eingabe* einer *Matrix* **A** vom *Typ* (m,n) mittels des *Kommandos* **matrix** in der *Form*

$$A := \textbf{matrix} \left(\left[\left[a_{11}, ..., a_{1n} \right], ..., \left[a_{m1}, ..., a_{mn} \right] \right] \right)$$

d.h., die *Elemente* der *Matrix* werden als *geschachtelte Liste* (*Liste* der *Zeilenvektoren*) in das *Argument* von **matrix** *geschrieben.*
Auf das *Element* der *i-ten Zeile* und *k-ten Spalte* a_{ik} der *Matrix* **A** wird mit A(i,k) *zugegriffen.*

Zeilen- und *Spaltenvektoren* werden als *Matrizen* vom *Typ* (1,n) bzw. (m,1) eingegeben (siehe Beispiel 20.1b) bzw. c).

♦

Beispiel 20.1:

a) Die *Zuweisung* **A** := **matrix** ([[1 , 2 , 3] , [4 , 5 , 6]]) *liefert* die *Matrix*

$$A = \begin{pmatrix} 1 & 2 & 3 \\ 4 & 5 & 6 \end{pmatrix}$$

Die Eingabe von A(2,3) liefert das Element 6.

b) Die *Zuweisung* **a** := **matrix** ([[1 , 2 , 3 , 4 , 5 , 6]]) *liefert* den *Zeilenvektor* **a** = (1 , 2 , 3 , 4 , 5 , 6) auf dessen *Komponenten* mittels a(1,k) *zugegriffen* wird.

c) Die *Zuweisung* **a** := **matrix** ([[1] , [2] , [3] , [4] , [5] , [6]]) *liefert* den *Spaltenvektor*

$$a = \begin{pmatrix} 1 \\ 2 \\ 3 \\ 4 \\ 5 \\ 6 \end{pmatrix}$$

auf dessen *Komponenten* mittels a(k,1) *zugegriffen* wird.

♦

DERIVE DERIVE *besitzt* für die
- *Eingabe* von *Zeilenvektoren* folgende *drei Möglichkeiten:*
  I. Nach *Aktivierung* der *Menüfolge* **Author ⇒ Vector...** öffnet sich die *Dialogbox* **Vector Setup...**, in der bei **Vector dimension** in **Elements** die *Anzahl* der *Komponenten* (*Dimension*) einzutragen ist. Nach dem *Anklicken* von **OK** öffnet sich eine weitere *Dialogbox*, in der die *Komponenten* des *Vektors* einzutragen sind. Nach dem *Anklicken* von **OK** erscheint der eingegebene *Vektor* im *Arbeitsfenster* als *Zeilenvektor*.
  II. Nach *Anklicken* des *Vektoroperators*

in der *Symbolleiste* erscheint wie bei I. die *Dialogbox* **Vector Setup...** Danach geht man wie bei I. vor.

III. *Eingabe* als *Liste* mittels der *Menüfolge*

Author ⇒ **Expression...** **a** := [$a_1, a_2, ..., a_n$] ⇒ **OK**

Beispiel 20.2:

a) Die *Menüfolge* III.

Author ⇒ **Expression...** **a** := [1 , 2 , 3 , 4 , 5 , 6]

liefert den *Zeilenvektor* **a** = (1 , 2 , 3 , 4 , 5 , 6)

b) Benötigt man einen *Spaltenvektor*, so ist folgendermaßen vorzugehen: Die *Menüfolge* aus III.

Author ⇒ **Expression...** **a** := [[1] , [2] , [3] , [4] , [5] , [6]]

liefert den *Spaltenvektor*

$$\mathbf{a} = \begin{pmatrix} 1 \\ 2 \\ 3 \\ 4 \\ 5 \\ 6 \end{pmatrix}$$

♦

- *Eingabe* von *Matrizen* folgende *drei Möglichkeiten:*

  I. Nach *Aktivierung* der *Menüfolge* **Author** ⇒ **Matrix...** öffnet sich die *Dialogbox* **Matrix Setup...**, in der bei **Matrix dimension** in **Rows:** die *Anzahl* der *Zeilen* und in **Columns:** die *Anzahl* der *Spalten* einzutragen sind. Nach dem *Anklicken* von **OK** öffnet sich eine weitere *Dialogbox*, in der die einzelnen *Elemente* a_{ik} der *Matrix* einzutragen sind. Nach dem *Anklicken* von **OK** erscheint die eingegebene *Matrix* im *Arbeitsfenster* .

  II. Nach *Anklicken* des *Matrixoperators*

  in der *Symbolleiste* erscheint wie bei I. die *Dialogbox* **Matrix Setup...** . Danach geht man wie bei I. vor.

  III. Eingabe als *geschachtelte Liste* (*Liste* der *Zeilenvektoren*) mittels der *Menüfolge* **Author** ⇒ **Expression...**

  A := [[$a_{11}, ..., a_{1n}$], ..., [$a_{m1}, ..., a_{mn}$]] ⇒ **OK**

Beispiel 20.3:
Die *Menüfolge* III.
Author ⇒ **Expression...** A := [[1 , 2 , 3] , [4 , 5 , 6]] ⇒ **OK**
liefert die *Matrix*

$$A = \begin{pmatrix} 1 & 2 & 3 \\ 4 & 5 & 6 \end{pmatrix}$$

◆

Zugriffsmöglichkeiten auf die *Elemente* einer im Arbeitsfenster befindlichen *Matrix* konnten in DERIVE *nicht gefunden* werden.
◆

MACSYMA

MACSYMA bietet die *Eingabe*
* einer *Matrix* **A** vom *Typ* (m,n) mittels des *Kommandos* **matrix** in der *Form*
   A : matrix ([$a_{11},...,a_{1n}$] , ... , [$a_{m1},...,a_{mn}$])
   wobei die *Zeilenvektoren* der *Matrix* als *Listen* in das *Argument* von **matrix** zu *schreiben* sind.
   Auf das *Element* der *i-ten Zeile* und *k-ten Spalte* a_{ik} der *Matrix* **A** wird mit A[i,k] oder A[i][k] *zugegriffen*.
* eines *Zeilenvektors* **a** (d.h. *Matrizen* vom *Typ* (1,n)) mittels
   a : [a_1 , ... , a_n]
   auf dessen *Komponenten* mittels a[k] *zugegriffen* wird.

Spaltenvektoren werden als *Matrizen* vom *Typ* (m,1) eingegeben (siehe Beispiel 20.4c).
◆

Beispiel 20.4:
a) Die *Zuweisung* **A : matrix** ([1 , 2 , 3] , [4 , 5 , 6])
   liefert die *Matrix*

$$A = \begin{pmatrix} 1 & 2 & 3 \\ 4 & 5 & 6 \end{pmatrix}$$

   Die Eingabe von A[2,3] bzw. A[2][3] ergibt das Element 6.
b) Die *Zuweisung* **a :** [1 , 2 , 3 , 4 , 5 , 6]
   liefert den *Zeilenvektor* **a** = (1 , 2 , 3 , 4 , 5 , 6)
c) Die *Zuweisung* **a : matrix** ([1] , [2] , [3] , [4] , [5] , [6])
   liefert den *Spaltenvektor*

$$a = \begin{pmatrix} 1 \\ 2 \\ 3 \\ 4 \\ 5 \\ 6 \end{pmatrix}$$

auf dessen *Komponenten* mittels a[k] bzw. a[k,1] *zugegriffen* wird.

♦

MAPLE   MAPLE bietet die *Eingabe* einer *Matrix* **A** vom *Typ* (m,n) mittels des *Kommandos* **array** in der *Form*

A := **array** ([[a_{11},..., a_{1n}] ,..., [a_{m1},..., a_{mn}]]) ;

wobei die *Elemente* als *geschachtelte Liste* (*Liste* der *Zeilenvektoren*) in das *Argument* von **array** zu *schreiben* sind. Falls man das *Kommando* **array** wegläßt, wird die Matrix nicht in Matrixform sondern als Liste dargestellt.

Zeilen- und *Spaltenvektoren* werden als *Matrizen* vom *Typ* (1,n) bzw. (m,1) eingegeben (siehe Beispiel 20.5 b) bzw. c).

♦

Auf das *Element* der *i-ten Zeile* und *k-ten Spalte* a_{ik} der *Matrix* **A** wird mit A[i,k] ; *zugegriffen*.

Beispiel 20.5:

a) Die *Zuweisung*

*   **A** := **array** ([[1 , 2 , 3] , [4 , 5 , 6]]) ;
    liefert die *Matrix* **A** in *Matrixform*
    $$A = \begin{pmatrix} 1 & 2 & 3 \\ 4 & 5 & 6 \end{pmatrix}$$

*   **A** := [[1 , 2 , 3] , [4 , 5 , 6]] ;
    liefert die *Matrix* **A** in *Listenform*
    A = [[1 , 2 , 3] , [4 , 5 , 6]]
    Die *Eingabe* von A[2,3] ; ergibt das Element 6.

b) Die *Zuweisung* **a** := **array** ([1 , 2 , 3 , 4 , 5 , 6]) ;
   liefert den *Zeilenvektor* **a** = (1 , 2 , 3 , 4 , 5 , 6).

c) Die *Zuweisung* **a** := **array** ([[1] , [2] , [3] , [4] , [5] , [6]]) ;
   liefert den *Spaltenvektor*

$$\mathbf{a} = \begin{pmatrix} 1 \\ 2 \\ 3 \\ 4 \\ 5 \\ 6 \end{pmatrix}$$

♦

MATHCAD MATHCAD öffnet nach der der *Eingabe* von **A** := in das *Arbeitsfenster* durch *Auslösung* einer der *folgenden Aktivitäten:*
* *Anklicken* des *Matrixsymbols*

in der *Operatorpalette Nr.4* mit der Maus
* *Aktivierung* der *Menüfolge*
Math ⇒ Matrices ...
eine *Dialogbox*, in die die *Anzahl* der *Zeilen* nach **Rows:** und *Spalten* nach **Columns:** *einzugeben* sind.
Durch *Anklicken* des *Buttons* (Knopf) **Create** erscheint an der durch den Kursor markierten Stelle die *Matrix* im Arbeitsfenster in der *Form* (z.B. für m=4 und n=3)

$$\mathbf{A} := \begin{pmatrix} \blacksquare & \blacksquare & \blacksquare \\ \blacksquare & \blacksquare & \blacksquare \\ \blacksquare & \blacksquare & \blacksquare \\ \blacksquare & \blacksquare & \blacksquare \end{pmatrix}$$

in deren *Platzhalter* die *Elemente* a_{ik} der *Matrix* **A** *einzutragen* sind.
Auf das *Element* der *i-ten Zeile* und *k-ten Spalte* a_{ik} der *Matrix* **A** wird mittels der *Indexschreibweise* (siehe Abschn.13.2)
$A_{i,k}$
zugegriffen.

Bei MATHCAD ist folgendes zu *beachten:*
* *Vektoren* sind immer als *Spalten* (*Spaltenvektoren*) *einzugeben*.
* Als *Startwert* für die *Indizierung* der *Elemente* einer *Matrix* ist 0 eingestellt. Da man aber üblicherweise mit 1 beginnt, muß dies mittels der *Menüfolge*
Math ⇒ Built-In Variables... ⇒ Origin ⇒ 1
eingestellt werden. ♦

MATHEMA-
TICA

MATHEMATICA bietet für die *Eingabe* einer *Matrix* **A** vom *Typ* (m,n) folgende *zwei Möglichkeiten:*

* *Direkte Eingabe* als *geschachtelte Liste* (*Liste* der *Zeilenvektoren*)
  $$\mathbf{A} = \{ \{ a_{11}, ..., a_{1n} \} , ... , \{ a_{m1}, ..., a_{mn} \} \}$$
* *Eingabe* unter *Verwendung* des *Matrixsymbols*

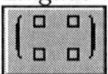

aus der *Operatorpalette*

File ⇒ Palettes ⇒ BasicCalculations ⇒ Lists and Matrices ⇒ Creating Lists and Matrices

wobei die *Anzahl* der *Zeilen* und *Spalten* mittels der *Tastenkombination* Strg ⏎ bzw. Strg . eingestellt wird.

Bei dieser Vorgehensweise wird die eingegebene Matrix ebenfalls als *Liste gespeichert.*

Auf das *Element* der *i-ten Zeile* und *k-ten Spalte* a_{ik} der *Matrix* **A** wird mit A [[i , k]] *zugegriffen.*

Beispiel 20.6:

a) Die *Zuweisung* **A** := { { 1 , 2 , 3 } , { 4 , 5 , 6 } }
   erzeugt die *Matrix*
   $$\mathbf{A} = \begin{pmatrix} 1 & 2 & 3 \\ 4 & 5 & 6 \end{pmatrix}$$

   Die Eingabe von A [[2 , 3]] liefert das Element 6.

b) Die *Zuweisung* **a** := { 1 , 2 , 3 , 4 , 5 , 6 }
   liefert den *Zeilenvektor* **a** = (1 , 2 , 3 , 4 , 5 , 6)
   auf dessen *Komponenten* mittels a[[k]] *zugegriffen* wird.

c) Die *Zuweisung* **a** := { {1} , {2} , {3} , {4} , {5} , {6} }
   liefert den *Spaltenvektor*
   $$\mathbf{a} = \begin{pmatrix} 1 \\ 2 \\ 3 \\ 4 \\ 5 \\ 6 \end{pmatrix}$$

   auf dessen *Komponenten* mittels a[[k,1]] *zugegriffen* wird.

   ◆

Möchte man in MATHEMATICA die *eingegebene Matrix* **A** in der übersichtlicheren *Matrixform* (erscheint ohne Klammern im Arbeitsfenster) erhalten, so ist entweder das zusätzliche *Kommando* **MatrixForm** [A] anzuschließen oder bereits bei der Eingabe der Matrix das *Kommando* //**MatrixForm** dem Eingabekommando hinzuzufügen.

Wenn mit der eingegebenen Matrix weitergerechnet werden soll, darf das *Kommando* **MatrixForm** nicht verwendet werden. In diesem Fall muß die eingegebene *Listenform beibehalten* werden.

♦

MATLAB

MATLAB bietet die *Eingabe* einer *Matrix* **A** vom *Typ* (m,n) als *Feld*
mittels A = [$a_{11}, \dots, a_{1n}$; $\dots$; $a_{m1}, \dots, a_{mn}$]
wobei die *Zeilenvektoren* durch Semikolon zu trennen sind.

Auf das *Element* der *i-ten Zeile* und *k-ten Spalte* a_{ik} der *Matrix* **A** wird mit A(i,k) *zugegriffen*.

Beispiel 20.7:

a) Die *Zuweisung* **A** = [1 , 2 , 3 ; 4 , 5 , 6] *liefert* die *Matrix*

$$\mathbf{A} = \begin{pmatrix} 1 & 2 & 3 \\ 4 & 5 & 6 \end{pmatrix}$$

Die Eingabe von A(2,3) ergibt das Element 6.

b) Die *Zuweisung* **a** = [1 , 2 , 3 , 4 , 5 , 6]
liefert den *Zeilenvektor* **a** = (1 , 2 , 3 , 4 , 5 , 6)
auf dessen *Komponenten* mittels a(k) *zugegriffen* wird.

c) Die *Zuweisung* **a** = [1 ; 2 ; 3 ; 4 ; 5 ; 6]
liefert den *Spaltenvektor*

$$\mathbf{a} = \begin{pmatrix} 1 \\ 2 \\ 3 \\ 4 \\ 5 \\ 6 \end{pmatrix}$$

auf dessen *Komponenten* mittels a(k) bzw. a(k,1) *zugegriffen* wird.

♦

MuPAD

MuPAD bietet die *Eingabe* einer *Matrix* **A** vom *Typ* (m,n) *mittels* der *Kommandofolge*

DM := Dom :: Matrix (Dom :: Real) :
A := DM ([[$a_{11}, \dots, a_{1n}$] , $\dots$, [$a_{m1}, \dots, a_{mn}$]]) ;

wobei die *Elemente* als *geschachtelte Liste* (*Liste* der *Zeilenvektoren*) zu *schreiben* sind.

Auf das *Element* der *i-ten Zeile* und *k-ten Spalte* a_{ik} der *Matrix* **A** wird mit A[i,k] ; *zugegriffen*.

Beispiel 20.8:

a) Die *Kommandofolge*

   DM := Dom :: Matrix (Dom :: Real) :
   A := DM ([[1 , 2 , 3] , [4 , 5 , 6]]) ;
   liefert die *Matrix*

   $$\mathbf{A} = \begin{pmatrix} 1 & 2 & 3 \\ 4 & 5 & 6 \end{pmatrix}$$

   Die Eingabe von A[2,3] ; liefert das Element 6.

b) Die *Kommandofolge*

   DM := Dom :: Matrix (Dom :: Real):
   a := DM ([1 , 2 , 3 , 4 , 5 , 6]) ;
   liefert den *Spaltenvektor*

   $$\mathbf{a} = \begin{pmatrix} 1 \\ 2 \\ 3 \\ 4 \\ 5 \\ 6 \end{pmatrix}$$

   auf dessen Komponenten mittels a[k] zugegriffen wird.

c) Die *Kommandofolge*

   DM := Dom :: Matrix (Dom :: Real):
   a := DM ([[1 , 2 , 3 , 4 , 5 , 6]]) ;
   liefert den *Zeilenvektor* a = (1 , 2 , 3 , 4 , 5 , 6)
   ♦

Wie man *Vektoren* und *Matrizen* in den einzelnen *Systemen einliest,* die sich als ASCII-Dateien auf *Festplatte* oder *Diskette* befinden, wird im Abschn.14.2 behandelt.
♦

20.3   Rechenoperationen mit Vektoren und Matrizen

Im folgenden betrachten wir *Rechenoperationen* mit *Vektoren* und *Matrizen,* die durchgeführt werden können, *nachdem* sie auf die im Abschn.20.2 beschriebene Art und Weise *eingegeben* wurden.

20.3.1   Addition und Multiplikation

Bei der *Addition* (bzw. *Subtraktion*) und *Multiplikation* von Matrizen ist zu beachten, daß die

* *Addition* (*Subtraktion*) **A** ± **B** nur möglich ist, wenn die *Matrizen* **A** und **B** den *gleichen Typ* besitzen.
* *Multiplikation* **A** · **B** nur ausgeführt werden kann, wenn die *Matrizen* **A** und **B** *verkettet* sind, d.h., **A** muß genauso viele Spalten haben, wie **B** Zeilen besitzt.

Die *Addition* und *Multiplikation* im *Arbeitsfenster* befindlicher *Matrizen* **A** und **B** vollzieht sich in den einzelnen *Systemen* mittels der folgenden *Kommandos/Menüfolgen:*

AXIOM AXIOM *berechnet* mittels
* **M := A + B**
* **M := A * B**

die *Addition* bzw. *Multiplikation* und *weist* das *Ergebnis* der *Matrix* **M** zu.

DERIVE DERIVE *berechnet* mit den *Menüfolgen*
* **Author ⇒ Expression... M := A + B ⇒ Simplify**
* **Author ⇒ Expression... M := A * B ⇒ Simplify**

die *Addition* bzw. *Multiplikation* und *weist* das *Ergebnis* der *Matrix* **M** zu.

MACSYMA MACSYMA *berechnet* mittels
* **M : A + B**
* **M : A . B**

die *Addition* bzw. *Multiplikation* und *weist* das *Ergebnis* der *Matrix* **M** zu.

MAPLE MAPLE *berechnet* mit einem der *Kommandos*
* **M := evalm (A + B) ;**
* **M := A + B ;** (nur bei Matrizen, die ohne **array** definiert sind)

die *Addition*
* **M := evalm (A &* B) ;**

die *Multiplikation*
und *weist* das *Ergebnis* der *Matrix* **M** zu.

MATHCAD MATHCAD *berechnet* mittels
* **M := A + B**
* **M := A * B**

die *Addition* bzw. *Multiplikation* und *weist* das *Ergebnis* der *Matrix* **M** zu. Möchte man sich die *Ergebnismatrix* **M** ansehen, so wird **M→** oder **M=** *eingegeben*, d.h. nach **M** das *symbolische* → oder *numerische Gleichheitszeichen* =.

MATHEMA-TICA MATHEMATICA *berechnet* mittels
* **M = A + B**   (*Addition*)
* **M = A . B**   (*Multiplikation*)

die *Addition* bzw. *Multiplikation* und *weist* das *Ergebnis* der *Matrix* **M** in *Listenform* zu, die man in *Matrizenform* anzeigen lassen kann (siehe Abschn.20.2). Die *Matrizen* **A** und **B** müssen ebenfalls in *Listenform* eingegeben sein.

MATLAB

MATLAB *berechnet* mittels

* **M = A + B**
* **M = A * B**

die *Addition* bzw. *Multiplikation* und *weist* das *Ergebnis* der *Matrix* **M** zu.

MuPAD

MuPAD *berechnet* mittels

* **M := A + B ;**
* **M := A * B ;**

die *Addition* bzw. *Multiplikation* und *weist* das *Ergebnis* der *Matrix* **M** zu.

♦

20.3.2   Transponieren

Das *Transponieren* einer im Arbeitsfenster befindlichen *Matrix* **A**, d.h. das *Vertauschen* von *Zeilen* und *Spalten,* geschieht in den *Systemen* mittels folgender *Kommandos/Menüfolgen:*

AXIOM

AXIOM *berechnet* die *Transponierte* der *Matrix* **A** mit dem *Kommando* **transpose (A)**

DERIVE

DERIVE *berechnet* die *Transponierte* der *Matrix* **A** mittels der *Menüfolge* **Author** ⇒ **Expression... A`** ⇒ **Simplify**

MACSYMA

MACSYMA *berechnet* die *Transponierte* der *Matrix* **A** mit dem *Kommando* **transpose (A)**

MAPLE

MAPLE *berechnet* die *Transponierte* der *Matrix* **A** mittels des *Kommandos* **transpose (A) ;**
wobei vorher mittels **with** (linalg) ;
das Zusatzpaket *Lineare Algebra* geladen werden muß.

MATHCAD

MATHCAD bietet *zwei Möglichkeiten* zur *Transponierung* einer *Matrix* **A** :

I. *Umrahmung* der eingegebenen *Matrix* A mit einer *Selektionsbox* und *Anwendung* der *Menüfolge*
Symbolic ⇒ **Matrix Operations** ⇒ **Transpose Matrix**

II. *Eingabe* von
A^T
unter Verwendung des *Operators*

aus der *Operatorpalette Nr.4.*

Nach *Umrahmung* des *Ausdrucks* mit einer *Selektionsbox* liefert die *Eingabe* des *symbolischen* → oder *numerischen Gleichheitszeichens* = die *transponierte Matrix.*

MATHEMA-TICA

MATHEMATICA *berechnet* die *Transponierte* der *Matrix* **A** mit dem *Kommando* **Transpose [A]**

MATLAB

MATLAB *berechnet* durch *Eingabe* von **A'** die *Transponierte* der *Matrix* **A**.

MuPAD

MuPAD *berechnet* die *Transponierte* der *Matrix* **A** mit dem *Kommando* **linalg :: transpose (A) ;**
♦

Während die bisher betrachteten Operationen *Addition, Multiplikation* und *Transponierung* für relativ große Matrizen durchführbar sind, stoßen die *Systeme* bei der im folgenden behandelten *Berechnung* der *Determinante* und der *Inversen* einer n-reihigen quadratischen Matrix für großes n schnell an ihre Grenzen, da Rechenaufwand und Speicherbedarf stark anwachsen.
♦

20.3.3 Berechnung der Determinante

Zur *Berechnung* der *Determinante*

$$\det \mathbf{A} = \begin{vmatrix} a_{11} & \cdots & a_{1n} \\ \cdots & \cdots & \cdots \\ a_{n1} & \cdots & a_{nn} \end{vmatrix}$$

für die *n-reihige Matrix*

$$\mathbf{A} = \begin{pmatrix} a_{11} & \cdots & a_{1n} \\ \cdots & \cdots & \cdots \\ a_{n1} & \cdots & a_{nn} \end{pmatrix}$$

existieren *endliche Algorithmen*, wie z.B. Umformung auf Dreiecksgestalt mittels des *Gaußschen Algorithmus* oder Anwendung des Laplaceschen Entwicklungssatzes, die jedoch mit wachsendem n sehr aufwendig werden. Die *Systeme* leisten bei der *Berechnung* eine große *Hilfe*, solange die Dimension n der Determinante nicht den vorhandenen Speicherplatz überfordert.

Die *Systeme* verwenden die folgenden *Kommandos/Menüfolgen* zur Berechnung der *Determinante* einer im Arbeitsfenster befindlichen *Matrix* **A** :

AXIOM

AXIOM *berechnet* die *Determinante* der *Matrix* **A** mit dem *Kommando* **determinant (A)**.

DERIVE DERIVE *berechnet* die *Determinante* der *Matrix* **A** mit der *Menüfolge*
Author ⇒ **Expression... det (A)** ⇒ **Simplify**
mittels des *Kommandos* **det**.

MACSYMA MACSYMA *berechnet* die *Determinante* der *Matrix* **A** mit dem *Kommando* **det (A)**

MAPLE MAPLE *berechnet* nach dem Laden des Pakets *Lineare Algebra* mittels **with** (linalg) ; die *Determinante* der *Matrix* **A** mit dem *Kommando* **det (A)** ;

MATHCAD MATHCAD bietet *zwei Möglichkeiten* zur *Berechnung* der *Determinante* einer *Matrix* **A**:

I. Nach *Umrahmung* der eingegebenen *Matrix* **A** mit einer *Selektionsbox* berechnet die *Menüfolge*
Symbolic ⇒ **Matrix Operations** ⇒ **Determinant of Matrix**
die *Determinante* der *Matrix* **A**.

II. *Eingabe* von |**A**| unter Verwendung des *Operators*

aus der *Operatorpalette Nr.4*.
Nach *Umrahmung* des *eingegebenen Ausdrucks* mit einer *Selektionsbox* liefert das *Eintippen* des *symbolischen* → oder *numerischen Gleichheitszeichens* = die *Determinante* der *Matrix* **A**

MATHEMA-TICA MATHEMATICA *berechnet* die *Determinante* der *Matrix* **A** mit dem *Kommando* **Det [A]**.

MATLAB MATLAB *berechnet* die *Determinante* der *Matrix* **A** mit dem *Kommando* **det (A)** .

MuPAD MuPAD *berechnet* die *Determinante* der *Matrix* **A** mit dem *Kommando* **linalg :: det (A) ;** .
♦

Falls man versehentlich die *Determinante* einer *nichtquadratischen Matrix* berechnen will, so kommt entweder eine *Fehlermeldung* (bei AXIOM, MACSYMA, MAPLE, MATHCAD, MATHEMATICA, MATLAB und MuPAD) oder die Berechnung wird abgelehnt (bei DERIVE).
♦

20.3.4 Berechnung der Inversen

Die *Berechnung* der *Inversen* A^{-1} einer im Arbeitsfenster befindlichen *Matrix* **A**, die nur für quadratische Matrizen möglich ist, wobei zusätzlich det **A** ≠ 0 erfüllt sein muß (*nichtsinguläre Matrix*), geschieht in den *Systemen* mittels folgender *Kommandos/Menüfolgen:*

AXIOM AXIOM *berechnet* die *Inverse* der *Matrix* **A** mit dem *Kommando*

DERIVE   **inverse (A)** .
DERIVE *berechnet* die *Inverse* der *Matrix* **A** mit der *Menüfolge*
Author ⇒ Expression... A^–1 ⇒ Simplify .

MAPLE   MAPLE *berechnet* die *Inverse* der *Matrix* **A** mit dem *Kommando*
inverse (A) ; .

MATHCAD   MATHCAD bietet *zwei Möglichkeiten* zur *Berechnung* der *Inversen*
der *Matrix* **A** :

I. *Umrahmung* der eingegebenen *Matrix* **A** mittels *Selektionsbox*
und Anwendung der *Menüfolge* **Symbolic ⇒ Invert Matrix**

II. *Eingabe* von

$$A^{-1}$$

unter Verwendung des *Operators*

aus der *Operatorpalette Nr.1*.
Nach *Umrahmung* des eingegebenen *Ausdrucks* mit einer *Selektionsbox* liefert das *Eintippen* des *symbolischen* → oder *numerischen Gleichheitszeichens* = die *Inverse* der *Matrix* **A**.

MATHEMA-   MATHEMATICA *berechnet* die *Inverse* der *Matrix* **A** mit dem *Kom-*
TICA   *mando* **Inverse [A]** .

MATLAB   MATLAB *berechnet* die *Inverse* der *Matrix* **A** mit dem *Kommando*
inv (A) .

MuPAD   MuPAD *berechnet* die *Inverse* der *Matrix* **A** mittels
1/A ; .
♦

Falls die zu invertierende *Matrix singulär* ist, kommt entweder eine *Fehlermeldung* (bei AXIOM, MACSYMA, MAPLE, MATHCAD, MATHEMATICA, MATLAB und MuPAD) oder die *Berechnung* wird *abgelehnt* (bei DERIVE). Es empfiehlt sich, nach der Berechnung der Inversen zur *Probe* das *Produkt* $\mathbf{A} \cdot \mathbf{A}^{-1}$ zu berechnen, das die *Einheitsmatrix* **E** liefern muß.

Beispiel 20.9:

Man *addiere, subtrahiere* und *multipliziere* die beiden *Matrizen*

$$\mathbf{A} = \begin{pmatrix} 1 & 2 \\ 3 & 4 \end{pmatrix} \quad \text{und} \quad \mathbf{B} = \begin{pmatrix} 5 & 6 \\ 10 & 12 \end{pmatrix}$$

von denen **B** *singulär* ist und berechne ihre *Determinanten* unter Verwendung der einzelnen *Systeme*. Weiterhin versuche man, ihre *Inversen* zu berechnen.
♦

20.3.5   Skalar-, Vektor- und Spatprodukt

Für beliebige *Vektoren*
$$\mathbf{a} = (a_1, \ldots, a_n) \;,\; \mathbf{b} = (b_1, \ldots, b_n) \;,\; \mathbf{c} = (c_1, \ldots, c_n)$$
berechnen sich das

- *Skalarprodukt* aus

$$\mathbf{a} \circ \mathbf{b} = \sum_{i=1}^{n} a_i b_i$$

- *Vektorprodukt* (für n=3) aus

$$\mathbf{a} \times \mathbf{b} = \begin{vmatrix} \mathbf{i} & \mathbf{j} & \mathbf{k} \\ a_1 & a_2 & a_3 \\ b_1 & b_2 & b_3 \end{vmatrix} = (a_2 b_3 - a_3 b_2, a_3 b_1 - a_1 b_3, a_1 b_2 - a_2 b_1)$$

- *Spatprodukt* (für n=3) aus

$$(\mathbf{a} \times \mathbf{b}) \circ \mathbf{c} = \begin{vmatrix} a_1 & a_2 & a_3 \\ b_1 & b_2 & b_3 \\ c_1 & c_2 & c_3 \end{vmatrix}$$

Falls in einem *System* für ein Produkt *kein Kommando* existiert, so kann man es leicht unter Verwendung der Kommandos für die Summen- bzw. Determinantenberechnung berechnen.

♦

Bei der *Berechnung* der *Produkte* ist zu beachten, daß bis auf MATHCAD die *Vektoren* als *Zeilenvektoren einzugeben* sind.

♦

Zur *Berechnung* von *Skalar-* und *Vektorprodukt* für im Arbeitsfenster befindliche *Vektoren* **a** und **b** stellen die *Systeme* folgende *Kommandos/Menüfolgen* zur Verfügung:

AXIOM   AXIOM *berechnet* das *Skalarprodukt* mit dem *Produkt*
a * transpose (b) .

DERIVE   DERIVE berechnet das *Skalar-* bzw. *Vektorprodukt* mit den *Menüfolgen*

- **Author ⇒ Expression... a*b ⇒ Simplify**   (*Skalarprodukt*)
- **Author⇒Expression...cross(a,b) ⇒ Simplify** (*Vektorprodukt*)

MACSYMA   MACSYMA berechnet das *Skalar-* bzw. *Vektorprodukt* mit den *Kommandos*

- **innerproduct (a , b)**   (*Skalarprodukt*)
- **express (a ~ b)**   (*Vektorprodukt*)

wenn vorher mittels des *Kommandos* **load** folgende *Pakete* geladen werden:

* *eigen*

  für das *Skalarprodukt* mittels **load** (*eigen*)
* *vect*

  für das *Vektorprodukt* mittels **load** (*vect*)

MAPLE   MAPLE berechnet das *Skalar-* bzw. *Vektorprodukt* mit den *Kommandos*

* **innerprod** (a , b) ;   (*Skalarprodukt*)
* **crossprod** (a , b) ;   (*Vektorprodukt*)

wenn vorher mittels **with** (linalg) ;

das Zusatzpaket *Lineare Algebra* geladen wird.

MATHCAD   MATHCAD bietet für die *Berechnung* des

* *Skalarprodukts* zwei Möglichkeiten:
  * *Eingabe* von **a** ∗ **b** *mittels* der *Tastatur*
  * *Eingabe* von **a** ∗ **b** unter *Verwendung* des *Operators*

    aus der *Operatorpalette Nr.4*
* *Vektorprodukts* zwei Möglichkeiten:
  * *Eingabe* von **a** × **b** *mittels* der *Tastatur*, wobei das *Zeichen* × über die *Tastenkombination* [Strg][8] realisiert wird.
  * *Eingabe* von **a** × **b** unter *Verwendung* des *Operators*

    aus der *Operatorpalette Nr.4*

Nachdem sich die *Produkte* im Arbeitsfenster befinden, werden sie mit einer *Selektionsbox* umrahmt. Abschließend löst die *Eingabe* des *symbolischen* → oder *numerischen Gleichheitszeichens* = die *Berechnung* aus.

Die *Vektoren* **a** und **b** müssen bei beiden Produkten als *Spaltenvektoren eingegeben* werden.

MATHEMA-TICA   MATHEMATICA *berechnet das Skalarprodukts* mittels **a . b**

Nach dem Laden des Zusatzpakets *Vektoranalysis* mittels **Needs** ["Calculus`VectorAnalysis`"] stehen zusätzlich folgende *Kommandos* zur Verfügung:

* **DotProduct** [a , b]   (*Skalarprodukt*)
* **CrossProduct** [a , b]   (*Vektorprodukt*)

MATLAB   MATLAB berechnet das *Skalarprodukt* mittels **a** ∗ **b'** .

MuPAD   MuPAD berechnet das *Skalarprodukt* mittels

linalg :: scalarProduct (a , b) ; .

♦

Beispiel 20.10:

Man berechne für die *Vektoren* **a** = (1 , 2 , 3) , **b** = (4 , 5 , 6) und
c = (6 , 8 , 9) mit allen *Systemen* das
a) *Skalarprodukt* **a** ∘ **b** = 32
b) *Vektorprodukt* **a** × **b** = (–3 , 6 , –3)
c) *Spatprodukt* (**a** × **b**) ∘ **c** = 3

♦

20.4   Eigenwertprobleme

Eine weitere wichtige Aufgabe für *quadratische Matrizen* **A** besteht
in der Berechnung von *Eigenwerten* λ und den dazugehörigen *Eigenvektoren*. Dabei sind *Eigenwerte* diejenigen *Werte* λ_i für die das
lineare homogene Gleichungssystem

$$(\mathbf{A} - \lambda_i \mathbf{E})\mathbf{x}^i = 0$$

nichttriviale (d.h. von Null verschiedene) *Lösungen* $\mathbf{x}^i$ besitzt, die
als *Eigenvektoren* bezeichnet werden.

Diese Aufgabe ist sehr rechenintensiv, da sich die *Eigenwerte* λ_i als
Nullstellen des *charakteristischen Polynoms*

det (**A** – λ·**E**)

ergeben und anschließend für sie die *zugehörigen Eigenvektoren* zu
ermitteln sind.

Die *Systeme* besitzen zur *Berechnung* von *Eigenwerten* und *Eigenvektoren* einer im Arbeitsfenster befindlichen *Matrix* **A** die folgenden
Kommandos/Menüfolgen:

AXIOM   AXIOM *berechnet* mittels der *Kommandos*

* **eigenvalues** (**A**)   die *Eigenwerte*

* **eigenvector** (λ , **A**)   einen zu λ *gehörigen Eigenvektor*

* **eigenvectors** (**A**) die *Eigenwerte* und *zugehörigen Eigenvektoren*

DERIVE   DERIVE berechnet die *Eigenwerte* der *Matrix* **A** mit der *Menüfolge*

Author ⇒ Expression... eigenvalues (A , e) ⇒ Simplify

durch das *Kommando* **eigenvalues**, wobei e die *Bezeichnung* für
die *Eigenwerte* darstellt (wird dies weggelassen, so bezeichnet sie
das Programm mit w).

Zur Berechnung des zum *Eigenwert* λ gehörigen *Eigenvektors* muß
man zuerst über die *Menüfolge* **File ⇒ Load ⇒ Utility... ⇒** Vector
die *Zusatzdatei* VECTOR.MTH laden.

Anschließend kann mittels der *Menüfolge*

Author ⇒ Expression... exact_eigenvector (A , λ) ⇒ Simplify

MACSYMA

ein zum *Eigenwert* λ gehörender *Eigenvektor* bestimmt werden.
MACSYMA *berechnet* mittels der *Kommandos*
* **eigenvalues (A)** die *Eigenwerte,*
* **eigenvectors (A)** die *Eigenwerte* und *zugehörigen Eigenvektoren,*
* **uniteigenvectors (A)**
  die *Eigenwerte* und *zugehörigen normierten Eigenvektoren* (mit
  der Länge 1).

Zur *numerischen* (näherungsweisen) *Berechnung* von *Eigenwerten*
und *Eigenvektoren* ist an die gegebenen *Kommandos* zur exakten
Berechnung ein **f** *anzuhängen* und als *weitere Argumente* die *Anzahl* der *Eigenwerte* und *Iterationen* einzutragen.
♦

MAPLE

MAPLE berechnet mit dem *Kommando*
* **eigenvals (A) ;** die *Eigenwerte,*
* **eigenvects (A) ;** *alle Eigenwerte* und *zugehörigen Eigenvektoren,*
wenn vorher das *Zusatzpaket Lineare Algebra* mittels des *Kommandos* **with** (linalg) ; *geladen* wurde.

MATHCAD

MATHCAD besitzt keine Kommandos zur exakten (symbolischen)
Berechnung von Eigenwerten und Eigenvektoren einer *Matrix* **A**,
aber die *Numerikkommandos*
* **eigenvals (A)**
  zur *numerischen Berechnung* der *Eigenwerte,*
* **eigenvec (A,** λ**)**
  zur *numerischen Berechnung* der zum *Eigenwert* λ gehörigen *Eigenvektoren.*
Nach der *Eingabe* dieser *Kommandos* löst die *Eingabe* des *numerischen Gleichheitszeichens* = die *numerische Berechnung* aus.

MATHEMA- TICA

MATHEMATICA berechnet mittels der *Kommandos*
* **Eigenvalues [A]** die *Eigenwerte,*
* **Eigenvectors [A]** die *dazugehörigen Eigenvektoren,*
* **Eigensystem [A]** *Eigenwerte* und *zugehörige Eigenvektoren.*

MATLAB

MATLAB *berechnet numerisch* mittels der *Kommandos:*
* **eig (A)** die *Eigenwerte,*
* **[v,e] = eig (A)**
  eine *Matrix* v, die als *Spalten* die *Eigenvektoren* besitzt, und eine
  Matrix e, in der man in den *Spalten* die *Eigenwerte* findet.

MuPAD

MuPAD *berechnet* mit dem *Kommando*
* **linalg :: eigenValues (A) ;** die *Eigenwerte,*
* **linalg :: eigenVectors (A) ;**
  die *Eigenwerte* und die *dazugehörigen Eigenvektoren.*

Da eine *Matrix* **A** *komplexe Eigenwerte* besitzen kann, empfiehlt es sich, für die *Eigenwertberechnung Matrizen* mittels

DM := Dom :: Matrix (Dom :: Complex) :

A := DM ([[a_{11},...,a_{1n}] , ... , [a_{m1},...,a_{mn}]]) ;

einzugegeben.

◆

Bei allen Berechnungen ist zu beachten, daß bei einer n-reihigen *Matrix* **A** die *Eigenwerte* als *Nullstellen* des *charakteristischen Polynoms* vom Grade n bestimmt werden. Dies führt zu den im Abschn.23.3 geschilderten Problemen für n ≥ 5. Weiterhin muß man berücksichtigen, daß die *Eigenvektoren* nur bis auf einen Faktor bestimmt sind und durch die *Systeme* i.a. nicht normiert werden (bei DERIVE erscheint der Faktor explizit als Zeichen @).

Wenn die Berechnung der Eigenwerte fehlschlägt, können die entsprechenden *Numerikkommandos* zur *Nullstellenbestimmung* (siehe Abschn.23.3) für das *charakteristische Polynom* angewendet werden.

◆

Beispiel 20.11:

a) Für die *zweireihigen Matrizen*

- $\begin{pmatrix} 3 & -2 \\ -4 & 1 \end{pmatrix}$

  mit den *Eigenwerten* $\lambda_1 = 5$ und $\lambda_2 = -1$
  und den *dazugehörigen Eigenvektoren*
  $\mathbf{x}^1 = (-1 , 1)$ und $\mathbf{x}^2 = (1 , 2)$

- $\begin{pmatrix} 3 & 1 \\ -2 & 1 \end{pmatrix}$

  mit den *komplexen Eigenwerten*
  $\lambda_1 = 2 + i$ und $\lambda_2 = 2 - i$
  und den *dazugehörigen Eigenvektoren*
  $\mathbf{x}^1 = (1 , i - 1)$ und $\mathbf{x}^2 = (-1 , i + 1)$

- $\begin{pmatrix} 3 & -1 \\ 1 & 1 \end{pmatrix}$

  mit den *Eigenwerten* $\lambda_{1,2} = 2$ und dem *dazugehörigen Eigenvektor* $\mathbf{x}^{1,2} = (1 , 1)$

liefern alle *Systeme* die angegebenen Ergebnisse, wobei die Eigenvektoren natürlich unterschiedliche Längen haben können.

b) Für die *dreireihige Matrix*

$$\begin{pmatrix} -4 & -3 & 3 \\ 2 & 3 & -6 \\ -1 & -3 & 0 \end{pmatrix}$$

mit den *Eigenwerten* $\lambda_{1,2} = -3$, $\lambda_3 = 5$

liefern nur AXIOM, MACSYMA, MAPLE, MATHEMATICA, MAT-LAB und MuPAD die zu dem *zweifachen Eigenwert* −3 existierenden *zwei linear unabhängigen Eigenvektoren*

(3 , 0 , 1) und (-3 , 1 , 0)

♦

21 Funktionen

Zur *Untersuchung* von *Funktionen* stellen die *Systeme* umfangreiche *Hilfsmittel* zur Verfügung. Hierzu zählen u.a.

* *Kommandos/Menüfolgen* zur *Lösung* von *Gleichungen:*
  Zur *Bestimmung* von *Nullstellen, Extremwerten* und *Wendepunkten.*
* *Kommandos/Menüfolgen* zur *Grenzwertberechnung:*
  Zur *Untersuchung* des *Verhaltens* in *einzelnen Punkten* und im Unendlichen :
* *Kommandos/Menüfolgen* zur *Differentiation:*
  Zur *Bestimmung* von *Monotonieintervallen, Extremwerten* und *Wendepunkten.*

Bei der *Kurvendiskussion* im Abschn.24.6 werden wir sehen, wie diese Hilfsmittel angewandt werden, um die *Eigenschaften* von *Funktionen* zu untersuchen.

Viele *Eigenschaften* von *Funktionen* lassen sich bereits aus der *grafischen Darstellung ablesen.* Einen *Einblick* in die umfangreichen *grafischen Möglichkeiten* der *Systeme* geben wir im Kap.22.

◆

Auf eine exakte mengentheoretische *Definition* des *mathematischen Funktionsbegriff* verzichten wir im Rahmen dieses Buches. Es ist ausreichend, wenn man sich unter einer *Funktion* eine *eindeutige Zuordnung* zwischen *veränderlichen Größen* vorstellt. Diese *veränderlichen Größen* werden *Variablen* genannt und man unterscheidet zwischen *abhängigen* und *unabhängigen Variablen.*

◆

Für unsere Betrachtungen können die Variablen *reelle Zahlen* annehmen. Derartige Funktionen heißen *reellwertige Funktionen* und werden meistens mit f bezeichnet.

In vielen *mathematischen Lehrbüchern* wird für *Funktionen* statt der *Bezeichnung* f für eine *Funktion* von *reellen Variablen x, y, ...*

die *Bezeichnung* f(x, y, ...) verwendet, die wir im folgenden auch benutzen.

Im weiteren schreiben wir:

* y = f(x)

  für eine *Funktion* f *einer reellen Variablen x*

* z = f(x_1, x_2, ..., x_n)

  für eine *Funktion* f von *n rellen Variablen* x_1, x_2, ..., x_n

wobei y bzw. z für die *abhängige reelle Variable* stehen

21.1 Ingenieurtechnische Anwendungen

Mathematische Funktionen spielen bei *technischen* und *naturwissenschaftlichen Modellen* eine *fundamentale Rolle*, da zwischen zahlreichen *technischen* bzw. *naturwissenschaftlichen Erscheinungen Zusammenhänge* bestehen, die sich durch *Funktionen analytisch beschreiben* lassen.

So liefern *physikalische Gesetze funktionale Zusammenhänge* zwischen den in ihnen vorkommenden *Größen* (siehe [41]), wie schon die folgenden einfachen *Beispiele* zeigen:

* *Ohmsches Gesetz*

  U = U(I,R) = I·R

  d.h., die *Spannung* U ist eine *Funktion* des *Stromes* I und des *Widerstandes* R und berechnet sich als Produkt aus beiden.

* *Federgesetz*

  F = F(x) = − k · x   (k − Federkonstante)

  d.h., die *Federkraft* F ist eine *lineareFunktion* der *Auslenkung* x.

* *Fallgesetz*

  $$s = s(t) = \frac{1}{2} \cdot g \cdot t^2 \qquad (\text{g − Schwerebeschleunigung})$$

  Bei diesem *Weg-Zeit-Gesetz* für den *freien Fall* ist der *Weg* s eine quadratische *Funktion* der *Zeit* t.

* *Zustandsgleichung idealer Gase*

  $$p = p(V,T) = R \cdot \frac{T}{V} \qquad (\text{R − Gaskonstante})$$

  d.h., der *Druck* p ist eine *Funktion* des *Volumens* V und der *Temperatur* T.

21.2 Elementare Funktionen

In den *Systemen* ist die gesamte Palette der *mathematischen Funktionen* enthalten.

In der Mathematik unterscheidet man zwischen *elementaren* und *höherenFunktionen*.

Auf *höhere Funktionen*, die auch als *spezielle Funktionen* bezeichnet werden, gehen wir kurz im Abschn.21.5 ein.

Unter *elementaren Funktionen* verstehen wir

* *Potenzfunktionen* und deren *Umkehrfunktionen* (*Wurzelfunktionen*),
* *Exponentialfunktionen* und deren *Umkehrfunktionen* (*Logarithmusfunktionen*),
* *Trigonometrischen Funktionen* und deren *Umkehrfunktionen*,
* *Hyperbolischen Funktionen* und deren *Umkehrfunktionen*.

In *praktischen Problemen* treten häufig *Funktionen* auf, die sich aus *elementaren Funktionen* zusammensetzen. Je nach Art der Zusammensetzung *unterscheidet* man *zwischen*

* *algebraischen Funktionen*
  * *ganzrationalen Funktionen* (Polynomen),
  * *gebrochenrationalen Funktionen* (Quotient von zwei Polynomen),
  * *nichtrationalen algebraischen Funktionen* (enthalten Wurzelfunktionen),
* *transzendenten Funktionen* (enthalten trigonometrische, hyperbolische Funktionen, Exponentialfunktionen und deren Umkehrfunktionen).

Die *Elementarfunktionen* sind in allen *Systemen* enthalten, wobei man ihre *Schreibweisen* aus den integrierten *Hilfen* entnehmen kann (siehe auch Abschn.13.4).

MATHCAD bietet zusätzlich die *Möglichkeit*, die *enthaltenen Funktionen* an der gewünschten Stelle *einzufügen:*

Durch *Aktivierung* der *Menüfolge* **MATH ⇒ Choose Function...** oder durch *Anklicken* des *Symbols*

in der *Symbolleiste* erscheint eine *Dialogbox* mit den *enthaltenen Funktionen*, mit deren Hilfe man die *benötigte* und *markierte Funktion* durch *Anklicken* von **Insert** an der durch den Kursor markierten *Stelle* im *Arbeitsfenster einfügen* kann.

♦

21.3   Definition von Funktionen

Bei der Lösung *praktischer Probleme* benötigt man meistens *Funktionen*, die sich aus elementaren Funktionen zusammensetzen und somit nicht in den *Systemen* enthalten sind. Benötigt man derartige Funktionen öfters, empfiehlt es sich, diese als *neue Funktionen* zu *definieren*.

Die *Systeme* gestatten unter Verwendung der *Programmiermöglichkeiten* (siehe Kap.15) auch die *Definition* von *Funktionen*, die sich aus *verschiedenen analytischen Ausdrücken* zusammensetzen (siehe Beispiel 21.1).

Des weiteren bieten einige *Systeme* die Möglichkeit, *Funktionsausdrücke* aus *vorhergehenden Rechnungen* einer *Funktion zuzuweisen*, wie in den folgenden Beispielen gezeigt wird.

♦
Beispiel 21.1:
Wir betrachten als Beispiel eine *Funktion* f(x), die sich in Abhängigkeit von x aus drei Ausdrücken zusammensetzt und definieren diese Funktion in den folgenden Beispielen mit den einzelnen *Systemen:*

$$f(x) = \begin{cases} -x - 1 & \text{für} - \infty < x < -1 \\ -x^2 + 1 & \text{für} - 1 \leq x \leq 1 \\ x - 1 & \text{für } 1 < x < +\infty \end{cases}$$

♦
Die *Definition* einer *Funktion* f(x1 , ... , xn) für einen *Funktionsausdruck* A(x1 , ... , xn) geschieht in den *Systemen folgendermaßen:*

AXIOM

AXIOM *weist* einen *Funktionsausdruck* A(x1 , ... , xn) mit *n Variablen* der *Funktion* f(x1 , ... , xn) auf eine der *folgenden* zwei *Arten* zu:

* f (x1 , ... , xn) == A (x1 , ... , xn)
* f := (x1 , ... , xn) + - > A (x1 , ... , xn)

Bei *Funktionsnamen* wird zwischen *Groß-* und *Kleinschreibung* unterschieden.

Beispiel 21.2:
a) Der *Funktionsausdruck* x · y + sin (x+y) kann *mittels*
F(x,y) == x*y + sin (x+y)
o d e r
F := (x,y) + - > x*y + sin (x+y)

der *Funktion* F(x,y) *zugewiesen* werden.

b) Die *Funktion* aus *Beispiel 21.1* kann *folgendermaßen definiert* werden:

f := x+ –> **if** x<–1 **then** –x–1 **else if** x<=1 **then** –x^2+1 **else** x–1

♦

DERIVE

DERIVE läßt zwei *Vorgehensweisen* für die *Funktionsdefinition* zu *:*

*   Nach *Aktivierung* der *Menüfolge*
    Declare ⇒ Function Definition...
    erscheint eine *Dialogbox*, in der der *Name* der zu definierenden *Funktion* f mit *Argument* hinter **Name and Arguments:** und der zuzuordnende *Ausdruck* A hinter **Definition:** einzutragen sind. Dabei können *Funktionsname* und *Variablen* aus *mehreren Buchstaben* bestehen, wenn der *Eingabemodus* mittels der *Menüfolge*
    Declare ⇒ Algebra State ⇒ Input...
    in der erscheinenden *Dialogbox* bei **Input Mode** auf **Character** eingestellt wurde.
    Wird nicht zwischen Groß- und Kleinschreibung unterschieden (*Standardeinstellung*), so können Variablen- und Funktionsnamen sowohl mit Groß- als auch Kleinbuchstaben eingegeben werden. DERIVE stellt dann Funktionen mit großen und Variablen mit kleinen Buchstaben dar.

*   Eine *weitere Möglichkeit* zur *Definition* einer *Funktion*
    f(x1 , ... , xn)
    ist durch die *direkte Eingabe* folgender *Menüfolge* gegeben:
    Author ⇒ Expression... f(x1 , ... , xn) := A(x1 , ... , xn)
    ⇒ OK

Beispiel 21.3:

a) Der *Funktionsausdruck* x · y + sin (x+y) kann *mittels*
   Author ⇒ Expression... F(x,y) := x*y + sin (x+y) ⇒ **OK**
   der *Funktion* F(x,y) *zugewiesen* werden.

b) Die *Funktion* aus *Beispiel 21.1* kann *folgendermaßen definiert* werden:
   f(x) := **if** (x < –1 , – x – 1 , **if** (x <= 1 , – x^2 + 1 , x – 1))

♦

MACSYMA

MACSYMA *weist* einen *Funktionsausdruck* A(x1 , ... , xn) mit *n Variablen mittels* f(x1 , ... , xn) := A(x1 , ... , xn)
der *Funktion* f(x1 , ... , xn) *zu.*

Bei den *Funktionsnamen* wird *nicht* zwischen *Groß-* und *Kleinschreibung unterschieden.*

Beispiel 21.4:

a) Der *Funktionsausdruck* x · y + sin (x+y) wird *mittels*
F (x,y) := x*y + sin (x+y)
der *Funktion* F(x,y) *zugewiesen* werden.

b) Die *Funktion* aus *Beispiel 21.1* kann *folgendermaßen definiert* werden:
f (x):= **if** x<–1 **then** –x–1 **else if** x<=1 **then** –x^2+1 **else** x–1

♦

MAPLE

MAPLE *weist* einen *Funktionsausdruck* A(x) mit *einer Variablen* x *mittels* f := x → A(x) ;
und einen *Ausdruck* mit *n Variablen* A(x1 , ... , xn) *mittels*
g := (x1 , ... , xn) → A(x1 , ... , xn) ;
der *Funktion* f(x) bzw. g(x1 , ... , xn) *zu*, wobei der Pfeil → durch
– und > einzugeben ist.

Bei den *Funktionsnamen* wird zwischen *Groß-* und *Kleinschreibung unterschieden.*

Beispiel 21.5:

a) Der *Funktionsausdruck* x · y + sin (x+y) wird *mittels*
F := (x,y) → x*y + sin (x+y) ;
der *Funktion* F(x,y) *zugewiesen* werden.

b) Die *Funktion* aus *Beispiel 21.1* kann *folgendermaßen definiert* werden:
f := x → **if** x<–1 **then** –x–1 **elif** x<=1 **then** –x^2+1 **else** x–1 **fi** ;
Für die *grafische Darstellung* der so definierten *Funktion* f(x) im *Intervall* [a,b] muß das *Kommando* **plot** folgendermaßen angewandt werden: **plot** (f , a .. b) ;

c) Betrachten wir ein *Beispiel* für die *Zuweisung* von *Funktionsaus-drücken* aus *vorhergehenden Rechnungen* an eine *Funktion:*
Das *Differentiationskommando* **diff** (x^y , x) ;
liefert das *Ergebnis* $y \cdot x^{y-1}$
Mit dem *anschließenden Kommando* f := **unapply** (" , x , y) ;
wird es der *Funktion* f(x,y) *zugewiesen*, d.h., wir können jetzt mit dieser *Funktion weiterrechnen* und sie *mittels* der *Grafik-kommandos*
plot3d(f, a .. b,c .. d) ; oder **plot3d** (f(x,y), x=a .. b, y=c .. d) ;
im *Bereich* a ≤ x ≤ b , c ≤ x ≤ d *zeichnen.*

♦

MATHCAD

MATHCAD *weist* unter Verwendung des *Zuweisungsoperators*
 oder ▨
aus der *Operatorpalette Nr. 2 (Berechnungspalette)*

einen gegebenen *Funktionsausdruck* A(x1,..., xn) *mittels*
f(x1,..., xn) := A(x1,..., xn)   bzw.   f(x1,..., xn) ≡ A(x1,..., xn)
der *Funktion* f(x1,..., xn) *lokal* bzw. *global zu.* Bei den *Funktionsnamen* wird zwischen *Groß*- und *Kleinschreibung* unterschieden.

Beispiel 21.6:

a) Der *Funktionsausdruck* x · y + sin (x+y) wird *mittels*
   F(x,y) := x*y + sin (x+y)
   der *Funktion* F(x,y) *zugewiesen.*

b) Die *Funktion* aus *Beispiel 21.1* kann mittels der *Befehle* **if** und
   otherwise aus der *Programmierungspalette* (*Operatorpalette*
   Nr.6) *folgendermaßen definiert* werden:

$$f(x) := \begin{vmatrix} -x - 1 & \text{if } x < -1 \\ -x^2 + 1 & \text{if } x \le 1 \\ x - 1 & \text{otherwise} \end{vmatrix}$$

c) Unter Verwendung des *symbolischen Gleichheitszeichens* → kann
   in MATHCAD das *Ergebnis* einer *Berechnung* unmittelbar einer
   Funktion zugewiesen werden, wie wir im folgenden am *Beispiel*
   der *Differentiation* und *Integration* zeigen:

$$f(x) := \frac{d}{dx} x^3 \to 3 \cdot x^2 \qquad h(x) := \int x^3 \, dx \to \frac{1}{4} \cdot x^4$$

   In diesem Beispiel wurde der *Funktion* f(x) das Ergebnis einer
   Differentiation und der *Funktion* h(x) das Ergebnis einer Integration *zugewiesen.*
   ♦

**MATHEMA-
TICA**

MATHEMATICA *weist* einen *Funktionsausdruck* A(x1,..., xn) mit n
Variablen *mittels* f[x1_, ... , xn_] := A(x1,..., xn)
der *Funktion* f[x1,..., xn] *zu.* Bei den *Funktionsnamen* wird zwischen *Groß*- und *Kleinschreibung* unterschieden.

Statt des *Zuweisungsoperators* := kann (muß in gewissen Fällen) =
verwendet werden (siehe Abschn.15.1).

Bei MATHEMATICA ist im *Unterschied* zu *anderen Systemen* zu beachten, daß

* bei Funktionen *eckige Klammern* zu verwenden sind,

* in der *Definitionsgleichung* bei den *unabhängigen Variablen* ein
  Unterstrich zu schreiben ist. Bei der weiteren Verwendung der
  definierten Funktionen entfällt dann dieser Unterstrich.

Beispiel 21.7:

a) Der *Funktionsausdruck* x · y + sin (x+y) wird *mittels*

F[x_,y_] := x*y + Sin[x+y]
der *Funktion* F[x,y] *zugewiesen*. Im weiteren kann dann diese
Funktion in der *Form* F[x,y] verwendet werden.

b) Die *Funktion* aus *Beispiel 21.1* kann in MATHEMATICA *folgendermaßen definiert* werden:
f[x_] := **If** [x<−1 , −x−1 , **If** [x<=1 , −x^2+1 , x−1]]
Im weiteren kann dann diese *Funktion* in der *Form* f[x] verwendet werden.

c) Betrachten wir ein *Beispiel* für die *Zuweisung* von *Funktionsausdrücken* aus *vorhergehenden Rechnungen* an eine *Funktion:*
Das *Differentiationskommando* **D** [x^y , x] liefert das *Ergebnis*
$y \cdot x^{y-1}$
Mit dem anschließenden *Zuweisungskommando*
f[x_ , y_] := %
wird es der *Funktion* f[x,y] *zugewiesen*
♦

MATLAB

MATLAB *weist* einen *Funktionsausdruck* mit *n Variablen*
A(x1 , ... , xn) *mittels* der *Datei* f.m der *Gestalt*
function z = f(x1 , x2 , ... , xn)
z = A(x1 , x2 , ... , xn) ;
der *Funktion* f(x1,..., xn) *zu*, wobei diese *Datei* f.m mit einem *Texteditor* als ASCII-*Datei* zu *schreiben* ist. Dateien dieser Art werden in MATLAB als *M-Dateien* bezeichnet.
Möchte man diese *Funktionsdefinition* verwenden, so muß man vorher mittels des *Kommandos* **cd** das *Verzeichnis festlegen*, in dem sich die *Datei* f.m *befindet*. Befindet sich die Datei z.B. auf der *Festplatte* C im *Verzeichnis* MATLAB, so ist vor Verwendung der Funktion das *folgende Kommando* einzugeben: **cd** C:\MATLAB
Bei den *Funktionsnamen* wird zwischen *Groß-* und *Kleinschreibung unterschieden*.

Beispiel 21.8:

a) Der *Funktionsausdruck* x · y + sin (x+y) wird *mittels* der *Datei* F.m der *Gestalt*
function z = F(x,y)
z = x*y + sin (x+y) ;
der *Funktion* F(x,y) *zugewiesen*.

b) Die *Funktion* aus *Beispiel 21.1* kann mittels folgender *Datei* f.m *definiert* werden:
function y = f(x)
if x< −1, y = −x−1, **elseif** x<= 1, y = −x^2+1, **else** y = x−1, **end** ;
♦

MuPAD

MuPAD *weist* einen *Funktionsausdruck* A(x1 , ... , xn) mit *n Variablen* der *Funktion* f(x1 , ... , xn) auf eine der *folgenden* zwei *Arten* zu:

* f := (x1 , ... , xn) → A(x1 , ... , xn) ;
* f := **func** (A(x1 , ... , xn) , x1 , ... , xn) ;

Bei den *Funktionsnamen* wird zwischen *Groß*- und *Kleinschreibung* *unterschieden.*

Beispiel 21.9:

a) Der *Funktionsausdruck* x · y + sin (x+y) wird *mittels*

F := (x,y) → x*y + sin (x+y) ;

o d e r

F := **func** (x*y + sin (x+y) , x , y) ;

der *Funktion* F(x,y) *zugewiesen.*

b) Die *Funktion* aus *Beispiel 21.1* kann *folgendermaßen definiert* werden:

f := **func** ((**if** x<–1 **then** –x–1 ; **elif** x<=1 **then** –x^2+1 ; **else** x–1 ; **end_if**) , x) ;

♦

21.4   Approximation von Funktionen

Wir betrachten *Funktionen,* deren Gleichung nicht bekannt ist, d.h., die *in Form* von *Funktionswerten* vorliegen und diskutieren diese Problematik für den Fall von *Funktionen einer Variablen* y = f(x). Im Falle mehrerer Variablen ist der Sachverhalt analog.

Bei vielen *praktischen Problemen* kennt man nicht den *analytischen Ausdruck* f(x) für einen *funktionalen Zusammenhang,* sondern nur *Funktionswerte*

$y_i = f(x_i)$ in einer Reihe von *Punkten* x_i (i = 1 ,..., n)

die meistens durch *Messungen* gewonnen werden.

♦

In der *numerischen Mathematik* gibt es verschiedene *Methoden,* um eine durch n *Wertepaare* (*Punkte*)

(x_1,y_1) , (x_2,y_2) , ... , (x_n,y_n)

gegebene Funktion durch eine *analytisch gegebene Funktion* (z.B. ein *Polynom*) *anzunähern.*

Zu *bekannten Methoden* dieser Art zählen die

* *Methode der kleinsten Quadrate*
* *Interpolation*

Die *Systeme* stellen hierfür *Kommandos* zur Verfügung, für die die vorliegenden *Wertepaare* in *Listenform* bzw. als *Vektoren einzugeben* sind.

Auf die *Methode der kleinsten Quadrate* gehen wir im Rahmen der Extremwertaufgaben (Abschn.30.2) und der *Korrelation* und *Regression* (Abschn.32.5) ein.

Bei der *Interpolation* (siehe [41]/I,III,5.6) besteht das *Prinzip* darin, eine *Näherungsfunktion* (*Interpolationsfunktion*) so zu konstruieren, daß die gegebenen Punkte auf ihrer Funktionskurve liegen. Dabei unterscheiden sich die einzelnen *Interpolationsarten* durch die *Wahl* der *Interpolationsfunktion*, wobei meistens die *Polynominterpolation*, d.h. die *Interpolation* durch *Polynome* eingesetzt wird.

Im folgenden betrachten wir in den *Systemen Kommandos* für die *Interpolation* einer *Funktion*, die durch n *Wertepaare* (*Punkte*) in der *Form* (x1,y1) , (x2,y2) , ... , (xn,yn) *gegeben* sind:

MACSYMA

MACSYMA besitzt *Kommandos* zur Polynominterpolation, rationalen Interpolation und Splineinterpolation, von denen wir nur die *Polynominterpolation* betrachten:

Die *Kommandofolge*

array (xf , n) $ **fillarray** (xf , [x1 , x2 , ... , xn]) $

array (yf , n) $ **fillarray** (yf , [y1 , y2 , ... , yn]) $

P(x) := **poly_interpolate** (x , xf , yf , n)

berechnet das *Interpolationspolynom* (n−1)−ten Grades P(x) für die *gegebenen* n *Punkte*. Dabei müssen die *Listen* der *Meßpunkte* den durch **array** definierten *Feldern* xf bzw. yf mittels **fillarray** zugewiesen werden.

MAPLE

MAPLE *berechnet* mit der *Kommandofolge*

X:= [x1 , x2 , ... , xn] : Y:= [y1 , y2 , ... , yn] :

P := x → **interp** (X , Y , x) ;

das *Interpolationspolynom* (n−1)−ten Grades P(x) für die *gegebenen* n *Punkte*.

MATHCAD

MATHCAD stellt eine Reihe von *integrierten Funktionen* (*Kommandos*) zur *Interpolation* zur Verfügung, von denen wir nur die wichtigsten angeben:

*   Das *Kommando* **linterp** (X , Y , x)

    verbindet die gegebenen n *Punkte* durch *Geraden*, d.h., es wird zwischen den Punkten *linear interpoliert* und als Näherungsfunktion ein *Polygonzug* berechnet. Als *Ergebnis* liefert dieses Kommando den zu x gehörigen *Funktionswert* des *Polygonzugs*. Liegen die x-Werte außerhalb der gegebenen Werte, so extra-

poliert MATHCAD. Dies sollte wegen der auftretenden Unge-
nauigkeiten möglichst vermieden werden.

Im *Argument* des *Kommandos* befinden sich in den *Spaltenvektoren* X die *x-Koordinaten* (in aufsteigender Reihenfolge geordnet) und in Y die entsprechenden *y-Koordinaten* der gegebenen
n Punkte.

* Zur *Polynominterpolation* besitzt MATHCAD keine integrierten
Kommandos. Man muß hier auf das Elektronischen Buch *Numerical Recipes* zurückgreifen, in dem das *Kommando*
polint (X , Y , x)
bereitgestellt wird, das den *Wert* des *Interpolationspolynoms* (n-
1)- ten Grades an der *Stelle* x liefert (siehe [2]). Hier haben X und
Y im Argument des Kommandos die gleiche Bedeutung wie
beim *Kommando* **linterp**.

* Es gibt *Kommandos* zur *Splineinterpolation*, die im Buch [2] des
Autors erläutert werden.

MATHEMA-
TICA

MATHEMATICA *berechnet* mit der *Kommandofolge*
XY= { { x1 , y1 } , { x2 , y2 } , ... , { xn , yn } } ;
P[x_] = **InterpolatingPolynomial** [XY , x] // **Expand**
das *Interpolationspolynom* (n–1)–ten Grades P(x) für die *gegebenen*
n *Punkte*.

MATLAB

MATLAB besitzt Kommandos zur Polynominterpolation und Splineinterpolation, von denen wir nur die *Polynominterpolation* betrachten: Das *Kommando*
polyfit ([x1 , x2 , ... , xn] , [y1 , y2 , ... , yn] , n–1)
berechnet die *Koeffizienten* des *Interpolationspolynoms* (n–1)–ten
Grades für die *gegebenen* n *Punkte* in *absteigender Reihenfolge*.
♦

Beispiel 21.10:
Gegeben sind die *Meßpunkte*
(20, 5) , (40, 10) , (70, 20) , (80, 30) , (100, 40)
aus *Beispiel 32.11*, die für den Zusammenhang zwischen Geschwindigkeit und Bremsweg eines Pkws ermittelt wurden.
Diese *Meßpunkte* müssen bei den *Systemen* zuerst als *Listen* bzw.
Felder bzw. bei MATHCAD als *Spaltenvektoren eingegeben* werden.
Das *Interpolationspolynom* p(x) durch diese Meßpunkte erhält man
mittels der *Kommandofolgen:*
* MACSYMA
array (xf , 5) \$ **fillarray** (xf , [20 , 40 , 70 , 80 , 100]) \$
array (yf , 5) \$ **fillarray** (yf , [5 , 10 , 20 , 30 , 40]) \$
P(x) := **poly_interpolate** (x , xf , yf , 5)

* MAPLE
  X := [20 , 40 , 70 , 80 , 100] : Y := [5 , 10 , 20 , 30 , 40] :
  P := x → **interp** (X , Y , x) ;
* MATHEMATICA
  XY = { { 20 , 5 }, { 40 , 10 }, { 70 , 20 }, { 80 , 30 }, { 100 , 40 } }
  P[x_] = **InterpolatingPolynomial** [XY , x] // **Expand**
* MATLAB
  polyfit ([20 , 40 , 70 , 80 , 100] , [5 , 10 , 20 , 30 , 40] , 4)

und es hat die *Gestalt*

$$P(x) = -\frac{520}{9} + \frac{719}{120}x - \frac{2677}{14400}x^2 + \frac{227}{96000}x^3 - \frac{29}{2880000}x^4$$

Wie man die gegebenen *Meßpunkte* mittels der *Methode der kleinsten Quadrate* durch eine Funktion annähert, wird im Abschn.32.5 behandelt.

♦

Abb.21.1.
Interpolationspolynom aus Beispiel 21.10
mittels MATHEMATICA

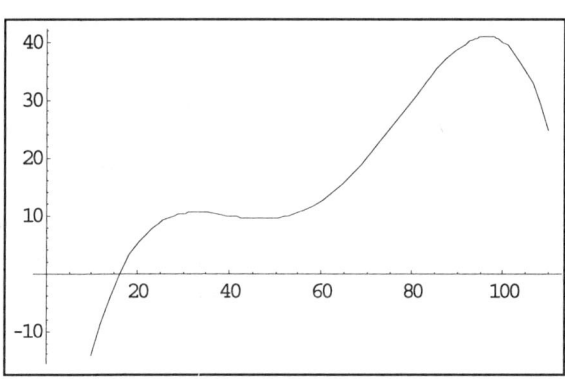

21.5 Höhere Funktionen

Höhere Funktionen werden in den Lehrbüchern auch *spezielle Funktionen* genannt. Unter dieser Bezeichnung wird eine Reihe von Funktionen zusammengefaßt. Hierzu gehören u.a. *Gamma-, Beta-, Zeta-, Hankel-, Bessel-, Kugelfunktionen* und *Legendresche Polynome.*

Diese Funktionen treten bei zahlreichen Problemen in Technik und Naturwissenschaften auf. So liefern die *Besselfunktionen* (*Zylinderfunktionen*) und *Legendreschen Polynome* Lösungen der *Besselschen* bzw. *Legendreschen Differentialgleichung.*

Die *Systeme* stellen einige dieser *höheren Funktionen* zur Verfügung. Man findet ihre *Bezeichnungen* in den integrierten *Hilfen.*

22 Grafische Darstellungen

Mittels der in den *Systemen* enthaltenen *Grafikkommandos* kann man u.a.

* *Kurven* in der *Ebene* R^2 (*ebene Kurven*)
* *Kurven* im *Raum* R^3 (*Raumkurven*)
* *Flächen* im *Raum* (R^3)

auf dem *Bildschirm darstellen.*
Für die *Ingenieurmathematik* spielen *grafische Darstellungen* eine große Rolle, da sich aus ihnen für den *Praktiker* bereits viele *Eigenschaften* von *Kurven* und *Flächen ablesen* lassen.

Wir können im Rahmen dieses Buches nur *Standardkommandos* zur *grafischen Darstellung* besprechen. Weiterführende Möglichkeiten findet man in den *Benutzerhandbüchern* und in den integrierten *Hilfen* der einzelnen *Systeme.*
Es empfiehlt sich, mit den vorhandenen *Grafikkommandos* zu *experimentieren* (durch Angabe verschiedener Optionen, Bereiche usw.), um die umfangreichen Möglichkeiten innerhalb der einzelnen *Systeme* kennenzulernen.

♦

22.1 Kurven

Reelle Funktionen f(x) *einer reellenVariablen* kann man in einem *kartesischen Koordinatensystem grafisch darstellen,* indem die *Punktmenge*
{ (x,y) $\in R^2$ / y = f(x) , x $\in$ D(f) } (D(f)–*Definitionsbereich* von f)
gezeichnet wird, die man *Graph* oder *Funktionskurve* der *Funktion* f(x) nennt.
Die so erhaltenen *Graphen* liefern nicht alle möglichen *ebenen Kurven.* Dies liegt daran, daß eine *Funktion* y = f(x) als eine *eindeutige Abbildung* definiert ist (siehe Kap.21), so daß hiermit z.B. *geschlossene Kurven* wie Kreise, Ellipsen usw. nicht beschrieben werden können (siehe Beispiel 22.1b).

Kurven in der Ebene R^2 (*ebene Kurven*) und im Raum R^3 (*Raumkurven*) kann man mit den *Systemen grafisch darstellen,* wenn sie in einer der *folgenden Formen* gegeben sind:

- *Ebene Kurven* lassen sich durch
  * *Funktionen* $y = f(x)$
    einer *reellen Variablen beschreiben,* die als *explizite Darstellung* bezeichnet wird (siehe Beispiel 22.1a).
  * *Gleichungen* der *Form* $F(x,y) = 0$
    beschreiben, die als *implizite Darstellung* bezeichnet wird (siehe Beispiel 22.1b). Hier besteht die Kurve aus allen Punkten der Menge { $(x,y) \in R^2$ / $F(x,y) = 0$, $x \in D(f)$ }.
  * *Parameterdarstellungen* der *Form*
    $x = x(t)$, $y = y(t)$
    beschreiben (siehe Beispiel 22.1b und c), wobei der *Parameter* t *Werte* aus einem *Intervall* annehmen kann, d.h.
    $t \in [ta , tb]$.
- *Raumkurven* lassen sich durch eine *Parameterdarstellung* der *Form* $x = x(t)$, $y = y(t)$, $z = z(t)$
  beschreiben (siehe Beispiel 22.1d), wobei der *Parameter* t *Werte* aus einem *Intervall* annehmen kann, d.h. $t \in [ta , tb]$.

Beispiel 22.1:

a) $y = f(x) = \dfrac{x^2 - 1}{x^2 + 1}$

ist eine *gebrochenrationale Funktion* mit dem *Definitionsbereich* $x \in (-\infty , \infty)$, deren *Graph* (*ebene Kurve*) in Abb.22.1, 22.2, 22.6, 22.9 und 22.10 dargestellt ist.

b) Ein *Kreis* mit *Mittelpunkt* im *Ursprung* (0,0) und *Radius* R besitzt die *implizite Darstellung*
$x^2 + y^2 = R^2$
die nicht eindeutig nach y auflösbar ist. Bei der *Auflösung* erhält man die beiden *Halbkreise*

$y = \sqrt{R^2 - x^2}$ und $y = -\sqrt{R^2 - x^2}$

die durch *zwei verschiedene Funktionen* beschrieben werden. Eine *Parameterdarstellung* für diesen Kreis ist z.B. durch *Polarkoordinaten* der *Gestalt* $x = R \cdot \cos t$, $y = R \cdot \sin t$
gegeben. Hier stellt der *Parameter* t den *Winkel* zwischen dem *Radiusvektor* und der *positiven x–Achse* dar, der von 0 bis 360° (2π) *variiert*, d.h. $t \in [0, 2\pi]$.

c) $x(t) = t - \sin t$, $y(t) = 1 - \cos t$ $\qquad t \in (-\infty , \infty)$

ist die *Parameterdarstellung* einer *Zykloide*, deren *Graph* in Abb.22.7 dargestellt ist (*ebene Kurve*).

d) $x(t) = \cos 2t$, $y(t) = \sin 2t$, $z(t) = 0.2t$ $t \in (0 , \infty)$

ist die *Parameterdarstellung* einer *räumlichen Spirale* (*Raumkurve*), deren Graph in Abb.22.3 und 22.8 dargestellt ist.

♦

In den einzelnen *Systemen* existieren folgende *Kommandos/Menüfolgen* zur *grafischen Darstellung* ebener und räumlicher *Kurven:*

AXIOM

AXIOM stellt folgende *Grafikkommandos* für *Kurven* bereit :

* *ebene Kurven*
  * **draw** (f(x) , x = a .. b , *Optionen*)

    zeichnet den *Graphen* der *Funktion* y = f(x) im *Intervall* a ≤ x ≤ b in ein *Grafikfenster*. Betreffs der *Optionen* wird auf das Benutzerhandbuch und die integrierte Hilfe verwiesen. Sie können weggelassen werden.
  * **draw** (**curve** (x(t) , y(t)) , t = ta .. tb , *Optionen*)

    zeichnet eine in *Parameterdarstellung* gegebene *Kurve,* wobei der *Parameter* t das *Intervall* [ta,tb] durchläuft.

* *Raumkurven*

  draw (**curve** (x(t) , y(t) , z(t)) , t = ta .. tb , *Optionen*)

  stellt in der *Parameterdarstellung* x = x(t) , y = y(t) , z = z(t) vorliegende *Raumkurven* dar, wobei der *Parameter* t das *Intervall* [ta,tb] durchläuft.

Beispiel 22.2:

a) Die *Funktionskurve* für die *Funktion* aus *Beispiel 22.1a)* wird mittels **draw** ((x^2 − 1)/(x^2 + 1) , x = −4 .. 4)

im *Intervall* [−4,4] *gezeichnet* (siehe Abb.22.1).

b) Die *räumliche Spirale* aus *Beispiel 22.1d)* wird mittels

draw (**curve** (cos(2*t) , sin(2*t) , 0.2*t) , t = 0 .. tb)

gezeichnet, wobei für den *Endwert* tb des *Parameters* t ein *Zahlenwert vorgegeben* werden muß.

♦

Abb.22.1.
Grafikfenster
von AXIOM
mit der Kurve aus Beispiel 22.1a)

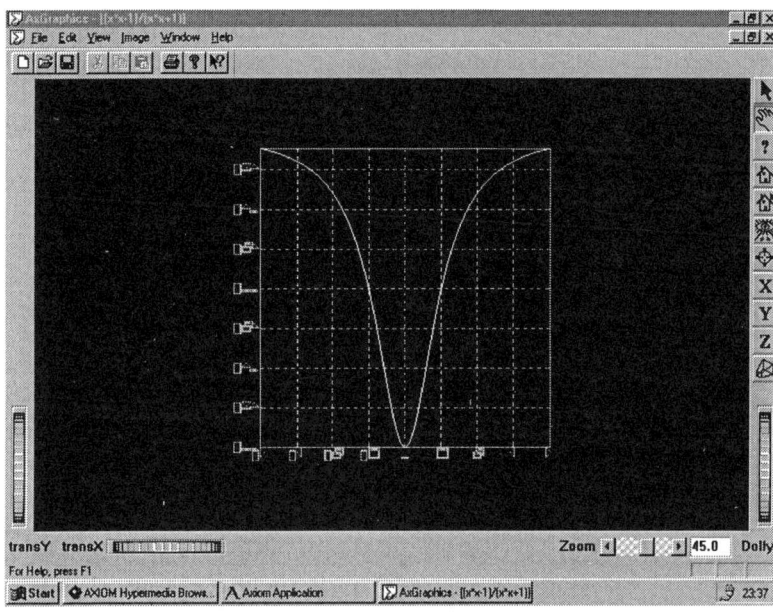

DERIVE

DERIVE gestattet folgende *grafische Darstellungen* von *Kurven:*

- Für *ebene Kurven* in *expliziter Darstellung* der *Form* y = f(x) benötigt man *folgende Schritte:*

  I. Die *Eingabe* der *Funktion* f(x) in das *Arbeitsfenster* (*Algebrafenster*) geschieht mittels der *Menüfolge*
  Author ⇒ Expression... f(x) ⇒ **OK**
  Falls sich die zu zeichnende *Funktion bereits* im *Arbeitsfenster* befindet, so wird sie mittels Mausklick *markiert.*

  II. *Anschließend* wird durch Anwendung der *Menüfolge*
  Window ⇒ New 2D-plot Window
  oder Anklicken des *Symbols*

  in der *Symbolleiste* in das *Grafikfenster* (siehe Abb.22.2) *umgeschaltet.*

  III. *Abschließend* wird durch Anklicken des *Menüs* **Plot!**
  oder des *Symbols*

  im *Grafikfenster* der *Graph* der *Funktion* y=f(x) *gezeichnet.*

- Wenn die *ebene Kurve* in der *Parameterdarstellung*

x = x(t) , y = y(t) *vorliegt,* benötigt man *folgende Schritte:*

I.   *Eingabe* der *Parameterdarstellung* in das Arbeitsfenster mittels der *Menüfolge:*
     Author ⇒ **Expression...** [x(t) , y(t)] ⇒ **OK**

II. *Anschließend* wird durch Anwendung der *Menüfolge*
     Window ⇒ **New 2D-plot Window**
     in das *Grafikfenster umgeschaltet.*

III. Nach dem Anklicken des *Menüs* **Plot!**
     oder des *Symbols*

im *Grafikfenster* erscheint eine *Dialogbox,* in der man bei **Minimum value:** ta und bei **Maximum value:** tb *einträgt,* falls für den *Parameter* ta ≤ t ≤ tb gilt. Weiterhin kann man in der Dialogbox den *Zeichenmodus* (**Plot Mode**) *einstellen.* Das *abschließende Anklicken* von **OK** löst die Zeichnung aus.

Im *Grafikfenster* von DERIVE können bei allen Grafiken noch eine Reihe von *Optionen* (u.a. Größe, Farbe, Maßstab) *eingestellt* werden. Möchte man *mehrere Funktionen* in das *gleiche Koordinatensystem zeichnen,* so sind die zugehörigen Funktionsausdrücke in das *Arbeitsfenster* (*Algebrafenster*) *einzugeben* und für jede (markierte) Funktion ist mittels des *Symbols*

in das *Grafikfenster umzuschalten* und die *Zeichnung* durch *Anklicken* des *Symbols*

auszulösen. Die *Umschaltung* zwischen *Grafikfenster* und *Algebrafenster* geschieht mittels der *Menüfolge*
Window ⇒ **New Algebra View**
♦

Abb.22.2.
Grafikfenster
von DERIVE
mit der Kur-
ve aus Bei-
spiel 22.1a)

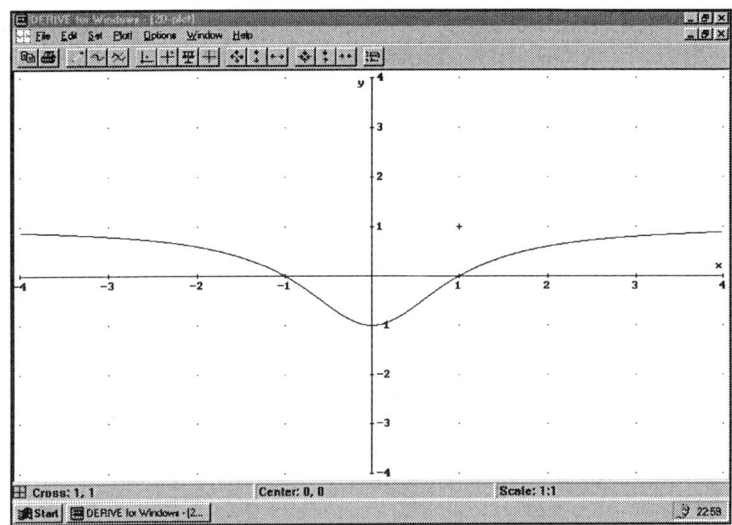

MACSYMA

MACSYMA stellt folgende *Grafikkommandos* für *Kurven* bereit :
- *ebene Kurven*
  * **plot** (f(x) , x , a , b)
    zeichnet den *Graphen* der *Funktion* y = f(x) im *Intervall*
    a ≤ x ≤ b.
    Sollen *mehrere Funktionen* f(x) , g(x) , h(x) , ... im *gleichen
    Koordinatensystem gezeichnet* werden, so müssen sie als *Liste*
    [f(x) , g(x) , h(x) , ...] *eingegeben* werden.
  * **paramplot** (x(t) , y(t) , t , ta , tb)
    zeichnet eine in *Parameterdarstellung* gegebene *Kurve,* wo-
    bei der *Parameter* t das *Intervall* [ta,tb] durchläuft.
  * **implicit_plot** (F(x,y) = 0 , x , a , b , y , c , d)
    zeichnet Kurven , die im Bereich a ≤ x ≤ b , c ≤ y ≤ d
    in *impliziter Darstellung* F(x,y) = 0 gegeben sind.
- *Raumkurven*
  werden mittels des *Kommandos*
  paramplot3d ([[x(t) , y(t) , z(t)]] , t , ta , tb)
  gezeichnet, wenn sie in der *Parameterdarstellung*
  x = x(t) , y = y(t) , z = z(t)
  vorliegen, wobei der *Parameter* t das *Intervall* [ta,tb] durchläuft.

Beispiel 22.3:

a) Der *Graph* der *Funktion* aus *Beispiel 22.1a)* wird mittels des *Kommandos* **plot** ($(x^2 - 1)/(x^2 + 1)$, x , -4 , 4) im *Intervall* [$-4,4$] *gezeichnet*.

b) Die *räumliche Spirale* aus *Beispiel 22.1d)* wird mittels des *Kommandos*
paramplot3d ([[cos(2*t) , sin(2*t) , 0.2*t]] , t , 0 , tb)
gezeichnet, wobei für den *Endwert* tb des *Parameters* t ein *Zahlenwert* vorgegeben werden muß. In der Abb.22.3 wurde tb=10 gesetzt.

♦

Abb.22.3.
Grafikfenster
von MAC-
SYMA mit
der räumli-
chen Spirale
aus Beispiel
22.1d)

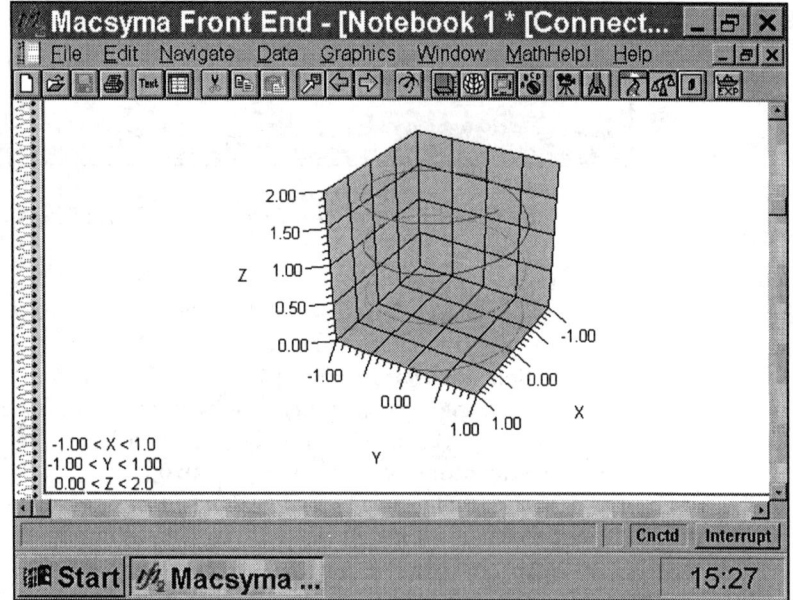

MAPLE

MAPLE stellt folgende *Grafikkommandos* für *Kurven* bereit :

• *ebene Kurven*

    * **plot** (f(x) , x=a..b , y=c..d , *Optionen*) ;
      zeichnet den *Graphen* der *Funktion* y = f(x) im *Bereich*
      $a \leq x \leq b$, $c \leq y \leq d$
      Betreffs der *Optionen* wird auf das Benutzerhandbuch und die integrierte Hilfe verwiesen. Die *Optionen* können *weggelassen* werden.

Sollen *mehrere Funktionen* f(x), g(x), h(x),... im *gleichen Koordinatensystem* gezeichnet werden, so müssen sie im *Kommando* **plot** als *Menge* { f(x) , g(x) , h(x) , ... } *eingegeben* werden.

♦

* **plot** ([x(t) , y(t) , t=ta..tb] , x=a..b , y=c..d) ;
  zeichnet eine in *Parameterdarstellung* gegebene Kurve im *Bereich*   a ≤ x ≤ b   ,   c ≤ y ≤ d
  wobei der *Parameter* t das *Intervall* [ta,tb] durchläuft.
* **implicitplot** (F(x,y) = 0 , x = a..b , y = c..d) ;
  zeichnet Kurven , die im *Bereich* a ≤ x ≤ b , c ≤ y ≤ d
  in *impliziter Darstellung* F(x,y) = 0 gegeben sind.
  Für dieses Kommando muß vorher das Zusatzpaket *plots*
  mittels **with** (plots) ; geladen werden.
* *Raumkurven*
  werden mittels des *Kommandos*
  spacecurve ([x(t) , y(t) , z(t) , t=ta..tb], x=a..b , y=c..d , z=e..f);
  im *Bereich* a ≤ x ≤ b   ,   c ≤ y ≤ d   ,   e ≤ z ≤ f
  gezeichnet, wobei der *Parameter* t das *Intervall* [ta,tb] durchläuft. Für dieses Kommando muß vorher das Zusatzpaket *plots*
  mittels **with** (plots) ; geladen werden.

Beispiel 22.4:

a) Der *Kreis* $x^2 + y^2 = 1$
   aus *Beispiel 22.1b)* mit dem *Radius* R=1 läßt sich mittels
   implicitplot (x^2 + y^2 = 1 , x = –1..1 , y = –1..1) ;
   zeichnen.

b) Der *Graph* der *Funktion* aus *Beispiel 21.1* läßt sich mittels der
   Kommandofolge
   f **:=** x → **if** x<–1 **then** –x –1 **elif** x<=1 **then** –x^2+1 **else** x–1 **fi** ;
   plot (f , –2..2) ;   im *Intervall* [–2,2] *zeichnen.*

♦

Bei der *grafischen Darstellung definierter Funktionen* mittels MAPLE ist zu beachten, daß bei der Verwendung von Befehlen in der Funktionsdefinition (z.B. **if**) im *Zeichenkommando* **plot** die Variablen nicht erscheinen dürfen (siehe Beispiel 22.4b).

♦

Nach *Anklicken* einer in MAPLE erzeugten *2D-Grafik* wird die Menüleiste durch die folgende *Grafikmenüleiste* ersetzt (siehe

Abb.22.4): **File** , **Edit** , **View** , **Style** , **Axes** , **Projection** , **Animation** , **Window** , **Help**

aus der **File** und **Edit** die bei WINDOWS-Programmen üblichen *Datei- bzw. Editieroperationen* beinhalten. Die *restlichen Menüs* dienen zur *Gestaltung* der *Grafik*. Durch einfaches Probieren hat man schnell die Wirkung der einzelnen Menüs erkannt, so daß wir hier auf eine ausführliche Beschreibung verzichten können.

◆

Abb.22.4.
Grafikfenster
von MAPLE
mit dem Graphen der
Funktion aus
Beispiel
22.4b)

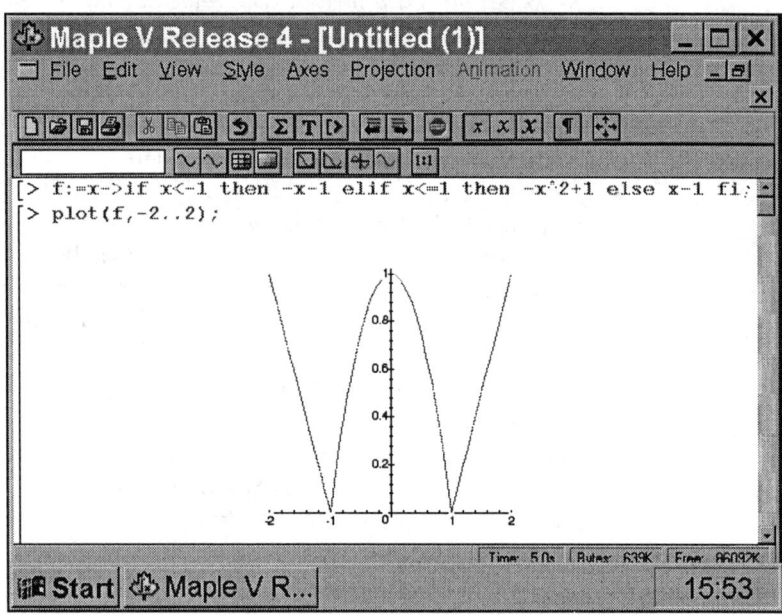

MATHCAD   Die *Grafikkommandos* wurden nicht von MAPLE übernommen. MATHCAD hat ein *eigenes System* für *2D-Grafiken* entwickelt, auf das wir kurz eingehen :

* Nach *Aktivierung* der *Menüfolge* **Graphics** ⇒ **Create X-Y Plot** erscheint auf dem Bildschirm das *Grafikfenster* aus Abb.22.5.

Abb. 22.5.
Grafikfenster
von MATH-
CAD für ebe-
ne Kurven

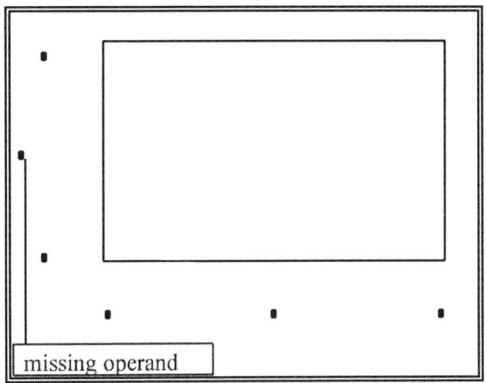

missing operand

* Wenn man die *Funktionskurve* von y = f(x)
  zeichnen möchte, so ist in den mittleren *Platzhalter* der x-Achse
  x und in den mittleren der y-Achse (durch *missing operand* angezeigt) f(x) *einzutragen*.
  Wenn man eine *weitere Funktion* g(x) in das gleiche Koordinatensystem zeichnen möchte, so ist hier f(x) , g(x) einzutragen.
  Die restlichen Platzhalter dienen zur Festlegung des Maßstabs.
* Um im *Automatikmodus* den *Graphen* dieser *Funktion* durch
  Mausklick außerhalb des Grafikbereichs *zeichnen* zu lassen, muß
  x vorher unter Verwendung des *Zuweisungsoperators* := und des
  Operators

aus der *Operatorpalette Nr.4* als *Bereichsvariable* (siehe Ab-
schn.13.2) in der *Form* x := a , a + Δx .. b definiert werden. Für
die Funktion aus Beispiel 22.1a) ist die Vorgehensweise aus
Abb.22.6 ersichtlich (für die *Schrittweite* Δx = 0.01).

Abb. 22.6.
Graph der
Funktion aus
Beispiel
22.1a) mittels
MATHCAD

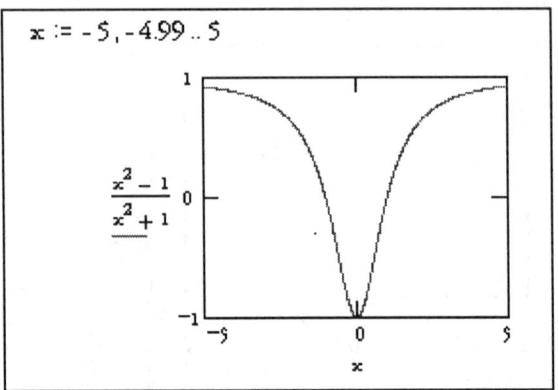

$$x := -5, -4.99 .. 5$$

$$\frac{x^2 - 1}{x^2 + 1}$$

Liegt die Kurve in *Parameterdarstellung* vor, so werden in die Platzhalter für x und y die *Funktionen* x(t) bzw. y(t) eingetragen und über dem Grafikfenster der Parameterbereich als *Bereichsvariable* t : = ta..tb *definiert*. Die Vorgehensweise ist aus Abb.22.7 ersichtlich (für die *Schrittweite* Δt = 0.001).

♦

Wenn die *Grafik zu grob* erscheint, so kann man bei der Definition der *Bereichsvariablen* x bzw. t nach dem Anfangswert durch die Angabe des folgenden Wertes (*Schrittweite*) die Anzahl der zu zeichnenden Punkte erhöhen (siehe Abschn.13.2), wie aus Abb. 22.6 und 22.7 ersichtlich ist. Hier haben wir als *Schrittweiten* 0.01 bzw 0.001 gewählt.

♦

Abb 22.7.
Graph der
Funktion aus
Beispiel
22.1c) mittels MATHCAD

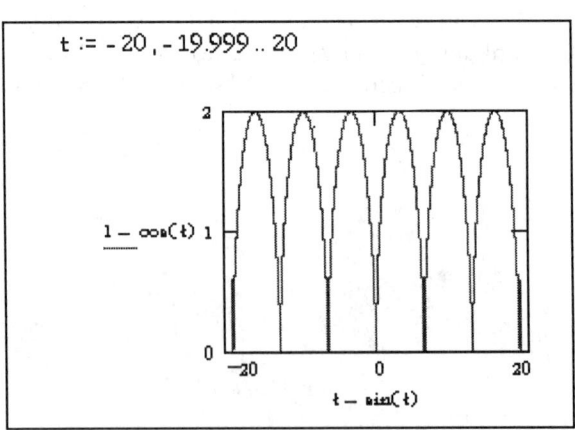

$$t := -20, -19.999 .. 20$$

$$1 - \cos(t)$$

MATHEMA- MATHEMATICA *zeichnet* mittels des *Grafikkommandos*
TICA
- **Plot** [f(x) , { x , a , b }]
  den *Graph* der *Funktion* y = f(x) im *Intervall* a ≤ x ≤ b.
  Sollen *mehrere Funktionen* f(x) , g(x) , h(x) , ... im *gleichen Ko-ordinatensystem gezeichnet* werden, so müssen sie als *Liste*
  { f(x) , g(x) , h(x) , ... } *eingegeben* werden.
- **ParametricPlot** [{ x[t] , y[t] } , { t , ta , tb }]
  eine in *Parameterdarstellung* gegebene *ebene Kurve* im *Parameterbereich* ta ≤ t ≤ tb.
- **ImplicitPlot** [F(x,y) == 0 , { x , a , b } , { y , c , d }]
  eine durch die *Gleichung* F(x,y)=0 in *impliziter Darstellung* gegebene *ebene Kurve* im *Bereich* a ≤ x ≤ b , c ≤ y ≤ d, wenn vorher das *Zusatzpaket* zur Zeichnung von Kurven in impliziter Darstellung mittels
  Needs ["Graphics`ImplicitPlot`"] *geladen* wurde.
- **ParametricPlot3D** [{ x(t) , y(t) , z(t) } , { t , ta , tb }]
  eine in *Parameterdarstellung* gegebene *Raumkurve* im *Parameterbereich* ta ≤ t ≤ tb.

Falls man mit MATHEMATICA eine *definierte Funktion* (siehe Abschn.21.3) mittels des *Kommandos* **Plot** *zeichnen* möchte, empfiehlt es sich, in der *Funktionsdefinition* als *Zuweisungsoperator* = zu verwenden. Bei der Verwendung von := kann das *Grafikkommando* versagen.

♦

Beispiel 22.5:
a) Der *Kreis* $x^2 + y^2 = 1$ aus *Beispiel 22.1b)* mit dem *Radius* R=1 kann mit dem *Grafikkommando*
   ImplicitPlot [x^2 + y^2 == 1, { x , −1 , 1 } , { y , −1 , 1 }]
   gezeichnet werden.
b) Die *räumliche Spirale* aus *Beispiel 22.1d)* kann mittels des *Grafikkommandos*
   ParametricPlot3D [{ Cos[2∗t] , Sin[2∗t] , 0.2∗t } , { t , 0 , 20 }]
   gezeichnet werden (siehe Abb.22.8).
   ♦

Abb.22.8.
Graph der
Funktion aus
Beispiel
22.8b) mit-
tels MATHE-
MATICA

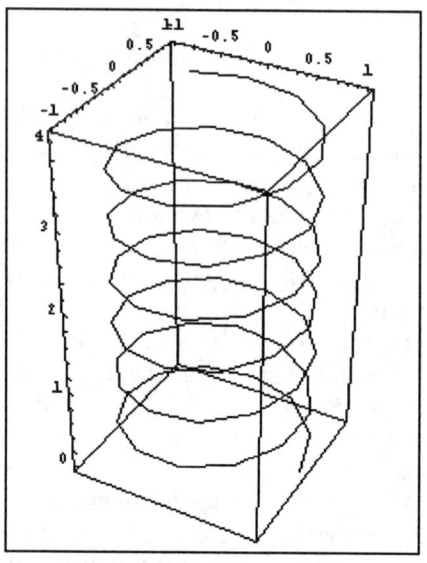

MATLAB

MATLAB hat die *Grafikkommandos* nicht von MAPLE übernommen,
sondern ein *eigenes System* für *2D-Grafiken* entwickelt, von dem wir
im folgenden nur drei *Kommandos* besprechen:

- *Ebene Kurven*
  * Bei dem *Grafikkommando* **plot** müssen in MATLAB analog
    wie bei MATHCAD die x- und y-Koordinaten der zu *zeich-
    nenden Punkte* der *Kurve* berechnet und den *Vektoren* **x**
    bzw. **y** zugeordnet werden.
    Abschließend *zeichnet* **plot** (x , y) die *Kurve*, indem sie die
    durch die Komponenten der *Vektoren* **x** und **y** gegebenen
    Punkte durch *Geraden verbindet.* Mit diesem *Grafikkom-
    mando* können damit auch *ebene Kurven* gezeichnet werden,
    die in *Parameterdarstellung* vorliegen.
  * Das *Grafikkommando* zur *Zeichnung symbolischer Ausdrücke*
    ezplot (' f(x) ' , [a,b])
    zeichnet den *Graphen* der *Funktion*
    y = f(x)
    im *Intervall* a $\leq$ x $\leq$ b (siehe Beispiel 22.6).
- *Raumkurven*
  Bei dem *Grafikkommando* **plot3** müssen in MATLAB analog wie
  bei ebenen Kurven die *Koordinaten* der zu *zeichnenden Punkte*
  der *Kurve* berechnet und den *Vektoren* **x** , **y** bzw. **z** zugeordnet
  werden. Abschließend *zeichnet* **plot3** (x , y , z) die *Kurve*, in-

dem sie die durch die Komponenten der *Vektoren* **x** , **y** und **z** gegebenen *Punkte* durch *Geraden verbindet.*

Mit dem *Grafikkommando* **plot** können *mehrere Kurven* im *gleichen Koordinatensystem* gezeichnet werden, wenn für jede Kurve die Vektoren für die Kurvenpunkte berechnet werden. Abschließend ist das *Grafikkommando* in der *Form*

plot (x , y , u , v , w , z , ...)

einzugeben.
♦

Beispiel 22.6:
Die *Funktionskurve* für die Funktion aus *Beispiel 22.1a)* wird mittels des *Grafikkommandos*

ezplot (' (x^2 − 1)/(x^2 + 1) ' , [−4 , 4])

im *Intervall* [−4,4] *gezeichnet* (siehe Abb.22.9)
♦

Abb.22.9.
Grafikfenster
von MATLAB
mit der
Funktion aus
Beispiel
22.1a)

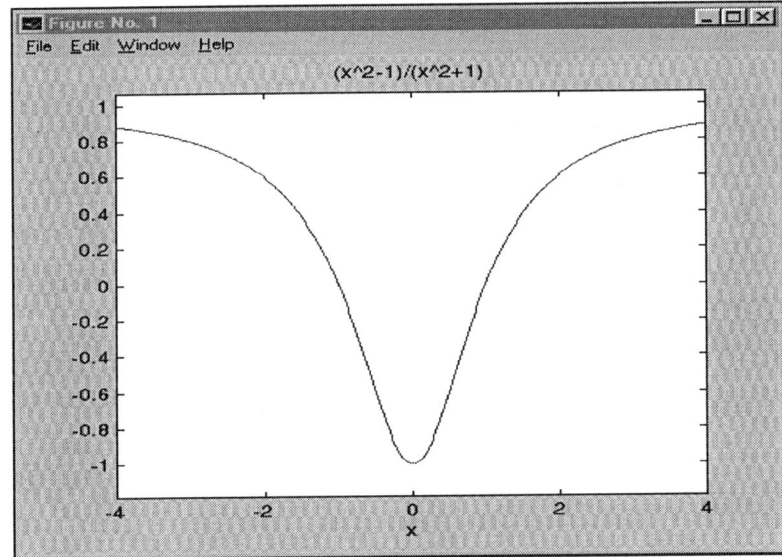

MuPAD

MuPAD stellt folgende *Grafikkommandos* für *Kurven* bereit :
- *ebene Kurven*
  * **plot2d** ([*Mode=Curve* , [x , f(x)] , x=[a , b] , *Grid*=[n]]);
    zeichnet den *Graphen* der *Funktion* y = f(x) im *Intervall*
    a ≤ x ≤ b.
  * **plot2d** ([*Mode=Curve* , [x(t) , y(t)] , t=[ta,tb] , *Grid*=[n]]) ;

zeichnet eine in *Parameterdarstellung* gegebene *Kurve* im *Parameterbereich* ta ≤ t ≤ tb.

* **plotfunc** (f(x) , x = a .. b) ;
  zeichnet den *Graphen* der *Funktion* y = f(x) im *Intervall* a ≤ x ≤ b. Falls man *mehrere Kurven* f(x), g(x), h(x), ... in ein *Koordinatensystem zeichnen* möchte, so kann dies mittels **plotfunc** (f(x) , g(x) , h(x) , ... , x = a .. b) ; geschehen.

• *Raumkurven*
  in *Parameterdarstellung* werden mittels des *Kommandos*
  plot3d ([*Mode=Curve* , [x(t) , y(t) , z(t)] , t=[ta,tb] , *Grid*=[n]);
  gezeichnet, wobei der *Parameterbereich* ta ≤ t ≤ tb lautet.

Die Zahl n bei *Grid* bestimmt die *Anzahl* der berechneten *Kurvenpunkte.* Wenn die Kurve zu grob erscheint, muß man n erhöhen.
♦

Beispiel 22.7:
Die *Funktionskurve* für die Funktion aus *Beispiel 22.1a)* wird mittels des *Kommandos*
plot2d ([*Mode=Curve* , [x , (x^2 − 1)/(x^2 + 1)] , x = [−4 , 4] , *Grid* = [50]]) ;
im *Intervall* [−4,4] *gezeichnet* (siehe Abb.22.10)
♦

Abb.22.10.
Graph der
Funktion aus
Beispiel
22.1a) mittels
MuPAD

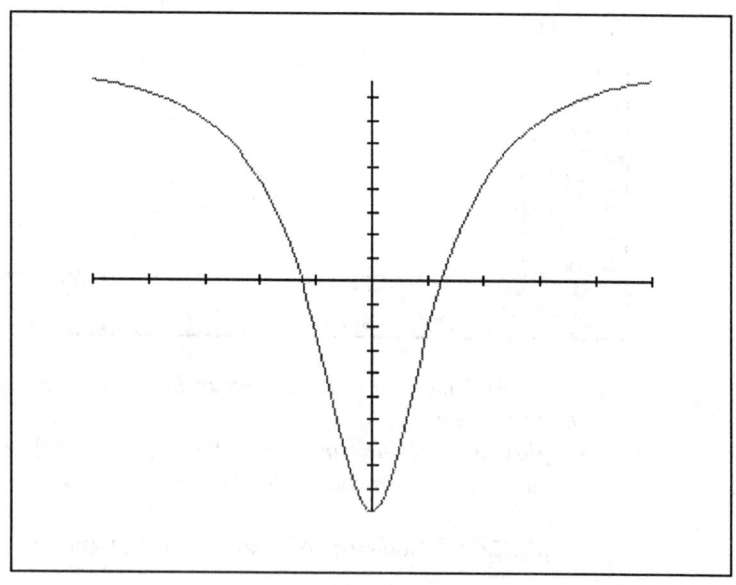

22.2 Flächen

Gleichungen von *Flächen* im *dreidimensionalen Raum* können in einem *kartesischen Koordinatensystem* eine der *folgenden Formen* haben (man vergleiche die Analogie zu Kurven):

- *explizite Darstellung*
  durch *Funktionen* von *zwei Variablen* der *Form* z = f(x,y)
  mit (x,y)∈D (*Definitionsbereich*).
- *implizite Darstellung*
  durch *Gleichungen* der *Form* F(x,y,z) = 0
  mit (x,y)∈D (*Definitionsbereich*).
- *Parameterdarstellung*
  x = x(u,v) , y = y(u,v) , z = z(u,v)
  mit dem *Definitionsbereich:* $a \leq u \leq b$, $c \leq v \leq d$
  für die *Parameter* u und v.

Beispiel 22.8:

a) Ein *Rotationsparaboloid* kann durch die *explizite Darstellung*

$$z = x^2 + y^2$$

beschrieben werden. Bei der Verwendung von *Polarkoordinaten* folgt hierfür die *Parameterdarstellung*

x(u,v) = v·cos u   ,   y(u,v) = v·sin u   , $z(u,v) = v^2$

mit $0 \leq u \leq 2\pi$, $0 \leq v \leq \infty$

b) Eine *Kugelfläche* mit dem Radius R und dem Mittelpunkt im Null-punkt läßt sich durch die *implizite Darstellung*

$$x^2 + y^2 + z^2 = R^2$$

beschreiben. Unter Verwendung von *Kugelkoordinaten* ergibt sich die *Parameterdarstellung*

x(u,v) = R·cos u·sin v, y(u,v) = R·sin u·sin v, z(u,v) = R· cos v
mit $0 \leq u \leq 2\pi$, $0 \leq v \leq \pi$.

◆

In den *Systemen* existieren folgende *Kommandos/Menüfolgen* zur *grafischen Darstellung* von *Flächen:*

AXIOM

AXIOM stellt folgende *Grafikkommandos* für *Flächen* bereit :

- **draw** (f(x,y) , x = a..b , y = c..d)
  für *Flächen* in *expliziter Darstellung* mittels der *Funktion*
  z = f(x,y) über dem *Rechteck* $a \leq x \leq b$, $c \leq y \leq d$
- **draw** (**surface** (x(u,v), y(u,v), z(u,v)) , u = a..b , v = c..d)
  für *Flächen*, die in *Parameterdarstellung*
  x=x(u,v) , y=y(u,v) , z=z(u,v)
  vorliegen, wobei für die *Parameter* u und v gilt:

a ≤ u ≤ b , c ≤ v ≤ d

Das von AXIOM nach Aktivierung einer der gegebenen Grafikkommandos geöffnete *Grafikfenster* ist in Abb.22.11 zu sehen.

Abb.22.11.
Grafikfenster
von AXIOM
mit der Kugelfläche aus
Beispiel
22.8b)

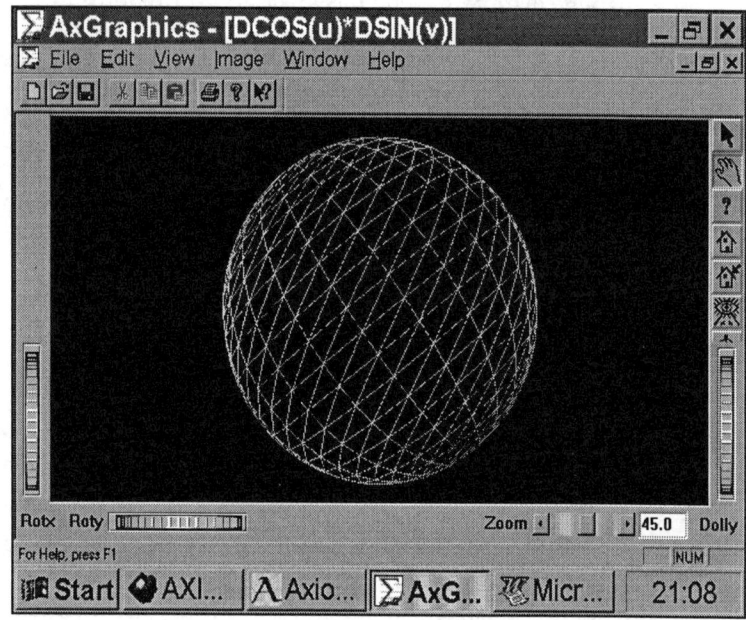

DERIVE

DERIVE gestattet folgende *grafische Darstellungen* von *Flächen:*
- Ist die *Fläche* durch eine *Funktion zweier Variablen* der *Form* z = f(x,y) gegeben (*explizite Darstellung*), benötigt man *folgende Schritte:*
  I. Die *Eingabe* der *Funktion* f(x,y) in das *Arbeitsfenster* (*Algebrafenster*) geschieht mittels der *Menüfolge*
  Author ⇒ Expression... f(x,y) **⇒ OK**
  Falls sich die zu zeichnende *Funktion bereits* im *Arbeitsfenster* befindet, so wird sie mittels Mausklick *markiert.*
  II. *Abschließend* wird durch Anwendung der *Menüfolge*
  Window ⇒ New 3D-plot Window ⇒ Plot!
  in das *Grafikfenster* (siehe Abb.22.12) *umgeschaltet* und die *Fläche* im *Grafikfenster gezeichnet.*
  Das gleiche wird erreicht, wenn man das *Symbol*

  in der *Symbolleiste* und *anschließend* **Plot !** *anklickt.*

Im *Grafikfenster* von DERIVE kann bei allen *Grafiken* noch eine Reihe von *Optionen* (u.a. Größe, Farbe, Maßstab) eingestellt werden.
♦

Abb.22.12.
Grafikfenster
von DERIVE
mit der Fläche aus Beispiel 22.8a)

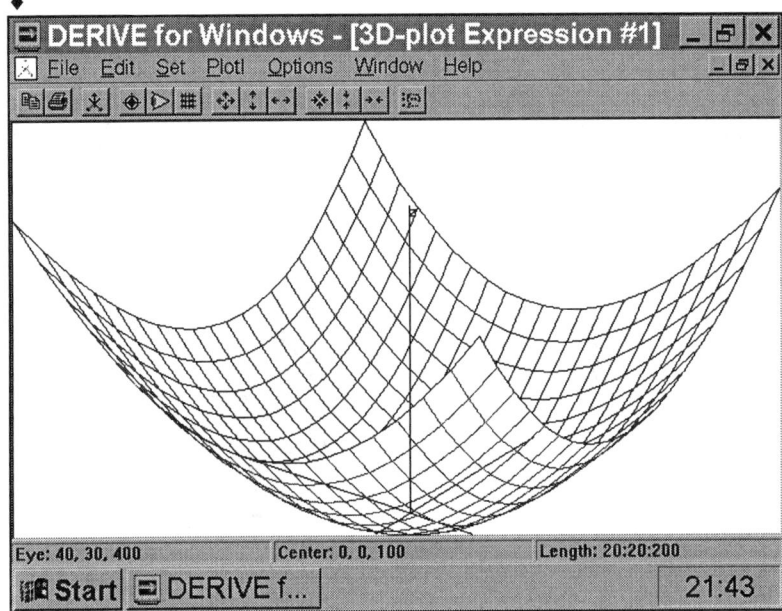

MACSYMA

MACSYMA stellt folgende *Grafikkommandos* für *Flächen* bereit :
- **plot3d** (f(x,y) , x , a , b , y , c , d)
  für *Flächen* in *expliziter Darstellung* mittels der *Funktion*
  z = f(x,y) über dem *Rechteck* a ≤ x ≤ b , c ≤ y ≤ d
- **plotsurf** ([[x(u,v), y(u,v) , z(u,v)]] , u , a , b , v , c , d)
  zur *Zeichnung* von *Flächen*, die in *Parameterdarstellung*
  x=x(u,v) , y=y(u,v) , z=z(u,v)
  vorliegen, wobei für die *Parameter* u und v gilt:
  a ≤ u ≤ b , c ≤ v ≤ d.

Sollen *mehrere Flächen* in das *gleiche Koordinatensystem* gezeichnet werden, so sind die zugehörigen *Funktionen als Liste einzugeben*.
♦

Das von MACSYMA nach Aktivierung einer der gegebenen Grafikkommandos geöffnete *Grafikfenster* ist in Abb.22.13 zu sehen.

Beispiel 22.9:
Die *Kugelfläche* in *Parameterdarstellung* aus Beispiel 22.8b) mit dem *Radius* R=1, kann in MACSYMA mittels des *Grafikkommandos*
plotsurf ([[cos(u)*sin(v) , sin(u) *sin(v) , cos(v)]] , u , 0 , 2*%pi , v , 0 , %pi)
gezeichnet werden (siehe Abb.22.13).
♦

Abb.22.13.
Grafikfenster
von MACSY-
MA mit der
Kugelfläche
aus Beispiel
22.9)

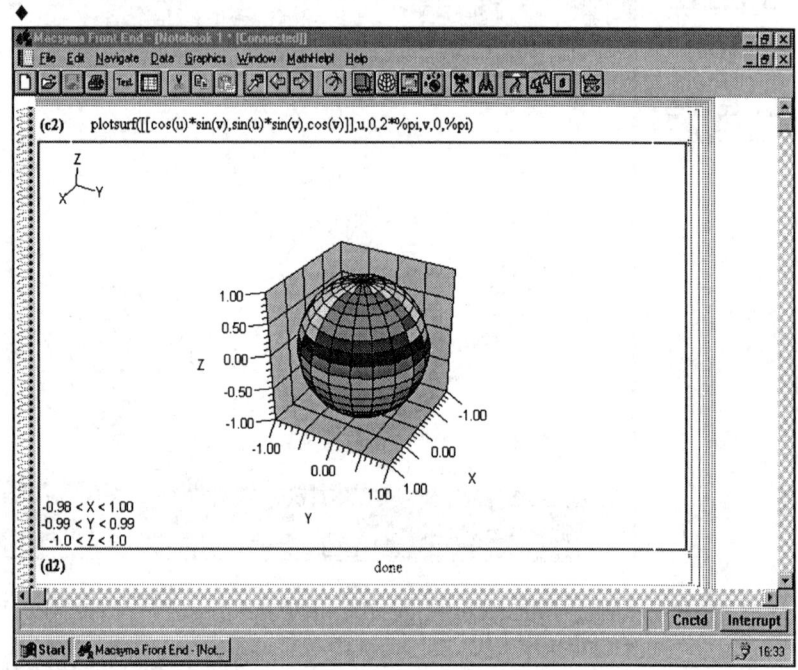

MAPLE

MAPLE stellt folgende *Grafikkommandos* für *Flächen* bereit :
- **plot3d** (f(x,y) , x = a .. b , y = c .. d , *Optionen*) ;
  für *Flächen* in *expliziter Darstellung* mittels der *Funktion*
  z = f(x,y) über dem *Rechteck* a ≤ x ≤ b , c ≤ y ≤ d
  wobei mögliche *Optionen* dem Benutzerhandbuch oder der integrierten Hilfe zu entnehmen sind.
- **implicitplot3d** (F(x,y,z)=0 , x = a .. b , y = c .. d , z = e .. f) ;
  zur *Zeichnung* von *Flächen* im *Bereich*
  a ≤ x ≤ b , c ≤ y ≤ d , e ≤ z ≤ f
  die in *impliziter Form* durch F(x,y,z) = 0 *gegeben* sind. Dazu muß allerdings vorher das Zusatzpaket *plots* mittels
  with (plots) ; geladen werden.
- **plot3d** ([x(u,v) , y(u,v) , z(u,v)] , u = a..b , v = c..d , *Optionen*) ;

zur *Zeichnung* von *Flächen,* die in der *Parameterdarstellung*
x=x(u,v) , y=y(u,v) , z=z(u,v)
vorliegen, wobei für die *Parameter* u und v gilt:
a ≤ u ≤ b , c ≤ v ≤ d.

Beispiel 22.10:
Die *Kugelfläche* in *impliziter Darstellung* aus Beispiel 22.8b) mit
dem *Radius* R=1, d.h. $x^2 + y^2 + z^2 = 1$ kann in MAPLE mittels
des *Grafikkommandos*
implicitplot3d(x^2+y^2+z^2 = 1 , x = −1..1 , y = −1..1 , z = −1..1);
gezeichnet werden (siehe Abb.22.14), wobei vorher mittels des
Kommandos **with** (plots) ; das Zusatzpaket *plots* geladen werden
muß.

♦

Nach *Anklicken* einer in MAPLE erzeugten *3D-Grafik* wird die
Menüleiste durch die folgende *Grafikmenüleiste* ersetzt (siehe
Abb.22.14):
**File , Edit , View , Style , Colour , Axes , Projection , Animation
, Window , Help**
aus der **File** und **Edit** die bei WINDOWS-Programmen üblichen
Datei- bzw. *Editieroperationen* beinhalten. Die *restlichen Menüs* die-
nen zur *Gestaltung* der *Grafik.* Durch einfaches Probieren hat man
schnell die Wirkung der einzelnen Menüs erkannt, so daß wir hier
auf eine ausführliche Beschreibung verzichten können.

♦

Abb.22.14.
Grafikfenster
von MAPLE
mit der Ku-
gelfläche aus
Beispiel
22.10

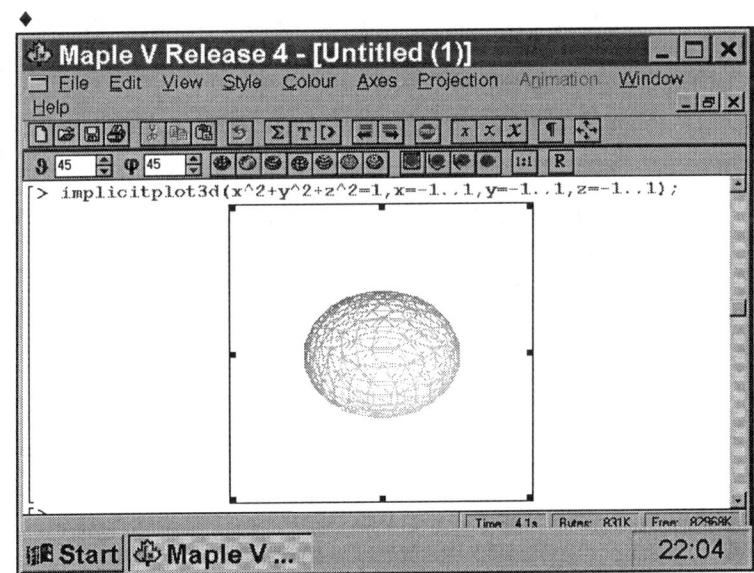

MATHCAD   MATHCAD hat die *Grafikkommandos* nicht von MAPLE übernommen. Man hat ein *eigenes System* für *3D-Grafiken* entwickelt,
auf das wir kurz eingehen :
Zur *grafischen Darstellung* der durch die *explizite Darstellung*
z = f(x,y) gegebenen *Fläche* führt man folgende Schritte durch:
I. Zuerst erzeugt man eine *Matrix* **M** aus den *Funktionswerten*
$f(x_i, y_k)$

unter Verwendung der Operatorpaletten, wobei möglichst
gleichabständige x- und y-Werte zu verwenden sind.

II. Anschließend wird auf eine der folgenden Arten ein *Grafikfen-
ster geöffnet:*
*   Aktivierung der *Menüfolge* **Graphics** ⇒ **Surface Plot**
*   Anklicken des *Symbols*

aus der *Operatorpalette Nr. 3.*

III. Abschließend wird in den *Platzhalter* unter dem Grafikfenster
die *Bezeichnung* der erzeugten *Matrix* **M** eingetragen. Ein
Mausklick außerhalb des Grafikfensters löst im Automatikmodus
die *Zeichnung* der *Fläche* aus.
Die *genaue Vorgehensweise* ist aus Abb.22.15 ersichtlich.

Abb.22.15 kann man als *allgemeine Vorlage* zur *grafischen Darstellung* einer *beliebigen Fläche* verwenden. Man muß nur die *Werte* für
N , x_i und y_k
verändern und für f(x,y) die gewünschte *Funktion* eingeben.

♦

Liegt die *Fläche* in *Parameterdarstellung* vor, so ist die Vorgehensweise aus Abb.22.16 ersichtlich, in der wir die Kugelfläche aus Beispiel 22.8b) zeichnen. Hier muß für *jede Parameterfunktion* eine
Matrix erzeugt werden.

♦

Abb.22.15.
Grafikfenster
von MATH-
CAD mit
dem Rota-
tonsparabo-
loiden aus
Beispiel
22.8a)

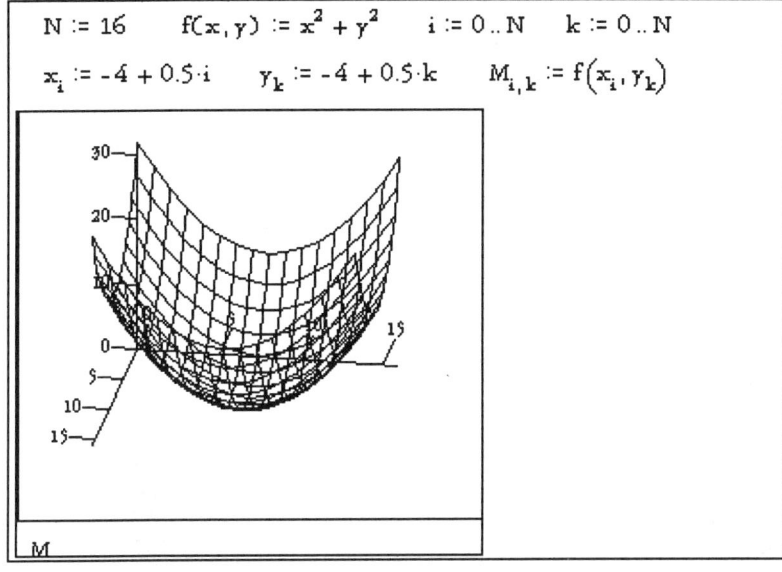

$N := 16 \qquad f(x,y) := x^2 + y^2 \qquad i := 0..N \qquad k := 0..N$

$x_i := -4 + 0.5 \cdot i \qquad y_k := -4 + 0.5 \cdot k \qquad M_{i,k} := f(x_i, y_k)$

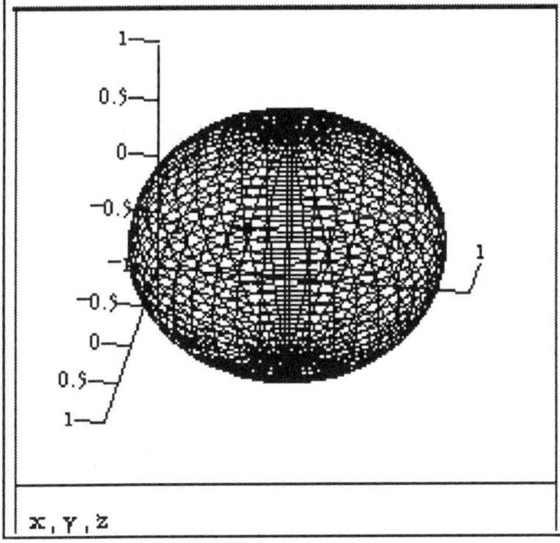

Abb.22.16.
Grafikfenster
von MATH-
CAD mit der
Kugelfläche
aus Beispiel
22.8b)

$N := 40 \qquad i := 0..N \qquad k := 0..N$

$u_i := 2 \cdot \pi \cdot \dfrac{i}{40} \qquad v_k := \pi \cdot \dfrac{k}{40}$

$x_{i,k} := \cos(u_i) \cdot \sin(v_k) \qquad y_{i,k} := \sin(u_i) \cdot \sin(v_k) \qquad z_{i,k} := \cos(v_k)$

MATHEMA-   MATHEMATICA stellt folgende *Grafikkommandos* für *Flächen* be-
TICA   reit:

- **Plot3D** [f(x,y) , { x , a , b } , { y , c , d }]
  für *Flächen* in *expliziter Darstellung* (siehe Abb.22.17) mittels der
  Funktion z = f(x,y)
  über dem *Rechteck* a ≤ x ≤ b , c ≤ y ≤ d.
- **ParametricPlot3D** [{x(u,v), y(u,v), z(u,v)}, { u, a, b}, { v, c, d }]
  falls die *Fläche* in der *Parameterdarstellung*
  x=x(u,v) , y=y(u,v) , z=z(u,v)
  vorliegt, wobei für die *Parameter* u und v gilt:
  a ≤ u ≤ b , c ≤ v ≤ d.

Abb.22.17.
Grafikfenster
von MATHE-
MATICA mit
dem Rota-
tonsparabo-
loiden aus
Beispiel
22.8a)

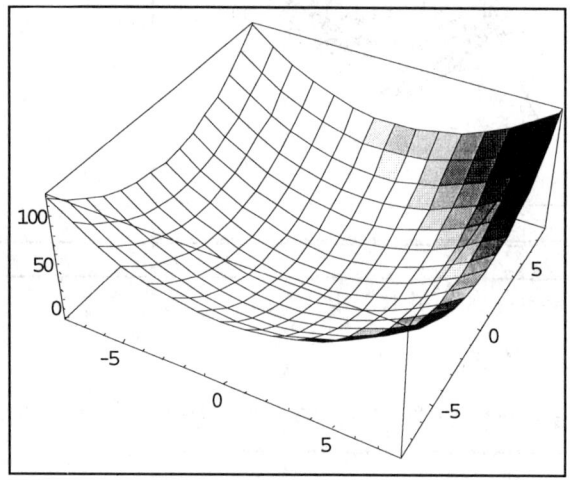

MATLAB

MATLAB hat die *Grafikkommandos* nicht von MAPLE übernommen.
Man hat ein *eigenes System* für *3D-Grafiken* entwickelt, auf das wir
kurz eingehen. Hier müssen wie bei MATHCAD die einzelnen Flä-
chenpunkte berechnet werden.
Wenn man eine durch die *Funktion* z = f(x,y) *gegebene Fläche* über
dem *Quadrat* [a,b]×[a,b] zeichnen möchte, kann man dies in
MATLAB durch *folgende Kommandofolge* erreichen:
[x , y] = **meshgrid** (a : Δx : b) ; **mesh** (f(x.,y.))
In der gegebenen *Kommandofolge* sind für konkrete Darstellungen
die *Grenzen* a und b des *Definitionsbereichs* (*Quadrats*), die
Schrittweite Δx für die Berechnung der Flächenpunkte und die
Funktion f(x,y) durch die konkreten Werte zu ersetzen. Bei der
Funktion f ist zu beachten, daß nach jeder Variablen ein Punkt ge-
schrieben wird.

In der gegebenen *Kommandofolge* kann das *Kommando* **mesh** durch **surf** ersetzt werden.

♦

Beispiel 22.11:

Das *Rotationsparaboloid* aus Beispiel 22.8a) über dem *Rechteck* [–5,5]×[–5,5] läßt sich in MATLAB durch *folgende Kommandofolge* realisieren (siehe Abb.22.18):

[x , y] = **meshgrid** (–5 : 0.1 : 5) ; **mesh** (x.^2 + y.^2)

♦

Abb.22.18.
Grafikfenster
von MATLAB
mit dem Ro-
tationspara-
boloiden aus
Beispiel
22.8a)

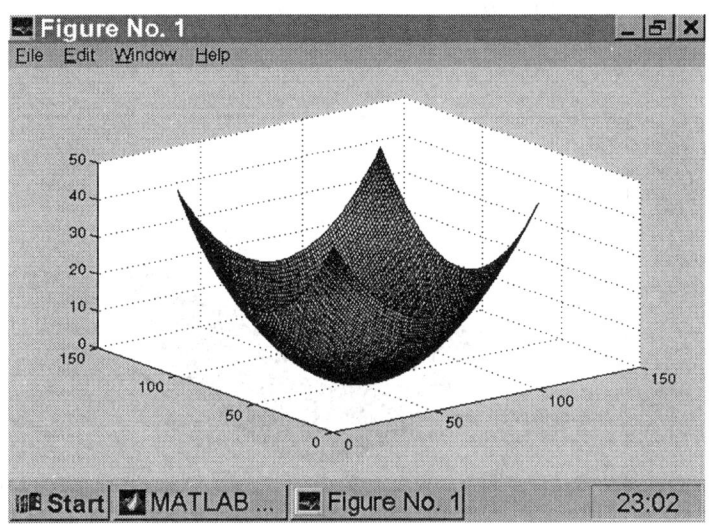

MuPAD

MuPAD stellt folgende *Grafikkommandos* für *Flächen* bereit :

- **plot3d** ([*Mode=Surface* , [x , y , f(x,y)] , x = [a , b] , y = [c , d] , *Grid* = [n , n]]) ;
  für *Flächen* in *expliziter Darstellung* mittels der *Funktion* z = f(x,y) über dem *Rechteck* $a \leq x \leq b$, $c \leq y \leq d$

- **plot3d** ([*Mode=Surface* , [x(u,v) , y(u,v) , z(u,v)] , u = [a , b] , v = [c , d] , *Grid* = [n , n]]) ;
  falls die *Fläche* in der *Parameterdarstellung*
  x=x(u,v) , y=y(u,v) , z=z(u,v)
  vorliegt, wobei für die *Parameter* u und v gilt:
  $a \leq u \leq b$, $c \leq v \leq d$.

Die Zahl n bei *Grid* bestimmt die *Anzahl* der *Gitterpunkte* in x- und y-Richtung. Wenn die Fläche zu grob erscheint, muß man n erhöhen.

◆

Beispiel 22.12:
Das *Rotationsparaboloid* aus Beispiel 22.8a) über dem *Rechteck* [–5,5]×[–5,5] läßt sich in MuPAD durch *folgendes Kommando* realisieren (siehe Abb.22.19):
plot3d ([*Mode=Surface* , [x , y , x^2+y^2] , x = [–5 , 5] , y = [–5 , 5] , *Grid* = [50 , 50]]) ;
wobei wir in x- und y-Richtung jeweils *50 Gitterpunkte* verwenden.

◆

Abb.22.19.
Grafikfenster
von MuPAD
mit dem Ro-
tationspara-
boloiden aus
Beispiel
22.8a)

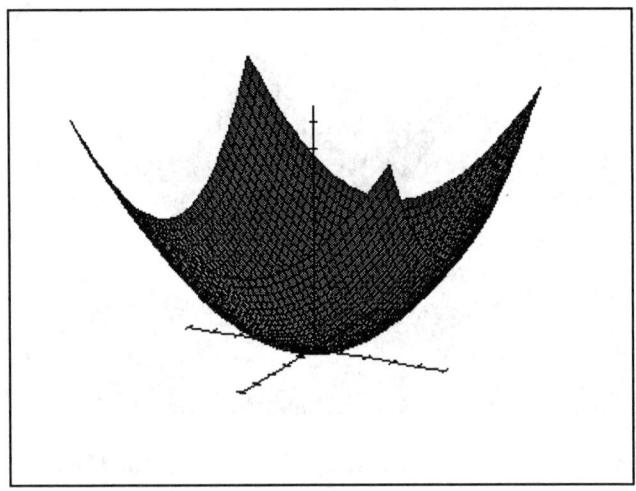

Bei MATHCAD und MATLAB gestaltet sich die Erzeugung von 3D-Grafiken etwas aufwendiger als bei den anderen Systemen, da hier die Flächenpunkte erst berechnet werden müssen.

◆

Mit einigen *Systemen* (z.B. MACSYMA, MAPLE und MATHEMATICA) lassen sich *mehrere Flächen* in *einem Koordinatensystem* darstellen, so daß man hiermit *Durchdringungen* veranschaulichen kann, wie im Beispiel 22.13 gezeigt wird.

◆

Beispiel 22.13:
Die *Durchdringung* der *Kugel* $x^2 + y^2 + z^2 = 4$

mit dem *Zylinders* $x^2 + y^2 = 1$

kann unter *Verwendung* von *Kugel-* und *Zylinderkoordinaten* in MACSYMA, MAPLE und MATHEMATICA durch folgende *Kommandofolgen*

* MACSYMA

     plotsurf ([[2*cos(u)*sin(v) , 2*sin(u)*sin(v) , 2*cos(v)] , [cos(u) , sin(u) , 6*v/%pi − 3]] , u , 0 , 2*%pi , v , 0 , %pi)

* MAPLE

     p1 := **plot3d** ([2*cos(u)*sin(v) , 2*sin(u)*sin(v) , 2*cos(v)] , u = 0..2*Pi , v = 0..Pi) :

     p2 := **plot3d** ([cos(u) , sin(u) , v] , u = 0..2*Pi , v = −3..3) :

     display ([p1 , p2]) ;

* MATHEMATICA

     p1 := **ParametricPlot3D** [{ 2*Cos[u]*Sin[v] , 2*Sin[u]*Sin[v] , 2*Cos[v] } , { u , 0 , 2*Pi } , { v , 0 , Pi }] ;

     p2 := **ParametricPlot3D** [{ Cos[u] , Sin[u] , v } , { u , 0 , 2*Pi } , { v , −3 , 3 }] ; **Show** [p1 , p2]

grafisch dargestellt werden.

Das *Ergebnis* ist für MACSYMA und MATHEMATICA in den Abb. 20.20 bzw. 20.21 zu sehen.

♦

Abb.22.20. Flächendurchdringung aus Beispiel 22.13 mittels MACSYMA

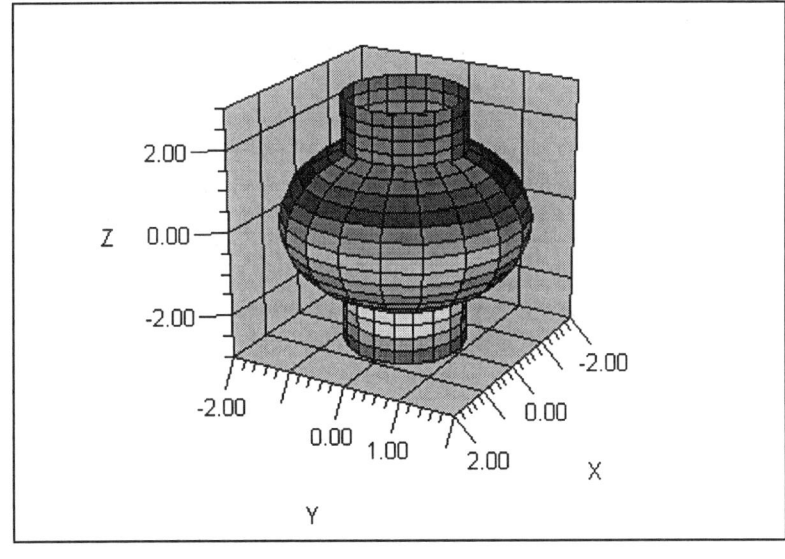

Abb.22.21.
Flächen-
durchdrin-
gung aus
Beispiel
22.13 mittels
MATHEMA-
TICA

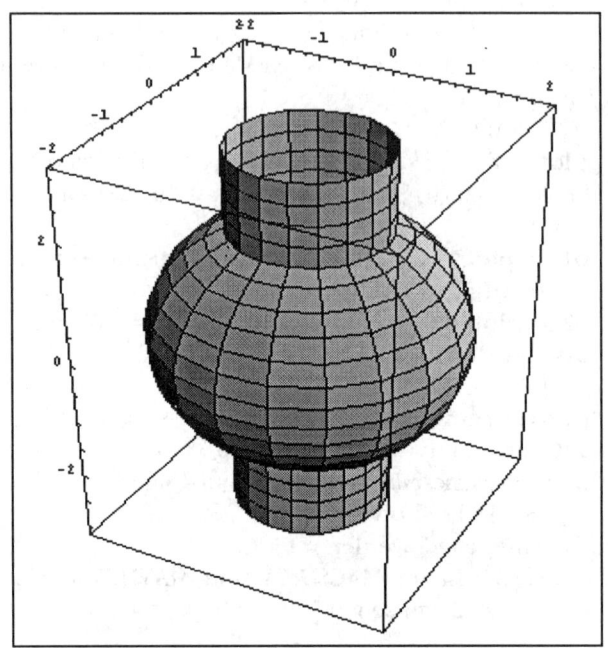

22.3   Punktgrafiken

Die *Systeme* gestatten die *direkte grafische Darstellung gegebener
Punkte*
* in der *Ebene* (*ebene Punktmenge*):
  (x1,y1) , (x2,y2) , ... , (xn,yn)
* im *Raum* (*räumliche Punktmenge*):
  (x1,y1,z1) , (x2,y2,z2) , ... , (xn,yn,zn)
die als *Punktgrafiken* bezeichnet werden. Einige Systeme verbinden
die gezeichneten Punkte durch Geraden.
Die dafür vorhandenen *Kommandos/Menüfolgen* lauten folgendermaßen, wobei L für die *Liste* der *gegebenen Punkte* steht, die in der
für die einzelnen *Systeme* beschriebenen Form einzugeben ist (siehe
Abschn.14.1):

DERIVE   DERIVE gestattet die *Darstellung ebener Punktmengen* in *folgenden
Schritten:*

I. Die *Eingabe* der *Punktmenge* in das *Arbeitsfenster* (*Algebra-
    fenster*) geschieht mittels der *Menüfolge*
    Author ⇒ Expression... [[x1,y1],[x2,y2],...,[xn,yn]] ⇒ **OK**

Falls sich die zu zeichnende *Punktmenge bereits* im *Arbeitsfenster* befindet, so wird sie mittels Mausklick *markiert*.

II. Anschließend wird durch *Anwendung* der *Menüfolge*
Window ⇒ New 2D-plot Window
oder Anklicken des *Symbols*

in der *Symbolleiste* in das *Grafikfenster umgeschaltet*.

III. Abschließend wird durch Anklicken des *Menüs*
Plot! oder des *Symbols*

im *Grafikfenster* die *Punktmenge gezeichnet*.

MACSYMA

MACSYMA *zeichnet* mit dem *Kommando*
graph ([x1 , x2 , ... , xn] , [y1 , y2 , ... , yn])
eine *ebene Punktmenge*, wobei die *gegebenen Punkte* durch *Geraden verbunden* werden.

MAPLE

MAPLE zeichnet mit dem *Kommando* **listplot** (L) ;
eine *ebene Punktmenge*, die sich in der *Liste* L befindet, wenn vorher das Grafikpaket *plots* mittels **with** (plots) ; geladen wurde. Die *gegebenen Punkte* werden durch *Geraden verbunden*.

MATHCAD

MATHCAD kann *ebene Punktmengen grafisch darstellen*, indem man die *x*-Koordinaten einem *Vektor* **x** und die *y*-Koordinaten einem *Vektor* **y** zuordnet, anschließend das *Grafikfenster* aufruft und in die Platzhalter die Komponenten x_i bzw. y_i der Vektoren einträgt. Die genaue *Vorgehensweise* ist aus Abb.22.22 zu ersehen.

MATHEMA-TICA

MATHEMATICA zeichnet mit dem *Kommando*
* **ListPlot** [L]   eine *ebene Punktmenge*,
* **ListPlot3D** [L]   eine *räumliche Punktmenge*,
die sich in der *Liste* L befinden.

MATLAB

MATLAB *zeichnet* mit dem *Kommando*
* **plot** (x , y)
eine *ebene Punktmenge*, wobei die *x*- und *y*-Koordinaten der zu *zeichnenden Punkte* den *Vektoren* **x** bzw. **y** zugeordnet sein müssen.
* **plot3** (x , y , z)
eine *räumliche Punktmenge*, wobei die *x*-, *y*- und *z*-Koordinaten der zu *zeichnenden Punkte* den *Vektoren* **x** , **y** bzw. **z** zugeordnet sein müssen.
Bei beiden Kommandos werden die *gegebenen Punkte* von MATLAB durch *Geraden verbunden*.

MuPAD

MuPAD *zeichnet* mit dem *Kommando*

* **plot2d** ([*Mode* = *List* , [*point* (x1,y1) , *point* (x2,y2) , ... , *point* (xn,yn)]]) ;
  eine *ebene Punktmenge*.
* **plot3d** ([*Mode* = *List* , [*point* (x1,y1,z1) , *point* (x2,y2,z2) , ... , *point* (xn,yn,zn)]]) ;
  eine *räumliche Punktmenge*.

◆

Beispiel 22.14:
Die *Darstellung* der *Punkte*
(1,2) , (3,6) , (2,4) , (5,1) , (6,3)
der *Ebene* geschieht in den *Systemen folgendermaßen:*
* MACSYMA
  graph ([1 , 3 , 2 , 5 , 6] , [2 , 6 , 4 , 1 , 3])
* MAPLE
  listplot ([[1 , 2] , [3 , 6] , [2 , 4] , [5 , 1] , [6 , 3]]) ;
* MATHCAD
  Siehe Abb.22.22
* MATHEMATICA
  ListPlot [{ { 1 , 2 } , { 3 , 6 } , { 2 , 4 } , { 5 , 1 } , { 6 , 3 } }]
* MATLAB
  plot ([1 , 3 , 2 , 5 , 6] , [2 , 6 , 4 , 1 , 3])
* MuPAD
  plot2d ([*Mode* = *List* , [*point* (1,2) , *point* (3,6) , *point* (2,4) , *point* (5,1) , *point* (6,3)]]) ;
◆

Abb.22.22.
Punktgrafik
aus Beispiel
22.14 mittels
MATHCAD

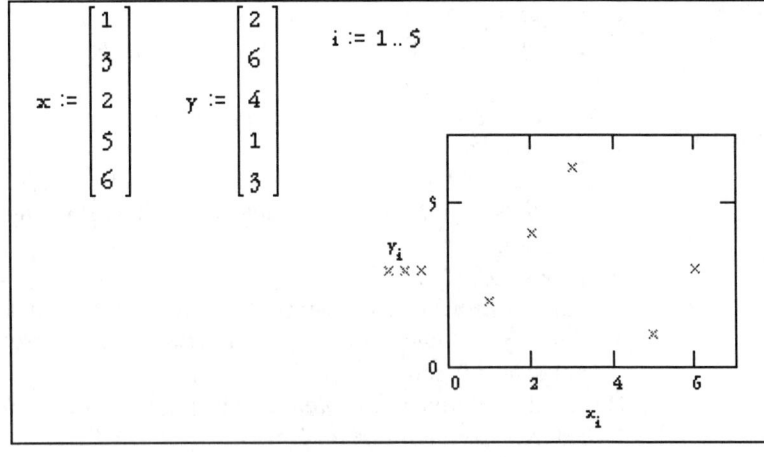

22.4   Bewegte Grafiken, Animationen

Die *Systeme* AXIOM, MACSYMA, MATHCAD, MAPLE, MATHEMATI-CA, MATLAB gestatten die *Darstellung* von *bewegten Grafiken*. Be-wegte *Grafiken* lassen sich in diesen Systemen erzeugen, indem man die *Kurven-* bzw. *Flächengleichungen* für verschiedene *Parameter-werte* darstellt und diese Darstellungen nacheinander ablaufen läßt. Im Rahmen dieses Buches können wir nicht näher hierauf eingehen und verweisen auf die Handbücher der *Systeme* und die integrierten *Hilfen*.

23 Lösung von Gleichungen und Ungleichungen

23.1 Ingenieurtechnische Anwendungen

Gleichungen und *Ungleichungen* spielen in der *Ingenieurmathematik* eine fundamentale Rolle, da sich viele *technische* und *naturwissenschaftliche Zusammenhänge* durch sie darstellen lassen.

Aus der *Vielzahl* von *Anwendungen* sollen nur folgende *einfache Beispiele* erwähnt werden:

*   *Lineare Gleichungssysteme* treten z.b. bei folgenden Problemen auf (siehe [41]/1,5):
    *   *Beschreibung elektrischer Netzwerke:*
        Hier werden die Gleichungen unter Verwendung der *Kirchhoffschen Gesetze* (Knotensatz, Maschensatz) erhalten.
    *   *Berechnung* der *Eigenfrequenzen* eines *schwingenden Systems.*
    *   *Berechnung* der in einem *Fachwerk* auftretenden *Stabkräfte.*
*   *Nichtlineare Gleichungen* findet man u.a. bei der
    *   *Berechnung* von *Verbraucherwiderständen* in *elektrischen Schaltungen*
    *   *Berechnung* der *Kreisfrequenzen* in *kapazitiv gekoppelten elektrischen Schwingkreisen*
    *   *Anwendung* der *Barometerformel*

23.2 Lineare Gleichungen

Betrachten wir zuerst die *Lösung linearer Gleichungen,* die eine einfache Struktur besitzen und deshalb den *Systemen* keine Schwierigkeiten bereiten, wenn die Anzahl der Gleichungen und Unbekannten (Variablen) gewisse Grenzen nicht überschreitet.

Ein allgemeines *lineares Gleichungssystem* mit m *Gleichungen* und n *Unbekannten/Variablen* $x_1,...,x_n$ (m≥1 , n≥1) hat die *Form*

$$a_{11} \cdot x_1 + \cdots + a_{1n} \cdot x_n = b_1$$
$$\vdots \qquad \qquad \vdots$$
$$a_{m1} \cdot x_1 + \cdots + a_{mn} \cdot x_n = b_m$$

und lautet in *Matrizenschreibweise* $\mathbf{A} \cdot \mathbf{x} = \mathbf{b}$,
wobei

$$\mathbf{A} = \begin{pmatrix} a_{11} & a_{12} & \cdots & a_{1n} \\ a_{21} & a_{22} & \cdots & a_{2n} \\ \vdots & \vdots & \vdots & \vdots \\ a_{m1} & a_{m2} & \cdots & a_{mn} \end{pmatrix} \qquad \mathbf{x} = \begin{pmatrix} x_1 \\ x_2 \\ \vdots \\ x_n \end{pmatrix} \qquad \mathbf{b} = \begin{pmatrix} b_1 \\ b_2 \\ \vdots \\ b_m \end{pmatrix}$$

gelten und $\mathbf{A}$ als *Koeffizientenmatrix*, $\mathbf{x}$ als *Vektor* der *Unbekannten*
und $\mathbf{b}$ als *Vektor* der *rechten Seiten* bezeichnet werden.
Die *Lösungstheorie* für *lineare Gleichungen* gibt in Abhängigkeit von
der *Koeffizientenmatrix* $\mathbf{A}$ und der *rechten Seite* $\mathbf{b}$ Bedingungen,
wann für $\mathbf{x}$
* *genau eine Lösung*
* *keine Lösung*
* *beliebig viele Lösungen*
existieren (siehe [41]/1).
Beispiel 23.1:
a) $5x_1 + x_2 = 2$
    $x_1 - 2x_2 = 7$ besitzt die *eindeutige Lösung* $x_1 = 1$, $x_2 = -3$
b) $x_1 + 2x_2 = 1$
    $2x_1 + 4x_2 = 2$
    besitzt *beliebig viele Lösungen* der Gestalt
    $x_1 = 1 - 2\lambda$, $x_2 = \lambda$ (λ beliebige reelle Zahl)
c) $x_1 + 2x_2 = 1$
    $2x_1 + 4x_2 = 3$ besitzt *keine Lösung*.
    ♦

Eine *erste Möglichkeit* zur *Berechnung* der eindeutigen *Lösung* eines
linearen Gleichungssystems für den *Fall*, daß die *Koeffizientenmatrix* $\mathbf{A}$ *quadratisch* und *nichtsingulär* ist, besteht in den *Systemen* in
der *Berechnung* der *inversen Matrix* $\mathbf{A}^{-1}$: Die *Lösung* $\mathbf{x}$ ergibt sich
dann als Produkt von $\mathbf{A}^{-1}$ und $\mathbf{b}$, d.h. $\mathbf{x} = \mathbf{A}^{-1} \cdot \mathbf{b}$.
Diese Methode ist jedoch nicht zu empfehlen, da sie nicht immer
anwendbar und aufwendiger als der in den *Systemen integrierte
Gaußsche Algorithmus* ist.
♦

Es wird nochmals darauf hingewiesen, daß alle *Verfahren* im Rahmen der *Computeralgebra frei* von *Rundungsfehlern* arbeiten und somit immer das *exakte Ergebnis* liefern.
Dies trifft auch für den verwendeten *Gaußschen Algorithmus* zur *Lösung linearer Gleichungssysteme* zu, der im Rahmen der *Computeralgebra ohne Rundungsfehler* arbeitet, während seine numerische Anwendung den Einfluß von Rundungsfehlern beachten muß.

♦

Die einzelnen *Systeme* stellen folgende *Kommandos/Menüfolgen* zur *exakten Lösung* von *linearen Gleichungssystemen* zur Verfügung:

AXIOM

AXIOM kann zur *exakten Lösung* eines *linearen Gleichungssystems* das *Kommando*
solve ([a11*x1 +...+ a1n*xn = b1 ,..., am1*x1 +...+ amn*xn = bm] , [x1 , ... , xn])
zur *exakten Lösung allgemeiner Gleichungen* anwenden, wobei die *Eingabe* der *Gleichungen* und *Variablen* als *Liste* erfolgen muß.
Beispiel 23.2:
AXIOM löst *Beispiel 23.1a)* mittels des *Kommandos*
solve ([5 * x1 + x2 = 2 , x1 − 2 * x2 = 7] , [x1 , x2])
Analog löst man *Beispiel 23.1b)*.
Die *Unlösbarkeit* von *Beispiel 23.1c)* zeigt AXIOM mittels **[ ]** an.

♦

DERIVE

DERIVE muß *zuerst* über die *Menüfolge*
Declare ⇒ Algebra State ⇒ Input...
in der erscheinenden *Dialogbox* bei **Input Mode** durch Anklicken von **Word** auf *Worteingabe umschalten*, um *Variablen* benutzen zu können, die aus *mehreren Zeichen* bestehen.
Zur *exakten Lösung* eines *linearen Gleichungssystems* gibt es *zwei Möglichkeiten:*
I. Nach *Aktivierung* der *Menüfolge* **Solve ⇒ System...**
    öffnet sich die *Dialogbox* **Equation Setup...**
    in die die *Anzahl* der *Gleichungen* einzutragen ist.
    Nach *Anklicken* von **OK** erscheint eine *weitere Dialogbox*, in die die Gleichungen und Variablen (Lösungsvariablen) eingetragen werden. Nach Anklicken von **Simplify** erscheint das *Ergebnis.*
II. *Anwendung* der *Menüfolge*
    Author ⇒ Expression... solve ([a11*x1 +...+ a1n*xn = b1 ,..., am1*x1 +...+ amn*xn = bm] , [x1 , ... , xn]) ⇒ **Simplify**
    mit dem *Lösungskommando* **solve** zur *Lösung allgemeiner Gleichungen.*

Beispiel 23.3:

Zur *Lösung* von *Beispiel 23.1a)* verwenden wir die *beiden* von DE-RIVE *gegebenen Möglichkeiten:*

I. Nach *Aktivierung* der *Menüfolge* **Solve ⇒ System...**
    wird in der erscheinenden *Dialogbox* **Equation Setup...**
    die *Anzahl* der *Gleichungen* (2) eingetragen.
    Nach *Anklicken* von **OK** erscheint eine weitere *Dialogbox*, in die
    die *beiden Gleichungen* in der *Form*

    5 * x1 + x2 = 2
    x1 − 2 * x2 = 7

    und die beiden *Lösungsvariablen* in der *Form* x1 , x2 *eingetragen* werden. Das Anklicken von **Simplify** liefert das *Ergebnis* x1 = 1 , x2 = −3

II. *Anwendung* der *Menüfolge*
    Author ⇒ Expression... solve ([5 * x1 + x2 = 2 , x1 − 2 * x2 = 7] , [x1 , x2]) ⇒ **Simplify**

Die *Beispiele 23.1a)* und *b)* werden problemlos gelöst, wobei man bei b) allerdings beachten muß, daß verschiedene Lösungsdarstellungen existieren.

Die *Unlösbarkeit* von *Beispiel 23.1c)* zeigt DERIVE mittels [ ] an.

◆

MACSYMA

MACSYMA kann zur *exakten Lösung* eines *linearen Gleichungssystems* das *Kommando*

solve ([a11*x1 +...+ a1n*xn = b1 ,..., am1*x1 +...+ amn*xn = bm] , [x1 , ... , xn])

zur *Lösung allgemeiner Gleichungen* anwenden, wobei die *Eingabe* der *Gleichungen* und *Variablen* als *Liste* erfolgen muß.

Beispiel 23.4:

Beispiel 23.1a) wird mittels des *Kommandos*

solve ([5 * x1 + x2 = 2 , x1 − 2 * x2 = 7] , [x1 , x2])

gelöst. Analog löst man *Beispiel 23.1b)*.

Die *Unlösbarkeit* von *Beispiel 23.1c)* zeigt MACSYMA mittels der Meldung *Inconsistent equations* (unverträgliche Gleichungen) an.

◆

MAPLE

MAPLE bietet zur *exakten Lösung* eines *linearen Gleichungssystems zwei Möglichkeiten:*

I. Die *Anwendung* des *Kommandos*

    solve ({ a11*x1 + ... + a1n*xn = b1 , ... , am1*x1 + ... + amn*xn = bm } , { x1, ... , xn }) **;**

zur *exakten Lösung allgemeiner Gleichungen* ist *möglich*, wobei die *Eingabe* der *Gleichungen* und *Variablen* in *Mengenschreibweise* erfolgen muß.

II. Die *Anwendung* des *speziell* für *lineare Gleichungen* vorhandenen *Kommandos*

linsolve ([[a11, ... ,a1n], ... ,[am1, ... , amn]] , [b1 ,...,bm]) ;

das nach Laden des Pakets *Lineare Algebra* mittels **with** (linalg); zur Verfügung steht, wobei die *Koeffizienten* und die *rechten Seiten* des *Gleichungssystems* in *Listenform einzugeben* sind.

Beispiel 23.5:

Beispiel 23.1a) wird mittels der *Kommandos*

solve ({ 5*x1 + x2 = 2 , x1 – 2*x2 = 7 } , { x1 , x2 }) ;

oder

linsolve ([[5 , 1] , [1 , -2]] , [2, 7]) ;

gelöst. Analog löst man *Beispiel 23.1b)*.

Für das *unlösbare Beispiel 23.1c)* erfolgt keine Reaktion. Es wird zum nächsten Eingabeprompt übergegangen.

♦

Sucht man nur *ganzzahlige Lösungen* des *Gleichungssystems,* kann bei MAPLE das *Kommando* **isolve** anstatt von **solve** verwendet werden.

♦

MATHCAD MATHCAD bietet folgende zwei Möglichkeiten zur *exakten Lösung* von *linearen Gleichungssystemen :*

I. Mittels der *Menüfolge* **Symbolic ⇒ Solve for Variable** kann man *eine Gleichung* nach *einer Variablen* (die markiert sein muß) *auflösen*. Damit läßt sich ein *Gleichungssystem schrittweise lösen*, indem man jeweils eine Gleichung nach einer Variablen auflöst und das Ergebnis über die Zwischenablage in die anderen Gleichungen mittels der *Menüfolge* **Symbolic ⇒ Substitute for Variable** einsetzt. Diese als *Eliminationsmethode* bezeichnete Methode ist aufwendig und deshalb nur bei einer kleinen Anzahl von Gleichungen und Variablen zu empfehlen.

II. Die *effektive Lösungsmethode* für MATHCAD erhält man mittels folgender Methode zur *exakten Lösung allgemeiner Gleichungen:* Man gibt **given** in Groß- oder Kleinbuchstaben in das Arbeitsfenster ein. Es ist nur zu beachten, daß dies im *Formelmodus* geschehen muß. Unterhalb dieses Wortes ist anschließend das zu

lösende *Gleichungssystem* einzugeben. Dabei muß das *Gleichheitszeichen* unter Verwendung des *Gleichheitsoperators*

aus der *Operatorpalette Nr.2* oder der *Tastenkombination* ⌷Strg⌷⌷+⌷
eingegeben werden. Unter dem zu lösenden Gleichungssystem
ist danach die *Funktion* **find** (...) einzugeben, wobei im Argument die Variablen (durch Komma getrennt) erscheinen müssen, nach denen aufgelöst werden soll. Die abschließende Eingabe des *symbolischen Gleichheitszeichens* → liefert das *exakte
Ergebnis*, falls das Gleichungssystem lösbar ist.
Man kann das berechnete *Ergebnis* mittels der Zuweisung
x := **find** (...) →
einem *Vektor* **x** *zuordnen* (siehe Beispiel 23.6).

Bei der *Eingabe* der *Gleichungen* in das *Arbeitsfenster* können bei
beiden Methoden die *Variablen* sowohl *indiziert* in der Form
$x_1, x_2, x_3, ...$, als auch in der Form x1, x2, x3, ... eingegeben werden. Bei der Verwendung *indizierter Variablen* lassen sich beide im
Abschn. 13.2 beschriebenen Formen (*Feldindex* oder *Literalindex*)
anwenden.
♦

MATHCAD besitzt zur *Lösung linearer Gleichungssysteme* zusätzlich
das *Numerikkommando* **lsolve** (**A**, **b**) das als Ergebnis den Lösungsvektor liefert, wenn man das *numerische Gleichheitszeichen* =
eintippt. Dieses Kommando ist nur für *Systeme* mit *quadratischer*
und *nichtsingulärer Koeffizientenmatrix* **A** anwendbar, für die genau eine Lösung existiert. Es werden hier die *inverse Matrix* $\mathbf{A}^{-1}$
und die *Lösung* mittels $\mathbf{x} = \mathbf{A}^{-1} \cdot \mathbf{b}$ *berechnet*.
♦

Beispiel 23.6:
a) *Beispiel 23.1a)* wird mittels
   given
   $5 * x_1 + x_2 = 2$
   $x_1 - 2 * x_2 = 7$

$$x := \text{find} (x_1 , x_2) \rightarrow \begin{pmatrix} 1 \\ -3 \end{pmatrix}$$

exakt gelöst. Analog löst man *Beispiel 23.1b)*.

Für das *unlösbare Beispiel 23.1c)* erfolgt die Meldung *did not find solution* (keine Lösung gefunden).

b) Lösen wir das Beispiel aus a) mittels des *Numerikkommandos* **lsolve**:

$$\text{lsolve}\left(\begin{pmatrix} 5 & 1 \\ 1 & -2 \end{pmatrix}, \begin{pmatrix} 2 \\ 7 \end{pmatrix}\right) = \begin{pmatrix} 1 \\ -3 \end{pmatrix}$$

◆

MATHEMA-TICA

MATHEMATICA bietet zur *exakten Lösung* eines *linearen Gleichungssystems zwei Möglichkeiten:*

I. Das allgemeine *Kommando*

Solve [{ a11*x1 + ... + a1n*xn == b1 , ... , am1*x1 + ... + amn* xn == bm } , { x1, ... , xn }]

zur *Lösung beliebiger Gleichungen* kann angewandt werden, wobei die *Eingabe* der *Gleichungen* und *Variablen* als *Liste* erfolgen muß und als *Gleichheitszeichen* == zu verwenden ist.

II. *Anwendung* des *speziell* für *lineare Gleichungen* vorhandenen *Kommandos*

LinearSolve [{ { a11 , ... , a1n } , ... , { am1 , ... , amn } } , { b1 , ... , bm }]

wobei die erste *Liste* die *Koeffizientenmatrix* **A** und die zweite die *rechte Seite* des zu *lösenden Gleichungssystems* enthalten.

Beispiel 23.7:

Beispiel 23.1a) kann mittels der *Kommandos*

Solve [{ 5*x1 + x2 == 2 , x1 - 2*x2 == 7 } , { x1 , x2 }]

oder

LinearSolve [{ { 5 , 1 } , { 1 , -2 } } , { 2 , 7 }]

gelöst werden. Analog löst man *Beispiel 23.1b)*.

Das *unlösbare Beispiel 23.1c)* bewirkt die Meldung der Unlösbarkeit: *Linear equation encountered which has no solution.*

◆

MATLAB

MATLAB bietet zur *Lösung* eines *linearen Gleichungssystems zwei Möglichkeiten:*

I. Das allgemeine *Kommando*

solve (' a11*x1 + ... + a1n*xn = b1 ' , ... , ' am1*x1 + ... + amn* xn = bm ' , 'x1' , ... , 'xn')

zur *exakten Lösung beliebiger Gleichungen* kann angewandt werden.

Bei der dem Autor zur Verfügung stehenden Version von MATLAB ließ sich das *Kommando* **solve** nur anwenden, wenn die (symbolischen) Variablen des Gleichungssystems aus einem Buchstaben bestehen.

◆

II. *Anwendung* des *speziell* für *lineare Gleichungen* vorhandenen *Kommandos* **A \ b**
wobei **A** für die *Koeffizientenmatrix* und **b** für die *rechte Seite* des Gleichungssystems stehen. Dabei ist zu *beachten*, daß der *Vektor* **b** immer als *Spaltenvektor einzugeben* ist.

Beispiel 23.8:
Beispiel 23.1a) kann mittels der *Kommandos*
solve (' 5*x + y = 2 ' , ' x – 2*y = 7 ' , ' x ' , ' y ')
oder
[5 , 1 ; 1 , –2] \ [2 ; 7]
gelöst werden. Analog löst man *Beispiel 23.1b)*.
Das *unlösbare Beispiel 23.1c)* bewirkt die *Meldung* der Unlösbarkeit: *Explicit solution could not be found.*
Bei der *Anwendung* von II. kommt für die beiden letzten Fälle die *Meldung*, daß die *Matrix singulär* ist.

◆

MuPAD

MuPAD bietet zur *exakten Lösung* eines *linearen Gleichungssystems zwei Möglichkeiten:*

I. Das allgemeine *Kommando*
solve ({ a11*x1 + ... + a1n*xn = b1 , ... , am1*x1 + ... + amn* xn = bm } , { x1 , ... , xn }) ;
zur *Lösung beliebiger Gleichungen* kann angewandt werden, wobei die *Eingabe* der *Gleichungen* und *Variablen* in *Mengenschreibweise* erfolgen muß.

II. *Anwendung* des *speziell* für *lineare Gleichungen* vorhandenen *Kommandos*
linsolve ({ a11*x1 + ... + a1n*xn = b1 , ... , am1*x1 + ... + amn *xn = bm } , { x1 , ... , xn }) ;
wobei die *Eingabe* der *Gleichungen* und *Variablen* in *Mengenschreibweise* erfolgen muß.

Beispiel 23.9:
Beispiel 23.1a) kann mittels der *Kommandos*
solve ({ 5*x1 + x2 = 2 , x1 – 2*x2 = 7 } , { x1 , x2 }) ;
oder
linsolve ({ 5*x1 + x2 = 2 , x1 – 2*x2 = 7 } , { x1 , x2 }) ;
gelöst werden. Analog löst man *Beispiel 23.1b)*.

Das *unlösbare Beispiel 23.1c)* bewirkt die *Meldung* der *Unlösbarkeit:*
{ } bzw. *Fail*

♦

Die *Lösung linearer Gleichungssysteme* ist im Rahmen der Computeralgebra problemlos möglich, da der *Gaußsche Algorithmus* nach endlich vielen Schritten eine Lösung liefert (*endlicher Algorithmus*). Sie wird nur bei hoher Dimension (große Anzahl von Gleichungen und Variablen) durch lange Rechenzeit bzw. Abbruch wegen Speichermangels eingeschränkt.

♦

Wir haben gesehen, daß
* alle *Systeme* die *Lösung linearer Gleichungssysteme* mittels der *Kommandos/Menüfolgen* zur *Lösung allgemeiner Gleichungen* gestatten, wofür sie bis auf MATHCAD das *Kommando* **solve** (deutsch: *lösen*) verwenden.
* die *Systeme* MAPLE, MATHEMATICA, MATLAB und MuPAD *spezielle Kommandos* für *lineare Gleichungen* anbieten, die natürlich *vorzuziehen* sind.

♦

Einige der *Systeme* ordnen die *Lösung* eines *Gleichungssystems* den *Variablen* nur *symbolisch* zu, d.h., mit den Variablen kann anschließend nicht weitergerechnet werden.
Welche Möglichkeiten die *Systeme* bei der *Weiterverwendung* von *Lösungen* von *Gleichungssystemen* bieten (*Lösungszuweisung*), wird im folgenden Beispiel 23.10 am Beispiel linearer Gleichungssysteme für MAPLE und MATHEMATICA gezeigt.

♦

Beispiel 23.10:
Wir verwenden das *Gleichungssystem* aus *Beispiel 23.1a)* und zeigen für MAPLE und MATHEMATICA *folgende Möglichkeiten* für die *Lösungszuweisung:*

♦

MAPLE   MAPLE bietet folgende *Möglichkeiten* für eine *Lösungszuweisung:*
* Eine *dauerhafte Lösungszuweisung* an x1 bzw. x2 ist aus der folgenden Bildschirmkopie zu ersehen:
  solve ({ 5*x1 + x2 = 2 , x1 − 2*x2 = 7 } , { x1 , x2 }) ;

$$\{x1 = 1, x2 = -3\}$$

  assign ('') ;

x1 ; x2 ;

$$1$$

$$-3$$

Aus der gegebenen Bildschirmkopie ist zu erkennen, daß die *Zuweisung* der *Lösung* des *Gleichungssystems* mittels des *Kommandos* **assign** erfolgt.

Die Zuweisung der Lösung zu x1 und x2 nach der Anwendung des *Kommandos* **solve** ist rein *symbolischer Natur*. Wenn man mit den erhaltenen Zahlenwerten 1 und −3 für x1 und x2 weiterrechnen will, muß unbedingt das *Kommando* **assign** ausgeführt werden. Die Anwendung dieses Kommandos hat aber den Nachteil, daß anschließend x1 und x2 nicht mehr als Variable zur Verfügung stehen, da ihnen Werte zugewiesen wurden.

Eine *vorübergehende Zuweisung* der Lösungen für x1 bzw. x2 ist aus der folgenden Bildschirmkopie ersichtlich, wobei der Quotient x1/x2 unter Verwendung des *Kommandos* **subs** berechnet wird:

lsg := **solve** ({ 5*x1 + x2 = 2 , x1−2*x2 = 7 } , { x1 , x2 }) ;

$$lsg := \{x1 = 1, x2 = -3\}$$

subs (lsg , x1/x2) ;

$$\frac{-1}{3}$$

Mittels des *Kommandos* **subs** werden in diesem Beispiel x1 und x2 nur zur Berechnung des Quotienten x1/x2 die Werte 1 bzw. −3 zugewiesen.

MATHEMATICA

MATHEMATICA bietet folgende *Möglichkeiten* für eine *Lösungszuweisung:*

- Eine *dauerhafte Lösungszuweisung* an x1 bzw. x2 ist aus der folgenden Bildschirmkopie zu ersehen:

  Solve [{ 5*x1+x2==2 , x1−2*x2==7 } , { x1 , x2 }]

  { { x1 −> 1 , x2 −> −3 } }

  x1 = x1 /.%[[1]]

  1

  x2=x2 /.%%[[1]]

  −3

  Da hier die *Lösung* in einer *geschachtelten Liste* steht, muß sie mittels [[1]] herausgezogen werden.

- Eine *vorübergehende Zuweisung* der Lösungen für x1 bzw. x2 ist aus der folgenden Bildschirmkopie ersichtlich, wobei wie bei MAPLE der Quotient x1/x2 berechnet wird:

Solve [{ 5*x1+x2==2 , x1–2*x2==7 } , { x1 , x2 }]

{ { x1 –> 1 , x2 –> –3 } }

x1/x2 /.%[[1]]

$-(\dfrac{1}{3})$

23.3   Polynome

Polynomfunktionen (kurz *Polynome*) *n-ten Grades* $P_n(x)$ mit *reellen Koeffizienten*

$$a_n , a_{n-1} , \ldots , a_1 , a_0$$

schreiben sich in der *Form*

$$P_n(x) = \sum_{k=0}^{n} a_k \cdot x^k = a_n \cdot x^n + a_{n-1} \cdot x^{n-1} + \ldots + a_1 \cdot x + a_0 \qquad (a_n \neq 0)$$

und werden auch als *ganzrationale Funktionen* bezeichnet.

Die wichtigste Aufgabe bei Polynomen liegt in der *Berechnung* der (reellen und komplexen) *Nullstellen*, d.h. der Lösungen x_i der zugehörigen *Polynomgleichung n-ten Grades*

$$P_n(x) = 0$$

Ein *Polynom n-ten Grades* hat *n Nullstellen*, die reell, komplex und mehrfach sein können.

Zur *Bestimmung* der *Nullstellen* existieren *Berechnungsformeln* nur für Polynome bis zum vierten Grad (d.h. bis n=4). Die bekannteste ist die für *quadratische Gleichungen* (n=2):

Die *quadratische Gleichung* $\qquad x^2 + a_1 \cdot x + a_0 = 0$

besitzt die beiden *Lösungen* $\qquad x_{1,2} = -\dfrac{a_1}{2} \pm \sqrt{\dfrac{a_1^2}{4} - a_0}$

Für n=3 und 4 sind die Formeln bedeutend schwieriger. Ab n=5 gibt es keine Formeln mehr für die Nullstellenberechnung, da allgemeine Polynome ab dem 5. Grad nicht durch Radikale lösbar sind. Deshalb kann man von den *Systemen* nicht erwarten, daß sie für n≥ 5 immer die *exakten Lösungen* finden.

♦

Eng mit der *Nullstellenbestimmung* hängt die *Faktorisierung* von *Polynomen* zusammen (siehe Abschn.18.5).

Unter *Faktorisierung* versteht man die *Schreibweise* eines *Polynoms* als *Produkt* von *Linearfaktoren* (für die reellen Nullstellen) und *quadratischen Polynomen* (für die komplexen Nullstellen), d.h. (für $a_n = 1$)

$$\sum_{k=0}^{n} a_k x^k =$$

$$(x - x_1)(x - x_2) \cdot \ldots \cdot (x - x_r)(x^2 + b_1 x + c_1) \cdot \ldots \cdot (x^2 + b_s x + c_s)$$

wobei $x_1, \ldots, x_r$ die *reellen Nullstellen* sind (in ihrer eventuellen Vielfachheit gezählt). Eine derartige *Faktorisierung* ist nach dem *Fundamentalsatz* der *Algebra* gesichert. Bei der *Faktorisierung* wird man nur ein Resultat erwarten können, wenn die *Systeme* die *Nullstellen exakt bestimmen* können (siehe Abschn.18.5).

◆

Mit den *Systemen* kann man die *exakte Nullstellenbestimmung* für *Polynome* auf *folgende drei Arten* in Angriff nehmen:

I. Mittels eventuell vorhandener *spezieller Kommandos* zur *Nullstellenbestimmung* für *Polynome,* die wir im folgenden betrachten,

II. Mittels *Faktorisierung* (siehe Abschn.18.5),

III. Mittels der *Lösungskommandos* für *nichtlineare Gleichungen* (siehe Abschn.23.4),

wobei mit I. begonnen werden sollte.

Falls die *exakte Nullstellenbestimmung* für *Polynome versagt,* können die *Numerikkommandos* zur Lösung nichtlinearer Gleichungen herangezogen werden (siehe Abschn.23.4).

◆

Betrachten wir spezielle *Kommandos/*Menüfolgen der *Systeme* zur Bestimmung der *Nullstellen* von *Polynomen:*

MACSYMA

MACSYMA *berechnet* mit dem *Kommando*

polysolve ($P_n(x)$, x)

die reellen und komplexen *Nullstellen* des gegebenen *Polynoms* n-ten Grades $P_n(x)$ *exakt.*

MAPLE

MAPLE *berechnet* mit dem *Kommando* **roots** ($P_n(x)$)

die reellen und komplexen *Nullstellen* des gegebenen *Polynoms* n-ten Grades $P_n(x)$ *exakt.*

MATHCAD

MATHCAD *berechnet* mit dem *Kommando*

polyroots (a)

die reellen und komplexen *Nullstellen* des *Polynoms* $P_n(x)$ *numerisch,* wobei der *Spaltenvektor* **a** die *Koeffizienten* des *Polynoms* in der folgenden *Form* enthält:

$$\mathbf{a} := \begin{pmatrix} a_0 \\ a_1 \\ \dots \\ a_n \end{pmatrix}$$

Man kann das *Ergebnis* auch einem *Vektor* **z** in der *Form*
z = **polyroots** (**a**) *zuweisen*.

MATHEMA-
TICA

MATHEMATICA *berechnet* mit dem *Kommando* **Root** [$P_n(x)$, k]
die k-te (k=1 , ... , n) reelle oder komplexe *Nullstelle* des gegebenen
Polynoms n-ten Grades $P_n(x)$ *exakt*.

MATLAB

MATLAB *berechnet* mit dem *Kommando*
roots ([$a_n\ a_{n-1}\ \dots\ a_1\ a_0$])
numerisch die reellen und komplexen *Nullstellen* des *Polynoms*
$P_n(x)$ mit den *Koeffizienten*
$a_n , a_{n-1} , \dots , a_1 , a_0$

MuPAD

MuPAD berechnet mit einem der *Kommandos*

* **numeric :: bairstow** ($P_n(x)$) ;

* **numeric :: fsolve** ($P_n(x)$, x , a , b , eps) ;

die reellen und komplexen *Nullstellen* des *Polynoms*
$P_n(x)$ *numerisch*, wobei **fsolve** die *Nullstellen* im *Intervall* [a,b] mit
der *Genauigkeit* eps liefert.

♦

Selbst wenn ein *System* alle Nullstellen eines Polynoms berechnet,
ist das *Ergebnis kritisch* zu *betrachten*. Es empfiehlt sich, die *Funktionskurve* der *Polynomfunktion* zusätzlich *zeichnen* zu lassen und
hieraus *Näherungswerte* für die reellen Nullstellen abzulesen, die
man mit den berechneten vergleichen kann. Des weiteren ist eine
Probe zu empfehlen, d.h., die berechneten Nullstellen sollten in das
Polynom eingesetzt werden.

♦

Beispiel 23.11a) zeigt, daß die *Systeme* die Nullstellen für Polynome
mit einem Grad größer als 4 exakt berechnen können, wenn diese
ganzzahlig sind.

♦

Beispiel 23.11:
a) Die *ganzzahligen Nullstellen* −1 , −2 , 1 , 2 , 5
  der *Polynomgleichung fünften Grades*

$$x^5 - 5 \cdot x^4 - 5 \cdot x^3 + 25 \cdot x^2 + 4 \cdot x - 20 = 0$$

werden von allen *Systemen* berechnet.

b) Für die *Polynomgleichung dritten Grades*

$$10 \cdot x^3 + 3 \cdot x^2 - 7 = 0$$

liefert *kein System* eine *exakte Lösung*, obwohl hierfür noch eine Lösungsformel existiert. Diese Gleichung besitzt allerdings *zwei komplexe Nullstellen* und die *einzige reelle Nullstelle* ist *nicht ganzzahlig*.

MATHCAD, MATLAB und MuPAD berechnen mit den gegebenen *Numerikkommandos* **polyroots** bzw. **roots** bzw. **numeric :: bairstow** die *folgenden Näherungswerte* für die *drei Nullstellen:*

0.7983   −0.5492 − 0.7585 i   −0.5492 + 0.7585 i

♦

Wenn die *exakte Nullstellenbestimmung* für *Polynome versagt*, so erscheinen die gleichen Anzeigen, die bei der Lösung von Gleichungen ausgegeben werden (siehe Abschn.23.4). In diesem Fall kann auf *Numerikkommandos* zurückgegriffen werden, die wir im Abschn.23.4 besprechen.

♦

23.4   Nichtlineare Gleichungen

Zur *exakten Lösung nichtlinearer Gleichungssysteme* (m Gleichungen mit n Variablen) der Form

$$u_1(x_1,...,x_n) = 0$$
$$\vdots$$
$$u_m(x_1,...,x_n) = 0$$

werden die allgemeinen *Kommandos/Menüfolgen* verwendet, die wir im Abschn.23.2 bei *linearen Gleichungssystemen* kennenlernten und die bis auf MATHCAD das *Kommando* **solve** (deutsch: *lösen*) benutzen. Wir brauchen diese Kommandos/Menüfolgen deshalb nicht nochmals zu erläutern. Es sind in ihnen lediglich die linearen durch die nichtlinearen Gleichungen zu ersetzen.

Da für *nichtlineare Gleichungen kein* allgemein anwendbarer *endlicher Lösungsalgorithmus* existiert, kann man nur bei einfachstrukturierten Gleichungen eine exakte Lösung erwarten.

♦

Als *Spezialfälle nichtlinearer Gleichungen* haben wir im Abschn.23.2 und 23.3 bereits *lineare Gleichungen* bzw. *Polynomgleichungen* kennengelernt.
Betrachten wir zwei weitere Beispiele für nichtlineare Gleichungen.

Beispiel 23.12:

a) Für das *System* von *Polynomgleichungen*

$$2 \cdot x^2 - y^2 = -1 \qquad x^4 + y^4 = 2$$

das neben *vier reellen Lösungen*

$$\frac{1}{5}(\sqrt{5}, \sqrt{35}) \qquad \frac{1}{5}(-\sqrt{5}, \sqrt{35}) \qquad \frac{1}{5}(\sqrt{5}, -\sqrt{35}) \qquad \frac{1}{5}(-\sqrt{5}, -\sqrt{35})$$

noch *vier komplexe Lösungen*

$$(i, i) \qquad\qquad (-i, i) \qquad\qquad (i, -i) \qquad\qquad (-i, -i)$$

besitzt, liefern bei der *exakten Berechnung* AXIOM, MACSYMA, MAPLE, MATHCAD, MATHEMATICA und MuPAD dieses Ergebnis, während DERIVE und MATLAB versagen.

b) Für die einfache *transzendente Gleichung*

$$7\cosh x = \sinh x + 9$$

berechnen AXIOM, DERIVE, MAPLE, MATHEMATICA und MATLAB die *beiden Lösungen*

$$\ln(\frac{9 - \sqrt{33}}{6}) \quad , \quad \ln(\frac{9 + \sqrt{33}}{6})$$

Wenn man diese *Gleichung* jedoch mittels

$$\cosh x = \frac{e^x + e^{-x}}{2} \qquad \sinh x = \frac{e^x - e^{-x}}{2}$$

auf die *Form* $3e^x + 4e^{-x} - 9 = 0$ *transformiert,* liefern auch MATHCAD und MuPAD diese Lösungen.

♦

Aufgrund der geschilderten Problematik sind bei der *Lösung nichtlinearer Gleichungen* in den meisten Fällen *numerische Verfahren* (vor allem *Iterationsverfahren*) anzuwenden, die

* *Näherungswerte* für die *Lösungen* liefern,
* als *Startwert* einen *Schätzwert* für eine *Lösung* benötigen, der dann durch das numerische Verfahren im Falle der Konvergenz verbessert wird,
* *nicht konvergieren müssen,* d.h. kein Ergebnis liefern (z.B. das *Newton-Verfahren*), auch wenn der *Startwert* nahe bei einer *Lösung* liegt, wie aus der numerischen Mathematik bekannt ist.

Die *Wahl* der *Startwerte* läßt sich bei einer Unbekannten (d.h. für die Lösung einer Gleichung u(x) = 0) erleichtern, wenn man die

Funktion u(x) *grafisch darstellt* und hieraus Näherungswerte für die Nullstellen abliest.

♦

Im *folgenden* betrachten wir nur die *numerische Lösung einer Gleichung*. Bei mehrereren Gleichungen geschieht die Eingabe analog wie bei linearen Gleichungen.

♦

Die einzelnen *Systeme* stellen folgende *Numerikkommandos/Menüfolgen* für die *numerische Lösung nichtlinearer Gleichungen* der *Form* u(x) = 0 zur Verfügung:

DERIVE DERIVE stellt nach dem Laden des *Zusatzprogramms* SOLVE.MTH mittels der *Menüfolge* **File** ⇒ **Load** ⇒ **Utility...** Solve folgende *Lösungsmethoden* für die *Gleichung* u(x) = 0 zur Verfügung:

- Durch die *Menüfolge*
  Author ⇒ **Expression...** ⇒ **Newtons** (u(x) , x , xa , n) ⇒ **Simplify** ⇒ **Approximate...** ⇒ **Approximate**
  wird das *Newton-Verfahren* aktiviert,
- Durch die *Menüfolge*
  Author ⇒ **Expression...** ⇒ **fixed_point** (u(x) , x , xa , n) ⇒ **Simplify** ⇒ **Approximate...** ⇒ **Approximate**
  wird ein *Fixpunktverfahren* aktiviert,

wobei in der erscheinenden *Dialogbox* die *Genauigkeit eingestellt* werden kann (**Digits of precision**).
Weiterhin stehen

* xa für den Schätzwert (*Startwerte*) für x,

* n für die *Anzahl* der durchzuführenden *Iterationen*.

MACSYMA MACSYMA *liefert* mit dem *Numerikkommando* (für das Newton-Verfahren) **newton** (u(x) = 0 , x , xa , n)
eine reelle oder komplexe *Näherungslösung* für die *Gleichung* u(x) = 0 für den *Startwert* x = xa nach n *Iterationen*.

MAPLE Bei MAPLE ist der *Kommandoname* **solve** für die exakte (symbolische) Lösung lediglich durch **fsolve** (Name für das *Numerikkommando*) zu ersetzen.

Für **fsolve** wird *kein Startwert* verlangt. Ein jetzt mögliches drittes Argument läßt noch verschiedene Optionen zu. So bewirkt z.B. die Option *complex*, daß auch *komplexe Lösungen* numerisch bestimmt werden.

MATHCAD MATHCAD stellt folgende *Numerikkommandos* zur *Lösung nichtlinearer Gleichungen* zur Verfügung:

- *numerische Lösung einer nichtlinearen Gleichung* mit *einer Unbekannten/Variablen* der Gestalt u(x) = 0, d.h. *numerische Bestimmung* der *Nullstellen* der *Funktion* u(x) :
  Das *Kommando* **root** (u(x) , x) liefert im Falle der Konvergenz eine reelle oder komplexe *Näherungslösung* für die *Gleichung* u(x) = 0, wenn vorher mittels x := x_a der Variablen x ein reeller oder komplexer *Startwert* x_a für das Näherungsverfahren (Iteration) zugewiesen wurde.
  Als *numerisches Verfahren* wird von MATHCAD die *Sekantenmethode* (*Regula falsi*) benutzt. Obwohl die Sekantenmethode zwei Startwerte benötigt, verlangt MATHCAD nur einen.

- *numerische Lösung* von *nichtlinearen Gleichungssystemen*
  Bis auf *zwei Ausnahmen:*
  * *Zuweisung* von *Startwerten*
  * *Eingabe* des *numerischen Gleichheitszeichens* = statt des symbolischen → nach **find**
  ist die *Vorgehensweise analog* zur *exakten Lösung* und gestaltet sich *folgendermaßen:*
  Zuweisung von *Startwerten* an *alle Variablen* x_1 , x_2 , ... , x_n
  given
  Eingabe der *Gleichungen*
  Das *Gleichheitszeichen* muß mittels des *Gleichheitsoperators*

  aus der *Operatorpalette Nr.2* eingegeben werden
  find (x_1 , x_2 , ... , x_n) =
  d.h. die Eingabe des *numerischen Gleichheitszeichens* = nach **find** liefert ein berechnetes *numerisches Ergebnis.*
  MATHCAD verwendet zur *numerischen Lösung* das Levenberg-Marquardt-Verfahren. Bei dieser Methode können neben Gleichungen auch Ungleichungen auftreten.
  Wenn ein Gleichungssystem keine Lösungen besitzt, so kann das *Numerikkommando*
  Minerr (x_1 , x_2 , ... , x_n)
  anstatt von **find** zum Erfolg führen, da hiermit die Quadratsumme aus den linken Seiten der Gleichungen minimiert, d.h.

$$\sum_{i=1}^{m} u_i^2(x_1 , x_2,..., x_n) \rightarrow \underset{x_1 , x_2,..., x_n}{\text{Minimum}}$$

  und damit eine *Lösung im verallgemeinerten Sinne* bestimmt wird.

Falls MATHCAD eine Lösung ermitteln kann, liefert die Eingabe des *numerischen Gleichheitszeichens* = nach den gegebenen *Numerikkommandos* den berechneten Lösungsvektor.

Statt Eingabe dieses Gleichheitszeichens kann man das berechnete *Ergebnis* auch einem *Vektor zuweisen*, z.b.

z := **polyroots** (**a**)   bzw.   **z** := **find** (x_1 , x_2 , ..., x_n)

bzw.

z := **Minerr** (x_1 , x_2 , ..., x_n)

♦

MATHEMA-TICA

MATHEMATICA *liefert* mit dem *Numerikkommando*

* **FindRoot** [u(x) == 0 , { x , xa }]
  eine reelle oder komplexe *Näherungslösung* für die *Gleichung* u(x) = 0 für den *Startwert* x = xa, falls es erfolgreich ist.

* **Nsolve** [u(x) == 0 , x]
  das *ohne Startwert* auskommt, bei erfolgreichem Einsatz auch *mehrere Näherungslösungen* für die *Gleichung* u(x) = 0

Es empfiehlt sich, mit dem *Kommando* **NSolve** zu *beginnen* und nur bei dessen Versagen auf das *Kommando* **FindRoot** zurückzugreifen.

Bei mehreren Gleichungen und Variablen sind diese in *Listenform* im Argument der Kommandos einzugeben.

♦

MATLAB

MATLAB *liefert* mit dem *Numerikkommando*

syms x ; **fzero** (' u(x) ' , xa)

eine reelle oder komplexe *Näherungslösung* für die *Gleichung* u(x) = 0 für den *Startwert* x = xa.

MuPAD

MuPAD liefert mit dem *Numerikkommando* (für das Newton-Verfahren) **numeric :: newton** (u(x) , x) ;

eine reelle oder komplexe *Näherungslösung* für die *Gleichung* u(x) = 0 , *ohne* daß ein *Startwert* verlangt wird.

♦

Bei den gegebenen *Numerikkommandos*, die *Startwerte* benötigen, ist zu beachten, daß bei *Vorgabe* von *reellen* bzw. *komplexen Startwerten* meistens nur reelle bzw. komplexe Näherungen geliefert werden.

♦

Zusammenfassend kann zur *numerischen Lösung nichtlinearer Gleichungen* mittels der *Systeme* festgestellt werden, daß diese nur bei einfachstrukturierten Gleichungen erfolgreich sind. Dies ist nicht anders zu erwarten, da man aus der numerischen Mathematik weiß, daß alle bisher bekannten *numerischen Methoden* nicht notwendigerweise konvergieren müssen, selbst wenn die Startwerte nahe bei einer Lösung liegen.

♦

Eine *weitere* effektive *numerische Lösungsmethode* besteht für alle *Systeme* in der *Überführung* des *nichtlinearen Gleichungssystems* in die *Minimierungsaufgabe*

$$\sum_{i=1}^{m} u_i^2(x_1, x_2, ..., x_n) \to \underset{x_1, x_2, ..., x_n}{\text{Minimum}}$$

die mit *numerischen Methoden* der *Optimierung* gelöst werden kann (siehe Abschn.30.4). Diese Methode gestattet auch die Ermittlung *verallgemeinerter Lösungen*, wenn keine Lösung existiert. Wir haben diese *Methode* eben bei MATHCAD kennengelernt, wo hierfür das *Kommando* **Minerr** existiert.

♦

Beispiel 23.13:

Für die einzige *reelle Nullstelle* der Funktion

$$u(x) = x^7 + e^x + \sin x$$

die zwischen −0.58 und −0.57 liegt, wird von

* DERIVE

    mittels (Startwert 0 und 5 Iterationen)

    Newtons (x^7 + ê ^x + sin(x) , x , 0 , 5)

* MACSYMA

    mittels (Startwert 0 und 5 Iterationen)

    newton (x^7 + exp(x) + sin(x) = 0 , x , 0 , 5)

* MAPLE

    mittels **fsolve** (x^7 + exp(x) + sin(x) = 0 , x) **;**

* MATHCAD

    mittels (für den Startwert 0)

    x := 0

    root (x^7 + e^x + sin (x) , x) = −0.5738444264

* MATHEMATICA

    mittels (für den Startwert 0)

    FindRoot [x^7 + Exp[x] + Sin[x] == 0 , { x , 0 }]

* MATLAB

    mittels (für den Startwert 0)

    syms x **; fzero** (' x^7 + exp(x) + sin(x) ' , 0)

* MuPAD

    mittels **numeric :: newton** (x^7 + exp(x) + sin(x) , x) **;**

der Wert −0.5738444264 berechnet.

♦

23.5 Ungleichungen

Betrachten wir die Lösung von *Ungleichungen* der *Form*
$$P(x) < 0 \qquad \text{bzw.} \qquad P(x) \le 0$$
wobei P(x) ein beliebiger Ausdruck (algebraisch, transzendent usw.) sein kann und geben zuerst einige einfache Beispiele.

Beispiel 23.14:

Beispiele für *Ungleichungen* sind

a) $|x + 1| + |x - 1| < 3$

   mit der *Lösung* −1.5 < x < 1.5

b) $\dfrac{x^4 + x + 1}{x^2 + x + 1} \le 1$

   mit der *Lösung* −1 ≤ x ≤ 1

c) $e^x + x^2 < 2$

   deren *Lösung nicht exakt bestimmbar* ist. Unter *Verwendung* der *Grafikkommandos* der *Systeme* läßt sich die *Näherung* (z.B. mit DERIVE) −1.30 < x < 0.55 erhalten.

   ♦

Zur *Lösung* von *Ungleichungen* existieren in den einzelnen *Systemen* keine gesonderten *Kommandos*.

Bei DERIVE, MAPLE, MATHCAD, MuPAD lassen sich die *Kommandos* zur *Lösung nichtlinearer Gleichungen* heranziehen, während in AXIOM und MATLAB *keine Möglichkeiten* zur Lösung allgemeiner Ungleichungen gefunden wurden.

MACSYMA bietet nur die Möglichkeit zur *Lösung linearer Ungleichungen* mittels des *Kommandos* **ineq_linsolve,** während MATHEMATICA nur *Polynomungleichungen* mit dem *Kommando* **SemialgebraicComponents** löst.

♦

Falls eine *Ungleichung* der *Form* P(x) ≤ 0 gelöst werden soll, so ist die Zeichenfolge <= zu verwenden, wenn ein *System* das *Zeichen* ≤ nicht zur Verfügung stellt.

♦

Zufriedenstellend arbeiten die *Systeme* bei der *Lösung* von *Unglei-chungen* nur, wenn P(x) ein algebraischer Ausdruck (gebrochenra-tionale Funktion) ist wie im Beispiel 23.14b).

Schon bei der einfachen Ungleichung aus Beispiel 23.14a), die Be-träge enthält, versagen alle.

Da bei der *Lösung* von *Ungleichungen* der Form P(x)<0 (bzw. P(x) $\leq$ 0) die *Nullstellen* der *Funktion* P(x) benötigt werden, für deren Bestimmung kein universeller endlicher Algorithmus existiert, ist das *Versagen* der *Systeme* bei vielen Aufgaben *erklärbar.*

Allerdings müßten alle *Systeme* noch dahingehend *verbessert* wer-den, daß Aufgaben aus Beispiel 23.14a) lösbar sind, da sich hierfür einfache *endliche Lösungsalgorithmen* angeben lassen.

Auch wenn ein Ergebnis geliefert wird, sollte man es überprüfen, da manchmal unvollständige oder fehlerhafte Resultate berechnet wer-den.

Beim *Versagen* der gegebenen *Kommandos* zur *Lösung* von *Unglei-chungen* kann man sich noch helfen, indem man die *Funktion* P(x) *grafisch* darstellt.

♦

Betrachten wir im *abschließenden Beispiel 23.15* die Lösung der Aufgaben aus Beispiel 23.14.

Beispiel 23.15:

a) Für Beispiel 23.14a) liefern MAPLE das Ergebnis
   und MATHCAD mittels der *Menüfolge*
   Symbolic $\Rightarrow$ Solve for Variable
   das unvollständige (und damit falsche) *Ergebnis*

   $x < \dfrac{3}{2}$

   während DERIVE, MuPAD versagen.

b) Für Beispiel 23.14b) liefern DERIVE, MAPLE, MATHCAD, MuPAD das gegebene Resultat.

c) Für das Beispiel 23.14c) *versagen* alle *Systeme* bei der *analyti-schen Lösung.* In diesem Fall kann man sich mittels der *gra-fischen Darstellung* der *Funktion*

   $e^x + x^2 - 2$

   eine *Näherungslösung* verschaffen, die wir mittels DERIVE erstel-len und die in Abb.23.1 zu ersehen ist. Aus der gegebenen Ab-bildung kann man in DERIVE das *Näherungsintervall* [− 1.30 , 0.55] für die Erfüllung der gegebenen Ungleichung ablesen, das anschließend über die Nullstellenbestimmung noch verbessert werden kann.

♦

Abb.23.1.
Grafische
Darstellung
der Funktion
aus Beispiel
23.15c) mit-
tels DERIVE

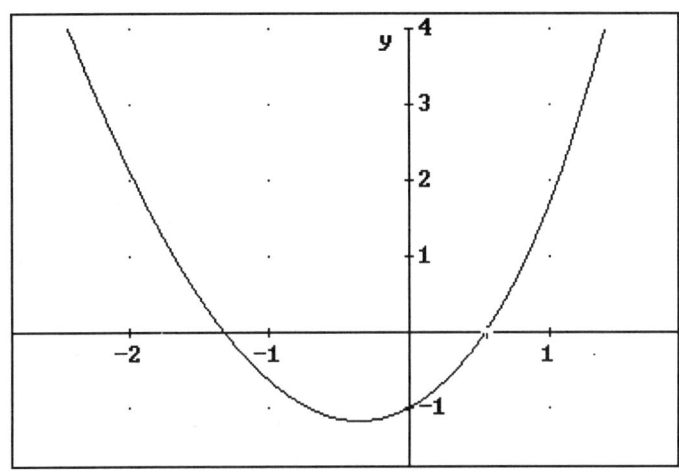

24 Differentialrechnung

Für die *Berechnung* der *Ableitungen* einer *differenzierbaren Funktion,* die sich aus *elementaren Funktionen* (siehe Abschn.21.2) zusammensetzt, läßt sich ein *endlicher Algorithmus* angeben. Dieser *Algorithmus beruht* auf den bekannten *Ableitungen* für *elementare Funktionen* und den *Differentiationsregeln* (siehe [41]/1,IV.2): *Produktregel, Quotientenregel, Kettenregel.*
Somit können *alle Systeme jede* noch so komplizierte differenzierbare *Funktion,* die sich aus *elementaren Funktionen* zusammensetzt, ohne große Mühe *differenzieren* und liefern das Ergebnis in Sekundenschnelle.
Die *Systeme* geben uns damit für die *Differentiation* ein *wirksames Hilfsmittel* in die Hand und befreien uns von oft langwierigen Rechnungen per Hand, die auch noch fehlerbehaftet sein können.
Das betrifft sowohl *Ableitungen* $f'(x)$, $f''(x),..., f^{(n)}(x)$, ...
für *Funktionen* $y = f(x)$ *einer Variablen,* als auch *partielle Ableitungen*

$$f_x = \frac{\partial f}{\partial x} \, , \, f_{xx} = \frac{\partial^2 f}{\partial x^2} \, , \, f_{xy} = \frac{\partial^2 f}{\partial x \partial y} \, ,...$$

für *Funktionen* $z = f(x,y)$ *zweier Variablen,* sowie allgemein *partielle Ableitungen*

$$f_{x_1} = \frac{\partial f}{\partial x_1} \, , \, f_{x_1 x_1} = \frac{\partial^2 f}{\partial x_1^2} \, , \, f_{x_1 x_2} = \frac{\partial^2 f}{\partial x_1 \partial x_2} \, ,...$$

für *Funktionen* $z = f(x_1, x_2,..., x_n)$ von *n Variablen.*

24.1 Ingenieurtechnische Anwendungen

Die *Differentialrechnung* spielt in der *Ingenieurmathematik* zusammen mit der *Integralrechnung* eine *fundamentale Rolle.*
Aus der Vielzahl der *Anwendungen* der *Differentialrechnung* seien nur

* die Berechnung *momentaner Geschwindigkeiten* und *Beschleunigungen* (siehe Beispiel 24.1c)

* die *Fehlerrechnung* (siehe Abschn.24.4)
* *Extremwertaufgaben* (siehe Abschn.30.2)

genannt, für die wir im folgenden Anwendungsbeispiele kennenlernen.

Zahlreiche weitere Anwendungsbeispiele findet man in [41]/1,IV.

24.2 Berechnung von Ableitungen

Die einzelnen *Systeme* stellen folgende *Kommandos/Menüfolgen* für die *Differentiati*on von *Funktionen* zur Verfügung, wofür sie die *englische Bezeichnung* **differentiate** für *differenzieren* oder eine Abkürzung davon verwenden:

AXIOM

AXIOM *berechnet* mit dem *Kommando*

* **D** (f(x) , x , n)

    die *n-te Ableitung* der *Funktion* f(x) nach x.

    Falls man *Ableitungen erster Ordnung* berechnen möchte, kann man das Argument n (=1) bei **D** weglassen (siehe Beispiel 24.1c).

* **D** (f(x,y) , [x , x , ... , x , y , y , ... , y])

    (wenn im Argument x n-mal und y m-mal angegeben ist)
    bzw. durch Schachtelung

    D (**D** (f(x,y) , x , n) , y , m)

    die *gemischte partielle Ableitung n+m ter Ordnung*

    $$\frac{\partial^{n+m} f}{\partial x^n \partial y^m}$$

    der *Funktion* f(x,y).

Beispiel 24.1:

a) Die *gemischte partielle Ableitung fünfter Ordnung*

$$\frac{\partial^5 f(x,y)}{\partial x^2 \partial y^3}$$

der *Funktion* f(x,y) *berechnet* AXIOM mit dem *Kommando*

D (f(x,y) , [x , x , y , y , y])
bzw.
D (**D** (f(x,y) , x , 2) , y , 3)

b) Die *Quotientenregel* für *beliebige Funktionen* f(x) und g(x)

$$\left(\frac{f(x)}{g(x)}\right)' = \frac{f'(x) \cdot g(x) - f(x) \cdot g'(x)}{g^2(x)}$$

wird von AXIOM mittels des *Kommandos* **D** (f(x)/g(x) , x , 1) *nicht berechnet*. AXIOM führt die Berechnung nur für konkret gegebene Funktionen durch.

c) Das *Weg-Zeit-Gesetz* (s - Weg , t - Zeit) für den *freien Fall* (ohne Berücksichtigung des Luftwiderstandes) hat die Gestalt

$$s(t) = \frac{1}{2} \cdot g \cdot t^2 \qquad (t \geq 0 , g - \textit{Fallbeschleunigung})$$

(siehe [41]/1,IV,2.13).

Die *Geschwindigkeit* im Zeitpunkt t (*Momentangeschwindigkeit*) für den *freien Fall* ergibt sich hieraus durch Berechnung der ersten Ableitung von s(t), die AXIOM mittels des *Kommandos* **D** (g*t^2/2 , t) zu g · t *berechnet.*

◆

DERIVE

DERIVE bietet für die *exakte Berechnung* der *n-ten Ableitung* der *Funktion* f(x) nach x folgende Möglichkeiten:

I. Nach *Anwendung* der *Menüfolge*
   Author ⇒ **Expression...** f(x) ⇒ **OK** ⇒ **Calculus** ⇒ **Differentiate...** erscheint eine *Dialogbox* :
   * Hier steht die zuletzt eingegebene *Funktion* f(x). Möchte man eine *andere Funktion* differenzieren, die unter der *Nummer* m im Arbeitsfenster steht, so gibt man hier #m ein.
   * Bei **Variable** ist die *Differentiationsvariable* x einzugeben, falls sie noch nicht eingetragen ist.
   * Bei **Order** ist die *Ordnung* n der zu berechnenden *Ableitung* einzutragen.
   * Das abschließende *Anklicken* von **Simplify** löst die *Berechnung* der *Ableitung* aus.

II. Aktivierung der *Menüfolge*
   Author ⇒ **Expression...** **dif** (f(x) , x , n) ⇒ **Simplify**
   mit dem *Differentiationskommando* **dif**.
   Falls man *Ableitungen erster Ordnung* berechnen möchte, kann man das Argument n (=1) bei **dif** weglassen (siehe Beispiel 24.2c).

III. Nach *Anklicken* des *Differentiationsoperators*

in der *Symbolleiste* erscheint eine *Dialogbox* (wie bei I.), in der f(x), bei **Variable** x und bei **Order** n eingetragen werden.
Das *abschließende Anklicken* von **Simplify** löst die *Berechnung* aus.

◆

Möchte man *partielle Ableitungen* berechnen, so ist die Vorgehensweise aus dem folgenden Beispiel 24.2a) ersichtlich.

◆

Beispiel 24.2:

a) Die *gemischte partielle Ableitung fünfter Ordnung*

$$\frac{\partial^5 f(x,y)}{\partial x^2 \partial y^3}$$

der *Funktion* f(x,y) kann auf eine der folgenden *zwei Arten* mittels

1. zweimaliger Anwendung der *Menüfolgefolge* I. mit n=2 (für x) bzw. n=3 (für y)
2. *Schachtelung* des *Differentiationskommandos* **dif**
   Author ⇒ **Expression...** **dif** (**dif** (f(x,y) , x , 2) , y , 3) ⇒ **Simplify**

berechnet werden.

b) Falls man die *Quotientenregel* für beliebige Funktionen f(x) und g(x)

$$\left(\frac{f(x)}{g(x)}\right)' = \frac{f'(x) \cdot g(x) - f(x) \cdot g'(x)}{g^2(x)}$$

vergessen hat, so muß man zuerst die beiden allgemeinen *Funktionen* f(x) und g(x) mittels der *Menüfolge*

Declare ⇒ **Function Definition...**

in der erscheinenden *Dialogbox definieren*, indem man bei **Name and Arguments** f(x) bzw. g(x) einträgt.

Danach kann man z.B. die *Menüfolge* II.

Author ⇒ **Expression...** **dif** (f(x)/g(x) , x) ⇒ **Simplify**

aktivieren, die die *Quotientenregel* liefert. Für konkret gegebene Funktionen f(x) und g(x) entfällt die Definition der Funktionen, so daß die Berechnung direkt mit der *Menüfolge* II. erfolgt.

c) Die *Berechnung* der *Momentangeschwindigkeit* für den *freien Fall* aus *Beispiel 24.1c)* geschieht z.B. mittels

Author ⇒ **Expression...** **dif** (g*t^2/2 , t) ⇒ **Simplify**

♦

MACSYMA

MACSYMA *berechnet* mit dem *Kommando*

* **diff** (f(x) , x , n)

die *n-te Ableitung* der *Funktion* f(x) nach x.

Falls man *Ableitungen erster Ordnung* berechnen möchte, kann man das Argument n (=1) bei **diff** weglassen (siehe Beispiel 24.3b und c).

* **diff** (f(x,y) , x , n , y , m)

die *gemischte partielle Ableitung n+m ter Ordnung*

$$\frac{\partial^{n+m} f}{\partial x^n \partial y^m}$$

der *Funktion* f(x,y).

Beispiel 24.3:

a) Die *gemischte partielle Ableitung fünfter Ordnung*

$$\frac{\partial^5 f(x,y)}{\partial x^2 \partial y^3}$$

der *Funktion* f(x,y) kann mittels des *Kommandos*
diff (f(x,y) , x , 2 , y , 3) *berechnet* werden.

b) Falls man die *Quotientenregel* für beliebige Funktionen f(x) und g(x)

$$\left(\frac{f(x)}{g(x)} \right)' = \frac{f'(x) \cdot g(x) - f(x) \cdot g'(x)}{g^2(x)}$$

vergessen hat, so erhält man sie mittels des *Kommandos*
diff (f(x)/g(x) , x)

c) Die *Berechnung* der *Momentangeschwindigkeit* für den *freien Fall* aus *Beispiel 24.1c)* geschieht mittels **diff** (g*t^2/2 , t)

♦

MAPLE

MAPLE *berechnet* mit dem *Kommando*

*   **diff** (f(x) , x$n) ;

    die *n-te Ableitung* der *Funktion* f(x) nach x.

    Falls man *Ableitungen erster Ordnung* berechnen möchte, kann man das Argument x$n bei **diff** durch x ersetzen (siehe Beispiel 24.4b und c).

*   **diff** (f(x,y) , xn , ym) ;

    die *gemischte partielle Ableitung n+m ter Ordnung*

$$\frac{\partial^{n+m} f}{\partial x^n \partial y^m}$$

der *Funktion* f(x,y)

Beispiel 24.4:

a) Die *gemischte partielle Ableitung fünfter Ordnung*

$$\frac{\partial^5 f(x,y)}{\partial x^2 \partial y^3}$$

der *Funktion* f(x,y) wird mittels des *Kommandos*
diff (f(x,y) , x$2 , y$3) ;
berechnet.

b) Falls man die *Quotientenregel*

$$\left(\frac{f(x)}{g(x)}\right)' = \frac{f'(x)\cdot g(x) - f(x)\cdot g'(x)}{g^2(x)}$$

vergessen hat, so erhält man diese mittels des *Kommandos* **diff** (f(x)/g(x) , x) ;

c) Die *Berechnung* der *Momentangeschwindigkeit* für den *freien Fall* aus *Beispiel 24.1c)* geschieht mittels **diff** (g*t^2/2 , t) ;

◆

MATHCAD   MATHCAD stellt folgende *Vorgehensweisen* für die *exakte* (*symbolische*) *Berechnung* von *Ableitungen* der *Funktion* f(x) *einer Variablen* x zur Verfügung:

I. Die *Funktion* f(x) wird in das *Arbeitsfenster eingegeben* und eine *Variable* x mit dem *Kursor markiert*. Anschließend ist die *Menüfolge* **Symbolic** ⇒ **Differentiate on Variable** zu *aktivieren*.

Als *Ergebnis* erhält man die *erste Ableitung* der Funktion f(x) nach x.

Möchte man eine *höhere Ableitung* berechnen, so muß die eben beschriebene Vorgehensweise wiederholt ausgeführt werden.

II. Die *erste Ableitung* einer Funktion f(x) kann zusätzlich mittels des *Differentiationsoperators*

 aus der *Operatorpalette Nr.5* (*Berechnungspalette*) *berechnet* werden. Dieser Operator wird durch Mausklick aktiviert und im Arbeitsfenster erscheint das *Symbol*

$$\frac{d}{d\,\blacksquare}\blacksquare$$

in dem die beiden *Platzhalter* wie folgt ausgefüllt werden

$$\frac{d}{dx}f(x)$$

Der gesamte *Ausdruck* wird mit einer *Selektionsbox umrahmt* und abschließend *eine* der *folgenden Operationen*

1. *Aktivierung* der *Menüfolge*
   Symbolic ⇒ **Evaluate** ⇒ **Evaluate Symbolically**
2. *Aktivierung* der *Menüfolge* **Symbolic** ⇒ **Simplify**
3. *Eingabe* des *symbolischen Gleichheitszeichens* →

durchgeführt.

Möchte man hiermit eine *höhere Ableitung* berechnen, so ist der *Differentiationsoperator* entsprechend oft zu *schachteln*.

III. Unter Verwendung des *Differentiationsoperators*

 aus der *Operatorpalette Nr.5* (*Berechnungspalette*) läßt sich die *Ableitung n-ter Ordnung* (n = 1, 2, 3,...) einer *Funktion* f(x) direkt berechnen, indem man die *Platzhalter* des erscheinenden *Symbols*

$$\frac{d^{\bullet}}{d\,\bullet^{\bullet}} \cdot \qquad\qquad \frac{d^{n}}{d\,x^{n}}\,f(x)$$

folgendermaßen *ausfüllt*

den gesamten *Ausdruck* mit einer *Selektionsbox umrahmt* und abschließend *eine* der *folgenden Operationen* durchführt:

1. *Aktivierung* der *Menüfolge*
   Symbolic ⇒ Evaluate ⇒ Evaluate Symbolically
2. *Aktivierung* der *Menüfolge* **Symbolic ⇒ Simplify**
3. *Eingabe* des *symbolischen Gleichheitszeichens* →

Die *Methoden* I. und II. empfehlen sich, wenn man *Ableitungen erster Ordnung* bestimmen möchte. Die *Methode* III. ist vorteilhaft, wenn man *höhere Ableitungen* benötigt.

♦

Partielle Ableitungen für *Funktionen mehrerer Variablen* kann MATHCAD mittels einer der folgenden Methoden analog wie bei Funktionen einer Variablen *berechnen*:

IV. Die zu differenzierende Funktion wird in das Arbeitsfenster eingegeben. Eine *Variable*, nach der differenziert werden soll, wird mit dem Kursor *markiert* und abschließend die *Menüfolge* **Symbolic ⇒ Differentiate on Variable** *aktiviert*.
    Bei partiellen Ableitungen höherer Ordnung ist diese Vorgehensweise entsprechend oft anzuwenden.

V. Eine *partielle Ableitung erster Ordnung* läßt sich mittels des *Differentiationsoperators*

aus der *Operatorpalette Nr.5* (*Berechnungspalette*) berechnen, indem man in dem erscheinenden *Symbol*

$$\frac{d}{d\,\bullet} \cdot$$

in den *Platzhalter* hinter d die Variable, nach der differenziert werden soll, und in den *Platzhalter* nach dem Differentiationsoperator die zu diffenzierende Funktion einträgt. Abschließend wird der gesamte *Ausdruck* mit einer *Selektionsbox umrahmt* und *eine* der *folgenden Operationen* durchgeführt :

1. *Aktivierung* der *Menüfolge*
   Symbolic ⇒ Evaluate ⇒ Evaluate Symbolically
2. *Aktivierung* der *Menüfolge* **Symbolic ⇒ Simplify**
3. *Eingabe* des *symbolischen Gleichheitszeichens* →
   Bei *partiellen Ableitungen höherer Ordnung* ist diese Prozedur entsprechend oft anzuwenden bzw. der *Differentiationsoperator* zu *schachteln.*

VI. Bei *partiellen Ableitungen höherer Ordnung* empfiehlt sich die Anwendung des *Differentiationsoperators*

 aus der *Operatorpalette Nr.5 (Berechnungspalette)*
indem man die *Platzhalter* des erscheinenden Symbols

$$\frac{d^{\blacksquare}}{d_{\blacksquare}{}^{\blacksquare}}\blacksquare$$

ausfüllt und analog wie bei III. verfährt. Bei *gemischten partiellen Ableitungen höherer Ordnung* muß dieser *Operator geschachtelt* werden (siehe Beispiel 24.5a).

Beispiel 24.5:

a) Die *gemischte partielle Ableitung fünfter Ordnung*

$$\frac{\partial^5 f(x,y)}{\partial x^2 \partial y^3}$$

der *Funktion* f(x,y) wird durch *Schachtelung* des *Differentiationsoperators*

 aus der *Operatorpalette Nr.5* mittels

$$\frac{d^2}{dx^2}\,\frac{d^3}{dy^3}\,f(x,y)$$

z.B. durch die abschließende *Eingabe* des *symbolischen Gleichheitszeichens* → berechnet.

b) Falls man die *Quotientenregel*

$$\left(\frac{f(x)}{g(x)}\right)' = \frac{f'(x)\cdot g(x) - f(x)\cdot g'(x)}{g^2(x)}$$

vergessen hat, so erhält man diese unter Verwendung des *Differentiationsoperators* und des *symbolischen Gleichheitszeichens* → mittels

$$\frac{d}{dx}\frac{f(x)}{g(x)} \rightarrow \frac{\frac{d}{dx}f(x)}{g(x)} - \frac{f(x)}{g(x)^2}\cdot\frac{d}{dx}g(x)$$

c) Die *Berechnung* der *Momentangeschwindigkeit* für den *freien Fall* aus *Beispiel 24.1c)* geschieht z.B. mittels

$$\frac{d}{dt}\frac{g\cdot t^2}{2} \rightarrow g\cdot t$$

unter Verwendung des *symbolischen Gleichheitszeichens* →

♦

MATHEMA-TICA

MATHEMATICA kann *Ableitungen* ab der Version 3.0 neben *Kommandos* zusätzlich unter Verwendung von *Differentiationsoperatoren* berechnen. Damit ergeben sich folgende *Möglichkeiten*:

I. Die *n-te Ableitung* der *Funktion* f(x) nach x kann mittels einer der *folgenden beiden Operationen* berechnet werden:

    1. Anwendung des *Differentiationskommandos* **D** [f[x], { x , n }]
Falls man *Ableitungen erster Ordnung* berechnen möchte, kann man **D** [f[x], x] schreiben (siehe Beispiel 24.6b und c).

    2. Verwendung einer der *Operatorpaletten*

      * **Calculus** ⇒ **Common Operations**
die durch die *Menüfolge*
File ⇒ **Palettes** ⇒ **BasicCalculations**
      * **BasicInput**
die durch die *Menüfolge*
File ⇒ **Palettes** ⇒ **BasicInput**
aufgerufen werden.
Man wählt in der *erscheinenden Palette* den *Differentiationsoperator*

aus, der wie folgt *ausgefüllt* wird

$$\partial_{\{x,n\}} f[x]$$

II. Die *gemischte partielle Ableitung* n+m ter Ordnung

$$\frac{\partial^{n+m}}{\partial x^n \partial y^m} f(x,y)$$

der *Funktion* f(x,y) kann mittels einer der *folgenden beiden Operationen berechnet* werden:

    1. Anwendung des *Kommandos* **D** [f[x,y] , { x , n } , { y , m }]

    2. Verwendung einer der *Operatorpaletten*

      * **Calculus** ⇒ **Common Operations**

die durch die *Menüfolge*

File ⇒ Palettes ⇒ BasicCalculations

* **BasicInput**

die durch die *Menüfolge*

File ⇒ Palettes ⇒ BasicInput

aufgerufen werden.

Man wählt in der *erscheinenden Palette* den *Differentiationsoperator*

aus, der wie folgt *ausgefüllt* wird

$$\partial_{\{x,n\},\{y,m\}} f[x,y]$$

Beispiel 24.6:

a) Die gemischte *partielle Ableitung fünfter Ordnung*

$$\frac{\partial^5}{\partial x^2 \partial y^3} \sin x \cdot \ln y$$

der *Funktion* sin x · ln y kann auf eine der folgenden *beiden Arten berechnet* werden:

1. mittels des *Kommandos* **D** [Sin[x]*Log[y] , { x , 2 } , { y , 3 }]
2. unter Verwendung des *Differentiationsoperators* aus II.2. mittels

$$\partial_{\{x,2\},\{y,3\}} (\text{Sin}[x]*\text{Log}[y])$$

wobei das folgende *Ergebnis* geliefert wird:

$$-\frac{2\text{Sin}[x]}{y^3}$$

b) Falls man die *Quotientenregel*

$$\left(\frac{f(x)}{g(x)}\right)' = \frac{f'(x) \cdot g(x) - f(x) \cdot g'(x)}{g^2(x)}$$

vergessen hat, so erhält man diese auf eine der folgenden *beiden Arten*:

1. Mittels des *Kommandos* **D** [f[x]/g[x] , x]
2. Unter Verwendung des *Differentiationsoperators* aus I.2. und der *Operatorpalette* **Arithmetic and Numbers**

$$\partial_x \frac{f[x]}{g[x]}$$

c) Die *Berechnung* der *Momentangeschwindigkeit* für den *freien Fall* aus *Beispiel 24.1c)* kann auf *folgende zwei Arten* geschehen:

1. Mittels des *Kommandos* **D** [g*t^2/2 , t]

2. Unter Verwendung des *Differentiationsoperators* und der *Operatorpalette* **Arithmetic and Numbers**

$$\partial_t \frac{g * t^2}{2}$$

♦

MATLAB   MATLAB *berechnet* mit der *Kommandofolge*

* **syms** x ; **diff** (' f(x) ' , x , n)
  die *n-te Ableitung* der *Funktion* f(x) nach x.
  Falls man *Ableitungen erster Ordnung* berechnen möchte, kann man **diff** (' f(x) ' , x) schreiben (siehe Beispiel 24.7b).

* **syms** x y ; **diff** (' f(x,y) ' , x , n)
  die *n-te partielle Ableitung* der *Funktion* f(x,y) nach x.

Das *Kommando* **syms** dient zur *Bezeichnung* der *symbolischen Variablen*.

Beispiel 24.7:

a) Die *gemischte partielle Ableitung fünfter Ordnung*

$$\frac{\partial^5 f(x,y)}{\partial x^2 \partial y^3}$$

der *Funktion* f(x,y) wird mittels der *Kommandofolge*

syms x y ; **diff** (**diff** (' f(x,y) ' , x , 2) , y , 3)

berechnet.

b) Die *Berechnung* der *Momentangeschwindigkeit* für den *freien Fall* aus *Beispiel 24.1c)* geschieht mittels

syms t g ; **diff** (' g*t^2/2 ' , t)

♦

MuPAD   MuPAD *berechnet* mit dem *Kommando*

* **diff** (f(x) , x\$n) ;
  die *n-te Ableitung* der *Funktion* f(x) nach x.
  Falls man *Ableitungen erster Ordnung* berechnen möchte, kann man **diff** (f(x) , x) ; schreiben (siehe Beispiel 24.8b und c).

* **diff** (f(x,y) , x\$n , y\$m) ;
  die *gemischte partielle Ableitung n+m ter Ordnung*

$$\frac{\partial^{n+m} f}{\partial x^n \partial y^m}$$

der *Funktion* f(x,y).

Beispiel 24.8:

a) Die *gemischte partielle Ableitung fünfter Ordnung*

$$\frac{\partial^5 f(x,y)}{\partial x^2 \partial y^3}$$

der *Funktion* f(x,y) wird mittels des *Kommandos*
diff (f(x,y) , x$2 , y$3) ; *berechnet.*
b) Falls man die *Quotientenregel*

$$\left(\frac{f(x)}{g(x)}\right)' = \frac{f'(x) \cdot g(x) - f(x) \cdot g'(x)}{g^2(x)}$$

vergessen hat, so erhält man diese mittels des *Kommandos*
diff (f(x)/g(x) , x) ;
c) Die *Berechnung* der *Momentangeschwindigkeit* für den *freien
Fall* aus *Beispiel 24.1c)* geschieht mittels **diff** (g*t^2/2 , t) ;
♦

24.3   Taylorentwicklung

Nach dem *Satz* von *Taylor* hat eine *Funktion* f(x), die im *Intervall*
$(x_0 - r , x_0 + r)$
(n+1)-mal stetig differenzierbar ist, die *Taylorentwicklung*

$$f(x) = \sum_{k=0}^{n} \frac{f^{(k)}(x_0)}{k!} \cdot (x - x_0)^k + R_n(x)$$

für $x \in (x_0 - r , x_0 + r)$, wobei das *Restglied* $R_n(x)$ in der *Form
von Lagrange* (0<ϑ<1) die *Gestalt*

$$R_n(x) = \frac{f^{(n+1)}(x_0 + \vartheta \cdot (x - x_0))}{(n+1)!} \cdot (x - x_0)^{n+1}$$

hat.
Das in der *Taylorentwicklung* vorkommende *Polynom* n-ten Grades

$$\sum_{k=0}^{n} \frac{f^{(k)}(x_0)}{k!} \cdot (x - x_0)^k$$

heißt n-tes *Taylorpolynom* von f(x) an der *Stelle* x_0.
Gilt für alle $x \in (x_0 - r , x_0 + r)$ für das *Restglied* $\lim_{n \to \infty} R_n(x) = 0$

so läßt sich die *Funktion* f(x) durch die *Taylorreihe*

$$f(x) = \sum_{k=0}^{\infty} \frac{f^{(k)}(x_0)}{k!} \cdot (x - x_0)^k$$

mit dem *Konvergenzgebiet* $|x - x_0| < r$ darstellen.
Der Nachweis, daß sich f(x) in eine *Taylorreihe entwickeln* läßt, ge-
staltet sich i.a. schwierig (die Existenz der Ableitungen beliebiger
Ordnung von f reicht hierfür nicht aus).
Für *praktische Anwendungen* wird häufig das *n-te Taylorpolynom*
(für n = 1 , 2 ,...) genommen, um eine *Funktion* f(x) in der Nähe

des *Entwicklungspunktes* x_0 durch ein *Polynom* n-ten Grades *anzunähern*.

Da sich die *Berechnung* des *Taylorpolynoms* für viele Funktionen f(x) mühsam gestaltet, besitzen die Systeme *Kommandos/Menüfolgen* zur *Taylorentwicklung*, die den Namen **taylor** verwenden:

AXIOM AXIOM liefert mit dem *Kommando*

taylor (f(x) , x = x_0 , n)

das *n-te Taylorpolynom* für die *Funktion* f(x) an der *Stelle* x_0 mit dem *Restglied* in der *Form*

$$O((x - x_0)^{n+1})$$

DERIVE DERIVE berechnet mit einer der *folgenden Operationen* das *n-te Taylorpolynom* der *Funktion* f(x) an der *Stelle* x_0:

I. Nach *Anwendung* der *Menüfolge*

Author $\Rightarrow$ **Expression...** f(x) $\Rightarrow$ **OK** $\Rightarrow$ **Calculus** $\Rightarrow$ **Taylor series...** erscheint eine *Dialogbox* :

* Hier steht die zuletzt eingegebene *Funktion* f(x). Möchte man eine *andere Funktion* entwickeln, die unter der *Nummer* m im Arbeitsfenster steht, so gibt man hier #m ein.

* Bei **Variable** ist die *Entwicklungsvariable* x einzugeben, falls sie noch nicht eingetragen ist.

* Bei **Expansion Point** ist der *Entwicklungspunkt* x_0 einzutragen

* Bei **Order** ist die *Ordnung* n der zu berechnenden Entwicklung einzutragen

* Das abschließende Anklicken von **Simplify** löst die *Berechnung* des *Taylorpolynoms* aus.

II. Aktivierung der *Menüfolge*

Author $\Rightarrow$ **Expression...** **taylor** (f(x) , x , x_0 , n) $\Rightarrow$ **Simplify** mit dem *Kommando* **taylor**.

MACSYMA MACSYMA liefert mit dem *Kommando* **taylor** (f(x), x, x_0, n) das *n-te Taylorpolynom* für die *Funktion* f(x) an der *Stelle* x_0 und deutet das *Restglied* in der *Form* + ... an.

MAPLE MAPLE liefert mit den *Kommandos*

* **series** (f(x), x=x_0, n) ;

* **series**(f(x), x, n) ;   (für x_0 =0)

das *(n-1)-te Taylorpolynom* für die *Funktion* f(x) an der *Stelle* x_0 mit dem *Restglied* in der *Form* $O(x - x_0)^n$. Das *anschließende Kommando* **convert** (" , *polynom*) ; erzeugt das *Taylorpolynom ohne Restglied*.

MATHCAD MATHCAD erfordert folgende *Vorgehensweise* zur *Taylorentwicklung*:
Man muß die *Funktion* f(x) *eingeben*, eine *Variable* x *markieren* und die *Menüfolge* **Symbolic** $\Rightarrow$ **Expand to Series...** *aktivieren*.
In der erscheinenden *Dialogbox* findet man im *Feld*
Order of Approximation
die *Standardeinstellung* 6, d.h., das *Taylorpolynom* wird in dieser Einstellung bis zum *Grade* 5 berechnet. Trägt man hier eine positive ganze Zahl n ein, so wird das *(n–1)-te Taylorpolynom* an der *Stelle* $x_0 = 0$ mit dem *Restglied* $O(x^n)$ berechnet.

Benötigt man für weitere Rechnungen nur das *Taylorpolynom* (ohne Restglied), empfiehlt es sich, dieses Polynom in eine Funktionszuweisung (siehe Abschn.21.3) zu kopieren.

♦

MATHEMA-TICA MATHEMATICA liefert mit dem *Kommando*
Series [f(x) , { x , x_0 , n }]

das *n-te Taylorpolynom* für die *Funktion* f(x) an der *Stelle* x_0 mit

dem *Restglied* $O(x - x_0)^{n+1}$

Das *Kommando* **Series** kann auch mittels des *Operators*
`Series[■, {□, □, □}]`
aus der *Operatorpalette* **Calculus** $\Rightarrow$ **Common Operations** erzeugt werden, die durch die *Menüfolge*
File $\Rightarrow$ **Palettes** $\Rightarrow$ **Basic Calculations** *aufgerufen* wird.
Mittels des *anschließenden Kommandos* **Normal** [%] ergibt sich das *Taylorpolynom ohne Restglied*. Das gleiche Resultat erhält man, wenn an das *Kommando* **Series** der *Zusatz* **//Normal** angehängt wird, d.h., das *Kommando* hat die *Form*
Series [f(x) , { x , x_0 , n }] // **Normal**

MATLAB MATLAB liefert mit dem *Kommando* **taylor** (' f(x) ' , ' x ' , n+1)
das *n-te Taylorpolynom* für die *Funktion* f(x) an der Stelle $x_0 = 0$

mit dem *Restglied* in der *Form* $O(x^{n+1})$

MuPAD MuPAD liefert mit dem *Kommando* **taylor** (f(x) , x , n+1)
das *n-te Taylorpolynom* für die *Funktion* f(x) an der *Stelle* $x_0 = 0$ mit

dem *Restglied* in der *Form* $O(x^{n+1})$

♦

Falls *Systeme* (wie MATHCAD, MATLAB und MuPAD) nur die *Taylorentwicklung* an der *Stelle* $x_0 = 0$ zulassen, muß man vorher die *Transformation* $x = u + x_0$ durchführen, wenn man eine Funktion $f(x)$ an einer beliebigen Stelle x_0 entwickeln möchte, d.h., es ist die Funktion $F(u) = f(u + x_0)$ an der Stelle u=0 bzgl. der Variablen u zu entwickeln (siehe [2]).

♦

Bekanntlich läßt sich die *Taylorentwicklung* auch für *Funktionen mehrerer Variablen* durchführen.

Für *Funktionen* mit *zwei Variablen* z = f(x,y) stellen MATHCAD und MATHEMATICA *Kommandos* zur Verfügung, um das *n-te Taylorpolynom* an der *Stelle* (x_0, y_0) berechnen zu können:

* MATHCAD bietet die Möglichkeit, mittels des *Schlüsselworts* **series** Funktionen von mehreren Variablen in einem beliebigen Punkt in ein *Taylorpolynom* (Standardwert: 6. Grades) zu entwickeln.

* MATHEMATICA besitzt das *Kommando*
  Series [f(x,y) , { x , x_0 , n } , { y, y_0 , n }]
Die Anwendung wird im Beispiel 24.9b) illustriert.

♦

Beispiel 24.9:

a) Für die *Funktion*

$$f(x) = \sqrt{1+x}$$

berechnen wir die *Taylorpolynome* vom *Grade* n=2 und 5 an der Stelle $x_0 = 0$. Wir erhalten

$$1 + \frac{1}{2} \cdot x - \frac{1}{8} \cdot x^2 \qquad\qquad \text{für n=2}$$

$$1 + \frac{1}{2} \cdot x - \frac{1}{8} \cdot x^2 + \frac{1}{16} \cdot x^3 - \frac{5}{128} \cdot x^4 + \frac{7}{256} \cdot x^5 \qquad \text{für n=5}$$

Die *Systeme* liefern das *Taylorpolynom* (für n=5) mittels:
* AXIOM : **taylor** (sqrt (1 + x) , x = 0 , 5)
* DERIVE : **Author** ⇒ **Expression...** **taylor** (sqrt (1 + x) , x , 0 , 5) ⇒ **Simplify**
* MACSYMA : **taylor** (sqrt (1 + x) , x , 0 , 5)
* MAPLE : **series** (sqrt (1 + x) , x , 6) ;
* MATHEMATICA : **Series** [Sqrt [1 + x] , { x , 0 , 5 }]
* MATLAB : **taylor** (' sqrt (1 + x) ',' x ', 6)
* MuPAD : **taylor** (sqrt (1 + x) , x , 6) ;

Die *Graphen* der *Funktion* und der beiden mittels MATHCAD berechneten *Taylorpolynome* sind in Abb.24.1 zu sehen. Diese Abbildung zeigt, daß die Taylorpolynome nur in der Umgebung des Entwicklungspunktes eine akzeptable Näherung für die Ausgangsfunktion bilden.

b) Entwickeln wir die Funktion f(x,y) = sin x · sin y an der Stelle (π,π) mittels MATHCAD und MATHEMATICA in ein *Taylorpolynom* bis zum Grad 5:

- MATHCAD
  Unter Verwendung des *Schlüsselworts* **series** ergibt sich *folgende Vorgehensweise:*
  series   x=π,y=π,5

$$\sin(x)\cdot\sin(y) \to (x-\pi)\cdot(y-\pi) - \frac{1}{6}\cdot(x-\pi)\cdot(y-\pi)^3 - \frac{1}{6}\cdot(x-\pi)^3\cdot(y-\pi)$$

Aus diesem Beispiel ist die Vorgehensweise bei der Verwendung des *Schlüsselworts* **series** deutlich zuerkennen:

* Zuerst wird nach dem *Schlüsselwort* **series** der *Entwicklungspunkt* (x,y) = (π,π) unter Verwendung des *Gleichheitsoperators*

  aus der *Operatorpalette Nr.2* eingegeben.

* Danach wird die gewünschte *Ordnung* des *Taylorpolynoms* eingegeben (durch Komma abgetrennt). Trägt man hier nichts ein, so wird als Standardwert die Ordnung 6 verwendet.

* Die abschließende *Eingabe* des *symbolischen Gleichheitszeichens* → nach der zu entwickelnden Funktion liefert die gewünschte *Taylorentwicklung.*

- MATHEMATICA
  Die Anwendung des *Kommandos*
  Series [Sin[x]*Sin[y] , { x , Pi , 4 } , { y , Pi , 4 }]
  liefert das *Ergebnis* in der *Form* (mit Restglied)

$$\left((y-\pi) - \frac{1}{6}(y-\pi)^3 + O[y-\pi]^5 \right)(x-\pi) +$$

$$\left(-\frac{y-\pi}{6} + \frac{1}{36}(y-\pi)^3 + O[y-\pi]^5 \right)(x-\pi)^3 + O[x-\pi]^5$$

◆

Abb.24.1:
Graph der
Funktion und
ihrer Taylor-
polynome
(für n=2 und
5) aus Bei-
spiel 24.9a)
mittels
MATHCAD

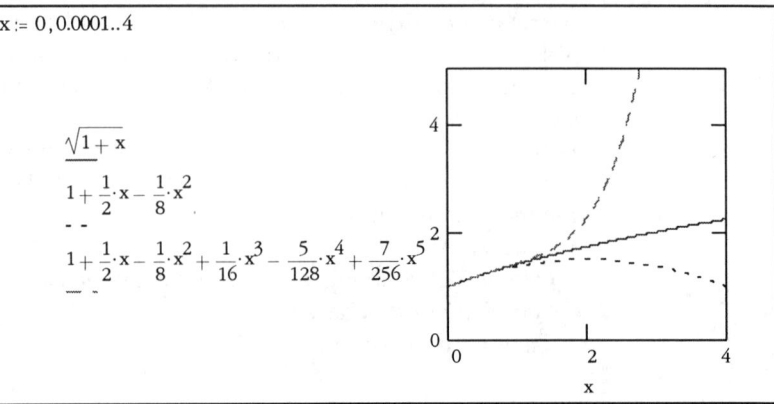

$x := 0, 0.0001 .. 4$

$\sqrt{1 + x}$

$1 + \dfrac{1}{2} \cdot x - \dfrac{1}{8} \cdot x^2$

- - -

$1 + \dfrac{1}{2} \cdot x - \dfrac{1}{8} \cdot x^2 + \dfrac{1}{16} \cdot x^3 - \dfrac{5}{128} \cdot x^4 + \dfrac{7}{256} \cdot x^5$

— -

24.4   Differential und Fehlerrechnung

Da bei *Berechnungen* in *Technik* und *Naturwissenschaften* die benötigten *Größen* häufig durch *Messungen* gewonnen werden, tritt
das Problem der *Meßfehler* auf.

Mit den Mitteln der *Differentialrechnung* lassen sich die Auswirkun-
gen der *Meßfehler* von *gemessenen Größen* x_i *abschätzen*, wenn
diese Größen x_i *Variablen* eines *funktionalen Zusammenhangs*
darstellen, d.h., die *unabhängigen Variablen* einer *gegebenen Funktion* $z = f(x_1, x_2, ..., x_n)$ sind.

Für den Anwender stellt sich die Frage, wie sich die *Meßfehler* der
x_i auf den über den *funktionalen Zusammenhang* f (z.B. physi-
kalisches Gesetz) berechneten Wert z *auswirken*.

Betrachten wir die Problematik an einem einfachen Beispiel.

Beispiel 24.10:

Bekanntlich *berechnet* sich das *Volumen* V eines *zylindrischen Behälters* mit der *Höhe* h und dem *Radius* r aus der *Formel*

$$V = V(h,r) = \pi \cdot h \cdot r^2$$

d.h., das *Volumen* V ist eine *Funktion* der zwei *Größen* h und r.
Möchte man das *Volumen* V eines *gegebenen Behälters* durch *Messung* von Höhe und Radius *bestimmen*, so sind diese Größen mit
Meßfehlern behaftet und folglich ergibt die Berechnung durch die
gegebene Formel einen *fehlerhaften Wert* für V.

Da sich für die Meßfehler Schranken angeben lassen, ist man daran
interessiert, auch für das berechnete *Volumen* V eine *Fehlerschranke* zu erhalten.

♦

Das gegebene Beispiel 24.10 läßt bereits das *zu lösende Problem* erkennen:

Wie wirkt sich ein *Fehler* (Änderung) Δx_i in den Größen x_i, d.h.

$$\tilde{x}_i = x_i + \Delta x_i \qquad (\textit{vektoriell}: \tilde{\mathbf{x}} = \mathbf{x} + \Delta \mathbf{x})$$

($\tilde{x}_i$ ist die durch die *fehlerhafte Messung* erhaltene *Näherung* von x_i) auf den daraus resultierenden *Fehler* (Änderung) Δz der Funktion

$$z = f(x_1, x_2, ..., x_n)$$

aus, d.h., welche Genauigkeit hat der erhaltene *Näherungswert*

$$\tilde{z} = z + \Delta z = f(x_1 + \Delta x_1, x_2 + \Delta x_2, ..., x_n + \Delta x_n) = f(\tilde{x}_1, \tilde{x}_2, ..., \tilde{x}_n)$$

Da man für die *Meßfehler* Δx_i i.a. nicht den exakten Wert kennt, sondern nur *Schranken* für den *absoluten Fehler*

$$|\Delta x_i| \le \delta_i$$

läßt sich für den erhaltenen *Näherungswert* $\tilde{z} = z + \Delta z$ ebenfalls nur eine *Schranke* für den *absoluten Fehler* angeben:

$$|\Delta z| \le \delta$$

Für die *Berechnung* einer derartigen *Schranke* kann man eine *Taylorentwicklung* erster Ordnung (siehe Abschn.24.3) mit Vernachlässigung des Restgliedes auf

$$\Delta z = f(x_1 + \Delta x_1, x_2 + \Delta x_2, ..., x_n + \Delta x_n) - f(x_1, x_2, ..., x_n)$$

$$= f(\tilde{\mathbf{x}}) - f(\mathbf{x})$$

anwenden und erhält die *Näherungsformel*

$$|\Delta z| \approx \left| \sum_{i=1}^{n} \frac{\partial f}{\partial x_i}(\tilde{\mathbf{x}}) \cdot \Delta x_i \right| \le \sum_{i=1}^{n} \left| \frac{\partial f}{\partial x_i}(\tilde{\mathbf{x}}) \right| \cdot \delta_i$$

mit deren Hilfe sich eine *Näherung* für die *Schranke* δ des *absoluten Fehlers* von z berechnen läßt.

Eine *Schranke* für den *relativen Fehler*

$$\frac{|\Delta z|}{\tilde{z}}$$

läßt sich ebenfalls problemlos aus dieser Formel berechnen.

Man kann die gegebenen *Formeln* zur *Fehlerrechnung* in allen *Systemen* unter Verwendung von Differentiationskommandos, absoluter Beträge und Zuweisungen einfach berechnen.

♦

Im folgenden *Beispiel 24.11* illustrieren wir die *Berechnung* des *absoluten Fehlers* für *Funktionen* von *zwei Variablen* $f(x_1, x_2)$ bzw.

drei Variablen f(x_1, x_2, x_3) an zwei konkreten Aufgaben, wobei der *absolute Fehler* als *Funktion definiert* wird.

Beispiel 24.11:

Die folgenden Rechnungen wurden mittels MATHCAD durchgeführt. In den anderen *Systemen* gestalten sich die Rechnungen analog.

a) Berechnen wir eine *obere Schranke* für den *absoluten Fehler* des *Volumens* V(h,r) eines *zylindrischen Behälters* (siehe Beispiel 24.10), wenn die *obere Schranke* δ=0.001·m für die *Meßfehler* für *Höhe* h und *Radius* r bekannt ist, wobei als *Maßeinheit* Meter (m) verwendet wird:

$$V(h,r) := \pi \cdot h \cdot r^2$$

$$\text{abs\_Fehler}(h,r,\delta) := \left| \frac{d}{dh} V(h,r) \right| \cdot \delta + \left| \frac{d}{dr} V(h,r) \right| \cdot \delta$$

$$\delta := 0.001 \quad h := 2 \quad r := 0.5 \quad \text{abs\_Fehler}(h,r,\delta) = 0.007$$

b) Berechnen wir eine *obere Schranke* für den *absoluten Fehler* der *Dichte* D(h,r,m) eines *zylindrischen Behälters* mit der *Masse* M=200·kg, wenn die *oberen Schranken* δl und δM für die *Meßfehler* für *Höhe* h, *Radius* r (δl= 0.001·m) bzw. *Masse* M (δM=0.001·kg) bekannt sind, wobei als *Maßeinheiten* Meter (m) bzw. Kilogramm (kg) verwendet werden:

$$D(h,r,M) := \frac{M}{\pi \cdot h \cdot r^2}$$

$$\text{abs\_Fehler}(h, r, M, \delta l, \partial M) :=$$

$$\left| \frac{d}{dh} D(h,r,M) \right| \cdot \delta l + \left| \frac{d}{dr} D(h,r,M) \right| \cdot \delta l + \left| \frac{d}{dM} D(h,r,M) \right| \cdot \delta M$$

$$\delta l := 0.001 \quad \delta M := 0.001 \quad h := 2 \quad r := 0.5 \quad M := 200$$

$$\text{abs\_Fehler}(h, r, M, \delta l, \partial M) = 0.574$$

◆

24.5   Berechnung von Grenzwerten

Der (*beidseitige*) *Grenzwert* einer *Funktion* f(x) an der Stelle x=a

$$\lim_{x \to a} f(x)$$

existiert bekanntlich, wenn der *linksseitige Grenzwert* (Annäherung von links)

$$\lim_{x \to a-0} f(x)$$

und der *rechtsseitige Grenzwert* (Annäherung von rechts)

$$\lim_{x \to a+0} f(x)$$

existieren und beide übereinstimmen.

Bei der *Berechnung* von *Grenzwerten* können *unbestimmte Ausdrücke* der Form

$$\frac{0}{0} \,,\; \frac{\infty}{\infty} \,,\; 0 \cdot \infty \,,\; \infty - \infty \,,\; 0^0 \,,\; \infty^0 \,,\; 1^\infty \,,\; \ldots$$

auftreten. Für diesen Fall läßt sich die bekannte *Regel von de l'Hospital* unter gewissen Voraussetzungen anwenden (siehe [41]/1 , VI , 3.3.3). Diese Regel muß aber nicht in jedem Fall zum Ergebnis führen. Deshalb ist nicht zu erwarten, daß die *Systeme* immer ein Ergebnis liefern.

Die einzelnen *Systeme* stellen folgende *Kommandos/Menüfolgen* zur *Grenzwertberechnung* für *Funktionen* (und damit auch für Ausdrücke) zur Verfügung, wofür sie die *englische Bezeichnung* **limit** für *Grenzwert* oder eine Abkürzung davon verwenden:

AXIOM AXIOM *berechnet* mit den *Kommandos*
* **limit** (f(x) , x=a)
  den *Grenzwert* der *Funktion* f(x) an der Stelle x=a.
* **limit** (f(x) , x=a , *"right"*)
  den *rechtsseitigen Grenzwert* an der Stelle x=a.
* **limit** (f(x) , x=a , *"left"*)
  den *linksseitigen Grenzwert* an der Stelle x=a.

DERIVE DERIVE bietet folgende Möglichkeiten zur *Berechnung* des *Grenzwertes* der *Funktion* f(x) an der *Stelle* x=a:
I. Nach *Anwendung* der *Menüfolge*
   Author ⇒ Expression... f(x) ⇒ **OK ⇒ Calculus ⇒ Limit...**
   erscheint eine *Dialogbox* :
   * Hier steht die zuletzt eingegebene *Funktion* f(x). Möchte man eine *andere Funktion* verwenden, die unter der *Nummer* m im Arbeitsfenster steht, so gibt man hier #m ein.
   * Bei **Variable** ist die *Variable* x einzugeben, falls sie noch nicht eingetragen ist.
   * Bei **Limit Point** ist die Stelle a einzutragen
   * Bei **Approach Form** ist *Both* (für *beidseitigen Grenzwert*) bzw. *Left* (für *linksseitigen Grenzwert*) bzw. *Right* (für *rechtsseitigen Grenzwert*) anzuklicken.
   * Das abschließende *Anklicken* von **Simplify** löst die *Berechnung* des *Grenzwertes* aus.
II. *Aktivierung* der *Menüfolge*
   * **Author ⇒ Expression... lim** (f(x) , x , a) ⇒ **Simplify**

zur *Berechnung* des *beidseitigen Grenzwertes* an der Stelle x=a.

* **Author** ⇒ **Expression...** lim (f(x) , x , a , –1) ⇒ **Simplify**
zur *Berechnung* des *linksseitigen Grenzwertes* an der Stelle x=a.

* **Author** ⇒ **Expression...** lim (f(x) , x , a , +1) ⇒ **Simplify**
zur *Berechnung* des *rechtsseitigen Grenzwertes* an der Stelle x=a.

III. Nach *Anklicken* des *Grenzwertoperators*

in der *Symbolleiste* der *Dialogbox* **Author Expression** erscheint eine *Dialogbox* (wie bei I.), in der f(x) eingetragen und der Rest wie bei I. ausgefüllt wird.

Das *abschließende Anklicken* von **Simplify** löst die *Berechnung* aus.

MACSYMA MACSYMA *berechnet* mit den *Kommandos*

* **limit** (f(x) , x , a)
den *Grenzwert* der *Funktion* f(x) an der Stelle x=a.

* **limit** (f(x) , x , a , plus)
den *rechtsseitigen Grenzwert* an der Stelle x=a.

* **limit** (f(x) , x , a , minus)
den *linksseitigen Grenzwert* an der Stelle x=a.

MAPLE MAPLE *berechnet* mit den *Kommandos*

* **limit** (f(x) , x = a) ;
berechnet den *Grenzwert* der *Funktion* f(x) an der Stelle x=a.

* **limit** (f(x) , x = a , right) ;
den *rechtsseitige Grenzwert* an der Stelle x=a.

* **limit** (f(x) , x = a , left) ;
den *linksseitigen Grenzwert* an der Stelle x=a.

MATHCAD MATHCAD führt die *exakte Berechnung* eines *Grenzwertes folgendermaßen* durch:

* Zuerst wird der *Grenzwertoperator*

aus der *Operatorpalette Nr.5* durch Mausklick ausgewählt, in den *Platzhalter* hinter dem Operator f(x) und in die *Platzhalter* unter dem Operator x und a eingetragen, d.h.

$$\lim_{x \to a} f(x)$$

* Abschließend *markiert* man den gesamten *Ausdruck* mit einer *Selektionsbox* und *aktiviert eine* der *folgenden Menüfolgen:*

I. **Symbolic** ⇒ **Evaluate** ⇒ **Evaluate Symbolically**
II. **Symbolic** ⇒ **Simplify**
oder gibt das *symbolische Gleichheitszeichen* → ein

MATHCAD gestattet die *Berechnung linksseitiger* und *rechtsseitiger Grenzwerte* mittels der beiden *Operatoren*

 bzw.

aus der *Operatorpalette Nr.5*, wobei die Vorgehensweise analog zur Berechnung des beidseitigen Grenzwertes ist.
♦

MATHEMA-TICA
MATHEMATICA *berechnet* mit den *Kommandos*
Limit [f(x) , x→a]
den *Grenzwert* der *Funktion* f(x) an der Stelle x=a.
Limit [f(x) , x→ a , *Direction* → −1]
den *linksseitigen Grenzwert* an der Stelle x=a.
Limit [f(x) , x→ a , *Direction* → 1]
den *rechtsseitigen Grenzwert* an der Stelle x=a.
Das *Kommando* **Limit** kann auch mittels des *Grenzwertoperators*

```
Limit[■, □→□]
```

aus der *Operatorpalette* **Calculus** ⇒ **Common Operations** *erzeugt* werden, die durch die *Menüfolge* **File** ⇒ **Palettes** ⇒ **Basic Calculations** *aufgerufen* wird.

MuPAD
MuPAD berechnet mit dem *Kommando* **limit** (f(x) , x = a) ;
den *Grenzwert* der *Funktion* f(x) an der Stelle x=a
♦

In MATLAB wurden *keine Kommandos* zur *Grenzwertberechnung* gefunden.
♦

Möchte man den *Grenzwert* des *Ausdrucks* A(n) anstelle der Funktion f(x) berechnen, so sind in den obigen *Kommandos* der *Programmsysteme* lediglich f(x) durch A(n) und x durch n zu ersetzen.
Für a kann bei allen Systemen ∞ eingesetzt werden, so daß die *Grenzwertberechnung* für x→∞ bzw. n→∞ möglich ist.
MATHEMATICA bekommt aber Schwierigkeiten für x→∞ und liefert manchmal kein Ergebnis.
Falls die *Grenzwertberechnung* mittels der *Systeme versagt* oder man das *Ergebnis überprüfen* möchte, kann man f(x) bzw. A(n) *zeichnen* lassen.
♦

Beispiel 24.12:

a) $\lim\limits_{x \to 0} \left(\dfrac{1}{\tan x} - \dfrac{1}{x} \right) = 0$

   wird von allen Systemen berechnet.

b) $\lim\limits_{x \to \infty} \dfrac{2^x}{3^x} = 0$

   wird in dieser Form von allen Systemen bis auf AXIOM berechnet. AXIOM liefert nur nach der *Umformung*

   $$\lim\limits_{x \to \infty} \left(\dfrac{2}{3} \right)^x$$

   das *Ergebnis* 0.

c) $\lim\limits_{x \to \infty} \dfrac{x + \sin x}{x} = 1$

   wird in dieser Form von allen Systemen bis auf MATHEMATICA und MuPAD berechnet.
   MATHEMATICA liefert nur nach der *Umformung*

   $$\lim\limits_{x \to \infty} (\, 1 + \dfrac{\sin x}{x} \,)$$

   das *Ergebnis* 1.

d) $\lim\limits_{x \to +0} \arctan\!\left(\dfrac{c}{x} \right) = \dfrac{1}{2} \cdot \mathrm{signum}(c) \cdot \pi$

   wobei c eine beliebige reellwertige Konstante ist, wird nur von AXIOM, MATHCAD und MATHEMATICA berechnet.

Diese Beispiele lassen bereits erkennen, daß bei der Grenzwertberechnung bei allen Systemen Probleme auftreten können.

♦

24.6   Kurvendiskussion

Eine *Kurvendiskussion* dient dazu, *Eigenschaften* einer gegebenen *Funktion* f(x) und die *Form* ihrer *Funktionskurve* zu bestimmen.
Dazu dienen folgende *Untersuchungen:*

* Ermittlung des *Definitions-* und *Wertebereichs*
* Untersuchung von *Symmetrieeigenschaften*
* Bestimmung der *Unstetigkeitsstellen* (*Polstellen, Sprungstellen*) und der *Stetigkeitsintervalle*
* Untersuchung auf *Differenzierbarkeit*

* Bestimmung der *Schnittpunkte* mit der *x-Achse* (*Nullstellen*) und der *y-Achse*
* Bestimmung der *Extremwerte* (Maxima und Minima)
* Bestimmung der *Wendepunkte*
* Bestimmung der *Monotonie-* und *Konvexitätsintervalle*
* Untersuchung des *Verhaltens* im *Unendlichen* (Bestimmung der *Asymptoten*)
* *Berechnung* geeigneter *Funktionswerte*

Unter Verwendung der bereits behandelten *Grafikkommandos* der *Systeme* (siehe Abschn.22.1) läßt sich die *Funktionskurve zeichnen*, aus der man Informationen über die gegebenen Eigenschaften erhalten kann. Aus der *Funktionskurve* lassen sich auch *Startwerte* für eventuell zu verwendende *Näherungsverfahren* entnehmen, z.B. zur Bestimmung der Nullstellen, Maxima, Minima und Wendepunkte, falls deren exakte (symbolische) Berechnung versagt.

Man sollte sich aber nicht ausschließlich bei einer Kurvendiskussion auf die von den *Systemen* gelieferte *grafische Darstellung* verlassen, sondern auch die oben gegebenen *Eigenschaften analytisch* unter Verwendung der von den *Systemen* zur Verfügung gestellten *Kommandos/Menüfolgen* für die

* *Lösung* von *Gleichungen* (zur Bestimmung von Nullstellen, Extremwerten, Wendepunkten)
* *Differentiation* (zur Bestimmung von Monotonie- und Konvexitätsintervallen, zur Aufstellung der Gleichungen für die Bestimmung von Extremwerten und Wendepunkten)

untersuchen, da eine von den Systemen gelieferte *Funktionskurve fehlerbehaftet* sein kann.

Betrachten wir die *Vorgehensweise* für die *Durchführung* von *Kurvendiskussionen* mittels der *Systeme* im Beispiel 24.13.

Beispiel 24.13:
Führen wir die *Kurvendiskussion* für die *Funktion*

$$y = f(x) = \frac{-5x^2 + 5}{x^3}$$

aus [41]/1,IV,3.5 durch.

Da eine derartige *Kurvendiskussion* in allen *Systemen analog* durchgeführt wird, wobei sich nur die Namen der verwendeten Kommandos/Menüfolgen unterscheiden, verwenden wir im folgenden MAPLE als *Repräsentanten*:

Bei der *Anwendung* eines *Systems* empfiehlt sich die *folgende Vorgehensweise:*

I. *Zuerst* wird die *Kurve* (der *Graph*) der *Funktion* mittels der *Grafikkommandos* aus Abschn.22.1 *gezeichnet*, so daß man bereits einen *Überblick* über den *Kurvenverlauf* besitzt.

II. *Anschließend* werden die einzelnen *Untersuchungen* der *Kurvendiskussion analytisch* mit den vorhandenen *Kommandos/Menüfolgen* durchgeführt.

III. *Abschließend vergleicht* man die *analytisch erhaltenen Eigenschaften* mit der *grafischen Darstellung*, um eventuell aufgetretene Fehler zu erkennen.

Führen wir die *Kurvendiskussion* mittels MAPLE durch:

I. Die *grafische Darstellung* der *Funktionskurve* im *Intervall* [–4,4] erhält man mit dem *Kommando*

plot ((–5*x^2 + 5)/x^3 , x = –4 .. 4) ;

und ist in Abb.24.2 zu sehen.

Abb.24.2:
Graph der
Funktion
aus Beispiel
24.13 mittels
MAPLE

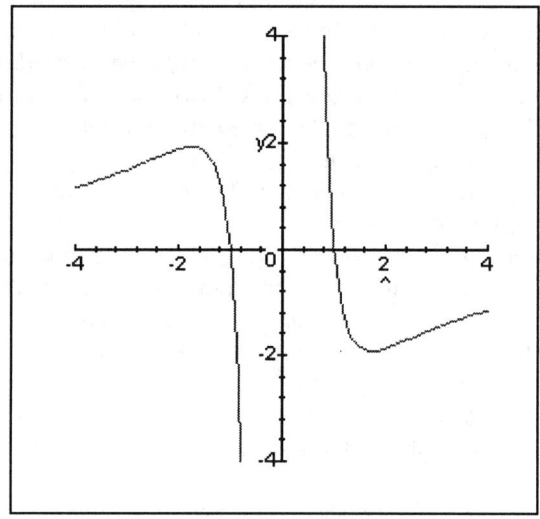

II. *Bestimmen* wir *Eigenschaften* der *Funktion analytisch*:

   * *Schnittpunkte* der Funktion mit der *x-Achse* (Nullstellen) werden durch das *Kommando* zur *Gleichunglösung*

     solve ((–5*x^2 + 5)/x^3 = 0 , x) ;

     bestimmt, das die *Nullstellen* –1 und 1 liefert.

   * *Extremwerte* der *Funktion* werden durch Lösen der *notwendigen Optimalitätsbedingungen* (siehe Abschn.30.2) mittels des *Kommandos*

     solve (**diff** ((–5*x^2 + 5)/x^3 , x) = 0 , x) ;

     berechnet und es wird als *Lösung*

$\sqrt{3}$, $-\sqrt{3}$

erhalten. Die *hinreichende Optimalitätsbedingung* (f'(x)>0 – Minimum , f'(x)<0 – Maximum) wird mittels der folgenden *Kommandofolge überprüft*:

diff ((−5*x^2 + 5)/x^3 , x\$2) ;

F := **unapply** (" , x) ;

Damit ergibt F(sqrt(3))>0 und F(−sqrt(3))<0, so daß die Funktion bei $\sqrt{3}$ ein *Minimum* und bei $-\sqrt{3}$ ein *Maximum* besitzt.

* *Wendepunkte* der *Funktion* f(x) werden durch Lösen der Gleichung f'(x)=0 (mit f"(x)≠0) mittels der *Kommandofolge*

solve (**diff** ((−5*x^2 + 5)/x^3 , x\$2) = 0 , x) ;

diff ((−5*x^2 + 5)/x^3 , x\$3) ;

G := **unapply** (" , x) ;

gewonnen und liefert die *Wendepunkte* $\sqrt{6}$ und $-\sqrt{6}$, da die dritte Ableitung G an diesen Stellen von Null verschieden ist.

* Das *Verhalten* im *Unendlichen* erhält man durch Berechnung der *Grenzwerte*

limit ((−5*x^2 + 5)/x^3 , x = infinity) ;

limit ((−5*x^2 + 5)/x^3 , x = −infinity) ;

die beide den Wert 0 liefern, d.h., die Funktion nähert sich im Unendlichen der x-Achse.

III. Wenn man die Ergebnisse aus II. mit der Grafik aus I. vergleicht, so sieht man, daß die Grafik aus Abb.24.2 den Kurvenverlauf richtig darstellt.

♦

25   Integralrechnung

Betrachten wir zuerst die *Integration* von *reellen Funktionen* y = f(x) einer *reellen Variablen* x.
Bekanntlich führt die *Lösung* des *folgenden Problems* zur *Integralrechnung*:
Ist eine *gegebene Funktion* f(x) die *Ableitung* einer noch zu bestimmenden Funktion F(x), d.h. gilt F'(x) = f(x) ?
Damit stellt die *Integralrechnung* die *Umkehrung* der *Differentialrechnung* dar.

Im *Unterschied* zur *Differentialrechnung*, die die *Ableitung* einer aus *elementaren Funktionen zusammengesetzten differenzierbaren Funktion* immer in *endlich vielen Schritten* liefert, kann die *Integralrechnung nicht jede* gegebene *Funktion exakt integrieren.*
♦

Eine *Funktion* F(x) mit der *Eigenschaft* F'(x) = f(x) wird als *Stammfunktion* einer *gegebenen Funktion* f(x) bezeichnet.
Alle für eine *Funktion* f(x) existierenden *Stammfunktionen* F(x) *unterscheiden* sich höchstens um eine *Konstante*.
Die *Gesamtheit* von *Stammfunktionen* F(x) für eine gegebene *Funktion* f(x) bezeichnet man als *unbestimmtes Integral* und schreibt
$$\int f(x)\,dx$$

Die *Integralrechnung* hat *zwei Probleme* zu lösen:
I. *Besitzt* jede *Funktion* f(x) eine *Stammfunktion* F(x) ?
II. Wie läßt sich eine *Stammfunktion* F(x) für eine *gegebene Funktion* f(x) *bestimmen* ?
Problem I. bereitet keine Schwierigkeiten, da jede auf einem Intervall [a,b] *stetige Funktion* f(x) eine *Stammfunktion* F(x) besitzt, wie in der Integralrechnung bewiesen wird.
Dies ist aber nur eine *Existenzaussage*, die keinen Algorithmus zur Bestimmung einer Stammfunktion liefert, so daß sich das *Problem* II. nicht immer lösen läßt. ♦

Damit ist die *Aufgabe nicht* allgemein *lösbar*, zu einer gegebenen *stetigen Funktion* f(x), die sich aus *Elementarfunktionen*

$$x^n, \quad e^x, \quad \ln x, \quad \sin x, \ldots$$

zusammensetzt, eine *Stammfunktion* F(x) *explizit anzugeben*. Wir wissen zwar, daß F(x) existiert, aber nicht, ob und wie F(x) durch elementare Funktionen gebildet werden kann. Damit existiert *kein endlicher Algorithmus* zur *Bestimmung* einer *Stammfunktion* F(x) für eine *beliebige stetige Funktion* f(x).

Deshalb kann man nicht erwarten, daß die *Systeme* immer eine exakte (symbolische) Lösung bei der Bestimmung einer Stammfunktion liefern.

◆

In der *Ingenieurmathematik* benötigt man hauptsächlich das *bestimmte Integral* (siehe [41]/1,V,10)

$$\int_a^b f(x) \, dx$$

das durch den *Hauptsatz* der *Differential-* und *Integralrechnung*

$$\int_a^b f(x) \, dx = F(b) - F(a)$$

mit dem *unbestimmten Integral* verbunden ist, wobei F(x) eine *Stammfunktion* von f(x) ist.

Der *Wert* eines *bestimmten Integrals* ist folglich *gegeben*, wenn eine *Stammfunktion* F(x) bekannt ist.

Die *Integralrechnung* kennt eine Reihe von *Verfahren*, um für *spezielle Funktionen* f(x) eine *Stammfunktion* F(x) zu *konstruieren* (siehe [41]/1,V.8). Hierzu gehören u.a.

* *partielle Integration*
* *Partialbruchzerlegung* (für gebrochenrationale Funktionen)
* *Substitution*

die auch von den *Systemen* genutzt werden.

Aufgrund der geschilderten Problematik stößt die *Computeralgebra* bei der exakte (symbolische) *Berechnung* von *Integralen* schnell an *Grenzen*, befreit aber von aufwendiger Rechenarbeit bei lösbaren Aufgaben.

Weiterhin besitzen die Systeme *Numerikkommandos* zur *näherungsweisen Berechnung* bestimmter Integrale, falls die exakte Berechnung versagt.

◆

25.1 Ingenieurtechnische Anwendungen

Die *Integralrechnung* spielt in der *Ingenieurmathematik* zusammen mit der *Differentialrechnung* eine *fundamentale Rolle*.
Aus der Vielzahl der *Anwendungen* der *Integralrechnung* seien nur

* *Flächen-* und *Volumenberechnungen*
* *Schwerpunktberechnungen*
* *Berechnung* von *Massenträgheitsmomenten*
* *Berechnung* von *Arbeit* und *Energie*

genannt. Zahlreiche weitere Anwendungsbeispiele findet man in [41]/1,V,10 und [41]/2,IV,3.2.3

25.2 Unbestimmte und bestimmte Integrale

Zur *exakten* (*symbolischen*) *Berechnung* von *unbestimmten*

$$\int f(x)\ dx$$

und *bestimmten Integralen*

$$\int_a^b f(x)\ dx$$

mit der zu *integrierenden Funktion* (*Integrand*) f(x) und den *Integrationsgrenzen* a und b (bei *bestimmten Integralen*) besitzen die einzelnen *Systeme* folgende *Kommandos/Menüfolgen*, wofür sie die *englische Bezeichnung* **integrate** für *integrieren* oder eine Abkürzung davon verwenden:

AXIOM AXIOM gestattet die *exakte Berechnung* unbestimmter und bestimmter *Integrale* durch folgende *Kommandos*

* **integrate** (f(x) , x)   (*unbestimmtes Integral*)
* **integrate** (f(x) , x = a..b)   (*bestimmtes Integral*)

DERIVE DERIVE besitzt zur *exakten Berechnung* unbestimmter und bestimmter *Integrale drei Möglichkeiten:*

I. Nach *Anwendung* der *Menüfolge*

Author ⇒ **Expression...** f(x) ⇒ **OK** ⇒ **Calculus** ⇒ **Integrate...** erscheint eine *Dialogbox* :

* Hier steht die zuletzt eingegebene *Funktion* f(x). Möchte man eine *andere Funktion* integrieren, die unter der *Nummer* m im Arbeitsfenster steht, so gibt man #m ein.
* Bei **Variable** ist die *Integrationsvariable* x einzugeben, falls sie noch nicht eingetragen ist.
* Bei **Integral** ist *Indefinite* (*unbestimmtes Integral*) bzw. *Definite* (*bestimmtes Integral*) anzuklicken.

* Bei *bestimmten Integralen* ist in **Definite integral** bei *Upper Limit* (obere Grenze) b und bei *Lower Limit* (untere Grenze) a einzutragen.
* Das *abschließende Anklicken* von **Simplify** löst die *Berechnung* des *Integrals* aus.

II. Es können die *Menüfolgen*

* **Author** ⇒ **Expression...** int (f(x) , x) ⇒ **Simplify** (*unbestimmtes Integral*)
* **Author** ⇒ **Expression...** int (f(x) , x , a , b) ⇒ **Simplify** (*bestimmtes Integral*)

mit dem *Integrationskommando* **int** *verwendet* werden.

III. Nach *Anklicken* des *Integrationsoperators*

in der *Symbolleiste* erscheint eine *Dialogbox* (wie bei I.), in die f(x) eingetragen und der Rest wie bei I. ausgefüllt wird.
Das *abschließende Anklicken* von **Simplify** löst die *Berechnung* aus.

MACSYMA MACSYMA gestattet die *exakte Berechnung* unbestimmter und bestimmter *Integrale* mittels folgender *Kommandos*

* **integrate** (f(x) , x) (*unbestimmtes Integral*)
* **integrate** (f(x) , x , a , b) (*bestimmtes Integral*)

MAPLE MAPLE gestattet die *exakte Berechnung* unbestimmter und bestimmter *Integrale* durch folgende *Kommandos*

* **int** (f(x) , x) ; (*unbestimmtes Integral*)
* **int** (f(x) , x = a..b) ; (*bestimmtes Integral*)

MATHCAD MATHCAD gestattet die *exakte Berechnung* eines

• *unbestimmten Integrals*

$\int$ f (x) dx auf *zwei Arten* :

I. Der *Integrand* f(x) wird eingegeben, danach eine *Variable* x mit dem *Kursor markiert* und abschließend die *Menüfolge* **Symbolic** ⇒ **Integrate on Variable** *aktiviert*.

II. Durch *Anklicken* des *Integraloperators* (für die unbestimmte Integration)

 aus der *Operatorpalette Nr.5* (*Berechnungspalette*) erscheint das *Symbol*

$\int$ ▪ d▪

im Arbeitsfenster, in dessen beide *Platzhalter* man den *Integranden* f(x) und die *Integrationsvariable* x einträgt, d.h.

$$\int f(x)\, dx$$

Danach *umrahmt* man den gesamten *Ausdruck* mit einer *Selektionsbox*. Die *abschließende Durchführung einer* der *folgenden Operationen*

1. *Aktivierung* der *Menüfolge*
   Symbolic ⇒ Evaluate ⇒ Evaluate Symbolically
2. *Aktivierung* der *Menüfolge* **Symbolic ⇒ Simplify**
3. *Eingabe* des *symbolischen Gleichheitszeichens →*

berechnet das *unbestimmte Integral exakt*.

- *bestimmten Integrals*

$$\int_a^b f(x)\, dx \quad folgendermaßen:$$

  * Durch *Anklicken* des *Integraloperators* (für die *bestimmte Integration*)

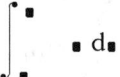 in der *Operatorpalette Nr.5* (*Berechnungspalette*) erscheint im Arbeitsfenster das *Symbol*

$$\int_\blacksquare^\blacksquare \blacksquare\, d\blacksquare$$

  * In die *Platzhalter* dieses *Symbols* werden die *Integrationsgrenzen* a und b, der *Integrand* f(x) und die *Integrationsvariable* x eingetragen, d.h.

$$\int_a^b f(x)\, dx$$

  * Danach *umrahmt* man den gesamten *Ausdruck* mit einer *Selektionsbox*.
  * Die *abschließende Durchführung einer* der *folgenden Operationen*
    1. *Aktivierung* der *Menüfolge*
       Symbolic ⇒ Evaluate ⇒ Evaluate Symbolically
    2. *Aktivierung* der *Menüfolge* **Symbolic ⇒ Simplify**
    3. *Eingabe* des *symbolischen Gleichheitszeichens →*

berechnet das *bestimmte Integral exakt*.

MATHEMA-TICA

MATHEMATICA gestattet ab der Version 3.0 für die *exakte Berechnung* unbestimmter und bestimmter *Integrale* neben *Kommandos* zusätzlich die Anwendung von *Operatoren*. Damit kann *eine* der *folgenden Möglichkeiten* angewandt werden:

I. *Anwendung* der *Kommandos*
   * **Integrate** [f(x) , x]   (*unbestimmtes Integral*)
   * **Integrate** [f(x) , { x , a , b }]   (*bestimmtes Integral*)

II. Verwendung einer der *Operatorpaletten*
   * **Calculus** ⇒ **Common Operations**
     die durch die *Menüfolge*
     File ⇒ **Palettes** ⇒ **BasicCalculations**
   * **BasicInput**
     die durch die *Menüfolge* **File** ⇒ **Palettes** ⇒ **BasicInput**
     aufgerufen werden.

Man wählt in der *erscheinenden Palette* den *Integraloperator*

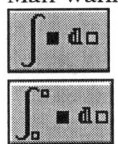

(*unbestimmtes Integral*)

(*bestimmtes Integral*)

durch *Mausklick* aus und trägt in das erscheinende *Symbol* analog wie bei MATHCAD den *Integranden* f(x), die *Integrationsvariable* x und bei *bestimmten Integralen* die *Integrationsgrenzen* ein.

♦

MATLAB

MATLAB gestattet die *exakte Berechnung* unbestimmter und bestimmter *Integrale* durch *Anwendung* der *Kommandofolgen*
   * **syms** x ; **int** (f(x))   (*unbestimmtes Integral*)
   * **syms** x ; **int** (f(x) , a , b)   (*bestimmtes Integral*)

Das *Kommando* **syms** dient zur *Bezeichnung* der *symbolischen Variablen*.

Falls der Integrand *Parameter* enthält, empfiehlt es sich, das *Integrationskommando* **int** in der *Form* **int** (f(x) , 'x') bzw. **int** (f(x) , 'x' , a , b) zu schreiben, um die *symbolische Integrationsvariable* x zu kennzeichnen. Auftretende *Parameter* bzw. *allgemeine Integrationsgrenzen* a und b sind mit im *Kommando* **syms** zu deklarieren (siehe Beispiel 25.5).

MuPAD

MuPAD gestattet die *exakte Berechnung* unbestimmter und bestimmter *Integrale* durch *Anwendung* der *Kommandos*
   * **int** (f(x) , x) ;   (*unbestimmtes Integral*)
   * **int** (f(x) , x = a .. b) ;   (*bestimmtes Integral*)

Können die *Systeme* ein *Integral nicht exakt* (*symbolisch*) *berechnen*, so zeigen sie es auf eine der folgenden Arten an:
* Es kann eine *Meldung* erscheinen (z.B. bei MATHCAD):
  No closed form found for integral (*Keine geschlossene Form für das Integral gefunden*).
* Das zu berechnende *Integral* wird *unverändert* als Ergebnis auf dem Bildschirm *ausgegeben.*
* Es kann bei gewissen Integralen vorkommen, daß die *Berechnung nicht beendet* wird.
  ♦

Beispiel 25.1:
Testen wir die *Wirksamkeit* der *Systeme* an einigen *typischen Aufgaben:*
a) Das durch *partielle Integration* lösbare *unbestimmte Integral*

$$\int x \cdot \sin x \, dx = \sin x - x \cdot \cos x$$

wird in den einzelnen *Systemen* mittels *folgender Menüs/Kommandos* berechnet:
* AXIOM : **integrate** (x*sin(x) , x)
* DERIVE :
  Author ⇒ **Expression... int** (x*sin(x) , x) ⇒ **Simplify**
* MACSYMA : **integrate** (x*sin(x) , x)
* MAPLE : **int** (x*sin(x) , x) **;**
* MATHCAD :
  Unter Verwendung des *Integraloperators* aus der *Operatorpalette Nr.5* und des *symbolischen Gleichheitszeichens* → ergibt sich

$$\int x \cdot \sin(x) \, dx \overset{\rightarrow}{\ } \sin(x) - x \cdot \cos(x)$$

* MATHEMATICA : bietet folgende *zwei Berechnungsmöglichkeiten:*
  * *Anwendung* des *Kommandos* **Integrate** [x*Sin[x] , x]
  * *Anwendung* des *Integraloperators* aus der *Operatorpalette* **BasicInput**:

  $$\int x * \text{Sin}[x] \, dx$$

* MATLAB : **syms** x **; int** (x*sin(x))
* MuPAD : **int** (x*sin(x) , x) **;**
  ♦

Ein zugehöriges *bestimmtes Integral* der *Form*

$$\int_0^\pi x \cdot \sin(x) \, dx = \pi$$

wird in den einzelnen *Systemen* mittels *folgender Menüs/Kommandos berechnet*:

- AXIOM : **integrate** (x*sin(x) , x = 0 .. %pi)
- DERIVE :
  Author $\Rightarrow$ **Expression...** **int** (f(x) , x , 0 , pi) $\Rightarrow$ **Simplify**
- MACSYMA : **integrate** (x*sin(x) , x , 0 , %Pi)
- MAPLE : **int** (x*sin(x) , x = 0 .. Pi) ;
- MATHCAD

$$\int_0^\pi x \cdot \sin(x) \, dx \to \pi$$

- MATHEMATICA : bietet folgende *zwei Berechnungsmöglichkeiten:*
  * *Anwendung* des *Kommandos*
    Integrate [x*Sin[x] , { x , 0 , Pi }]
  * *Anwendung* des *Integraloperators* aus der *Operatorpalette*
    BasicInput:

$$\int_0^\pi x * Sin[x] \, dx$$

  wobei π aus der gleichen Operatorpalette zu entnehmen ist.
- MATLAB : **syms** x ; **int** (x*sin(x) , 0 , pi)
- MuPAD : **int** (x*sin(x) , x = 0 .. PI) ;

b) Betrachten wir die *Berechnung* eines *unbestimmten Integrals*, bei dem der *Integrand* eine *gebrochenrationale Funktion* ist. Integrale dieser Art werden mittels *Partialbruchzerlegung* (siehe Abschn.18.2) gelöst, die auch von den *Systemen* verwendet wird.

b1) Das *Integral*

$$\int \frac{1}{x^3 - x^2 + x - 1} \, dx$$

wird von *allen Systemen exakt berechnet* und als *Lösung*

$$\frac{1}{2} \cdot \ln(x - 1) - \frac{1}{4} \cdot \ln(x^2 + 1) - \frac{1}{2} \cdot \arctan x$$

erhalten.

b2) Das *Integral*

$$\int \frac{1}{x^4 + 4 \cdot x + 1} \, dx$$

wird von *keinem System exakt berechnet.*

Die *Wirksamkeit* der *Systeme* bei der *Berechnung* von *Integralen* mit *gebrochenrationalem Integranden* ist bereits aus den beiden Beispielen 25.1b1) und b2) zu erkennen. Die Systeme können diese Integrale mittels *Partialbruchzerlegung* nur berechnen, wenn die *Nullstellen* des *Nennerpolynoms* einfach zu ermitteln sind.

Im Abschn.23.3 wird auf die Bestimmung von Nullstellen näher eingegangen, wofür in den meisten Fällen kein endlicher Lösungsalgorithmus existiert. Obwohl zur Bestimmung von Nullstellen für Polynome bis zum Grade vier ein Lösungsalgorithmus existiert, können die *Systeme* die Aufgabe 25.1b2) nicht lösen.

♦

c) Betrachten wir die *Berechnung* eines *unbestimmten Integrals,* das durch *Substitution* lösbar ist:

$$\int (\arcsin x)^2 \, dx$$

wird von den Systemen mit Ausnahme von MAPLE, MATHCAD und MATLAB berechnet.

Das *Integral* läßt sich mittels der *Substitution* x = sin t in das *Integral*

$$\int t^2 \cdot \cos t \, dt$$

transformieren, das durch *partielle Integration* einfach lösbar ist und von allen *Systemen* berechnet wird.

Das Beispiel 25.1c) läßt bereits erkennen, daß passende *Substitutionen* von den *Systemen* nicht immer erkannt werden. Dies ist aber nicht verwunderlich, da für Substitutionen keine allgemeinen Regeln existieren.

♦

In einigen Fällen läßt sich das *Scheitern* der *Berechnung* von Integralen durch die *Systeme vermeiden,* wenn man den *Integranden* f(x) vor der Anwendung von Integrationskommandos *vereinfacht :*

* *Gebrochenrationale Funktionen* kann man vorher in *Partialbrüche zerlegen* (unter Verwendung der Systeme: siehe Abschn.18.2).

* Gängige *Substitutionen* kann man *vorher per Hand durchführen* (siehe Beispiel 25.1c)

♦

25.3   Uneigentliche Integrale

Kommen wir zur Berechnung *uneigentlicher Integrale*, die in einer Reihe von Anwendungsaufgaben auftreten (siehe [41]/1,V,9).
Man unterscheidet folgende *drei Formen uneigentlicher Integrale :*
I. Das *Integrationsintervall* ist *unbeschränkt*, z.B.

$$\int_{1}^{\infty} \frac{1}{x^3}\,dx$$

II. Der *Integrand* f(x) ist im *Integrationsintervall* [a,b] *unbeschränkt*, z.B.

$$\int_{-1}^{1} \frac{1}{x^2}\,dx$$

III. Sowohl das *Integrationsintervall* als auch der *Integrand* sind *unbeschränkt*, z.B.

$$\int_{-\infty}^{\infty} \frac{1}{x}\,dx$$

Der *Fall I.* des *unbeschränkten Integrationsintervalls* kann mit den *Systemen* noch *einfach behandelt* werden, da diese als *Integrationsgrenzen* ∞ zulassen.
Beispiel 25.2:
a) Für das *uneigentliche Integral*

$$\int_{1}^{\infty} \frac{1}{x^3}\,dx$$

geschieht die *Berechnung* mit den *Systemen* auf *folgende Art:*
• AXIOM : **integrate** (1/x^3 , x = 1 .. *%plusInfinity*)
• DERIVE : **Author** ⇒ **Expression...** int (1/x^3 , x , 1 , *inf*) ⇒ **Simplify**
• MACSYMA : **integrate** (1/x^3 , x , 1 , *inf*)
• MAPLE : **int** (1/x^3 , x = 1 .. *infinity*) **;**
• MATHCAD

$$\int_{1}^{\infty} \frac{1}{x^3}\,dx \qquad yields \qquad \frac{1}{2}$$

- MATHEMATICA : bietet folgende *zwei Berechnungsmöglichkeiten:*
  * *Anwendung* des *Kommandos*
    Integrate [1/x^3 , { x , 1 , *Infinity* }]
  * *Anwendung* des *Integraloperators* aus der *Operatorpalette*
    BasicInput:

$$\int_1^\infty \frac{1}{x^3}\, dx$$

  wobei ∞ aus der gleichen Operatorpalette zu entnehmen ist.
- MATLAB : **syms** x ; **int** (1/x^3 , 1 , *inf*)
- MuPAD : **int** (1/x^3 , x = 1 .. *infinity*) ;
  und es wird von *allen Systemen* das *Ergebnis* 1/2 erhalten.

b) Für das *divergente uneigentliche Integral*

$$\int_1^\infty \frac{1}{x}\, dx$$

erkennen alle Systeme die Divergenz und geben entweder ∞ (AXIOM, DERIVE, MAPLE, MATHCAD, MATLAB und MuPAD) oder einen Hinweis aus (MACSYMA: *Integral is divergent*, MATHEMATICA: *Indeterminate/Integral does not converge*).

c) Für das *divergente uneigentliche Integral*

$$\int_{-\infty}^\infty x\, dx$$

liefern AXIOM, MATHCAD, MACSYMA, MATHEMATICA und MuPAD den *Hinweis* auf *Divergenz* (*failed* bzw. *No closed form found for integral* bzw. *Integral is not absolutely convergent* bzw. *Indeterminate/Integral does not converge* bzw. *undefined*), während DERIVE ein *Fragezeichen* ausgibt. MAPLE und MATLAB geben das eingegebene Integral ohne Kommentar unverändert zurück.

♦

Wesentlich *schwieriger* gestaltet sich die *Berechnung* uneigentlicher *Integrale* mit *beschränktem Integrationsbereich* [a,b] aber *unbeschränktem Integranden* f(x). Dieser Fall II. wird nicht immer von den *Systemen* erkannt, so daß falsche Ergebnisse erscheinen können.

Beispiel 25.3:
a) Wenn man das *divergente uneigentliche Integral*

$$\int\limits_{-1}^{1} \frac{1}{x^2}\, dx$$

formal integriert, ohne zu erkennen, daß der Integrand bei x=0 unbeschränkt ist, erhält man das *falsche* (unsinnige) *Ergebnis* −2. Die *Divergenz* wird von AXIOM (Ausgabe von *pole in path of integration*), MACSYMA (Ausgabe von *Integral is divergent*), MAPLE, MATHCAD, MATHEMATICA, MATLAB und MuPAD (jeweils Ausgabe von ∞) richtig erkannt, während DERIVE das *falsche Ergebnis* −2 liefert.

b) Für das *divergente uneigentliche Integral*

$$\int\limits_{-1}^{1} \frac{1}{x}\, dx$$

dessen *Cauchyscher Hauptwert* 0 beträgt, liefern
* AXIOM : die *Meldung*, daß der *Integrand* einen *Pol* besitzt
* DERIVE : das *falsche Ergebnis* − πi
* MACSYMA : den *Cauchyschen Hauptwert* 0
* MAPLE : *kein Ergebnis* (Integral wird ohne Kommentar zurückgegeben)
* MATHCAD : die *Meldung*, daß *kein Ergebnis gefunden* wurde
* MATHEMATICA : die *Meldung*, daß das *Integral divergiert*
* MATLAB : *kein Ergebnis* (Integral wird ohne Kommentar zurückgegeben)
* MuPAD : die Meldung *undefined*

Mit MAPLE und MATHEMATICA kann man den *Cauchyschen Hauptwert* folgendermaßen berechnen:
* Dazu muß man bei MAPLE im *Integrationskommando* die Option *CauchyPrincipalValue* verwenden. So liefert das *Kommando* **int (1/x , x = −1 .. 1 , *CauchyPrincipalValue*) ;** den *Cauchyschen Hauptwert* 0
  Für MATHEMATICA ist das Zusatzpaket *Cauchyscher Hauptwert* mittels **Needs**["NumericalMath`CauchyPrincipalValue`"] zu laden. Danach liefert das *Kommando* **CauchyPrincipalValue** [1/x , { x , −1 , { 0 } , 1 }] den *Cauchyschen Hauptwert* 0, wobei zusätzlich die *Polstelle* (hier { 0 }) im Argument des Kommandos anzugeben ist.

♦

Zusammenfassend läßt sich zur *Berechnung uneigentlicher Integrale* mittels der *Systeme* sagen, daß auch in den Fällen, bei denen Ergebnisse geliefert werden, eine Überprüfung angeraten ist. Es empfiehlt sich eine zusätzliche Behandlung als *bestimmtes* (*eigent-liches*) *Integral* mit *anschließender Grenzwertberechnung* (siehe [41]/1,V,9).

♦

25.4   Numerische Berechnung

Wenn die *exakte* (*symbolische*) *Berechnung* eines Integrals *versagt*, so besitzen die Systeme *Numerikkommandos*, um das *bestimmte Integral*

$$\int_a^b f(x)\ dx$$

berechnen zu können.

Mit den *Numerikkommandos* der *Systeme* zur Berechnung bestimmter Integrale läßt sich eine *Stammfunktion* F(x) ebenfalls *näherungsweise* in *einzelnen Punkten* x *berechnen*, wenn man die aus dem Hauptsatz der Differential- und Integralrechnung folgende *Formel*

$$F(x)\ =\ \int_a^x f(t)\ dt$$

für eine *Stammfunktion* F(x) (mit F(a)=0) von f(x) verwendet und das darin enthaltene bestimmte Integral für die gewünschten x-Werte numerisch berechnet. Man erhält damit eine Liste von Funktionswerten für F(x), d.h. eine *tabellarische Darstellung* von F(x) (siehe Beispiel 25.4), die man

* mit den Grafikkommandos *grafisch darstellen* kann (siehe Abschn.22.3),

* durch *analytische Funktionen* mittels *Interpolation* oder *Methode der kleinsten Quadrate annähern* kann (siehe Abschn.21.4).

♦

Zur *numerischen Berechnung* von *bestimmten Integralen* stellen die einzelnen *Systeme folgende Kommandos/Menüfolgen* zur Verfügung:

AXIOM

AXIOM enthält im *Paket* (*Package*) NUMQUAD (*numerische Quadratur*) eine Reihe von *Methoden* zur *numerischen Integration*. So kann man z.B. das *Kommando*

romberg (f(x) , a , b , epsrel , epsabs , nmin , nmax)

anwenden, das das *bekannte Romberg-Verfahren* realisiert.

DERIVE

Bei DERIVE ist in den *Menüfolgen* zur *exakten Berechnung* des *bestimmten Integrals* das *Menü* **Simplify** *durch* **approX** *zu ersetzen*.

MACSYMA   MACSYMA enthält das *Kommando* **quadratr** (f(x) , x , a , b)

MAPLE   MAPLE gestattet die Anwendung eines der *Kommandos*

* **evalf** (**int** (f(x) , x = a .. b)) ;

* **evalf** (″) ;

   falls man vorher die *symbolische Berechnung* mittels
   int (f(x) , x = a .. b) ;
   versucht hat und kein Ergebnis geliefert wurde.

MATHCAD   MATHCAD bietet zur *numerischen Berechnung* eines Integrals *folgende Möglichkeit:*

I. Durch Anklicken des *Integraloperators* für die *bestimmte Integration*)

   in der *Operatorpalette Nr.5 (Berechnungspalette)*
erscheint das *Symbol*

$$\int_{\blacksquare}^{\blacksquare} \quad \blacksquare \, d\blacksquare$$

im Arbeitsfenster.

II. In die entsprechenden *Platzhalter* dieses Symbols werden die zu integrierende *Funktion* f(x), die *Integrationsgrenzen* a und b und die *Integrationsvariable* x eingetragen.

III. Im Unterschied zur exakten Berechnung wird *abschließend* das *numerische Gleichheitszeichen* = eingegeben oder nach Umrahmung des eingegebenen Integrals mit ein Selektionsbox die *Menüfolge*

Symbolic $\Rightarrow$ Evaluate $\Rightarrow$ Floating Point Evaluation...

aktiviert wird, wobei in der erscheinenden *Dialogbox* die *Genauigkeit* eingestellt werden kann.

So erhält man z.B. $\int_{1}^{2} e^{x^2} \, dx = 14.989976$

MATHEMA-   Bei MATHEMATICA wird an das *Kommando* zur *exakten Integration*
TICA   oder an den *Integraloperator* der *Zusatz* **//N** *angehängt* oder der *Kommandoname* für die *exakte Integration* **Integrate** durch **NIntegrate** ersetzt.

So kann man z.B. zur *numerischen Berechnung* des *Integrals*

$$\int_{1}^{2} e^{x^2}$$

eine der *folgenden Möglichkeiten* heranziehen:

* *Anwendung* des *Kommandos*
  Integrate [E^(x^2) , { x , 1 , 2 }] **//N**
* *Anwendung* des *Kommandos*
  NIntegrate [E^(x^2) , { x , 1 , 2 }]
* *Anwendung* des *Integraloperators* in der *Form*

$$\int_1^2 E^{x^2} \, dx \, // \, \mathbf{N}$$

MATLAB

MATLAB besitzt die *Numerikkommandos*
* **quad** (*'Funktionsname'* , a , b)
* **quad8** (*'Funktionsname'* , a , b)
die die *Simpsonformel* bzw. die *Newton-Cotes-Formel* realisieren. Für *Funktionsname* ist eine MATLAB-*Funktion* oder eine vom Nutzer *definierte Funktion* (siehe Abschn.21.3) zu verwenden.

MuPAD

MuPAD verwendet das *Kommando* **float** (**int** (f(x) , x = a .. b)) ;

♦

Aus den Handbüchern zu den einzelnen *Systemen* ist nicht immer ersichtlich, welche *numerischen Integrationsmethoden* angewendet werden. Falls das Verfahren keine befriedigenden Ergebnisse für ein zu berechnendes Integral liefert, kann man eigene *Programme schreiben*, wenn man die in Kap.15 gegebenen Hilfsmittel verwendet.

♦

Beispiel 25.4:
Berechnen wir eine *Stammfunktion* F(x) für die *Funktion*

$$e^{x^2}$$

die nicht exakt ermittelbar ist, *näherungsweise* für die x-Werte 0 , 0.2 , 0.4 , ... , 2.

a) Mittels MATHCAD läßt sich dies besonders einfach realisieren:
   Die *Vorteile* von MATHCAD liegen in der *Definition* von x als *Bereichsvariable*, so daß die *Stammfunktion* in den gewünschten Punkten einfach berechenbar und grafisch darstellbar ist. Die berechneten Kurvenpunkte der Stammfunktion kann man in MATHCAD durch Geraden verbinden lassen, wie aus Abb.25.1 zu ersehen ist.

b) Bei MATHEMATICA läßt sich dies mittels des *Tabellenkommandos* **Table** realisieren: Das *Kommando*
   Table [**NIntegrate** [E^(x^2) , { x , 0 , t }] , { t , 0 , 2 , 0.2 }]
   liefert das gleiche *Ergebnis* wie MATHCAD in der folgenden *Listenform:*

{ 0 , 0.203 , 0.422 , 0.68 , 1.009 , 1.463 , 2.141 , 3.241 , 5.174 , 8.854 , 16.453 }

Es wird dem Leser empfohlen, die gesuchte Stammfunktion mit weiteren Systemen numerisch zu berechnen, grafisch darzustellen und das Ergebnis mit denen von MATHCAD und MATHEMATICA zu vergleichen.

♦

Abb.25.1.
Graph der Stammfunktion aus Beispiel 25.4 mittels MATHCAD

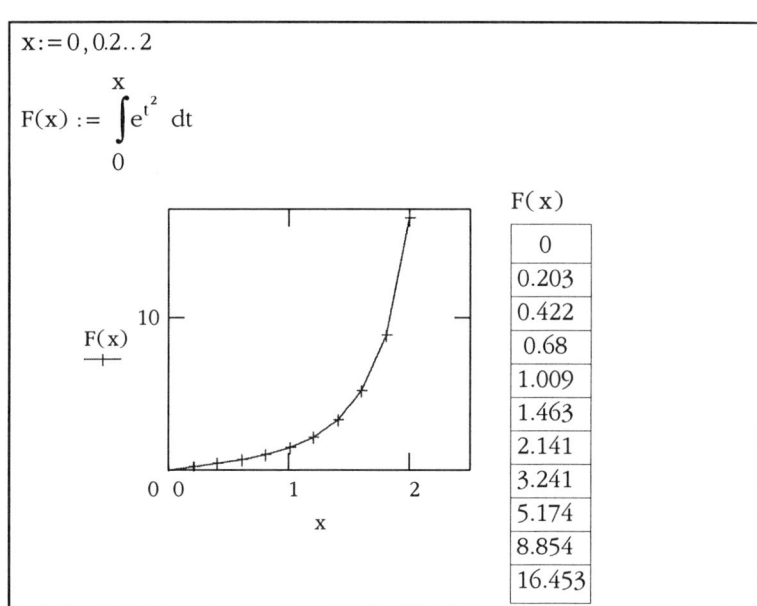

$$x := 0, 0.2 .. 2$$

$$F(x) := \int_0^x e^{t^2}\, dt$$

F(x)
0
0.203
0.422
0.68
1.009
1.463
2.141
3.241
5.174
8.854
16.453

25.5 Mehrfache Integrale

Betrachten wir die *Berechnung mehrfacher Integrale*

$$\iint_D f(x, y)\, dx\, dy \quad \text{und} \quad \iiint_G f(x, y, z)\, dx\, dy\, dz$$

wobei D und G *beschränkte Gebiete* in der *Ebene* bzw. im *Raum* sind.

Die *Berechnung* dieser *Integrale* läßt sich auf die *Berechnung mehrerer* (zwei bzw. drei) *einfacher Integrale* zurückführen (siehe [41]/2,IV,3), so daß man die *Kommandos* aus Abschn.25.2 heranziehen kann, die allerdings geschachtelt werden müssen. Dabei erhöht eine vorher per Hand durchgeführte Koordinatentransformation häufig die Effektivität der eingesetzten *Systeme*.

Diskutieren wir die Berechnung mehrfacher Integrale an einem typischen Beispiel.

Beispiel 25.5:

Berechnen wir das *Massenträgheitsmoment* bzgl. einer *Kante* des im ersten Oktanten liegenden *Würfels* (mit der *Kantenlänge* a > 0)

$0 \leq x \leq a , 0 \leq y \leq a , 0 \leq z \leq a$

mit der *Dichte* ρ=1 (siehe Beispiel aus [41]/2,IV,3.2,3.3).

Wenn wir die *Bezugskante* in die *z-Achse* legen, berechnet sich das gesuchte *Trägheitsmoment* I_z durch das folgende *dreifache Integral:*

$$I_z = \int_{x=0}^{a} \int_{y=0}^{a} \int_{z=0}^{a} (x^2 + y^2)\, dz\, dy\, dx$$

Dabei ist zu beachten, daß die richtige *Berechnungsreihenfolge* von innen nach außen eingehalten wird. Diese Reihenfolge muß auch bei der *Anwendung* der *Systeme* eingehalten werden, die das Beispiel mittels *folgender Kommandos exakt lösen:*

- AXIOM :
  integrate (integrate (integrate (x^2+y^2 , z = 0 .. a) , y = 0 .. a) , x = 0 .. a)
- DERIVE :
  int (int (int (x^2+y^2 , z , 0 , a) , y , 0 , a) , x , 0 , a)
- MACSYMA :
  integrate (integrate (integrate (x^2+y^2 , z , 0 , a) , y , 0 , a) , x , 0 , a)
- MAPLE :
  int (int (int (x^2+y^2 , z = 0 .. a) , y = 0 .. a) , x = 0 .. a) ;
- MATHCAD :
  Eingabe des folgenden *Dreifachintegrals*

$$\int_{0}^{a} \int_{0}^{a} \int_{0}^{a} (x^2 + y^2)\, dz\, dy\, dx$$

  durch *dreifache Schachtelung* des *Integraloperators* aus der *Operatorpalette Nr.5*.
  Danach wird dieser Ausdruck mit einer *Selektionsbox* umrahmt.
  Die abschließende *Aktivierung* der *Menüfolge*
  Symbolic ⇒ Evaluate ⇒ Evaluate Symbolically
  oder die *Eingabe* des *symbolischen Gleichheitszeichens* → berechnen dann das Integral.
- MATHEMATICA :
  bietet folgende *zwei Berechnungsmöglichkeiten:*
  * Anwendung des *Kommandos*
    Integrate [Integrate [Integrate [x^2+y^2 , { z , 0 , a }] , { y , 0 , a }] , { x , 0 , a }]

o d e r

Integrate [x^2+y^2 , { z , 0 , a } , { y , 0 , a } , { x , 0 , a }]

* *Dreifache Schachtelung* des *Integraloperators* aus der Operatorpalette *BasicInput*

$$\int_{0}^{a}\int_{0}^{a}\int_{0}^{a}(x^2+y^2)\,dz\,dy\,dx$$

- MATLAB :
  syms x y z a ;
  int (**int** (**int** (x^2+y^2 , 'z' , 0 , a) , 'y' , 0 , a) , 'x' , 0 , a)
- MuPAD :
  int (**int** (**int** (x^2+y^2 , z = 0 .. a) , y = 0 .. a) , x = 0 .. a) ;

Als *Ergebnis* wird $\dfrac{2\,a^5}{3}$ erhalten.

◆

Das Beispiel 25.5 zeigt, daß alle *Systeme* bei der *Berechnung mehrfacher Integrale* das *Integrationskommando schachteln* müssen. Nur MATHEMATICA bietet zusätzlich eine Möglichkeit ohne Schachtelung.

◆

26 Reihen und Fourierreihen

Zahlenreihen fallen bei der Lösung einer Reihe von Problemen der Ingenieurmathematik an. Im Abschn.26.2 illustrieren wir die Möglichkeiten, die die *Systeme* zur *Berechnung* unendlicher *konvergenter Zahlenreihen* bieten.

Von *Funktionenreihen* haben wir im Abschn.24.3 bereits *Potenzreihen* kennengelernt. Sie treten bei der *Entwicklung* von *Funktionen* in *Taylorreihen* auf.

Eine weitere *Klasse* von *Funktionenreihen* behandeln wir im Abschn.26.3. Dies sind die *Fourierreihen* zur Beschreibung *periodischer Vorgänge*.

26.1 Ingenieurtechnische Anwendungen

Fourierreihen gestatten eine direkte *technische Interpretation*. Viele *Vorgänge* in *Technik* und *Naturwissenschaften* sind zwar *periodisch*, aber nicht mehr *sinusförmig* (*harmonisch*). Es zeigt sich, daß sich die meisten *periodischen Funktionen* durch *Überlagerung* unendlich vieler *harmonischer Schwingungen* darstellen lassen. Dies wird durch die zugehörige *Fourierreihe* realisiert, die die Zerlegung in Grund- und Oberschwingungen liefert.

26.2 Zahlenreihen

Die *exakte Berechnung endlicher Zahlenreihen* (*Summen*) der *Form*

$$\sum_{k=m}^{n} a_k = a_m + a_{m+1} + \ldots + a_n$$

mit den *Elementen* (*reelle Zahlen*)

$a_k = f(k)$ ($k = m$, m+1 , ... , n ; $m \le n$)

bereitet den *Systemen* keine Schwierigkeiten, da sie in endlich vielen Schritten geschieht (siehe Abschn.19.1).

Im folgenden betrachten wir die *Berechnung unendlicher Reihen*

$$\sum_{k=m}^{\infty} a_k = a_m + a_{m+1} + \ldots$$

die für die *Systeme* nur im *Falle* der *Konvergenz* (siehe [41]/1) *möglich* ist.

Da *kein universeller endlicher Algorithmus* zur *exakten Berechnung* der *Summe konvergenter Reihen* existiert, darf man von den *Systemen* keine Wunderdinge erwarten. Es wurden *folgende Eigenschaften* beobachtet:

* Die *Systeme* DERIVE, MACSYMA, MAPLE, MATHCAD, MATHE-MATICA, MATLAB und MuPAD verwenden die *Kommandos* zur *exakten Berechnung endlicher Reihen* (Summen) aus Abschn.19.1, wobei für den *oberen Summationsindex* n *Unendlich* (Schreibweise siehe Abschn. 13.3) zu verwenden ist.

* Mit MACSYMA konnte mit dem oberen Summationsindex *Unendlich* keine Reihe berechnet werden. Bei einigen Reihen führt *folgendes Kommando* zum Erfolg:
  limit (**sum** (f(k) , k , m , n) , n , inf)

* In AXIOM und MATLAB wurden *keine Berechnungsmöglichkeiten* für *unendliche Zahlenreihen* gefunden.
  ♦

Falls in einem *System* die *exakte Berechnung* der *Summe* einer *konvergenten Zahlenreihe* versagt, kann die *numerische Berechnung* unter Verwendung der *Numerikkommandos* aus Abschn.12.2 *versucht* werden (siehe Beispiel 26.1b).
♦

Bei *alternierenden Reihen* kann man sich im Falle des Scheiterns der exakten Berechnung helfen, indem man mit der Programmiersprache des vorliegenden *Systems* ein einfaches *Programm* zur *näherungsweisen Berechnung* unter Verwendung der *Summenberechnung* für endliche Summen schreibt, wobei das *Leibnizsche Kriterium* zu verwenden ist (siehe Beispiel 26.1c).
♦

Beispiel 26.1:

a) Die *exakte Berechnung* der *konvergenten Zahlenreihe*

$$\sum_{k=1}^{\infty} \frac{1}{k \cdot (k + 1)}$$

mit der *Summe* 1 geschieht in den *Systemen* folgendermaßen:
  * DERIVE : **Author** ⇒ **Expression... sum** (1/(k*(k+1)) , k , 1 , ∞) ⇒ **Simplify**

* MAPLE : **sum** (1/(k∗(k+1))) , k = 1 .. infinity) ;
* MATHCAD :

$$\sum_{k=1}^{\infty} \frac{1}{k*(k+1)} \to 1$$

* MATHEMATICA :
  Sum [1/(k∗(k+1)) , { k , 1 , Infinity }]
* MATLAB : **syms** k ; **symsum** (1/(k∗(k+1))) , 1 , inf)
* MuPAD : **sum** (1/(k∗(k+1))) , k = 1 .. infinity) ;

b) Die *konvergente Zahlenreihe*

$$\sum_{k=1}^{\infty} \frac{1}{(4 \cdot k - 1) \cdot (4 \cdot k + 1)} \quad \text{mit der } Summe \quad \frac{1}{2} - \frac{\pi}{8}$$

wird nur von MAPLE, MATHCAD, MATHEMATICA und MATLAB *exakt berechnet.*

Die *numerische Berechnung* ist in folgenden *Systemen erfolgreich:*

* MAPLE :
  evalf (**sum** (1/((4∗k-1) ∗ (4∗k+1)) , k = 1 .. infinity) ;
* MATHEMATICA :
  NSum [1/((4∗k-1) ∗ (4∗k+1)) , { k , 1 , Infinity }]

c) Die *konvergente alternierende Reihe*

$$\sum_{k=1}^{\infty} (-1)^{k+1} \cdot \frac{k}{k^2 + 1}$$

wird von keinem System exakt berechnet.

* *Numerisch* berechnen MAPLE, MATHEMATICA
  den Wert 0.2696
* Nach dem *Kriterium* von *Leibniz* (siehe [41]) ist der *absolute Fehler* kleiner oder gleich dem Betrag des (n+1)-ten Gliedes der Reihe, um mittels der *endlichen Summe*

$$\sum_{k=1}^{n} (-1)^{k+1} \cdot \frac{k}{k^2 + 1}$$

die Summe der gegebenen alternierende Reihe *anzunähern.*
Bei der vorgegebenen *Genauigkeit eps* kann man deshalb mittels der Ungleichung

$$\frac{n+1}{(n+1)^2 + 1} < eps$$

die Zahl n bestimmen, um diese Genauigkeit zu erhalten.

Wir *schreiben* zur *Berechnung* der *Reihensumme* auf der Grundlage des *Leibniz-Kriteriums* ein kleines *Programm* mit MATHEMATICA:

f [k_] := (−1)^(k + 1) * k / (k^2 + 1) ; eps = 0.001 ;
k = 1 ; S = 0 ;
While [Abs [f [k + 1]] >= eps , { S = S+f [k] , k = k + 1 }] ;
N [S]

MATHEMATICA *berechnet* für die verwendete *Fehlerschranke* eps=0.001 den *Wert* 0.26911 für die *Summe* der gegebenen *alternierenden Reihe*.

Das gegebene *Programm* kann als *Vorlage* zur *Berechnung beliebiger alternierender Reihen* verwendet werden. Man braucht nur das *allgemeine Glied* f[k] der Reihe und die *Fehlerschranke* eps neu *einzugeben*.

♦

26.3   Fourierreihen

Bei der Entwicklung einer *periodischen Funktion* f(x) mit der *Periode* 2π in eine *Fourierreihe*, d.h.

$$f(x) = \frac{a_0}{2} + \sum_{k=1}^{\infty} (a_k \cdot \cos k \cdot x + b_k \cdot \sin k \cdot x)$$

besteht das Problem in der Berechnung der *Fourierkoeffizienten*

$$a_k = \frac{1}{\pi} \cdot \int_{-\pi}^{\pi} f(x) \cdot \cos k \cdot x \, dx \quad , \quad b_k = \frac{1}{\pi} \cdot \int_{-\pi}^{\pi} f(x) \cdot \sin k \cdot x \, dx$$

Für die *Entwicklung* einer *periodischen Funktion* mit der *Periode* 2p oder für eine nur auf dem *Intervall* [−p , p] gegebene Funktion f(x) lautet die *Fourierreihe:*

$$f(x) = \frac{a_0}{2} + \sum_{k=1}^{\infty} (a_k \cdot \cos \frac{k \cdot \pi \cdot x}{p} + b_k \cdot \sin \frac{k \cdot \pi \cdot x}{p})$$

mit den *Fourierkoeffizienten*

$$a_k = \frac{1}{p} \cdot \int_{-p}^{p} f(x) \cdot \cos \frac{k \cdot \pi \cdot x}{p} \, dx \quad , \quad b_k = \frac{1}{p} \cdot \int_{-p}^{p} f(x) \cdot \sin \frac{k \cdot \pi \cdot x}{p} \, dx$$

Der *Nachweis* für die (punktweise) *Konvergenz* der *Fourierreihe* gestaltet sich nicht schwierig (Kriterium von Dirichlet).

Die *Fourierreihenentwicklung* spielt bei vielen *praktischen periodischen Vorgängen* (vor allem in Elektrotechnik, Akustik und Optik) eine wesentliche Rolle, um die *Zerlegung* in *Grundschwingungen* (π / p) und *Oberschwingungen* (n·π / p) zu illustrieren

Wenn *keine* speziellen *Kommandos* zur *Berechnung* von *Fourier-reihen* existieren, so kann man die *Systeme* trotzdem heranziehen, indem man mittels der Integrationskommandos aus Abschn.25.2 die einzelnen *Fourierkoeffizienten berechnet*. Dies gestaltet sich jedoch aufwendiger und wird im Beispiel 26.2b) für MATHCAD gezeigt.

♦

In den *folgenden Systemen* existieren *Kommandos/Menüfolgen*, die die *Fourierreihe* automatisch *berechnen*, wenn man die *Funktion* f(x), das *Intervall* [−p,p] und die *Anzahl* n der gewünschten *Glieder* eingibt:

DERIVE   DERIVE erfordert folgende *Vorgehensweise:*
* *Zuerst* muß die *Zusatzdatei* INT_APPS.MTH mittels der *Menüfolge* **File** ⇒ **Load** ⇒ **Utility...** Int_apps *geladen* werden.
* *Anschließend* kann mittels der *Menüfolge*
  Author ⇒ **Expression... fourier**(f(x) , x , −p , p , n) ⇒ **Simplify**
  die *Fourierreihe* der auf dem *Intervall* [−p,p] definierten *Funktion* f(x) bis zu den *Gliedern n-ter Ordnung berechnet* werden.

MACSYMA   MACSYMA *berechnet* mittels der *Kommandos*
* **Fourier_Series** (f(x) , x , p)
  die *Fourierreihe* der auf dem *Intervall* [−p,p] definierten *Funktion* f(x), d.h., es werden die *Formeln* für die *Fourierkoeffizienten* ermittelt.
* **Fourier_Expand** (**Fourier_Coeffs** (f(x) , x , p) , x , p , n)
  die *Fourierreihe* der auf dem *Intervall* [−p,p] definierten *Funktion* f(x) bis zu den *Gliedern n-ter Ordnung.*

MATHEMA- MATHEMATICA erfordert folgende *Vorgehensweise:*
TICA
* *Zuerst* muß das Zusatzpaket *Fouriertransformation* mittels des *Kommandos* **Needs** ["Calculus`FourierTransform`"] *geladen* werden.
* *Anschließend* kann man mittels des *Kommandos*
  FourierTrigSeries [f(x) , { x , −p , p } , n]
  die *Fourierreihe* der auf dem *Intervall* [−p,p] definierten *Funktion* f(x) bis zu den Gliedern n-ter Ordnung *berechnen.*
Mittels des anschließenden *Zeichenkommandos*
Plot [{ % , f(x) } , { x , −p , p }]
kann man sich die eben erhaltene Reihe zusammen mit der Funktion f(x) im Intervall −p ≤ x ≤ p grafisch anzeigen lassen.

Beispiel 26.2:

a) Man berechne für die auf dem *Intervall* $-\pi \leq x \leq \pi$ definierte *Funktion* y = f(x) = x die *Fourierreihen* mit verschiedener Anzahl n von Gliedern und stelle diese und die Funktion f(x) im Intervall $[-\pi, \pi]$ grafisch dar:

Für n=5 ergibt sich mittels

* **Author** $\Rightarrow$ **Expression...** **fourier** (x , x , –pi , pi , 5) $\Rightarrow$ **Simplify**

  bei der *Anwendung* von DERIVE

* **Fourier_Expand** (**Fourier_Coeffs** (x , x , %pi) , x , %pi , 5)

  bei der Anwendung von MACSYMA

* **FourierTrigSeries** [x , { x , –Pi , Pi } , 5]

  bei der *Anwendung* von MATHEMATICA

der *Ausdruck*

$$f(x) \approx 2 \cdot \sin x - \sin 2x + \frac{2}{3} \cdot \sin 3x - \frac{1}{2} \cdot \sin 4x + \frac{2}{5} \cdot \sin 5x$$

Die *grafische Darstellung* der *Funktion* und der *Fourierreihe* (für n=5) mittels MATHEMATICA findet man in Abb.26.1. Die *Grafik* zeigt die gute Annäherung innerhalb des betrachteten Intervalls und die bekannten Abweichungen an den Intervallenden der Fourierreihe an die gegebene Funktion. Dies liegt darin begründet, daß die Fortsetzung dieser Funktion im Gegensatz zur Funktion aus Beispiel 26.2b) an den Intervallenden unstetig ist (Sprung) und die dazugehörige Fourierreihe hier gegen den Mittelwert 0 konvergiert.

Abb.26.1. Graph der Funktion f(x) und ihrer Fourierreihe aus Beispiel 26.2a) mittels MATHEMATICA

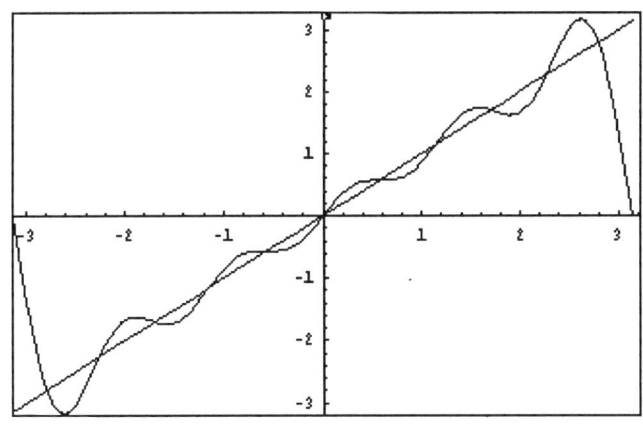

b) MATHCAD besitzt *kein integriertes Kommando* zur *Berechnung* von *Fourierreihen.* Man kann die *Fourierreihe* für eine auf dem *Intervall* [–p,p] gegebene Funktion f(x) jedoch erhalten, indem man mit den *Integrationskommandos* aus Abschn.25.2 die einzelnen *Fourierkoeffizienten*

a_k und b_k

berechnet.

Wir *erläutern* diese *Vorgehensweise,* in dem wir ein *Dokument schreiben,* das man zur *Berechnung* der *Fourierreihe* (bis zum N-ten Glied)

$$F_N(x) = \frac{a_0}{2} + \sum_{k=1}^{N} (a_k \cdot \cos \frac{k \cdot \pi \cdot x}{p} + b_k \cdot \sin \frac{k \cdot \pi \cdot x}{p})$$

beliebiger Funktionen f(x) verwenden kann.

Man muß nur

* die *Funktion* f(x)
* den Wert p für die *Intervallgrenzen* [–p,p]
* die *Anzahl* N der *Glieder*

entsprechend *verändern.*

Als *Beispiel* entwickeln wir die *Funktion* f(x) = x^2 im *Intervall* [–1,1] in eine *Fourierreihe* mit 5 Gliedern. Dazu müssen wir die beiden *Fourierkoeffizienten*

$$a_k = \int_{-1}^{1} x^2 \cdot \cos k \cdot \pi \cdot x \; dx \qquad\qquad b_k = \int_{-1}^{1} x^2 \cdot \sin k \cdot \pi \cdot x \; dx$$

für k = 0, 1, ... , 10 berechnen.

MATHCAD kann das Problem mittels des folgenden *Dokuments* lösen:

$f(x) := x^2 \qquad p := 1$

$N := 5 \qquad k := 0 .. N$

$$a_k := \frac{1}{p} \cdot \int_{-p}^{p} f(x) \cdot \cos\left(k \cdot \pi \cdot \frac{x}{p}\right) dx$$

$$b_k := \frac{1}{p} \cdot \int_{-p}^{p} f(x) \cdot \sin\left(k \cdot \pi \cdot \frac{x}{p}\right) dx$$

$$F_N(x) := \frac{a_0}{2} + \left[\sum_{k=1}^{N} \left(a_k \cdot \cos\left(k \cdot \pi \cdot \frac{x}{p}\right) + b_k \cdot \sin\left(k \cdot \pi \cdot \frac{x}{p}\right) \right) \right]$$

Die Grafik in Abb.26.2. zeigt die gute Annäherung der Fourierreihe an die gegebene Funktion.

♦

Abb.26.2.
Graph der
Funktion f(x)
und ihrer
Fourierreihe
aus Beispiel
26.2b) mittels MATH-
CAD

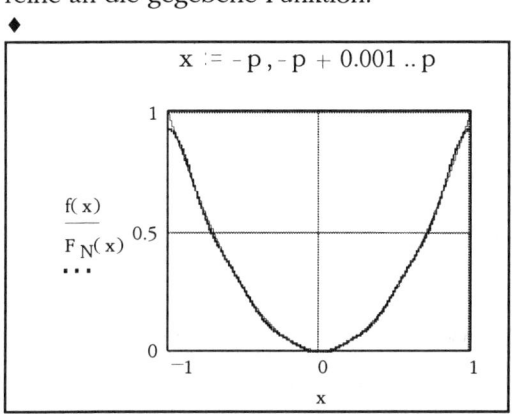

27   Vektoranalysis

Die *Grundlage* der *Vektoranalysis* bilden *Felder,* wobei zwischen *Skalar-* und *Vektorfeldern* unterschieden wird.
Weiterhin werden die von Variablen (Raumkoordinaten) abhängenden *Vektoren* mit den Mitteln der Differential- und Integralrechnung untersucht.
Für *ingenieurtechnische Anwendungen* benötigt man meistens *Vektoren* in der *Ebene* (*zweidimensionaler Raum* R^2) oder im *Raum* (*dreidimensionaler Raum* R^3).

27.1   Ingenieurtechnische Anwendungen

Viele *Phänomene* in *Technik* und *Naturwissenschaften* lassen sich unter *Verwendung* von *Feldern* beschreiben:
* Das betrifft die Vielzahl von *Kraftfeldern* als Beispiel für *Vektorfelder.*
* Beispiele für *Skalarfelder* werden durch das *elektrostatische Potential* und die *Temperaturverteilung* gegeben.
Eine Reihe weiterer *Anwendungsbeispiele* findet man in [41]/3.

27.2   Felder, Gradient, Rotation und Divergenz

Die Grundlage der *Vektoranalysis* bilden *Felder,* wobei zwischen *Skalar-* und *Vektorfeldern* unterschieden wird:
Jedem *Punkt* P der *Ebene* bzw. des *Raumes* wird bei einem
* *Skalarfeld* : eine *skalare Größe* (*Zahlenwert*) u
* *Vektorfeld* : ein *Vektor* **v**
zugeordnet.
Damit lassen sich *mathematisch* in einem *kartesischen Koordinatensystem*
- *Skalarfelder* : durch eine *Funktion* der *Form*
  * $u = u(x, y) = u(\mathbf{r})$ (in der *Ebene*)
  * $u = u(x, y, z) = u(\mathbf{r})$ (im *Raum*)
- *Vektorfelder* : durch eine *Vektorfunktion* der *Form*
  * $\mathbf{v} = \mathbf{v}(x, y) = \mathbf{v}(\mathbf{r}) = v_1(x,y) \cdot \mathbf{i} + v_2(x,y) \cdot \mathbf{j}$

(in der *Ebene*)
* $\mathbf{v}=\mathbf{v}(x,\ y,\ z)=\mathbf{v}(\mathbf{r})=v_1(x,y,z)\cdot\mathbf{i}+v_2(x,y,z)\cdot\mathbf{j}+v_3(x,y,z)\cdot\mathbf{k}$
(im *Raum*)
beschreiben, wobei
* $\mathbf{r}=x\cdot\mathbf{i}+y\cdot\mathbf{j}$ (in der *Ebene*)
* $\mathbf{r}=x\cdot\mathbf{i}+y\cdot\mathbf{j}+z\cdot\mathbf{k}$ (im *Raum*)
den *Ortsvektor* (*Radiusvektor*) und $\mathbf{i}$ $\mathbf{j}$ $\mathbf{k}$ die *Basisvektoren* des rechtwinkligen *kartesischen Koordinatensystems* bezeichnen.

Im weiteren werden die *Größen* der *Vektoranalysis* für *dreidimensionale Felder* berechnet.
Die gegebenen Formeln gelten auch für *zweidimensionale Felder*. Man muß hier nur die *Raumvariable* z *weglassen* und die *Raumkoordinate* gleich Null setzen, d.h. $v_3(x,y,z)=0$.

♦

Mittels des *Gradientenvektors* **grad** wird jedem *Skalarfeld* u($\mathbf{r}$) ein *Vektorfeld* (als *Gradientenfeld* bezeichnet)
$$\mathbf{grad}\ u(\mathbf{r})=(u_x(\mathbf{r}),u_y(\mathbf{r}),u_z(\mathbf{r}))=u_x(\mathbf{r})\cdot\mathbf{i}+u_y(\mathbf{r})\cdot\mathbf{j}+u_z(\mathbf{r})\cdot\mathbf{k}$$
zugeordnet, falls die *Funktion* u *partielle Ableitungen*
$$u_x=\frac{\partial u}{\partial x}\ ,\ u_y=\frac{\partial u}{\partial y}\ ,\ u_z=\frac{\partial u}{\partial z}$$
besitzt. Die *Eigenschaften* des *Gradienten* findet man in [41]/3,I,4.1.
♦

Eine wichtige Rolle spielen bei praktischen Anwendungen die *Potentialfelder* $\mathbf{v}(\mathbf{r})$. Dies sind Felder, die sich als *Gradientenfeld* eines *Skalarfeldes* (ihres *Potentials*) u($\mathbf{r}$) darstellen lassen, d.h.
$\mathbf{v}(\mathbf{r})=\mathbf{grad}\ u(\mathbf{r})$
Nachprüfen läßt sich dies unter Verwendung der *Rotation*
$$\mathbf{rot}\ \mathbf{v}(\mathbf{r})=\begin{vmatrix}\mathbf{i}&\mathbf{j}&\mathbf{k}\\[4pt]\dfrac{\partial}{\partial x}&\dfrac{\partial}{\partial y}&\dfrac{\partial}{\partial z}\\[6pt]v_1&v_2&v_3\end{vmatrix}$$
die man jedem *Vektorfeld* $\mathbf{v}(\mathbf{r})$ *zuorden* kann und deren *Eigenschaften* man in [41]/3,I,5.2.1 findet.
Die *Bedingung* **rot** $\mathbf{v}(\mathbf{r})=0$ ist unter gewissen Voraussetzungen *notwendig* und *hinreichend* für die *Existenz* eines *Potentials*.

Eine weitere *wichtige Größe* zur *Charakterisierung* von *Vektorfeldern* ist die *Divergenz*

$$\text{div } \mathbf{v}(\mathbf{r}) = \frac{\partial v_1}{\partial x} + \frac{\partial v_2}{\partial y} + \frac{\partial v_3}{\partial z}$$

deren *Eigenschaften* man in [41]/3,I,5.1.2 findet.

◆

Für die *Berechnung* der drei *charakteristischen Größen* der Vektoranalysis *Gradient, Rotation* und *Divergenz* stellen die *Systeme* folgende *Kommandos/Menüfolgen* zur Verfügung:

DERIVE   DERIVE *berechnet* mit den *Menüfolgen*

* **Author: grad** (u(**r**)) ⇒ **Simplify**
   den *Gradienten* der *Funktion* u(**r**)
* **Author: curl** (**v**(**r**)) ⇒ **Simplify**
   die *Rotation* des *Vektorfeldes* **v**(**r**)
* **Author: div** (**v**(**r**)) ⇒ **Simplify**
   die *Divergenz* des *Vektorfeldes* **v**(**r**)

wobei das *Vektorfeld* **v**(**r**) als *Liste*
[$v_1(\mathbf{r})$, $v_2(\mathbf{r})$, $v_3(\mathbf{r})$] *einzugeben* ist.

MACSYMA   MACSYMA stellt nach dem Laden des Pakets *Vektoranalysis* mittels
load (vect) die *Kommandofolgen*

* **vect_express** (**grad** (u(**r**))) $
   % , diff
   zur Berechnung des *Gradienten* der *Funktion* u(**r**)
* **vect_express** (**curl** (**v**(**r**))) $
   % , diff
   zur Berechnung der *Rotation* des *Vektorfeldes* **v**(**r**)
* **vect_express** (**div** (**v**(**r**))) $
   % , diff
   zur Berechnung der *Divergenz* des *Vektorfeldes* **v**(**r**)

zur Verfügung, wobei das *Vektorfeld* **v**(**r**) als *Liste*
[$v_1(\mathbf{r})$, $v_2(\mathbf{r})$, $v_3(\mathbf{r})$] *einzugeben* ist.

◆

MAPLE   MAPLE *berechnet* nach dem Laden des Zusatzpakets *Lineare Algebra*
durch **with** (linalg) ; mittels der *Kommandos*

* **grad** (u(**r**) , **r**) ;   den *Gradienten* der *Funktion* u(**r**)
* **curl** (**v**(**r**) , **r**) ;   die *Rotation* des *Vektorfeldes* **v**(**r**)
* **diverge** (**v**(**r**) , **r**) ;   die *Divergenz* des *Vektorfeldes* **v**(**r**)

wobei das *Vektorfeld* **v**(**r**) als *Liste*
[$v_1(\mathbf{r})$, $v_2(\mathbf{r})$, $v_3(\mathbf{r})$] und der *Ortsvektor* **r** als *Liste* [x , y, z]
einzugeben sind.

MATHEMA-TICA

MATHEMATICA *berechnet* nach dem Laden des Pakets *Vektoranalysis* durch **Needs** ["Calculus`VectorAnalysis` "] mit den *Kommandos*

* **Grad** [u(**r**)]   den *Gradienten* der *Funktion* u(**r**)
* **Curl** [**v**(**r**)]   die *Rotation* des *Vektorfeldes* **v**(**r**)
* **Div** [**v**(**r**)]   die *Divergenz* des *Vektorfeldes* **v**(**r**)

wobei das *Vektorfeld* **v**(**r**) als *Liste*
{ v_1(**r**) , v_2(**r**) , v_3(**r**) } *einzugeben* ist.

◆

Die *Systeme* bieten zusätzlich die Möglichkeit, alle Berechnungen außer in *Kartesischen Koordinaten* noch in anderen Koordinaten (z.B. in *Zylinder*- oder *Kugelkoordinaten*) durchzuführen.

◆

Wenn ein *System* keine Kommandos zur Berechnung von **grad**, **rot** und **div** zur Verfügung stellt, so lassen sich diese mittels der gegebenen Formeln berechnen.

◆

Falls für ein *Vektorfeld* **v**(**r**) ein *Potential* u vorliegt, d.h. **rot v**(**r**)=0, so gestaltet sich seine *Berechnung* über die *Integration* der *Beziehungen*

$$\frac{\partial u}{\partial x} = v_1(\mathbf{r}) \ , \quad \frac{\partial u}{\partial y} = v_2(\mathbf{r}) \ , \quad \frac{\partial u}{\partial z} = v_3(\mathbf{r})$$

i.a. schwierig. Die *Systeme* können hier nur helfen, wenn diese *Integrationen* im Rahmen der im Kap.25 gegebenen Hinweise durchführbar sind. Sie stellen zur *Bestimmung* des *Potentials* folgende *Kommandos/Menüfolgen* zur Verfügung:

DERIVE

DERIVE verwendet die *Menüfolge*
Author ⇒ **Expression... potential** [v_1(**r**) , v_2(**r**) , v_3(**r**)] ⇒ **Simplify**

MAPLE

MAPLE kann nach dem Laden des Zusatzpakets *Lineare Algebra* mittels **with** (linalg) ; die *Kommandofolge*
potential ([v_1(**r**) , v_2(**r**) , v_3(**r**)] , [x , y , z] , u) ;

u ;
u := **unapply** (" , x , y , z) ;
anwenden, wobei u die Funktion bezeichnet, der das berechnete *Potential* mittels des *Kommandos* **unapply** *zugeordnet* wird.
Anschließend kann mit der berechneten *Potentialfunktion* u(x,y,z) weitergearbeitet werden.◆

Beispiel 27.1:

Man berechne für das *Vektorfeld*

$\mathbf{v}(\mathbf{r}) = x\ \mathbf{i} + y\ \mathbf{j} + z\ \mathbf{k}$

* die *Rotation* **rot** $\mathbf{v}(\mathbf{r}) = 0$
* die *Divergenz* **div** $\mathbf{v}(\mathbf{r}) = 3$
* das *Potential*

$$u(\mathbf{r}) = \frac{1}{2}(x^2 + y^2 + z^2)$$

mittels der für die *Systeme* gegebenen Kommandos.

♦

27.3 Grafische Darstellung von Vektorfeldern

Zur *grafischenVeranschaulichung* ebener und räumlicher *Vektorfelder* (unter Verwendung von Feldlinien) besitzen die *Systeme* folgende *Kommandos/Menüfolgen:*

MAPLE

MAPLE stellt nach dem Laden des Pakets *plots* mittels **with** (plots) ; u.a. die *Grafikkommandos*

* **fieldplot** ([$v_1(\mathbf{r})$, $v_2(\mathbf{r})$]) , x = a..b , y = c..d) ;

  zur Zeichnung *zweidimensionaler Felder* im *Rechteck*
  $a \leq x \leq b$, $c \leq y \leq d$
* **fieldplot3d** ([$v_1(\mathbf{r})$,$v_2(\mathbf{r})$,$v_3(\mathbf{r})$]), x = a..b, y = c..d, z = e..f) ;

  zur Zeichnung *dreidimensionaler Felder* im Quader
  $a \leq x \leq b$, $c \leq y \leq d$, $e \leq z \leq f$

zur Verfügung.

Bei beiden *Kommandos* sind noch *Optionen* zulässig. So können z.B. mit der *Option*

arrows = SLIM

die gezeichneten *Vektoren* mit *Spitzen* versehen werden (siehe Beispiel 27.2b).

MATHCAD

MATHCAD gestattet die *grafische Darstellung zweidimensionaler Vektorfelder*

$\mathbf{v} = \mathbf{v}\ (x, y) = v_1(x,y) \cdot \mathbf{i} + v_2(x,y) \cdot \mathbf{j}$

Die *Konstruktion* der zwei *Matrizen* **V1** und **V2** für die beiden *Funktionen* v_1 , v_2 gestaltet sich wie bei den Flächendarstellungen (siehe Abschn. 22.2). Wenn man die Matrizen **V1**, **V2** berechnet hat, aktiviert man die *Menüfolge*

Graphics ⇒ **Create Vector Field Plot**

oder klickt den *Operator*

in der *Operatorpalette Nr.3* mit der Maus an. Daraufhin erscheint ein *Grafikfenster*, in dessen Platzhalter (durch *missing Operand* gekennzeichnet) man die *Bezeichnung* der *Matrizen* **V1** und **V2** durch Komma getrennt einträgt. Ein Mausklick außerhalb des Grafikfensters veranlaßt im Automatikmodus die *grafische Darstellung* des *Vektorfeldes*.

In der folgenden Abb.27.1 sehen wir die *grafische Darstellung* des *zweidimensionalen Vektorfeldes* aus Beispiel 27.2a).

Die Abb.27.1 kann man als *allgemeine Vorlage* (*Dokument*) für die *grafische Darstellung* von *zweidimensionalen Feldern* verwenden.

MATHEMA-TICA MATHEMATICA stellt nach dem Laden des Pakets *PlotField* mittels **Needs** [" *Graphics`PlotField`* "] folgende *Grafikkommandos* zur Verfügung

* **PlotVectorField** [{ $v_1(\mathbf{r})$,$v_2(\mathbf{r})$ } , { x , a , b } , { y , c , d }]

  zur Zeichnung *zweidimensionaler Felder* im *Rechteck*
  $a \le x \le b, c \le y \le d$

* **PlotVectorField3D** [{ $v_1(\mathbf{r})$,$v_2(\mathbf{r})$,$v_3(\mathbf{r})$ }, {x,a,b}, {y,c,d}, {z,e,f}]

  zur Zeichnung *dreidimensionaler Felder* im *Quader*
  $a \le x \le b$, $c \le y \le d$, $e \le z \le f$

Im Argument der Kommandos sind noch *Optionen* zulässig, wobei z.B. die Option *VectorHeads→True* bewirkt, daß die gezeichneten Vektoren mit Spitzen versehen werden.

Beispiel 27.2:

a) Man stelle das *zweidimensionale Vektorfeld* $\mathbf{v}(\mathbf{r})$ = x **i** + y **j** *grafisch dar*.
   Das Ergebnis mittels MATHCAD ist aus Abb.27.1 ersichtlich.

b) Man stelle das *dreidimensionale Vektorfeld* $\mathbf{v}(\mathbf{r})$ = x **i** + y **j** + z **k** *grafisch dar*. Für dieses Feld liefern
   * MATHEMATICA mittels
     PlotVectorField3D [{ x , y , z } , { x , −1 , 1 } , { y , −1 , 1 } , { z , −1 , 1 } , *VectorHeads→True*]
     die in Abb.27.2
   * MAPLE mittels
     fieldplot3d ([x , y , z] , x = −1..1 , y = −1..1 , z = −1..1 , *arrows* = SLIM) ;
     die in Abb.27.3
   dargestellte *Grafik*.
   ◆

Abb.27.1.
Zweidimen-
sionalesVek-
torfeld aus
Beispiel
27.2a) mittels
MATHCAD

$$v_1(x,y) := x \qquad v_2(x,y) := y \qquad N := 16 \quad i := 0..N \quad j := 0..N$$

$$x_i := -4 + 0.5 \cdot i \qquad y_j := -4 + 0.5 \cdot j \qquad V1_{i,j} := v_1(x_i, y_j)$$

$$V2_{i,j} := v_2(x_i, y_j)$$

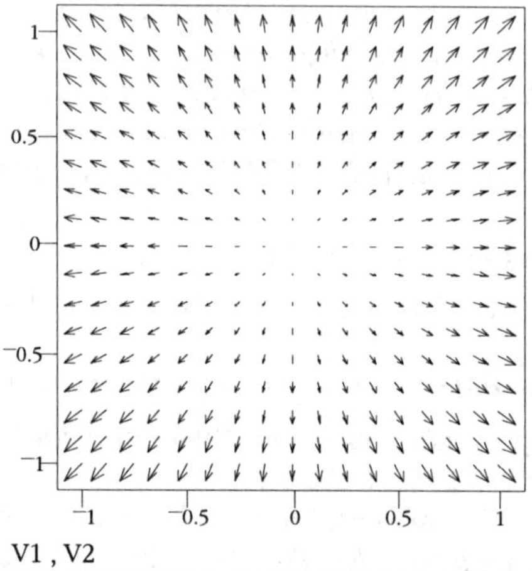

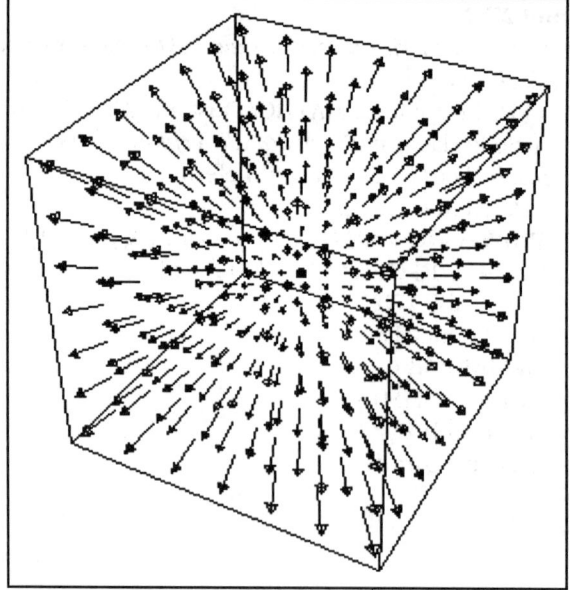

V1 , V2

Abb.27.2.
Dreidimen-
sionalesVek-
torfeld aus
Beispiel
27.2b) mit-
tels MATHE-
MATICA

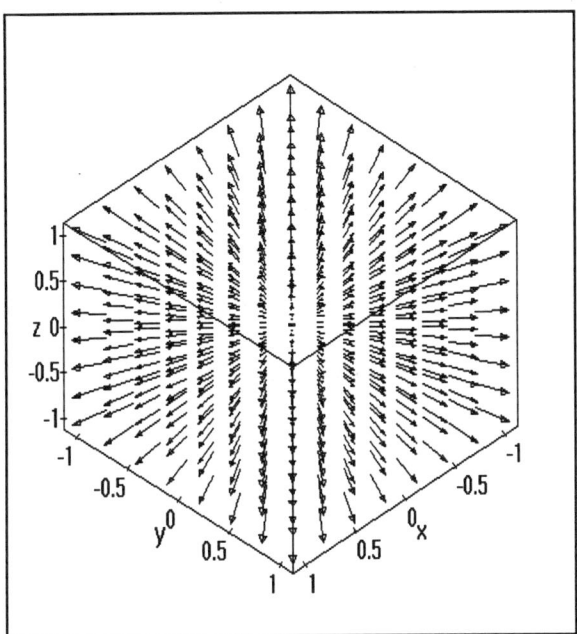

27.4 Kurven- und Oberflächenintegrale

Ein weiterer Gegenstand der *Vektoranalysis* ist die *Berechnung* von *Kurven-* und *Oberflächenintegralen*. Hierfür konnten *Kommandos* nur für *Spezialfälle* (z.B. Berechnung der Bogenlänge) in den einzelnen *Systemen* gefunden werden.

Derartige Integrale können aber trotzdem mit den *Systemen* berechnet werden, wenn man sie vorher per Hand nach den Berechnungsvorschriften auf einfache bzw. zweifache bestimmte Integrale zurückführt (siehe [41]/3,I) und diese anschließend mittels der Kommandos aus Abschn.25.2 löst.

Berechnen wir auf diese Art ein Kurven- und ein Flächenintegral im Beispiel 27.3.

Beispiel 27.3:

a) Es soll das *Kurvenintegral*

$$\int_C 2\,x\,y\ dx + (x - y)\ dy$$

längs der *Parabel* (als *Kurve* C) $y = x^2$ zwischen den *Punkten* (0,0) und (2,4) *berechnet* werden, das z.B. die *geleistete Arbeit* gibt, wenn man sich im *ebenen Vektorfeld*

$\mathbf{v} = 2xy \, \mathbf{i} + (x - y) \, \mathbf{j}$

längs der Parabel zwischen den beiden Punkten bewegt. Nach der *Berechnungsformel* für *Kurvenintegrale*, muß man

$y = x^2$, $dy = 2x$ $(0 \le x \le 2)$

setzen, so daß sich das *bestimmte Integral*

$$\int_0^2 (2 \cdot x \cdot x^2 + (x - x^2) \cdot 2 \cdot x) \, dx$$

ergibt, das z.B. MATHCAD problemlos berechnet:

$$\int_0^2 2 \cdot x \cdot x^2 + \left(x - x^2\right) \cdot 2 \cdot x \, dx \qquad yields \qquad \frac{16}{3}$$

b) Betrachten wir das Beispiel aus [41]/3,I,8.4.1, wo der *Fluß* des *Vektorfeldes* $\mathbf{v} = 6z \, \mathbf{i} - 3y \, \mathbf{j} + 3 \, \mathbf{k}$ *durch* die im ersten Oktanden gelegene *Fläche* der *Ebene* $x + 2 \, y + 2 \, z = 2$ berechnet wird. Dieses zu berechnende *Oberflächenintegral* läßt sich auf das folgende *Doppelintegral zurückführen*:

$$\frac{3}{2} \cdot \int_{x=0}^{2} \int_{y=0}^{-\frac{1}{2}x+1} (-x - 4y + 4) \, dy \, dx$$

das z.B. mittels MATHEMATICA durch

Integrate [**Integrate** [$-x - 4 \, y + 4$, { y , 0 , $-x/2 + 1$ }] , { x , 0 , 2 }]

berechnet wird (Wert 3).

♦

28 Differentialgleichungen

Differentialgleichungen sind *Gleichungen*, in denen eine *unbekannte Funktion* und deren *Ableitungen* vorkommen. Diese unbekannte Funktion ist so zu bestimmen, daß die Differentialgleichung identisch erfüllt wird.

Der *Unterschied* zwischen *gewöhnlichen* und *partiellen Differentialgleichungen* besteht darin, daß bei *gewöhnlichen* die *gesuchte Funktion* von *einer* (unabhängigen) *Variablen* abhängt, während bei *partiellen* die *gesuchte Funktion* von *mehreren* (unabhängigen) *Variablen* abhängt (siehe Beispiel 28.1).

Beispiel 28.1:

Betrachten wir je ein *Beispiel* für *gewöhnliche* und *partielle Differentialgleichungen*

a) $y'' + 3 \cdot y' - y = \cos x$

ist eine *gewöhnliche Differentialgleichung* mit der *gesuchten Funktion* $y = y(x)$, die u.a. bei *Schwingungsproblemen* auftritt.

b) $\dfrac{\partial^2 u}{\partial x^2} + \dfrac{\partial^2 u}{\partial y^2} + 5 \cdot \dfrac{\partial u}{\partial x} + 2 \cdot u = e^{x \cdot y}$

oder in *anderer Schreibweise*

$u_{xx} + u_{yy} + 5 \cdot u_x + 2 \cdot u = e^{x \cdot y}$

ist eine *partielle Differentialgleichung* mit der *gesuchten Funktion* $u = u(x,y)$, die bei *Potentialproblemen* auftritt.

Bei *Differentialgleichungen* existiert ebenso wie bei algebraischen Gleichungen (siehe Kap.23) nur eine *geschlossene Lösungstheorie* für *lineare Gleichungen*, wobei die für *partielle Differentialgleichungen* wesentlich komplexer ist, so daß wir im Rahmen dieses Buches nur *gewöhnliche Differentialgleichungen* behandeln können (siehe Abschn.28.3).

♦

28.1   Ingenieurtechnische Anwendungen

Differentialgleichungen spielen eine *grundlegende Rolle* in *Technik* und *Naturwissenschaften*, da sich viele *technische Prozesse* und *Naturgesetze* durch sie *modellieren* lassen.
Aus der Vielzahl der *Anwendung* von *Differentialgleichungen* betrachten wir nur einige markante im folgenden *Beispiel 28.2.*

Beispiel 28.2:

a) *Gewöhnliche Differentialgleichungen* findet man bei folgenden *praktischen Problemen:*

　a1) *Zerfalls- und Wachstumsprozesse* führen auf die *Differentialgleichung erster Ordnung* der *Form*

$$y'(t) = c \cdot y(t)$$

die sich ergibt, wenn die *Änderung* y'(t) im *Zeitpunkt* t als *proportional* zum *Zustand* y(t) betrachtet wird. Wenn der *Zustand* zum *Zeitpunkt* t=0 bekannt ist, d.h. y(0) = a , so hat man ein *Anfangswertproblem* zu lösen.

Mit den *Systemen* werden wir das *konkrete Anfangswertproblem* y'(t) = y(t) , y(0) = 1 *lösen*, das die folgende *Lösung* besitzt:

$$y(t) = e^t$$

　a2) Die *Anwendung* des *Newtonschen Kraftgesetzes*

Kraft = Masse × Beschleunigung

und des *Hookeschen Gesetzes* auf eine *ausgelenkte Feder* mit der *angehängten Masse* m ergibt die *Differentialgleichung zweiter Ordnung* für die *Auslenkung* (*mechanische Schwingung*) y(t)

$$y''(t) = -\frac{k}{m} \cdot y(t) - g$$

(k - *Federkonstante* , g - *Erdbeschleunigung*)
die zur Klasse der *Schwingungsgleichungen* (*harmonischer Oszillator*)

y''(t) + a · y'(t) + b · y(t) = f(t) (a , b > 0 - Konstanten)

gehört (siehe [41]/2,V,4), wobei für

a = b   der *aperiodische Grenzfall*
a < b   der *Schwingfall*
a > b   der *Kriechfall*

vorliegen.

Analoge Differentialgleichung erhält man bei der analytischen Untersuchung *elektrischer RLC-Schwingkreise* (siehe [41]/2,V, 4.2.1).

Wenn *Auslenkung* und *Geschwindigkeit* zum *Zeitpunkt* t=0 bekannt sind, d.h. y(0) = A und y'(0) = B so hat man ein *Anfangswertproblem* zu lösen. Mit den *Systemen* werden wir mit den *Anfangsbedingungen* y(0) = 2 und y'(0) = 1 die folgenden *konkreten Aufgaben* lösen:

$$y''(t) + y'(t) + y(t) = 0 \quad (aperiodischer\ Grenzfall)$$
$$y''(t) + y'(t) + 2 \cdot y(t) = 0 \quad (Schwingfall)$$
$$y''(t) + 3 \cdot y'(t) + y(t) = 0 \quad (Kriechfall)$$

bei denen die drei *möglichen Verhaltensweisen* eines *harmonischen Oszillators* auftreten:

* *aperiodischer Grenzfall*

$$y(x) = e^{-\frac{x}{2}} \cdot (2 \cdot \cos \frac{\sqrt{3}}{2} x + \frac{4 \cdot \sqrt{3}}{3} \cdot \sin \frac{\sqrt{3}}{2} x)$$

* *Schwingfall*

$$y(x) = e^{-\frac{x}{2}} \cdot (2 \cdot \cos \frac{\sqrt{7}}{2} x + \frac{4 \cdot \sqrt{7}}{7} \cdot \sin \frac{\sqrt{7}}{2} x)$$

* *Kriechfall*

$$y(x) = \left(\frac{4}{5} \cdot \sqrt{5} + 1 \right) \cdot e^{\left(\frac{1}{2} \cdot (-3+\sqrt{5}) \cdot x \right)} + \frac{1}{5} \cdot \left(-4 + \sqrt{5} \right) \sqrt{5} \cdot e^{\left(-\frac{1}{2} \cdot (3+\sqrt{5}) \cdot x \right)}$$

a3) Untersuchen wir die *Verformung* eines mit der *Streckenlast* Q gleichmäßig belasteten *Balkens* der *Länge* L, der an beiden *Enden* (0 und L) *aufliegt* (siehe [41]/2,V, 1.4). In der Mechanik wird gezeigt, daß die *Biegelinie* y(x) für *kleine Durchbiegungen näherungsweise* der *Differentialgleichung zweiter Ordnung* (*Biegegleichung*)

$$y''(x) = - \frac{M(x)}{E \cdot I}$$

genügt, wenn man $1 + y'^2(x) \approx 1$ voraussetzt. Dabei bedeuten:

* E den *Elastizitätsmodul*,
* I das *Flächenmoment* des Balkenquerschnitts,
* M(x) das *Biegemoment*.

Für das *ortsabhängige Biegemoment* M(x) ergibt sich in dem betrachteten Fall die *Beziehung*

$$M(x) = \frac{Q}{2} \cdot x \cdot (L - x) \quad (0 \leq x \leq L)$$

so daß die *Biegegleichung* die *folgende Form* annimmt

$$y''(x) = -\frac{Q}{2 \cdot E \cdot I} \cdot x \cdot (L-x)$$

die durch *zweimalige Integration* einfach *lösbar* ist (siehe [41]/2,V,1.4). Da an den *beiden Enden keine Durchbiegung* stattfindet, d.h. $y(0) = y(L) = 0$, hat man ein *Randwertproblem* zu lösen, das im allgemeinen mehr Schwierigkeiten als ein Anfangswertproblem bereitet.

Wenn man die *Näherung*

$$1 + y'^{2}(x) \approx 1$$

nicht anwendet, ergibt sich die folgende wesentlich schwierigere *Differentialgleichung* für die *Biegung*:

$$\frac{y''(x)}{\left(1 + y'^{2}(x)\right)^{3/2}} = -\frac{Q}{2 \cdot E \cdot I} \cdot x \cdot (L-x)$$

mit den *Randbedingungen* $y(0) = y(L) = 0$

Bei der *Anwendung* der *Systeme* werden wir die Lösung beider *Biegungsgleichungen* versuchen, wobei wir folgende *konkrete Zahlenwerte* verwenden:

$$L = 1 \text{ und } \frac{Q}{2 \cdot E \cdot I} = 1$$

♦

Die angeführten Beispiele a1)-a3) lassen erkennen, daß bei *zeitabhängigen Problemen* die *unabhängige Variable* häufig mit t bezeichnet wird und daß hier meistens *Anfangswertprobleme* auftreten. *Randwertprobleme* findet man bei *statischen (zeitunabhängigen) Problemen*, in denen die unabhängige Variable häufig die Länge darstellt und mit x bezeichnet wird.

♦

b) *Partielle Differentialgleichungen* treten bei folgenden *praktischen Problemen* auf, wobei *drei Typen* von *Gleichungen* eine *breite Anwendung* finden:

    b1) *Wärmeleitungsgleichungen (parabolische Gleichungen)*

        z.B. in der *einfachsten Form (eindimensionaler Fall)*

$$u_t - \alpha \cdot u_{xx} = 0$$

        wobei die *gesuchte Funktion* $u(x,t)$ die *Temperatur* am *Ort* x zur *Zeit* t angibt.

    b2) *Wellen-* und *Schwingungsgleichungen (hyperbolische Gleichungen)*

        z.B. in der *einfachsten Form (eindimensionaler Fall)*

$$u_{tt} - \beta \cdot u_{xx} = 0$$

wobei die *gesuchte Funktion* u(x,t) die *Auslenkung* am *Ort* x zur *Zeit* t angibt.

b3) *Potentialgleichungen* (*elliptische Gleichungen*) die bei *stationären Problemen* auftreten und in der *einfachsten Form* (*zweidimensionaler Fall*) die Gestalt

$$u_{xx} + u_{yy} = 0$$

haben, wobei die *gesuchte Funktion* u(x,y) z.B. dem *elektrostatischen Potential* in der Ebene entspricht.

♦

28.2 Gewöhnliche Differentialgleichungen

Die *Systeme* können *gewöhnliche Differentialgleichungen* nur *exakt lösen*, wenn ein *endlicher Lösungsalgorithmus* existiert. Dies ist der Fall für *lineare Gleichungen* n-ter Ordnung der *Form*

$$a_n(x) \cdot y^{(n)} + a_{n-1}(x) \cdot y^{(n-1)} + \ldots + a_1(x) \cdot y' + a_0(x) \cdot y = f(x)$$

wenn die *Koeffizienten* $a_k(x)$ gewisse *Bedingungen erfüllen*, so u.a.:

* $a_k(x)$ = *konstant*, d.h., die *Gleichung* hat *konstante Koeffizienten*.

* $a_k(x) = b_k \cdot x^k$ (b_k – konstant)

d.h., es liegt eine *Eulersche Differentialgleichung* vor.

Des weiteren darf die *rechte Seite* f(x) der *Differentialgleichung* nicht allzu kompliziert sein, damit die *Systeme* eine exakte *Lösung berechnen* können.

Man kann *jede Differentialgleichung n-ter Ordnung* der Form

$$y^n = f(x, y, y', \ldots, y^{n-1})$$

auf ein *System von n Differentialgleichungen erster Ordnung* der Form

$$y_1' = y_2$$
$$y_2' = y_3$$
$$\vdots$$
$$y_{n-1}' = y_n$$
$$y_n' = f(x, y_1, y_2, \ldots, y_n)$$

durch *Setzen* von y = y_1 *zurückführen*.

Dies benötigt man bei *Systemen*, die nur *Differentialgleichungen erster Ordnung* lösen können, wie z.B. MATHCAD.

♦

Für *praktische Anwendungen* werden nicht beliebige (*allgemeine*) *Lösungen* einer gewöhnlichen Differentialgleichung gesucht, sondern *Lösungen* y(x), die

• *Anfangsbedingungen*

d.h. *Bedingungen* an *einer Stelle* x_0 für die *Lösung* y(x) und ihre *Ableitungen,* z.B. $y(x_0) = a$, $y'(x_0) = b$, ...

• *Randbedingungen*

d.h. *Bedingungen* an *mindestens zwei Stellen* x_0 , x_1 für die *Lösung* y(x) und ihre *Ableitungen,* z.B.

$y(x_0) = a$, $y(x_1) = b$, ...

erfüllen, wobei diese *Bedingungen* aus den *praktischen Gegebenheiten* folgen (siehe Beispiel 28.2a)

♦

Für *lineare Differentialgleichungen* mit *konstanten Koeffizienten* der *Form*

$$a_n \cdot y^{(n)} + a_{n-1} \cdot y^{(n-1)} + ... + a_1 \cdot y' + a_0 \cdot y = f(x)$$

bzw. *Systeme linearer Differentialgleichungen* mit *konstanten Koeffizienten* der *Form*

$$a_{11} \cdot y'_1 + ... + a_{1n} \cdot y'_n = f_1(x)$$
$$\vdots \qquad \vdots \qquad \vdots$$
$$a_{n1} \cdot y'_1 + ... + a_{nn} \cdot y'_n = f_n(x)$$

und weitere *einfachstrukturierte Differentialgleichungen* stellen die einzelnen *Systeme* folgende *Kommandos/Menüfolgen* zur Verfügung, wobei als *Kommandoname* häufig **dsolve** verwendet wird (**d** steht für *Differentialgleichung* und **solve** für *lösen*):

AXIOM

AXIOM stellt folgende *Kommandofolge* zur *Lösung* von *Differentialgleichungen* bereit:

y := **operator** 'y ;

solve (*Dgl* , y , x)

die die *allgemeine Lösung* y(x) bestimmt. Für *Dgl* ist die zu lösende Differentialgleichung einzugeben (siehe Beispiel 28.3a).
Wie man mit diesem Kommando *Anfangswertaufgaben* löst, ist aus Beispiel 28.3b) ersichtlich.

Beispiel 28.3:

a) Die *allgemeine Lösung*

$$y(x) = e^{-\frac{x}{2}} \cdot (c \cdot \cos \frac{\sqrt{3}}{2} x + d \cdot \sin \frac{\sqrt{3}}{2} x)$$

der *Differentialgleichung* y" + y' + y = 0
aus *Beispiel 28.2a2)* erhält AXIOM mittels der *Kommandofolge*

y := **operator** 'y ;
solve (**D** (y(x) , x , 2) + **D** (y(x) , x) + y(x) = 0 , y , x)
in der *Form*

$$\text{basis} = \left[\cos\left(\frac{\sqrt{3}}{2}x\right) e^{\left(-\frac{x}{2}\right)} \, , \, e^{\left(-\frac{x}{2}\right)} \sin\left(\frac{\sqrt{3}}{2}x\right) \right]$$

d.h., es werden die beiden *Fundamentallösungen berechnet.*

b) Die *spezielle Lösung* für die *Differentialgleichung* aus *Beispiel a)* mit den *Anfangsbedingungen* y(0) = 2 , y'(0) = 1 *liefert* AXIOM mit der *Kommandofolge*

y := **operator** 'y ;
solve (**D**(y(x) , x , 2) + **D**(y(x) , x) + y(x) = 0 , y , x=0 , [2,1])
in der *Form*

$$\frac{4\,e^{\left(-\frac{x}{2}\right)} \sin\left(\frac{\sqrt{3}}{2}x\right) + 2\sqrt{3}\,\cos\left(\frac{\sqrt{3}}{2}x\right) e^{\left(-\frac{x}{2}\right)}}{\sqrt{3}}$$

c) Die *allgemeine Lösung* für das *System*

$$y_1{}' = y_2$$

$$y_2{}' = -y_1 - y_2$$

(siehe *Beispiel 28.8*) wird von AXIOM *mittels folgender Kommandofolge bestimmt:*

y1 := **operator** 'y1 ;
y2 := **operator** 'y2 ;
solve ([**D** (y1(x) , x) = y2(x) , **D** (y2(x) , x) = − y1(x) − y2(x)] , [y1 , y2] , x)
♦

DERIVE

DERIVE enthält *keine integrierten Kommandos* zur *Lösung* von *Differentialgleichungen.* Erst durch *Laden* der *Zusatzprogramme* ODE1 , ODE2 und ODE_APPR mittels der *Menüfolge*
File ⇒ **Load** ⇒ **Utility...**
lassen sich *Gleichungen erster* bzw. *zweiter Ordnung exakt* (symbolisch) bzw. *numerisch* lösen. Dazu stehen eine Reihe von *Kommandos* zur Verfügung, die man dem Handbuch oder dem *Hilfemenü*
Help ⇒ **Utility** entnehmen kann.
Häufig gebrauchte *Kommandos* aus den *Zusatzprogrammen* ODE1 und ODE2 zur *exakten Lösung* von *Differentialgleichungen* sind
dsolve1_gen, **dsolve1** und **dsolve2**,
die mittels *folgender Menüfolgen* aktiviert werden:

I. Author ⇒ Expression... dsolve1_gen (p(x,y) , q(x,y) , x , y , c) ⇒ **Simplify**
berechnet die *allgemeine Lösung* der *Differentialgleichung erster Ordnung* p(x,y) + q(x,y) · y' = 0
mit der *Integrationskonstanten* c.

II. Author ⇒ Expression... dsolve1 (p(x,y) , q(x,y) , x , y , x_0, y_0) ⇒ **Simplify**
berechnet für die *Differentialgleichung* aus I. die *spezielle Lösung*, die die *Anfangsbedingung*
$y(x_0) = y_0$ *erfüllt*.

III. Author ⇒ Expression... dsolve2 (p(x) , q(x) , r(x) , x , c , d) ⇒ **Simplify**
berechnet die *allgemeine Lösung* der *linearen Differentialgleichung zweiter Ordnung* y" + p(x) · y' + q(x) · y = r(x)
mit den *Integrationskonstanten* c und d.

IV. Author ⇒ Expression... dsolve2_IV (p(x) , q(x) , r(x) , x , x_0 , y_0 , y_1) ⇒ **Simplify**
berechnet für die *Differentialgleichung* aus III. die *spezielle Lösung*, die die *Anfangsbedingungen*
$y(x_0) = y_0$, $y'(x_0) = y_1$ *erfüllt*.

V. Author ⇒ Expression... dsolve2_bv (p(x) , q(x) , r(x) , x , x_0 , y_0 , x_1 , y_1) ⇒ **Simplify**
berechnet für die *Differentialgleichung* aus III. die *spezielle Lösung*, die die *Randbedingungen*
$y(x_0) = y_0$, $y(x_1) = y_1$ *erfüllt*.

Beispiel 28.4:

a) Die *Menüfolge*
   Author ⇒ Expression... dsolve2 (1 , 1 , 0 , x , c , d) ⇒ **Simplify**
   liefert für die *Differentialgleichung* y" + y' + y = 0
   aus *Beispiel 28.2a2)* die *allgemeine Lösung*

$$y(x) = e^{-\frac{x}{2}} \cdot (c \cdot \cos\frac{\sqrt{3}}{2}x + d \cdot \sin\frac{\sqrt{3}}{2}x)$$

b) Die *Menüfolge*
   Author ⇒ Expression... dsolve2_IV (1 , 1 , 0 , x , 0 , 2 , 1) ⇒ **Simplify**
   liefert für die *Differentialgleichung* y" + y' + y = 0 aus *Beispiel 28.2a2)* mit den *Anfangsbedingungen* y(0) = 2 , y'(0) = 1 die *Lösung*

$$y(x) = e^{-\frac{x}{2}} \cdot (2 \cdot \cos \frac{\sqrt{3}}{2} x + \frac{4 \cdot \sqrt{3}}{3} \cdot \sin \frac{\sqrt{3}}{2} x)$$

c) Die *Menüfolge*

Author $\Rightarrow$ **Expression...** **dsolve2_bc** (0 , 0 , $-$ x*(1 $-$ x) , x , 0 , 0 , 1 , 0) $\Rightarrow$ **Simplify**
liefert für die *Differentialgleichung* y'' $= -$ x $\cdot$ (1 $-$ x) aus *Beispiel 28.2a3)* mit den *Randbedingungen* y(0) = 0 , y(1) = 0 die *Lösung*

$$y(x) = \frac{1}{12} \cdot x \cdot (x^3 - 2 \cdot x^2 + 1)$$

♦

MACSYMA

MACSYMA stellt folgende *Kommandos* zur *Lösung* von *Differentialgleichungen* bereit:

* **ode** (*Dgl* , y , x)
  berechnet die *allgemeine Lösung* der als Argument bei *Dgl* einzugebenden *Differentialgleichung exakt.*

* **ode_ibc**
  berechnet Anfangs- und *Randwertprobleme* bis maximal *zweiter Ordnung.*

* **odefi** (*Dgl* , y , x)
  berechnet die *allgemeine Lösung* der als Argument bei *Dgl* einzugebenden *Differentialgleichung erster Ordnung exakt.*

* **ode2** (*Dgl* , y , x)
  berechnet die *allgemeine Lösung* der als Argument bei *Dgl* einzugebenden *Differentialgleichung zweiter Ordnung exakt.*

* **odelin2** (*Dgl* , y , x)
  berechnet die *allgemeine Lösung* der als Argument bei *Dgl* einzugebenden *linearen Differentialgleichung zweiter Ordnung exakt.*

* **odelinsys** ([*Dgl1* , *Dgl2* , ... ,] , [x(t) , y(t) , ...])
  berechnet die *allgemeine Lösung* des als Argument einzugebenden *Systems Dgl1* , *Dgl2* , ... von *linearen Differentialgleichung* mit den *gesuchten Funktionen* x(t) , y(t) , ... *exakt.*

* **runge_kutta**
  bechnet eine *numerische Lösung* für *Anfangswertprobleme* mit einem *Runge-Kutta-Verfahren* vierter Ordnung (siehe Beispiel 28.13).

Die *genaue Vorgehensweise* für die *Eingabe* der *Differentialgleichung* und der *Anfangs-* bzw. *Randbedingungen* für die *exakte Lösung* wird im Beispiel 28.5 *erläutert.*

♦

Beispiel 28.5:

a) Für die *Differentialgleichung erster Ordnung* y'(x) = y(x) aus *Beispiel 28.2a1)* liefern

* **odefi** (' **diff** (y , x) = y , y , x)
  die *allgemeine Lösung* in der *Form*

  $$-e^{-x} y = \%c$$

* **ode** (' **diff** (y , x) = y , y , x)
  die *allgemeine Lösung* in der *Form*

  $$y = \%c \, e^{x}$$

Die *spezielle Lösung* dieser Differentialgleichung, die der *Anfangsbedingung* y(0) = 1 *genügt*, werden von einer der *Kommandofolgen*

* **lsg: odefi** (' **diff** (y , x) = y , y , x) $
  ode_ibc (**lsg** , x = 0 , y = 1)
  in der *Form*

  $$-e^{-x} y = -1$$

* **lsg: ode** (' **diff** (y , x) = y , y , x)
  ode_ibc (**lsg** , x = 0 , y = 1)
  in der *Form*

  $$y = e^{x}$$

berechnet.

b) Für die *Differentialgleichung zweiter Ordnung* y'' + y' + y = 0 aus *Beispiel 28.2a2)* liefern

* **ode2** (' **diff** (y , x , 2) + ' **diff** (y , x) + y = 0 , y , x)
  die *allgemeine Lösung* in der *Form*

  $$y = e^{-x/2} \cdot \left(\%k1 \cdot \sin\!\left(\frac{\sqrt{3}\,x}{2} \right) + \%k2 \cdot \cos\!\left(\frac{\sqrt{3}\,x}{2} \right) \right)$$

* **odelin2** (' **diff** (y , x , 2) + ' **diff** (y , x) + y = 0 , y , x)
  die *allgemeine Lösung* in der *Form*

  $$y = \%k2 \cdot e^{-x/2} \cdot \sin\!\left(\frac{\sqrt{3}\,x}{2} \right) + \%k1 \cdot e^{-x/2} \cdot \cos\!\left(\frac{\sqrt{3}\,x}{2} \right)$$

* **ode** (' **diff** (y , x , 2) + ' **diff** (y , x) + y = 0 , y , x)
  die *allgemeine Lösung* in der *Form*

  $$y = e^{-x/2} \cdot \left(\%k1 \cdot \sin\!\left(\frac{\sqrt{3}\,x}{2} \right) + \%k2 \cdot \cos\!\left(\frac{\sqrt{3}\,x}{2} \right) \right)$$

Die *spezielle Lösung* dieser Differentialgleichung, die den *Anfangsbedingungen* y(0) = 2 , y'(0) = 1 *genügt*, werden von einer der *Kommandofolgen*

* **lsg: ode2** (' **diff** (y , x , 2) + ' **diff** (y , x) + y = 0 , y , x) \$
  ode_ibc (**lsg** , x = 0 , y = 2 , x = 0 , ' **diff** (y , x) = 1)
  in der *Form*

$$y(x) = e^{-x/2} \cdot \left(\frac{4 \cdot \sqrt{3} \cdot \sin\left(\frac{\sqrt{3}\,x}{2}\right)}{3} + 2 \cdot \cos\left(\frac{\sqrt{3}\,x}{2}\right) \right)$$

* **lsg: odelin2** (' **diff** (y , x , 2) + ' **diff** (y , x) + y = 0 , y , x)\$
  ode_ibc (**lsg** , x = 0 , y = 2 , x = 0 , ' **diff** (y , x) = 1)
  in der *Form*

$$y(x) = \frac{4 \cdot \sqrt{3} \cdot e^{-x/2} \cdot \sin\left(\frac{\sqrt{3}\,x}{2}\right)}{3} + 2 \cdot e^{-x/2} \cdot \cos\left(\frac{\sqrt{3}\,x}{2}\right)$$

* **lsg: ode** (' **diff** (y , x , 2) + ' **diff** (y , x) + y = 0 , y , x) \$
  ode_ibc (**lsg** , x = 0 , y = 2 , x = 0 , ' **diff** (y, x) = 1)
  in der *Form*

$$y(x) = e^{-x/2} \cdot \left(\frac{4 \cdot \sqrt{3} \cdot \sin\left(\frac{\sqrt{3}\,x}{2}\right)}{3} + 2 \cdot \cos\left(\frac{\sqrt{3}\,x}{2}\right) \right)$$

berechnet.

c) Eine der *Kommandofolgen*
  * **lsg: ode2** (' **diff** (y , x , 2) = − x* (1 − x) , y , x) \$
    ode_ibc (**lsg** , x = 0 , y = 0 , x = 1 , y = 0)
  * **lsg: odelin2** (' **diff** (y , x , 2) = − x* (1 − x) , y , x) \$
    ode_ibc (**lsg** , x = 0 , y = 0 , x = 1 , y = 0)
  * **lsg: ode** (' **diff** (y , x , 2) = − x* (1 − x) , y , x) \$
    ode_ibc (**lsg** , x = 0 , y = 0 , x = 1 , y = 0)

  berechnet für die *Aufgabe* y''(x) = − x· (1 − x) aus *Beispiel 28.2a3)* die *Lösung*

  $$y(x) = \frac{1}{12} \cdot x \cdot (x^3 - 2 \cdot x^2 + 1)$$

  die die *Randbedingungen* y(0) = y(1) = 0 *erfüllt.*

d) Die *lineare Differentialgleichung zweiter Ordnung* aus Beispiel
  b) kann auf das *lineare System* u' = v , v' = − v − u von *Differentialgleichungen zurückgeführt* werden, das mittels des *Kommandos*

  odelinsys ([' **diff** (u(x) , x) = v(x) , ' **diff** (v(x) , x) = –v(x) −
  u(x)] , [u(x) , v(x)])

  gelöst wird. ◆

MAPLE   MAPLE stellt folgende *Kommandos* zur *Lösung* von *Differentialgleichungen* bereit:

*   **dsolve** (*Dgl*, y(x)) ;
    berechnet die *allgemeine Lösung* der als Argument bei *Dgl* einzugebenden *Differentialgleichung exakt.* Falls man beim Argument *Dgl* zusätzlich *Anfangs-* oder *Randbedingungen* eingibt, wird die *dazugehörige spezielle Lösung* berechnet.
    Die *Form* dieser *Eingaben* ist aus Beispiel 28.6 ersichtlich.

*   **dsolve** (*Dgl*, y(x), *numeric*) ;
    berechnet die *numerische Lösung* für gegebene *Anfangs-* oder *Randbedingungen,* die zusammen mit der *Differentialgleichung* in *Dgl* einzugeben sind, auf *folgende Art:*
    lsg_y := **dsolve** (*Dgl*, y(x), *numeric*) ;
    liefert eine *Prozedur* lsg_y zur *Berechnung* von *Näherungen* für die *Lösungsfunktion* y(x), mit deren Hilfe man mittels des *Kommandos* **subs** (lsg_y(a), y(x)) ;
    den *berechneten Näherungswert* an der *Stelle* a erhält (siehe Beispiel 28.13).

Beispiel 28.6:
a) Zur *Bestimmung* der *allgemeinen Lösung*

$$y(x) = e^{-\frac{x}{2}} \cdot (c \cdot \cos\frac{\sqrt{3}}{2}x + d \cdot \sin\frac{\sqrt{3}}{2}x)$$

der *Differentialgleichung* aus *Beispiel 28.2a2)* y'' + y' + y = 0 ist das *Kommando*
dsolve (**diff** (y(x), x$2) + **diff** (y(x), x) + y(x) = 0, y(x)) ;
zu *verwenden,*

b) Das *Kommando*
dsolve ({ **diff** (y(x), x$2) + **diff** (y(x), x) + y(x) = 0, y(0) = 2, **D**(y)(0) = 1 }, y(x)) ;
berechnet die *Lösung*

$$y(x) = e^{-\frac{x}{2}} \cdot (2 \cdot \cos\frac{\sqrt{3}}{2}x + \frac{4\cdot\sqrt{3}}{3} \cdot \sin\frac{\sqrt{3}}{2}x)$$

für die *Aufgabe* aus *Beispiel a)*, die die *Anfangsbedingungen* y(0) = 2, y'(0) = 1 *erfüllt.*

c) Das *Kommando*
dsolve ({ **diff** (y(x), x$2) = − x* (1 − x), y(0) = 0, y(1) = 0 }, y(x)) ;
berechnet für die *Aufgabe* y''(x) = − x· (1 − x) aus *Beispiel 28.2a3)* die *Lösung*

$$y(x) = \frac{1}{12} \cdot x \cdot (x^3 - 2 \cdot x^2 + 1)$$

die die *Randbedingungen* y(0) = y(1) = 0 *erfüllt*.

d) Das *Anfangswertproblem* für das *System*

$$y_1' = y_2 \quad , \quad y_1(0) = 2$$
$$y_2' = -y_1 - y_2 \quad , \quad y_2(0) = 1$$

aus *Beispiel 28.8* wird von MAPLE folgendermaßen gelöst:

dsolve ({ **diff** (y1(x) , x) = y2(x) , **diff** (y2(x) , x) = − y1(x) − y2(x) , y1(0) = 2 , y2(0) = 1 } , { y1(x) , y2(x) }) ;

wobei als *Lösung* für y1 folgendes berechnet wird:

$$y1(x) = 2 \cdot e^{-\frac{x}{2}} \cdot \cos \frac{\sqrt{3}}{2} x + \frac{4 \cdot \sqrt{3}}{3} \cdot e^{-\frac{x}{2}} \cdot \sin \frac{\sqrt{3}}{2} x$$

Diese Lösung entspricht der im Beispiel b) berechneten, da beide Aufgaben äquivalent sind, wie im Beispiel 28.8 gezeigt wird.

♦

MATHCAD MATHCAD besitzt *keine Kommandos* zur *exakten Lösung* von *Differentialgleichungen*. Die entsprechenden Kommandos aus MAPLE wurden nicht übernommen. Die *einzige Möglichkeit* zur *exakten Lösung* liefert die Anwendung der *Laplacetransformation*, die wir im Abschn.29.2 besprechen.

MATHCAD besitzt verschiedene *Kommandos* zur *numerischen Lösung* und kann sowohl *Anfangs-* als auch *Randwertaufgaben* numerisch *lösen*.

Zur Berechnung von *Anfangswertaufgaben* stellt MATHCAD mehrere *Kommandos* zur Verfügung, die alle nur *Systeme* von *n Differentialgleichungen erster Ordnung* der *Form*

y ′ (x) = **f** (x, **y**(x))

d.h.

$$y_1' = f_1(x, y_1, \ldots, y_n)$$
$$y_2' = f_2(x, y_1, \ldots, y_n)$$
$$\vdots$$
$$y_n' = f_n(x, y_1, \ldots, y_n)$$

mit den *Anfangsbedingungen* (für x = a)

y (a) = **y**ᵃ, d.h. $y_1(a) = y_1^a$, $y_2(a) = y_2^a$, ... , $y_n(a) = y_n^a$

lösen können.

In der *vektoriellen Schreibweise* bezeichnen

y (x) , **f** (x, y) und **y**ᵃ die folgenden n-dimensionalen *Vektoren*

$$\mathbf{y}(x) = \begin{pmatrix} y_1(x) \\ y_2(x) \\ \vdots \\ y_n(x) \end{pmatrix} \qquad \mathbf{f}(x,y) = \begin{pmatrix} f_1(x,y) \\ f_2(x,y) \\ \vdots \\ f_n(x,y) \end{pmatrix} \qquad \mathbf{y}^a = \begin{pmatrix} y_1^a \\ y_2^a \\ \vdots \\ y_n^a \end{pmatrix}$$

Zur *Lösung* dieser *Anfangswertaufgabe* für *Systeme* von *Differentialgleichungen* erster Ordnung wird am häufigsten das *Kommando*
rkfixed (**y** , *a* , *b* , *punkte* , **D**)
eingesetzt, das ein *Runge-Kutta-Verfahren vierter Ordnung* verwendet. Für die *Argumente* des *Kommandos* **rkfixed** ist folgendes *einzugeben:*

* **y** bezeichnet den Vektor der *Anfangswerte* $\mathbf{y}^a$ an der Stelle x = a, dem diese vorher in der Form

$$\mathbf{y} := \begin{pmatrix} y_1^a \\ y_2^a \\ \vdots \\ y_n^a \end{pmatrix}$$

zugewiesen wurden.

* *a* und *b* sind die *Endpunkte* des *Lösungsintervalls* [a,b] auf der x-Achse, wobei a der *Anfangswert* für x ist, für den der Funktionswert
  y(a) = $\mathbf{y}^a$
  des *Lösungsvektors* **y**(x) gegeben sein muß.

* *punkte* bezeichnet die *Anzahl* der *vorzugebenden Punkte* zwischen a und b, in denen das Verfahren *Näherungslösungen* bestimmen soll.

* **D** bezeichnet den Vektor der *rechten Seiten* des *Differentialgleichungssystems*, dem diese vorher in der *Form*

$$\mathbf{D}(x,y) := \begin{pmatrix} f_1(x, y_1, \ldots, y_n) \\ f_2(x, y_1, \ldots, y_n) \\ \vdots \\ f_n(x, y_1, \ldots, y_n) \end{pmatrix}$$

zugewiesen wurden.

Am einfachsten läßt sich dieses *Kommando* **rkfixed** auf *e i n e Differentialgleichung erster Ordnung* der *Gestalt*
y' (x) = f (x, y(x))
mit der *Anfangsbedingung* y(a) = y^a

anwenden und liefert eine *Ergebnismatrix* mit *zwei Spalten*. Darin stehen in der *ersten Spalte* die *x-Werte* und in der *zweiten* die hierfür berechneten *y-Werte*. Die Anzahl der Zeilen dieser Matrix wird durch das Argument *punkte* im Kommando bestimmt.

Wenn man *nur eine Differentialgleichung* und damit auch nur *eine Anfangsbedingung* hat, so muß diese *Anfangsbedingung* einem *Vektor* **y** mit *einer Komponente* zugewiesen werden. Die genaue Vorgehensweise ist aus dem folgenden *Beispiel 28.7* ersichtlich, in dem wir die *Indizierung* der *Vektoren* mit 1 beginnen.

♦

Beispiel 28.7:

Die *Lösung* der *linearen Differentialgleichung erster Ordnung*

y' = y

aus *Beispiel 28.2a1)* mit der *Anfangsbedingung*

y(0) = 1

läßt sich *exakt berechnen* und *lautet*

$$y = e^x$$

Die *numerische Lösung* im *Intervall* [0,2] mittels MATHCAD kann folgendermaßen erhalten werden, wenn die Lösung in 10 Punkten berechnet wird:

$y_1 = 1$ $D(x,y) = y$ **u** := **rkfixed** (y, 0, 2, 10, D)

Die *Ergebnismatrix* **u** enthält in der *ersten Spalte* die *x-Werte*, für die in der *zweiten Spalte* die berechneten *Näherungswerte* für die *Funktionswerte* y(x) der *Lösung* der *Differentialgleichung* näherungsweise berechnet wurden:

$$u = \begin{bmatrix} 0 & 1 \\ 0.2 & 1.221 \\ 0.4 & 1.492 \\ 0.6 & 1.822 \\ 0.8 & 2.226 \\ 1 & 2.718 \\ 1.2 & 3.32 \\ 1.4 & 4.055 \\ 1.6 & 4.953 \\ 1.8 & 6.05 \\ 2 & 7.389 \end{bmatrix} \blacksquare$$

Die *grafische Darstellung* der *exakten* und *numerischen Lösung* in Abb.28.1 läßt die gute Übereinstimmung beider erkennen.

◆

Abb.28.1.
Grafische
Darstellung
der exakten
und nume-
rischen Lö-
sung aus
Beispiel 28.7
mittels
MATHCAD

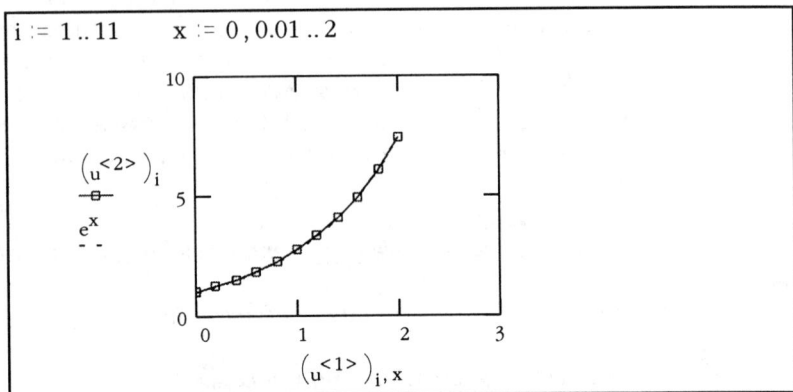

Möchte man *Anfangswertaufgaben* für *Systeme* von n *Differential-gleichungen* erster Ordnung der *Form*

$$y_1' = f_1(x, y_1, \ldots, y_n)$$
$$y_2' = f_2(x, y_1, \ldots, y_n)$$
$$\vdots$$
$$y_n' = f_n(x, y_1, \ldots, y_n)$$

mit den *Anfangsbedingungen*

$$y_1(a) = y_1^a \quad , \quad y_2(a) = y_2^a \quad , \quad \ldots \quad , \quad y_n(a) = y_n^a$$

lösen, so geht man analog wie eben bei einer Differentialgleichung erster Ordnung vor und verwendet das *Kommandos* **rkfixed**. Man muß lediglich den beiden *Argumenten* **y** und **D** des *Kommandos* den *Vektor* der *Anfangsbedingungen* bzw. der *rechten Seiten* des *Systems* zuweisen, d.h.

$$y := \begin{pmatrix} y_1^a \\ y_2^a \\ \vdots \\ y_n^a \end{pmatrix} \quad \text{und} \quad D(x, y) := \begin{pmatrix} f_1(x, y_1, \ldots, y_n) \\ f_2(x, y_1, \ldots, y_n) \\ \vdots \\ f_n(x, y_1, \ldots, y_n) \end{pmatrix}$$

Das *Kommando* **rkfixed** liefert hierfür eine *Ergebnismatrix* mit n+1 Spalten. In der *ersten Spalte* stehen die *x-Werte* und in den restlichen n Spalten die dafür berechneten Funktionswerte für die gesuchten Funktionen $y_1, \ldots, y_n$.

Betrachten wir im *Beispiel 28.8* die *numerische Lösung* einer *Differentialgleichung zweiter Ordnung*.

Beispiel 28.8:

Das *Anfangswertproblem zweiter Ordnung*

$$y'' + y' + y = 0 , \qquad y(0) = 2 , \quad y'(0) = 1$$

aus *Beispiel 28.2a2)*, das die *exakte Lösung*

$$y(x) = e^{-\frac{x}{2}} \cdot (2 \cdot \cos \frac{\sqrt{3}}{2} x + \frac{4 \cdot \sqrt{3}}{3} \cdot \sin \frac{\sqrt{3}}{2} x)$$

besitzt, läßt sich nach der angegebenen Methode auf das *folgende Anfangswertproblem* für das *System erster Ordnung*

$$y_1' = y_2 \qquad , \qquad y_1(0) = 2$$
$$y_2' = -y_1 - y_2 \quad , \qquad y_2(0) = 1$$

zurückführen.

Die *Funktion* $y_1(x)$ dieses *Systems* liefert die *Lösung* der *gegebenen Differentialgleichung* zweiter Ordnung.

Wir führen die *Berechnung* im *Intervall* [0,2] durch, berechnen die *Näherungslösung* in *10 Punkten* und *zeichnen* die *exakte Lösung* und die gefundene *numerische Lösung* in ein *Koordinatensystem* (siehe Abb.28.2).

Die gelieferte *Ergebnismatrix* **Y** enthält in der *ersten Spalte* die *x-Werte* und in der *zweiten* bzw. *dritten Spalte* die *berechneten Näherungswerte* für y_1 bzw. y_2, wobei für unser Problem nur y_1 wichtig ist, da es die Lösung der Differentialgleichung liefert:

$$y := \begin{pmatrix} 2 \\ 1 \end{pmatrix} \qquad D(x,y) := \begin{pmatrix} y_2 \\ -y_1 - y_2 \end{pmatrix}$$

$$Y := \textbf{rkfixed} \, (\, y \, , \, 0 \, , \, 2 \, , \, 10 \, , \, D \,)$$

$$Y = \begin{pmatrix} 0 & 2 & 1 \\ 0.2 & 2.143 & 0.441 \\ 0.4 & 2.182 & -0.032 \\ 0.6 & 2.136 & -0.419 \\ 0.8 & 2.02 & -0.72 \\ 1 & 1.853 & -0.941 \\ 1.2 & 1.649 & -1.088 \\ 1.4 & 1.422 & -1.168 \\ 1.6 & 1.185 & -1.192 \\ 1.8 & 0.949 & -1.169 \\ 2 & 0.72 & -1.107 \end{pmatrix}$$

Abb.28.2.
Grafische
Darstellung
der exakten
und nume-
rischen Lö-
sung aus
Beispiel 28.8
mittels
MATHCAD

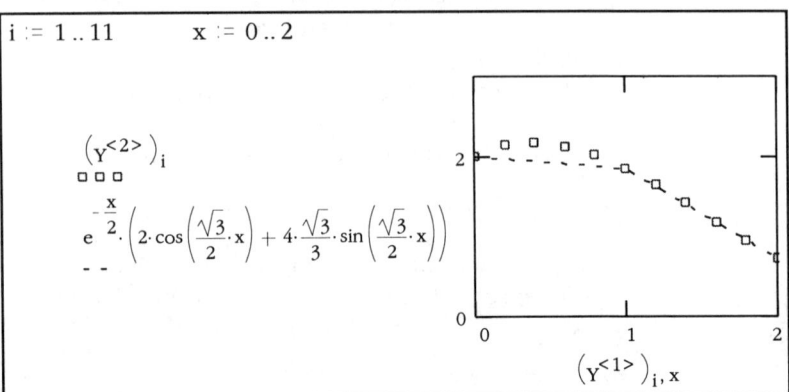

$$i := 1 .. 11 \qquad x := 0 .. 2$$

$$\left(Y^{<2>}\right)_i$$
$\square\ \square\ \square$

$$e^{-\frac{x}{2}} \cdot \left(2 \cdot \cos\left(\frac{\sqrt{3}}{2} \cdot x\right) + 4 \cdot \frac{\sqrt{3}}{3} \cdot \sin\left(\frac{\sqrt{3}}{2} \cdot x\right)\right)$$
- -

$$\left(Y^{<1>}\right)_{i,\,x}$$

Neben dem *Standardkommando* **rkfixed** für die Anwendung des Runge-Kutta-Verfahrens besitzt MATHCAD noch *weitere Kommandos* zur *Lösung* von *Differentialgleichungssystemen* erster Ordnung, die wir im folgenden betrachten, wobei die *Argumente* dieser *Kommandos* die gleichen wie beim Runge-Kutta-Verfahren sind:

- **Bulstoer**
  Dieses *Kommando* benutzt das *Bulirsch-Stoer-Verfahren*.

- **Rkadapt**
  Im Gegensatz zum *Kommando* **rkfixed** wird die Lösung mittels des Runge-Kutta-Verfahrens nicht in gleichabständigen x-Werten berechnet. Die Schrittweite in der Funktionswertberechnung wird in Abhängigkeit von der Funktionsänderung gewählt. Das Ergebnis wird allerdings in gleichabständigen x-Werten ausgegeben.

- **Stiffb** und **Stiffr**
  Diese *Kommandos* verwenden das *Bulirsch-Stoer-Verfahren* bzw. *Rosenbrock-Verfahren* zur Lösung *steifer Differentialgleichungen* (siehe [2]). In diesen Kommandos erscheint an letzter Stelle als zusätzliches Argument die Matrixbezeichnung **J**. Dieser Bezeichnung muß vorher eine Matrix **J**(x,**y**) vom Typ (n,n+1) zugeordnet werden, die als

  erste Spalte $\dfrac{\partial \mathbf{D}}{\partial x}$

  und als *restliche n Spalten* $\dfrac{\partial \mathbf{D}}{\partial y_k}$ (k = 1, 2, ... , n)

  enthält.

Die Anwendung der fünf Kommandos zeigt, daß bei *steifen Diffe-rentialgleichungen* nur das sonst problemlos anwendbare Standard-verfahren **rkfixed** kein befriedigendes Ergebnis liefert (siehe [2]).

♦

Da man im voraus wenig über die Eigenschaften der Lösung einer gegebenen Differentialgleichung weiß, empfiehlt es sich, die gleiche Aufgabe mit mehreren der angegebenen Kommandos numerisch zu lösen.

♦

Zur Berechnung von *Randwertproblemen* stellt MATHCAD das *folgende Numerikkommando* zur Verfügung, wobei vorausgesetzt wird, daß ein System von Gleichungen erster Ordnung vorliegt:

sbval (v , a , b , D , load , score)

Die *Argumente* dieses *Kommandos* haben die folgende Bedeutung:

* **v**

  Vektor für die *Schätzungen* der *Anfangswerte* im Punkt a, die nicht gegeben sind.

* a , b

  Endpunkte des *Lösungsintervalls* [a,b]

* **D**(x, **y**)

  Dieser *Vektor* hat die gleiche Bedeutung wie bei den Komman-dos für Anfangswertprobleme und enthält die *rechten Seiten* der *Differentialgleichungen*.

* **load (a , v)**

  Dieser *Vektor* enthält die *gegebenen Anfangswerte* und die *Schätzwerte* für die *fehlenden Anfangswerte* im Punkt a.

* **score (b , y)**

  Dieser *Vektor* hat die gleiche Anzahl von Komponenten wie der *Schätzvektor* **v** und enthält die Differenzen zwischen denjenigen Funktionen y_i , für die Randwerte im Punkt b gegeben sind, und ihren gegebenen Werten in b.

Während im *Kommando* **sbval** für die *Endwerte* a und b des *Lösungsintervalls* [a,b] die konkreten Zahlen eingegeben werden müs-sen, sind diese bei **load** und **score** *symbolisch* als a und b einzutra-gen.

Um das *Kommando* **sbval** auf eine Glcichung höherer Ordnung an-wenden zu können, muß man ebenso wie bei Anfangswertproble-men diese Gleichung auf ein *System erster Ordnung* zurückführen. Als *Ergebnis* liefert das *Kommando* **sbval** einen *Vektor*, der die *feh-lenden Anfangswerte* enthält. Damit können wir das gegebene Problem als *Anfangswertproblem* behandeln und die dafür gegebenen Kommandos heranziehen. Aus dem *folgenden Beispiel 28.9* ist die *Vorgehensweise* für die *Anwendung* des *Kommandos* **sbval** ersichtlich.

Die *Schätzungen* für die *Anfangswerte* müssen unbedingt als Vektor **v** eingegeben werden, auch wenn nur ein Wert vorliegt. Wir erklären die Vorgehensweise für diesen Fall im folgenden Beispiel.

◆

Beispiel 28.9:

Um das *Randwertproblem*

$$y''(x) = -\left(1 + y'^2(x)\right)^{3/2} \cdot x \cdot (1-x), \qquad y(0) = y(1) = 0$$

aus *Beispiel 28.2a3)* mit MATHCAD lösen zu können, müssen wir es zuerst auf ein *System erster Ordnung* der Form

$$y_1' = y_2$$

$$y_2' = -\left(1 + y_2^2\right)^{\frac{3}{2}} \cdot x \cdot (1-x)$$

mit den *Randbedingungen* $y_1(0)=0$, $y_1(1)=0$ *zurückführen.*

Danach können wir das *Kommando* **sbval** anwenden. Da nur eine Anfangsbedingung $y_2(0)$ (d.h. y'(0)) fehlt, enthält der Vektor **v** für die *Schätzung* der *Anfangswerte* nur einen Wert.

Wenn man das *Kommando* **sbval** erfolgreich anwenden will, muß **v** als *Vektor* definiert werden. Da MATHCAD die Definition von Vektoren (Matrizen) mit nur einem Element nach der im Abschn.20.2 gegebenen Vorgehensweise nicht zuläßt, kann man sich auf folgende Art helfen:

$$v_1 := 0 \qquad \mathbf{load}(a,v) := \begin{pmatrix} 0 \\ v_1 \end{pmatrix} \qquad \mathbf{D}(x,y) := \begin{pmatrix} y_2 \\ -\left(1 + y_2^2\right)^{\frac{3}{2}} \cdot x \cdot (1-x) \end{pmatrix}$$

$$\mathbf{score}(b,y) := y_1 \qquad S := \mathbf{sbval}(v,0,1,\mathbf{D},\mathbf{load},\mathbf{score}) \qquad S = 0.084$$

Der von S *gelieferte* fehlende *Anfangswert*
y'(0)= 0.084
gestattet die Lösung der Aufgabe als *Anfangswertproblem* mit dem *Kommando* **rkfixed**:

$$\mathbf{y} := \begin{pmatrix} 0 \\ 0.084 \end{pmatrix} \qquad \mathbf{D}(x,y) := \begin{pmatrix} y_2 \\ -\left(1 + y_2^2\right)^{\frac{3}{2}} \cdot x \cdot (1-x) \end{pmatrix}$$

$$\mathbf{Y} := \mathbf{rkfixed}\left(y, 0, 1, 10, D\right)$$

Als *Ergebnismatrix* **Y** wird folgende *berechnet:*

$$
Y = \begin{bmatrix}
0 & 0 & 0.084 \\
0.1 & 0.00824004 & 0.07928657 \\
0.2 & 0.0155888 & 0.06651851 \\
0.3 & 0.02134408 & 0.04775953 \\
0.4 & 0.02500896 & 0.02504633 \\
0.5 & 0.02628801 & 3.71807601 \cdot 10^{-4} \\
0.6 & 0.02508334 & -0.02430203 \\
0.7 & 0.02149298 & -0.0470134 \\
0.8 & 0.01581243 & -0.06577 \\
0.9 & 0.00853863 & -0.07853598 \\
1 & 3.73706473 \cdot 10^{-4} & -0.08324855
\end{bmatrix}
\cdot
$$

Die *grafische Darstellung* der erhaltenen *numerischen Lösung* ist in Abb.28.3 zu sehen.

♦

Abb.28.3.
Grafische
Darstellung
der nume-
rischen Lö-
sung aus
Beispiel 28.9
mittels
MATHCAD

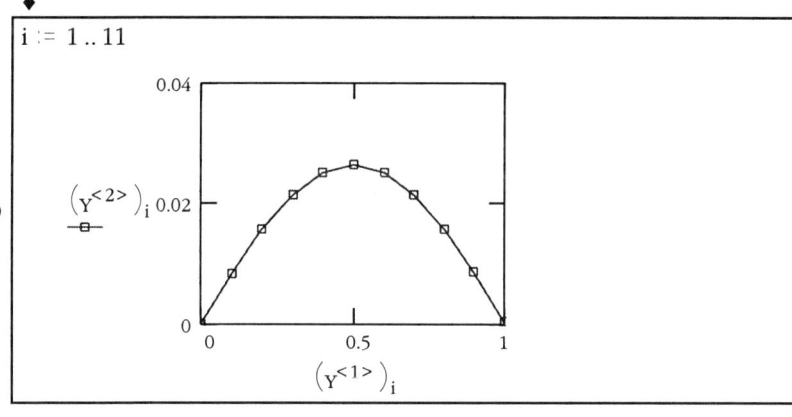

Da sich die *Anwendung* der *Numerikkommandos* in MATHCAD et-was aufwendig gestaltet, empfiehlt es sich, *eigene Dokumente* für die vorhandenen Kommandos zu *schreiben*. Als Vorlage hierfür können die Beispiele 28.7, 28.8 und 28.9 dienen. Dadurch erspart man sich Arbeit, da man in diesen Dokumenten lediglich die Differentialgleichung, die Anfangs- bzw. Randbedingungen und das Lösungsintervall ändern muß.

Des weiteren gibt es in verschiedenen *Elektronischen Büchern* (z.B. *Differential Equations Function Pack, Numerical Recipes, Numerical Methods) fertige Dokumente* zur Lösung von Differentialgleichungen.

♦

MATHEMA-TICA

MATHEMATICA stellt folgende *Kommandos* zur *Lösung* von *Differentialgleichungen* bereit:

*   **DSolve** [*Dgl* , y[x] , x]
    berechnet die *allgemeine Lösung* der als Argument bei *Dgl* einzugebenden *Differentialgleichung exakt.* Falls man beim Argument *Dgl* zusätzlich *Anfangs-* oder *Randbedingungen* eingibt, wird die *dazugehörige spezielle Lösung* berechnet.
    Die *Form* dieser *Eingaben* ist aus Beispiel 28.10 ersichtlich.

*   **NDSolve** [*Dgl* , y[x] , { x , a , b }]
    berechnet die *numerische Lösung* im *Intervall* [a,b], wenn *Anfangs-* oder *Randbedingungen* gegeben sind. Um die *berechnete Näherungslösung* y(x) *explizit* zu *erhalten,* muß man die folgende *Funktionsdefinition anschließen* (siehe Beispiel 28.13):
    y[x_] = y[x] /.% [[1]]

Beispiel 28.10:

a) Zur *Bestimmung* der *allgemeinen Lösung* der *Differentialgleichung* y" + y' + y = 0 aus *Beispiel 28.2a2)* ist das *Kommando*
DSolve [y"[x] + y'[x] + y[x] == 0 , y[x] , x]
zu verwenden, wobei MATHEMATICA allerdings diese Lösung in komplexer Darstellung liefert.

b) Das *Kommando*
DSolve [{ y"[x] + y'[x] + y[x] == 0 , y[0]==2 , y'[0]==1 } , y[x] , x]
berechnet die *exakte Lösung* für die Aufgabe aus Beispiel a), die die *Anfangsbedingungen* y(0) = 2 und y'(0) = 1 erfüllt. Diese Lösung wird allerdings in unüblicher komplexer Form geliefert.

c) Das *Kommando*
DSolve [{ y"[x] == − x∗ (1 − x) , y[0]==0 , y[1]==0 } , y[x] , x]
berechnet für die *Aufgabe* y"(x) = − x· (1 − x)
aus *Beispiel 28.2a3)* die *exakte Lösung*

$$y(x) = \frac{1}{12} \cdot x \cdot (x^3 - 2 \cdot x^2 + 1)$$

die die *Randbedingungen* y(0) = y(1) = 0 *erfüllt.*

d) Das *Anfangswertproblem* für das *System*

$$y_1' = y_2 \qquad , \qquad y_1(0) = 2$$
$$y_2' = -y_1 - y_2 \qquad , \qquad y_2(0) = 1$$

aus *Beispiel 28.8* wird von MATHEMATICA mit folgendem *Kommando* gelöst:

DSolve [{ y1'[x] == y2[x] , y2'[x] == −y1[x] − y2[x] , y1[0]==2 , y2[0] == 1 } , { y1[x] , y2[x] } , x]

♦

MATLAB

MATLAB stellt folgende *Kommandos* zur *Lösung* von *Differentialgleichungen* bereit:

* **dsolve** (*'Dgl'* , 'x')

 berechnet die *allgemeine Lösung* der als Argument bei *Dgl* einzugebenden *Differentialgleichung exakt*. Falls man beim Argument *Dgl* zusätzlich *Anfangs-* oder *Randbedingungen* eingibt, wird die *dazugehörige spezielle Lösung* berechnet.

 Die *Form* dieser *Eingaben* ist aus Beispiel 28.11 ersichtlich.

* **ode23** (' f ', [x_0 x_1] , AB) , **ode45** (' f ', [x_0 x_1] , AB)

 berechnen die *numerische Lösung* eines *Differentialgleichungssystems erster Ordnung* mit den *Anfangsbedingungen* AB im *Intervall* [x_0 , x_1] mittels Runge-Kutta-Verfahren (2.und 3. bzw. 4. und 5.Ordnung), wobei f die *rechten Seiten* des *Systems* als *Spaltenvektor* enthält und als *m-Datei* f.m der *Form*

 function y_str = f(x,y)

 y_str = [.......

 ....] ;

 geschrieben ist, die auf Festplatte oder Diskette vorliegen muß. Der Standort (Pfad) dieser Datei muß MATLAB zuerst mittels des *Kommandos* **cd** (siehe Abschn.21.3) mitgeteilt werden. Die berechneten y-Werte findet man im Vektor y, während x die verwendeten Abszissen enthält (siehe Beispiel 28.11e).

Beispiel 28.11:

a) Zur *Bestimmung* der *allgemeinen Lösung*

$$y(x) = e^{-\frac{x}{2}} \cdot (c \cdot \cos \frac{\sqrt{3}}{2} x + d \cdot \sin \frac{\sqrt{3}}{2} x)$$

 der *Differentialgleichung* y" + y' + y = 0 aus *Beispiel 28.2a2)* ist das *Kommando*

 dsolve (' D2y + Dy + y = 0 ' , 'x')

 zu verwenden.

b) Das *Kommando*

 dsolve (' D2y + Dy + y = 0 , y(0)=2 , Dy(0)=1 ' , 'x')

 berechnet die *Lösung*

$$y(x) = e^{-\frac{x}{2}} \cdot (2 \cdot \cos\frac{\sqrt{3}}{2}x + \frac{4 \cdot \sqrt{3}}{3} \cdot \sin\frac{\sqrt{3}}{2}x)$$

für die Aufgabe aus Beispiel a), die die *Anfangsbedingungen*
$y(0) = 2$ und $y'(0) = 1$ *erfüllt*.

c) Das *Kommando*
   dsolve (' D2y= – x∗ (1 – x) , y(0)=0 , y(1)=0 ' , 'x')
   berechnet für die Aufgabe $y''(x) = -x \cdot (1-x)$
   aus *Beispiel 28.2a3)* die *Lösung*
   $$y(x) = \frac{1}{12} \cdot x \cdot (x^3 - 2 \cdot x^2 + 1)$$
   die die *Randbedingungen* $y(0) = y(1) = 0$ *erfüllt*.

d) Das *Anfangswertproblem* für das *System*
   $$y_1' = y_2 \qquad , \qquad y_1(0) = 2$$
   $$y_2' = -y_1 - y_2 \quad , \qquad y_2(0) = 1$$
   aus *Beispiel 28.8* wird von MATLAB folgendermaßen gelöst:
   dsolve (' Dy1=y2 , Dy2=– y1 – y2 , y1(0) = 2 , y2(0) = 1 ' , 'x')

e) Das *Anfangswertproblem* für das *System*
   $$y_1' = y_2 \qquad , \qquad y_1(0) = 2$$
   $$y_2' = -y_1 - y_2 \quad , \qquad y_2(0) = 1$$
   aus *Beispiel 28.8* wird von MATLAB im Intervall [0,2] folgendermaßen *numerisch gelöst:*
   [x,y] = **ode23** (' f ' , [0 2] , [2 1])
   wobei f die rechten Seiten des Systems als *Spaltenvektor* enthält
   und als *m-Datei* f.m der *Form*
   function y_str = f(x,y)
   y_str = [y(2)
               –y(1) –y(2)] ;
   geschrieben ist, die auf Festplatte oder Diskette vorliegen muß.
   Der Standort (Pfad) dieser Datei muß MATLAB zuerst mittels des
   Kommandos **cd** (siehe Abschn.21.3) mitgeteilt werden. Die berechneten *y-Werte* findet man im *Vektor* **y**, während x die verwendeten *Abszissen* enthält:

x =	y =	
0	2.000	1.000
0.0267	2.0256	0.9207
0.1600	2.1230	0.5462
0.3600	2.1817	0.0556
0.5600	2.1510	–0.3482
0.7600	2.0481	–0.6662
0.9600	1.8900	–0.9025

1.1600	1.6923	−1.0634
1.3600	1.4693	−1.1567
1.5600	1.2336	−1.1914
1.7600	0.9961	−1.1768
1.9600	0.7657	−1.1223
2.0000	0.7211	−1.1074

♦

MuPAD

MuPAD stellt folgendes *Kommando* zur *Lösung* von *Differentialgleichungen* bereit:

solve (**ode** (*Dgl* , y(x))) ;

berechnet die *allgemeine Lösung* der als Argument bei *Dgl* einzugebenden *Differentialgleichung exakt*. Falls man beim Argument *Dgl* zusätzlich *Anfangs-* oder *Randbedingungen* eingibt, wird die *dazugehörige spezielle Lösung* berechnet.

Wenn man ein *System* lösen möchte, so muß dies bei *Dgl* in *Mengenschreibweise* eingegeben werden.

Die Anwendung des Kommandos wird im folgenden Beispiel 28.12 illustriert.

Beispiel 28.12:

a) Zur *Bestimmung* der *allgemeinen Lösung*

$$y(x) = e^{-\frac{x}{2}} \cdot (c \cdot \cos \frac{\sqrt{3}}{2} x + d \cdot \sin \frac{\sqrt{3}}{2} x)$$

der *Differentialgleichung* y" + y' + y = 0 aus *Beispiel 28.2a2)* ist das *Kommando*

solve (**ode** (**diff** (y(x) , x$2) + **diff** (y(x) , x) + y(x) = 0 , y(x))) ;

zu *verwenden*.

b) Das *Kommando*

solve (**ode** ({ **diff** (y(x) , x$2) + **diff** (y(x) , x) + y(x) = 0 , y(0)=2 , **D**(y)(0)=1 } , y(x))) ;

berechnet die *Lösung*

$$y(x) = e^{-\frac{x}{2}} \cdot (2 \cdot \cos \frac{\sqrt{3}}{2} x + \frac{4 \cdot \sqrt{3}}{3} \cdot \sin \frac{\sqrt{3}}{2} x)$$

für die Aufgabe aus *Beispiel a)*, die die *Anfangsbedingungen* y(0) = 2 und y'(0) = 1 *erfüllt*.

c) Das *Kommando*

solve (**ode** ({ **diff** (y(x) , x$2) = −x*(1−x) , y(0)=0 , y(1)=0 } , y(x))) ;

berechnet für die Aufgabe y"(x) = − x· (1 − x) aus *Beispiel 28.2a3)* die *Lösung*

$$y(x) = \frac{1}{12} \cdot x \cdot (x^3 - 2 \cdot x^2 + 1)$$

die die *Randbedingungen* $y(0) = y(1) = 0$ *erfüllt.*

d) Die *allgemeine Lösung* für das *System*

$$y_1' = y_2$$
$$y_2' = -y_1 - y_2$$

aus *Beispiel 28.8* wird von MuPAD folgendermaßen *bestimmt:*
solve (ode (({ diff (y1(x) , x) = y2(x) , diff (y2(x) , x) = − y1(x) − y2(x) } , { y1(x) , y2(x) })) ;

♦

Falls in einem *System* kein gesondertes *Kommando* zur *Lösung* von *Differentialgleichungssystemen* gefunden wird, so kann man die Lösung mit den gegebenen Kommandos versuchen, indem man das System als Liste bzw. Feld eingibt, wie es bei der Lösung von algebraischen Gleichungen der Fall ist und wie in den gegebenen Beispielen illustriert wurde.

♦

Falls für *Anfangs-* oder *Randwertprobleme* keine Kommandos in einem *System* existieren, so kann man diese Probleme ebenfalls lösen, indem man die *allgemeine Lösung* ermittelt und anschließend die hierin befindlichen *Konstanten bestimmt.*

♦

Nachdem wir bereits die *numerische Lösung* von *Differentialgleichungen* mittels MATHCAD und MATLAB demonstriert haben (siehe Beispiele 28.8 und 28.11e), betrachten wir im abschließenden Beispiel 28.13 die *numerische Lösung* mittels MACSYMA, MAPLE und MATHEMATICA.

Beispiel 28.13:

Das *Anfangswertproblem* für das *System*

$$y'' + y' + y = 0 , \qquad y(0) = 2 , \ y'(0) = 1$$

aus *Beispiel 28.8* wird von MACSYMA, MAPLE und MATHEMATICA im Intervall [0,2] *numerisch gelöst:*

* MACSYMA : Das *Kommando*
  runge_kutta (' diff (y , x , 2) + ' diff (y , x) + y = 0 , ' y , ' x , [' at (y , x = 0) = 2 , ' at (' diff (y , x = 0) = 1] , 0 , 2 , 0.2)
  berechnet die *Näherungslösung* y(x) im *Intervall* [0,2] mit der *Schrittweite* 0.2, d.h. in den *Punkten* x = 0.2, 0.4, ..., 2

* MAPLE : Das *Kommando*
  lsg_y := **dsolve** ({ **diff** (y(x) , x$2) + **diff** (y(x) , x) + y(x) = 0 , y(0) = 2 , **D**(y)(0) = 1 } , y(x) , *numeric*) ;

liefert eine *Prozedur* lsg_y zur *Berechnung* von *Näherungen* für die *Lösungsfunktion* y(x), mit deren Hilfe man mittels des *Kommandos* **subs** (lsg_y(a) , y(x)) ;

den *berechneten Näherungswert* an der *Stelle* a erhält. Nach dem Laden des Zusatzpakets *plots* mittels **with** (plots) ; läßt sich die *Näherungslösung* durch das *Kommando*

odeplot (lsg_y , [x , y(x)] , a..b) ;

im *Intervall* [a,b] *grafisch* darstellen.

* MATHEMATICA : Die *Kommandofolge*

NDSolve [{ y''[x] + y'[x] + y[x] == 0 , y[0] == 2 , y'[0] == 1 } , y[x] , { x , 0 , 2 }]

y[x_] = y[x] /.%[[1]]

berechnet die *Näherungslösung* y(x) im *Intervall* [0,2] mittels der *Funktion* y[x].

♦

Zusammenfassend läßt sich feststellen:

* Da die *Lösung* von *Differentialgleichungen* eng mit der *Integration* zusammenhängt, darf man von den *Systemen* keine Wunderdinge erwarten. Sie zeigen nur bei der *exakten Lösung* einfacher *linearer Differentialgleichungen* gute bis zufriedenstellende Eigenschaften, wobei MATHEMATICA das Ergebnis öfters in einer unüblichen komplexen Schreibweise liefert.

* Mit den *Systemen* können neben der Bestimmung der *allgemeinen Lösung* auch *Anfangs-* und *Randwertaufgaben* gelöst werden, wie die Beispiele gezeigt haben.

* Für den Fall des *Scheiterns* der *exakten Berechnung* stellen die meisten Systeme *Numerikkommandos* zur Verfügung, wobei MATHCAD und MATLAB die umfangreichsten Möglichkeiten bieten.

* Für MATHEMATICA, MATHCAD und MATLAB existieren *Zusatzpakete* zur exakten (symbolischen) bzw. numerischen Lösung spezieller (nichtlinearer) Differentialgleichungen aus der Praxis.

* Eine ausführliche Beschreibung mit vielen Beispielen für die Anwendung von MAPLE und MATHEMATICA zur Lösung von Differentialgleichungen findet man in den *Büchern* [50] bzw. [49,59,71,76,95].

♦

28.3   Partielle Differentialgleichungen

Da die *Lösungstheorie* selbst für *lineare partielle Differentialgleichungen* bereits sehr umfangreich und vielschichtig ist, wird im

Rahmen dieses Buches auf *partielle Differentialgleichungen* verzich-
tet. Dies läßt sich auch noch dadurch rechtfertigen, daß für ihre Lösung in allen Systemen keine Kommandos vorhanden sind.

Man kann aber mit den in den *Systemen* enthaltenen Kommandos
Lösungen linearer partieller Differentialgleichungen auf der *Grundlage* der entsprechenden *Lösungstheorie konstruieren*, wie in den
Büchern für MAPLE [54] und MATHEMATICA [71, 88, 99] demonstriert wird.

Des weiteren lassen sich *numerische Lösungsalgorithmen* mit den in
den *Systemen* integrierten *Programmiersprachen implementieren.*

Inzwischen wurden für die *Systeme* MATHCAD, MATHEMATICA
und MATLAB *Elektronische Bücher/Zusatzpakete/Toolboxen* entwik-
kelt, mit deren Hilfe sich gewisse Klassen *linearer partieller Differentialgleichungen* einfach *lösen* lassen.

29 Integraltransformationen

Integraltransformationen werden zur Lösung einer Reihe von Problemen der *Ingenieurmathematik* benötigt.
Das betrifft insbesondere die *Laplace-* und *Fouriertransformation*, die man häufig zur *Lösung* von *Differentialgleichungen* heranzieht.
Beide *Transformationen* sind im Rahmen der *Systeme realisierbar*.
Einige *Systeme* gestatten zusätzlich die *Durchführung weiterer Transformationen* wie z.b. der *Z-Transformation*.

29.1 Ingenieurtechnische Anwendungen

Schwingungsvorgänge in *Technik* und *Naturwissenschaften* lassen sich häufig durch *lineare Differentialgleichungen* mit konstanten Koeffizienten *beschreiben*. Zur Lösung dieser Aufgaben liefert die *Laplacetransformation* eine *effektive Lösungsmethode*, so daß sie in der *Elektrotechnik* als Standardmethode verwandt wird. Zahlreiche *Anwendungsbeispiele* hierzu findet man in [41]/2,VI.
Die *Fouriertransformation* hängt eng mit der Laplacetransformation zusammen und wird ebenfalls zur *Lösung* von *Differentialgleichungen* herangezogen. Des weiteren dient sie zur *Analyse periodischer Vorgänge* (siehe [100]/2)

29.2 Laplacetransformation

Die *Laplacetransformierte (Bildfunktion)* **L** [f] = F (s) einer *Funktion (Originalfunktion)* f(x) *bestimmt sich* unter gewissen Voraussetzungen *aus*

$$\mathbf{L}[f] = F(s) = \int_0^\infty f(x) \cdot e^{-sx} \, dx$$

Ein bei *Laplacetransformationen* häufig auftretendes Problem besteht darin, aus der *Bildfunktion* F wieder die *Originalfunktion* f zu berechnen. Diese Aufgabe wird als *inverse Laplacetransformation* oder *Rücktransformation* bezeichnet und bestimmt sich unter gewissen Voraussetzungen aus

$$f(t) \;=\; \frac{1}{2\pi i} \int\limits_{c-i\infty}^{c+i\infty} e^{st}\, F(s)\, ds$$

Zur *Berechnung* der *uneigentlichen Integrale* für die *Laplacetransformation* und ihre *inverse Transformation* existieren keine endlichen Algorithmen (siehe Abschn.25.3). Deshalb ist nicht zu erwarten, daß die *Systeme* immer eine Lösung finden.

♦

Die *Systeme* stellen folgende *Kommandos/Menüfolgen* für die *Laplacetransformation* zur Verfügung:

AXIOM

AXIOM *berechnet* mittels der *Kommandos*

- **laplace** (f(t) , t , s)
  die *Laplacetransformierte* (*Bildfunktion*) F(s) der *Funktion* f(t),
- **inverseLaplace** (F(s) , s , t)
  die *Inverse* (*Originalfunktion*) f(t) der *Funktion* F(s).

Beispiel 29.1:

a) AXIOM *berechnet* mittels der *Kommandos*
  * **laplace** (cos(t) , t , s)
    die *Laplacetransformierte* der *Funktion* cos t
  * **inverseLaplace** (s/(s^2+1) , s , t)
    die *Rücktransformation*.

b) Die *Laplacetransformierten* für die *Ableitungen*
  y'(t) , y''(t) der *Funktion* y(t)
  berechnet AXIOM mittels der *Kommandofolgen:*
  * y := **operator** ' y ;
    laplace (**D** (y(t) , t) , t , s)
  * y := **operator** ' y ;
    laplace (**D** (y(t) , t , 2) , t , s)
  in der *folgenden Form:*
  * $s\,laplace\,(\,y(t)\,,t\,,s) - y(0)$
  * $s^2\,laplace\,(\,y(t)\,,t\,,s\,) - y'(0) - y(0)\,s$

Die von AXIOM gelieferte *Form* für die *Laplacetransformierte*
laplace (y(t) , t , s)
ist für Anwendungen (z.B. für die Lösung von Differentialgleichungen) nicht vorteilhaft, so daß sich das *Ersetzen* durch eine *neue Variable* Y(s) empfiehlt.

♦

DERIVE

DERIVE *berechnet* nach dem *Laden* der *Zusatzdatei*
INT_APPS.MTH mittels der *Menüfolge*
File ⇒ **Load** ⇒ **Utility...** Int_apps durch die *Menüfolge*

Author ⇒ **Expression... laplace** (f(t) , t , s) ⇒ **Simplify**
die *Laplacetransformierte* (*Bildfunktion*) F(s) der *Funktion* f(t).

MACSYMA MACSYMA *berechnet* mittels der *Kommandos*
- **laplace** (f(t) , t , s)
  die *Laplacetransformierte* (*Bildfunktion*) F(s) der *Funktion* f(t),
- **ilt** (F(s) , s , t)
  die *Inverse* (*Originalfunktion*) f(t) der *Funktion* F(s).

Beispiel 29.2:
a) MACSYMA *berechnet* mittels der *Kommandos*
  * **laplace** (cos(t) , t , s)
    die *Laplacetransformierte* der *Funktion* cos x,
  * **ilt** (s/(s^2+1) , s , t)
    die *Rücktransformation.*
b) Die *Laplacetransformierten* für die *Ableitungen*
  y'(x) , y''(x) der *Funktion* y(x) *berechnet* MACSYMA mittels der
  Kommandos:
  * **laplace** (**diff** (y(x) , x) , x , s) ;
  * **laplace** (**diff** (y(x) , x$2) , x , s) ;
  in der *folgenden Form:*
  * s *laplace* (*y(x)* , *x* , *s)* – y(0)
  * s (s *laplace* (*y(x)* , *x* , *s*) – y(0)) – D(y)(0)
  Die von MACSYMA gelieferte *Form* für die Laplacetransformierte
  laplace (*y(x)* , *x* , *s*) ist für Anwendungen (z.B. für die Lösung
  von Differentialgleichungen) nicht vorteilhaft, so daß sich das *Ersetzen* durch eine *neue Variable* Y(s) empfiehlt.
  ◆

MAPLE MAPLE muß für die *Laplacetransformation* zuerst das Paket *inttrans*
(*Integraltransformationen*) mittels des *Kommandos* **with**(inttrans);
laden. Anschließend *berechnen*
- **laplace** (f(x) , x , s) ;
  die *Laplacetransformierte* (*Bildfunktion*) F(s) der *Funktion* f(x),
- **invlaplace** (F(s) , s , x) ;
  die *Inverse* (*Originalfunktion*) f(x) der *Funktion* F(s).

Beispiel 29.3:
a) MAPLE *berechnet* mittels der *Kommandos*
  * **laplace** (cos(x) , x , s) ;
    die *Laplacetransformierte* der *Funktion* cos x,
  * **invlaplace** (s/(s^2+1) , s , x) ;
    die *Rücktransformation.*
b) Die *Laplacetransformierten* für die *Ableitungen*
  y'(x) , y''(x) der *Funktion* y(x)

berechnet MAPLE mittels der *Kommandos:*
* **laplace** (**diff** (y(x) , x) , x , s) ;
* **laplace** (**diff** (y(x) , x\$2) , x , s) ;
in der *folgenden Form:*
* s *laplace (y(x) , x , s)* – y(0)
* s (s *laplace (y(x) , x , s)* – y(0)) – D(y)(0)
Die von MAPLE gelieferte *Form* für die *Laplacetransformierte*
laplace (y(x) , x , s) ist für Anwendungen (z.B. für die Lösung
von Differentialgleichungen) nicht vorteilhaft, so daß sich das *Ersetzen* durch eine *neue Variable* Y(s) empfiehlt.

◆

MATHCAD   MATHCAD *berechnet* die *Laplacetransformierte* (*Bildfunktion*) F(s)
und ihre *Inverse* (*Originalfunktion*) f(t) *folgendermaßen:*
* Man gibt die zu transformierende *Funktion* (*Originalfunktion*)
  f(t) in das Arbeitsfenster ein, markiert eine Variable t mit dem
  Kursor und aktiviert abschließend die *Menüfolge*
  Symbolic ⇒ Transforms ⇒ Laplace Transform
* Für die *Berechnung* der *Inversen* wird eine Variable s in der
  Bildfunktion F(s) mit dem Kursor markiert und abschließend die
  Menüfolge
  Symbolic ⇒ Transforms ⇒ Inverse Laplace Transform
  aktiviert.

Es ist zu beachten, daß MATHCAD, die *Bildfunktion* F(s) als Funktion von s und die *Inverse* (*Originalfunktion*) f(t) als Funktion von t
darstellt.

◆

Betrachten wir einige *Beispiele* für die *Laplacetransformation* und
ihre *Rücktransformation* mittels MATHCAD.
Beispiel 29.4:
a) Wir *berechnen* die *Laplacetransformierten* für einige *elementare
Funktionen*

$$\cos(t) \qquad \textit{has laplace transform} \qquad \frac{s}{\left(s^2 + 1\right)}$$

$$\sin(t) \qquad \textit{has laplace transform} \qquad \frac{1}{\left(s^2 + 1\right)}$$

$$t^n \qquad \textit{has Laplace transform} \qquad \frac{\Gamma(n+1)}{s^{(n+1)}}$$

t	*has Laplace transform*	$\dfrac{1}{s^2}$
$e^{-a \cdot t}$	*has Laplace transform*	$\dfrac{1}{(s+a)}$
$t \cdot e^{-a \cdot t}$	*has Laplace transform*	$\dfrac{1}{(s+a)^2}$
1	*has Laplace transform*	$\dfrac{1}{s}$

b) Für die in a) berechneten *Laplacetransformierten* ermitteln wir in der gleichen Reihenfolge die *Inversen:*

$\dfrac{s}{s^2+1}$ *has inverse laplace transform* $\cos(t)$

$\dfrac{1}{s^2+1}$ *has inverse laplace transform* $\sin(t)$

$\dfrac{\Gamma(n+1)}{s^{(n+1)}}$ *has inverse laplace transform*

$\text{invlaplace}\left[\dfrac{\Gamma(n+1)}{\left[s^{(n+1)}\right]}, s, t\right]$

$\dfrac{1}{s^2}$ *has inverse laplace transform* t

$\dfrac{1}{s+a}$ *has inverse laplace transform* $\exp(-a \cdot t)$

$\dfrac{1}{(s+a)^2}$ *has inverse laplace transform* $t \cdot \exp(-a \cdot t)$

$\dfrac{1}{s}$ *has inverse laplace transform* 1

Bis auf die *Inverse* der Bildfunktion von t^n werden alle Inversen berechnet.

c) Die *Laplacetransformierten* für die *Ableitungen*
y'(t) und y"(t) der *Funktion* y(t),
berechnet MATHCAD in der folgenden Form:

* $\dfrac{d}{dt} y(t)$ *has Laplace transform* laplace$(y(t),t,s)\cdot s - y(0)$

wobei die gelieferte *Form* für die *Laplacetransformierte*
laplace (y(t) , t , s)
für Anwendungen (z.B. für die Lösung von Differentialgleichungen) nicht vorteilhaft ist, so daß sich das *Ersetzen* durch
eine *neue Variable* Y(s) empfiehlt (siehe Beispiel 29.8).

* Für die *Ableitung zweiter Ordnung* wird das *Ergebnis nicht
direkt berechnet*, sondern es erscheint eine *Dialogbox*, in der
angezeigt wird, daß das Ergebnis MAPLE–*spezifisch* ist und es
wird die Frage gestellt, ob es in die Zwischenablage kopiert
werden soll. Bejaht man diese Frage durch Mausklick, so
kann man anschließend das Ergebnis in das Arbeitsfenster
kopieren und erhält:
((((laplace(y(t),t,s))*(s))+((-1) *(y(0))))) *(s))+((-1)
*(diff(y(t2),t2))) & where {(t2)=(0)}

Das von MATHCAD indirekt gelieferte Ergebnis (in der Sprache von MAPLE) für die *Laplacetransformierte* der *Ableitung
zweiter Ordnung* y"(t) einer Funktion y(t) ist für weitere
Rechnungen *nicht verwendbar*. Deshalb ist es für die Anwendung auf Differentialgleichungen notwendig, daß diese
auf Systeme erster Ordnung zurückgeführt werden (siehe
Beispiel 29.8a1) und a2).

♦

**MATHEMA-
TICA**

MATHEMATICA *berechnet* nach dem *Laden* des Zusatzpakets
Laplacetransformation mittels des *Kommandos*
Needs [" Calculus`LaplaceTransform` "] durch die *Kommandos*
* **LaplaceTransform** [f(x) , x , s]
die *Laplacetransformierte (Bildfunktion)* F(s) der *Funktion* f(x),
* **InverseLaplaceTransform** [F(s) , s , x]
die *Inverse (Originalfunktion)* f(x) der *Funktion* F(s).
Betrachten wir ein Beispiel für die *Anwendung der Laplacetransformation* mittels MATHEMATICA.
Beispiel 29.5:
a) MATHEMATICA *berechnet* mittels der *Kommandos*
* **LaplaceTransform** [Cos[x] , x , s]
die *Laplacetransformierte* der *Funktion* cos x,
* **InverseLaplaceTransform** [s/(s^2+1), s , x]
die *Rücktransformation*.
b) Die *Laplacetransformierten* für die *Ableitungen*
y'(x) , y"(x) der *Funktion* y(x)

berechnet MATHEMATICA mittels der *Kommandos:*
* **LaplaceTransform** [y'[x] , x , s]
* **LaplaceTransform** [y''[x] , x , s]
in der *folgenden Form:*
* s LaplaceTransform [y[x] , x , s] − y[0]
* s^2 LaplaceTransform [y[x] , x , s] − s y[0] − y'[0]

Die von MATHEMATICA gelieferte *Form* für die Laplacetransformierte *LaplaceTransform [y[x] , x , s]*
ist für Anwendungen (z.B. für die Lösung von Differentialgleichungen) nicht vorteilhaft, so daß sich das *Ersetzen* durch eine *neue Variable* Y(s) empfiehlt.

◆

MATLAB   MATLAB *berechnet* für die *Laplacetransformation* mittels
* **syms** x ; **laplace** (f(x))
  die *Laplacetransformierte* (*Bildfunktion*) F(s) der *Funktion* f(x),
* **syms** s ; **ilaplace** (F(s))
  die *Inverse* (*Originalfunktion*) f(t) der *Funktion* F(s).

Das *Kommando* **syms** dient zur *Bezeichnung* der *symbolischen Variablen.*

Beispiel 29.6:
a) MATLAB *berechnet* mittels der *Kommandofolgen*
  * **syms** x ; **laplace** (cos(x))
    die *Laplacetransformierte* der *Funktion* cos x,
  * **syms** s ; **ilaplace** (s/(s^2+1))
    die *Rücktransformation.*
b) Die *Laplacetransformierten* für die *Ableitungen*
   y'(x) , y''(x) der *Funktion* y(x)
   berechnet MATLAB mittels der *Kommandofolgen:*
  * **syms** x ; **laplace** (**diff** (' y(x) ' , x))
  * **syms** x ; **laplace** (**diff** (' y(x) ' , x , 2))
  in der *folgenden Form:*
  * s laplace (y(x) , x , s) − y(0)
  * s (s laplace (y(x) , x , s) − y(0)) − D(y)(0)
  Die von MATLAB gelieferte *Form* für die *Laplacetransformierte*
  laplace (y(x) , x , s) ist für Anwendungen (z.B. für die Lösung
  von Differentialgleichungen) nicht vorteilhaft, so daß sich das *Ersetzen* durch eine *neue Variable* Y(s) empfiehlt.

◆

MuPAD   MuPAD *berechnet* für die *Laplacetransformation* mittels
* **transform::laplace** (f(x) , x , s) ;
  die *Laplacetransformierte* (*Bildfunktion*) F(s) der *Funktion* f(x),

- **transform::ilaplace** (F(s) , s , x) ;
  die *Inverse* (*Originalfunktion*) f(x) der *Funktion* F(s).

Beispiel 29.7:

a) MuPAD *berechnet* mittels der *Kommandos*
   - **transform::laplace** (cos(x) , x , s) ;
     die *Laplacetransformierte* der *Funktion* cos x,
   - **transform::ilaplace** (s/(s^2+1) , s , x) ;
     die *Rücktransformation*.

b) Die *Laplacetransformierten* für die *Ableitungen*
   y'(x) , y''(x) der *Funktion* y(x)
   berechnet MAPLE mittels der *Kommandos:*
   - **laplace** (**diff** (y(x) , x) , x , s) ;
   - **laplace** (**diff** (y(x) , x$2) , x , s) ;
   in der *folgenden Form:*
   - s laplace (y(x) , x , s) − y(0)
   - s^2 laplace (y(x) , x , s) − D(y)(0) − s y(0)

   Die von MuPAD gelieferte *Form* für die Laplacetransformierte
   laplace (y(x) , x , s) ist für Anwendungen (z.B. für die Lösung
   von Differentialgleichungen) nicht vorteilhaft, so daß sich das *Ersetzen* durch eine *neue Variable* Y(s) empfiehlt.

   ♦

29.3   Fouriertransformation

Die *Fouriertransformierte* (*Bildfunktion*) einer *Funktion* (*Originalfunktion*) f(x) berechnet sich unter gewissen Voraussetzungen aus

$$\mathbf{F}\,[\,f\,] = F\,(t) = \int_{-\infty}^{\infty} f(x) \cdot e^{\,i\,\cdot\,t\,\cdot\,x}\ dx$$

Ein bei *Fouriertransformationen* häufig auftretendes Problem besteht darin, aus der *Bildfunktion* F wieder die *Originalfunktion* f zu berechnen. Diese Aufgabe wird als *inverse Fouriertransformation* oder *Rücktransformation* bezeichnet.

Da die *Fouriertransformation* eng mit der *Laplacetransformation* *verwandt* ist, wurde sie nicht in alle *Systeme* integriert. Falls vorhanden, gestaltet sie sich in den *Systemen* analog zur Laplacetransformation. Es ist nur in den Kommando- und Menünamen *Laplace* durch *Fourier* zu *ersetzen*.

Deshalb verzichten wir im folgenden auf Beispiele und geben nur kurz die vorhandenen *Kommandos/Menüfolgen* für die *Fouriertransformation* :

MACSYMA   MACSYMA *berechnet* für die *Fouriertransformation* mittels
- **fourier** (f(x) , x , t)
  die *Fouriertransformierte* (*Bildfunktion*) F(t) der *Funktion* f(x),
- **inv_fourier** (F(t) , t , x)
  die *Inverse* (*Originalfunktion*) f(x) der *Funktion* F(t).

MAPLE   MAPLE muß für die *Fouriertransformation* zuerst das Paket *inttrans* (*Integraltransformationen*) mittels des *Kommandos* **with**(inttrans)**;** *laden*. Anschließend *berechnen*
- **fourier** (f(x) , x , t) **;**
  die *Fouriertransformierte* (*Bildfunktion*) F(t) der *Funktion* f(x),
- **invfourier** (F(t) , t , x) **;**
  die *Inverse* (*Originalfunktion*) f(x) der *Funktion* F(t).

MATHCAD   MATHCAD berechnet die *Fouriertransformierte* (*Bildfunktion*) F(s) und ihre *Inverse* (*Originalfunktion*) f(t) *folgendermaßen:*
- Man gibt die zu transformierende *Funktion* (*Originalfunktion*) f(t) in das Arbeitsfenster ein, markiert eine Variable t mit dem Kursor und aktiviert abschließend die *Menüfolge*
  Symbolic ⇒ **Transforms** ⇒ **Fourier Transform**
- Für die *Berechnung* der *Inversen* wird eine Variable s in der *Bildfunktion* F(s) mit dem Kursor markiert und abschließend die *Menüfolge*
  Symbolic ⇒ **Transforms** ⇒ **Inverse Fourier Transform**
  aktiviert.

MATHEMA-TICA   MATHEMATICA *berechnet* nach dem *Laden* des Zusatzpakets *Fouriertransformation* mittels **Needs** [" Calculus`FourierTransform` "] durch die *Kommandos*
- **FourierTransform** [f(x) , x , t]
  die *Fouriertransformierte* (*Bildfunktion*) F(t) der *Funktion* f(x),
- **InverseFourierTransform** [F(t) , t , x]
  die *Inverse* (*Originalfunktion*) f(x) der *Bildfunktion* F(t).

MATLAB   MATLAB *berechnet* für die *Fouriertransformation* mittels
- **syms** x ; **fourier** (f(x))
  die *Fouriertransformierte* (*Bildfunktion*) F(w) der *Funktion* f(x),
- **syms** w ; **ifourier** (F(w))
  die *Inverse* (*Originalfunktion*) f(x) der *Funktion* F(w).

Das *Kommando* **syms** dient zur *Bezeichnung* der *symbolischen Variablen*.

MuPAD   MuPAD *berechnet* für die *Fouriertransformation* mittels
- **transform::fourier** (f(x) , x , t) **;**
  die *Fouriertransformierte* (*Bildfunktion*) F(t) der *Funktion* f(x),
- **transform::ifourier** (F(t) , t , x) **;**

die *Inverse* (*Originalfunktion*) f(x) der *Funktion* F(t).

29.4 Lösung von Differentialgleichungen

Die *exakte Lösung* von *gewöhnlichen* und *partiellen Differentialgleichungen* bildet ein *Haupteinsatzgebiet* für die *Integraltransformationen*.

Das *Prinzip* bei der *Anwendung* von *Laplace-* und *Fouriertransformationen* zur *Lösung* gewöhnlicher *Differentialgleichungen* besteht in *folgenden Schritten:*

I. Die *Differentialgleichung* für die *Funktion* (*Originalfunktion*) y(t) wird mit der *Transformation* in eine *algebraische Gleichung* für die *Bildfunktion* Y(s) überführt.

II. Die so erhaltene *Gleichung* wird nach der *Bildfunktion* Y(s) *aufgelöst*. Dazu werden die *Methoden* zur *Lösung* von *Gleichungen* herangezogen (siehe Kap.23)

III. Abschließend wird durch *Anwendung* der *inversen Transformation* (*Rücktransformation*) die *Lösung* y(t) der *Differentialgleichung* erhalten.

Mit dieser *Vorgehensweise* kann man vor allem *Anfangswertprobleme* für Differentialgleichungen erfolgreich behandeln, da man hier die Funktionswerte für die gesuchte Funktion und ihre Ableitungen im Anfangspunkt t=0 besitzt.

Es lassen sich jedoch auch *einfache Randwertaufgaben* mittels *Transformationen lösen*, wie im Beispiel 29.8a3) demonstriert wird. Falls die *Anfangsbedingungen* nicht im Punkt t=0 gegeben sind, so muß man das Problem vorher durch eine *Transformation* in diese Form bringen. Bei *zeitabhängigen Problemen* (z.B. in der *Elektrotechnik*) hat man jedoch meistens die Anfangsbedingungen im Punkt t=0 gegeben.

♦

Die beschriebene *Vorgehensweise* zur *Lösung* von *Differentialgleichungen illustrieren* wir ausführlich für die *Laplacetransformation* an einer Reihe von *Beispielen*, wobei die *Systeme* MAPLE, MATHCAD und MATHEMATICA herangezogen werden. Die anderen Systeme sind analog anzuwenden.

Beispiel 29.8:

a) Lösen wir mit MATHCAD einige *Differentialgleichungen* mittels der *Laplacetransformation*. Da MATHCAD bei der Anwendung der *Laplacetransformation* nur *erste Ableitungen transformiert*, wie wir im Beispiel 29.4c) gesehen haben, müssen *Differential-*

gleichungen höherer Ordnung vorher auf *Systeme erster Ordnung* umgeformt werden (siehe Abschn.28.2).

a1)Wir verwenden die homogene *Differentialgleichung zweiter Ordnung* (*harmonischer Oszillator*) y" + y' + y = 0
mit den *Anfangsbedingungen* y(0) = 2 , y'(0) = 1
aus *Beispiel 28.2a2)*.

Dazu überführen wir die gegebene Gleichung in das *Differentialgleichungssystem erster Ordnung* (siehe Abschn.28.2)

$y_1' = y_2$

$y_2' = -y_1 - y_2$

mit den *Anfangsbedingungen* $y_1(0) = 2$, $y_2(0) = 1$

Danach ist in MATHCAD folgende *Vorgehensweise* erforderlich:

* Auf das *Differentialgleichungssystem* wird *zuerst* die *Laplacetransformation angewendet*,

* *anschließend* wird das entstandene *lineare algebraische Gleichungssystem* nach den *Bildfunktionen*

  $Y_1(s), Y_2(s)$

  aufgelöst,

* *abschließend* werden mittels der *inversen Laplacetransformation* von

  $Y_1(s), Y_2(s)$

  die *Lösungen*

  $y_1(t), y_2(t)$

  berechnet.

Im MATHCAD-*Arbeitsfenster* zeigt sich dies folgendermaßen:

$\frac{d}{dt} y_1(t) = y_2(t)$ *has Laplace transform*

$\text{laplace}(y_1(t), t, s) \cdot s - y_1(0) = \text{laplace}(y_2(t), t, s)$

$\frac{d}{dt} y_2(t) = -y_1(t) - y_2(t)$ *has Laplace transform*

$\text{laplace}(y_2(t), t, s) \cdot s - y_2(0) = -\text{laplace}(y_1(t), t, s) - \text{laplace}(y_2(t), t, s)$

Daraus ergibt sich das folgende von MATHCAD zu lösende *lineare Gleichungssystem*, wenn man

$Y_1 = \text{laplace}(y_1(t), t, s)$ und $Y_2 = \text{laplace}(y_2(t), t, s)$

setzt und für $y_1(0)$, $y_2(0)$ die gegebenen *Anfangswerte* verwendet:

given

$Y_1 \cdot s - 2 = Y_2$

$Y_2 \cdot s - 1 = -Y_1 - Y_2$

Die Lösung Y_1, Y_2 dieses Systems ergibt sich zu:

$$\mathbf{find}\,(Y_1, Y_2) \rightarrow \begin{pmatrix} \dfrac{(2 \cdot s + 3)}{(s^2 + 1 + s)} \\[2mm] \dfrac{(s - 2)}{(s^2 + 1 + s)} \end{pmatrix}$$

Die Anwendung der inversen Laplacetransformation (Rücktransformation) auf Y_1 liefert die exakte Lösung der gegebenen Differentialgleichung:

$$\frac{(2 \cdot s + 3)}{(s^2 + 1 + s)} \qquad \textit{has inverse Laplace transform}$$

$$\frac{4}{3} \cdot \exp\left(\frac{-1}{2} \cdot t\right) \cdot \sin\left(\frac{1}{2} \cdot \sqrt{3} \cdot t\right) \cdot \sqrt{3} + 2 \cdot \exp\left(\frac{-1}{2} \cdot t\right) \cdot \cos\left(\frac{1}{2} \cdot \sqrt{3} \cdot t\right)$$

a2) Wir betrachten die Differentialgleichung aus Beispiel a1) mit der Inhomogenität cos t, d.h. die *Gleichung*

y" + y' + y = cos t

und verwenden die gleichen Anfangsbedingungen.

Zuerst überführen wir die gegebene Gleichung wieder in ein *Differentialgleichungssystem erster Ordnung* (siehe Abschn. 28.2):

$y_1' = y_2$

$y_2' = -y_1 - y_2 + \cos t$

mit den *Anfangsbedingungen* $\quad y_1(0) = 2$, $y_2(0) = 1$

Im MATHCAD-*Arbeitsfenster* zeigt sich die erforderliche Vorgehensweise folgendermaßen:

$$\frac{d}{dt} y_1(t) = y_2(t) \qquad \textit{has Laplace transform}$$

$$\text{laplace}\left(y_1(t), t, s\right) \cdot s - y_1(0) = \text{laplace}\left(y_2(t), t, s\right)$$

$$\frac{d}{dt} y_2(t) = -y_1(t) - y_2(t) + \cos(t)$$

has Laplace transform

$$\text{laplace}\left(y_2(t), t, s\right) \cdot s - y_2(0) = -\text{laplace}\left(y_1(t), t, s\right) - \text{laplace}\left(y_2(t), t, s\right) + \frac{s}{(s^2 + 1)}$$

Daraus ergibt sich das folgende lineare Gleichungssystem, wenn man

$Y_1 = \text{laplace}(y_1(t), t, s)$ und $Y_2 = \text{laplace}(y_2(t), t, s)$

setzt und für $y_1(0)$, $y_2(0)$ *die gegebenen Anfangswerte verwendet:*

given

$Y_1 \cdot s - 2 = Y_2$

$Y_2 \cdot s - 1 = \left(-Y_1 - Y_2 \right) + \dfrac{s}{s^2 + 1}$

Die Lösung Y_1, Y_2 *dieses Systems ergibt sich zu* :

$$\textbf{find}\,(Y_1, Y_2) \rightarrow \begin{pmatrix} \dfrac{(3 \cdot s^2 + 2 \cdot s^3 + 3 \cdot s + 3)}{(2 \cdot s^2 + s^4 + 1 + s^3 + s)} \\ \dfrac{(s^3 - s^2 + s - 2)}{(2 \cdot s^2 + s^4 + 1 + s^3 + s)} \end{pmatrix}$$

Die Anwendung der inversen Laplacetransformation (Rücktransformation) auf Y $_1$ liefert die exakte Lösung der gegebenen Differentialgleichung:

$\dfrac{(3 \cdot s^2 + 2 \cdot s^3 + 3 \cdot s + 3)}{(2 \cdot s^2 + s^4 + 1 + s^3 + s)}$ *has inverse Laplace transform*

$\dfrac{2}{3} \cdot \exp\left(\dfrac{-1}{2} \cdot t\right) \cdot \sin\left(\dfrac{1}{2} \cdot \sqrt{3} \cdot t\right) \cdot \sqrt{3} + 2 \cdot \exp\left(\dfrac{-1}{2} \cdot t\right) \cdot \cos\left(\dfrac{1}{2} \cdot \sqrt{3} \cdot t\right) + \sin(t)$

a3) Betrachten wir das *Randwertproblem*

$y(0) = 2$, $y(\pi/2) = 3$

für eine *lineare Schwingungsdifferentialgleichung* (siehe Beispiel 28.2a2) der *Form*

$y''(t) + y(t) = 0$

das wir zuerst in das *System erster Ordnung*

$y_1'(t) = y_2(t)$

$y_2'(t) = -y_1(t)$

mit den *Randbedingungen* $y_1(0) = 2$, $y_1(\pi / 2) = 3$

nach der im Abschn.28.2 beschriebenen Art *transformieren*. Die mit MATHCAD durchgeführte *Laplacetransformation*

$\dfrac{d}{dt} y_1(t) = y_2(t)$ *has Laplace transform*

$\text{laplace}\left(y_1(t), t, s\right) \cdot s - y_1(0) = \text{laplace}\left(y_2(t), t, s\right)$

$\dfrac{d}{dt} y_2(t) = -y_1(t)$ *has Laplace transform*

$\text{laplace}\left(y_2(t), t, s\right) \cdot s - y_2(0) = -\text{laplace}\left(y_1(t), t, s\right)$

des *Differentialgleichungssystems* ergibt das folgende *lineare Gleichungssystem*, wobei für die *fehlende Anfangsbedingung* der *Parameter* a verwendet wird:

given

$$Y_1 \cdot s - 2 = Y_2$$

$$Y_2 \cdot s - a = -Y_1$$

$$\textbf{find}\,(Y_1, Y_2) \rightarrow \begin{pmatrix} \dfrac{(2 \cdot s + a)}{(s^2 + 1)} \\ \dfrac{(a \cdot s - 2)}{(s^2 + 1)} \end{pmatrix}$$

Die Rücktransformation der *Funktion* Y_1

$$\dfrac{(2 \cdot s + a)}{(s^2 + 1)} \quad has\ inverse\ Laplace\ transform \quad 2 \cdot \cos(t) + a \cdot \sin(t)$$

liefert die *Lösung* y(t) der betrachteten Schwingungsgleichung mit dem noch unbekannten Parameter a. Das *Einsetzen* der gegebenen *Randbedingung* y(π/2) = 3 berechnet a :

$$2 \cdot \cos\left(\frac{\pi}{2}\right) + a \cdot \sin\left(\frac{\pi}{2}\right) = 3 \quad has\ solution(s) \quad 3$$

Dies ergibt die *Lösung* y(t) = 2·cos(t) + 3·sin(t) für das gegebene *Randwertproblem.*

Wir haben damit das *Randwertproblem* mittels *Laplacetransformation* gelöst, indem das *System* als *Anfangswertproblem* mit einer *unbekannten Anfangsbedingung* (Parameter a) gelöst und anschließend aus der gegebenen Randbedingung den Parameter a bestimmt wird.

♦

b) Lösen wir in MATHEMATICA mittels *Laplacetransformation* das *Anfangswertproblem* für die *allgemeine lineare homogene Schwingungsdifferentialgleichung* zweiter Ordnung (*harmonischer Oszillator*) aus *Beispiel 28.2a2)*

$$y''(x) + a \cdot y'(x) + b \cdot y(x) = 0 \qquad (\,a\,,\,b > 0 - \text{Konstanten}\,)$$

wobei für

a = b   der *aperiodische Grenzfall*

a < b   der *Schwingfall*

a > b   der *Kriechfall*

vorliegen. Für weitere Rechnungen verwenden wir *beliebige Konstanten* a und b und die *Anfangsbedingungen* y(0) = 2 und y'(0) = 1.

Zur *Lösung mittels* der *Laplacetransformation* sind nach dem *Laden* des Zusatzpakets *LaplaceTransform* mittels
Needs [" Calculus`LaplaceTransform` "]
in MATHEMATICA *folgende Schritte* erforderlich:

I. Für die *Laplacetransformation*
    L [y''(x) + a · y'(x) + b · y(x) = 0]
    der *gesamten Differentialgleichung* ist das *Kommando*
    LaplaceTransform [y''[x] + a*y'[x] + b*y[x] == 0 , x , s]
    anzuwenden.

II. Da MATHEMATICA für die *Laplacetransformierte* Y(s) von
    y(x) die *unhandliche Bezeichnung*
    LaplaceTransform [y[x] , x , s]
    verwendet, empfiehlt es sich, dem durch I. erhaltenem Er-
    gebnis mittels des *Kommandos*
    % /. { LaplaceTransform [y[x] , x , s] → Y[s] , y[0] → 2 , y'[0]
    → 1 }
    der *Laplacetransformierten* die *Bezeichnung* Y[s] und gleich-
    zeitig die *Anfangsbedingungen* y(0) = 2 und   y'(0) = 1
    zuzuweisen, wobei der Pfeil → mittels − und > einzugeben
    ist.

III. Die in I. *transformierte Gleichung* besitzt nach Anwendung
     von II. die *Form*
     $-1 - 2s + b\,Y[s] + s^2\,Y[s] + a\,(-2 + s\,Y[s]) == 0$
     Die *anschließende Auflösung* dieser *algebraischen Gleichung*
     nach Y[s] mittels des *Kommandos*
     Solve [% , Y[s]]
     liefert als *Ergebnis*
     $$Y[s] \rightarrow \frac{1 + 2s + 2a}{b + as + s^2}$$
     Diese *symbolische Zuordnung* der Lösung muß anschließend
     noch durch das *Kommando*
     Y[s_] = Y[s] **/.%**
     aktiviert werden.
     Die *Lösung* y(x) der *gegebenen Differentialgleichung* ergibt
     sich durch die *Rücktransformation* von Y(s) mittels des *Kom-
     mandos*
     y [x_] := **InverseLaplaceTransform** [Y[s] , s , x]
     und liefert die *Lösungsfunktion* y(x) in der *folgenden Form:*

$$-\frac{\left(-1 - a - \sqrt{a^2 - 4b}\right) E^{-\frac{1}{2}\left(a - \sqrt{a^2 - 4b}\right) x}}{\sqrt{a^2 - 4b}} -$$

$$\left(-1 + \frac{1}{\sqrt{a^2 - 4b}} + \frac{a}{\sqrt{a^2 - 4b}}\right) E^{-\frac{1}{2}\left(a + \sqrt{a^2 - 4b}\right) x}$$

V. Mittels der *Kommandofolge*

a=1 ; b=1 ; y1[x_] := y[x] ;
a=3 ; b=1 ; y2[x_] := y[x] ;
a=1 ; b=2 ; y3[x_] := y[x] ;
Plot [{ y1[x] , y2[x] , y3[x] } , { x , 0 , 5 }]]

zeichnen wir die *Lösungskurve* im *Intervall* [0,5] für *drei verschiedene Wertepaare* für die *Konstanten* a und b in ein Koordinatensystem (siehe Abb.29.1). Die Werte wurden so gewählt, daß die drei angegebenen Fälle für den *harmonischen Oszillator* auftreten.

c) Lösen wir in MAPLE mittels *Laplacetransformation* das *Problem* aus Beispiel b).

Dafür sind in MAPLE nach dem *Laden* des Zusatzpakets *inttrans* mittels **with** (inttrans) ; *folgende Schritte* erforderlich:

I. Für die *Laplacetransformation*

L [y''(x) + a · y'(x) + b · y(x) = 0]

der *gesamten Differentialgleichung* ist das *Kommando*

laplace (diff(y(x),x$2) + a*diff(y(x),x) + b*y(x) = 0 , x , s) ;

anzuwenden.

II. Mittels des *Kommandos*

G := **unapply** (" , s) ;

werden das *Ergebnis* der *Transformation* einer *Funktion* G(s) und *mittels*

y(0) := 0 : D(y)(0) := 1 ;

die *Anfangsbedingungen* y(0) = 2 und y'(0) = 1 *zugewiesen*.

III. Die *Auflösung* der enstandenen *algebraischen Gleichung* nach der *Laplacetransformierten*, die von MAPLE durch

laplace (y(x) , x , s)

bezeichnet wird, geschieht mittels des *Kommandos*

solve (G(s) , laplace (y(x) , x , s)) ;

und liefert als *Ergebnis*

$$\frac{1+2s+2a}{b+as+s^2}$$

IV. Die *Lösung* y(x) der *gegebenen Differentialgleichung* ergibt sich durch die anschließende *Rücktransformation* des Ergebnisses aus III. mittels des *Kommandos*
invlaplace (″ , s , x) ;
♦

Die *Beispiele zeigen,* daß die *Laplacetransformation* zur *exakten Lösung* linearer *Differentialgleichungen* mit konstanten Koeffizienten ein wirksames *Hilfsmittel* ist.
♦

Mit den *Systemen* lassen sich unter Verwendung der *Laplace-* und *Fouriertransformation* auch *partielle Differentialgleichungen* erfolgreich lösen, wie in [54], [88] und [99] gezeigt wird.
♦

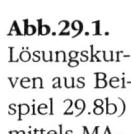

Abb.29.1.
Lösungskurven aus Beispiel 29.8b) mittels MATHEMATICA

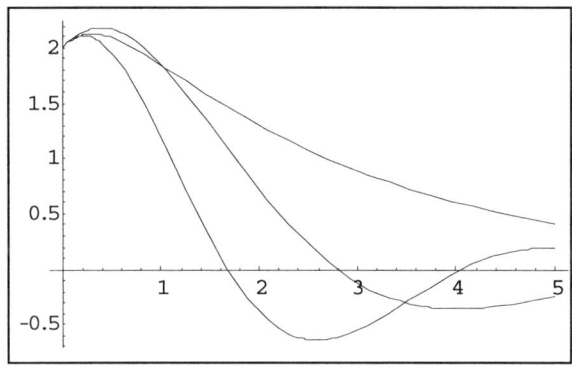

30 Optimierung

Es gibt eine Vielzahl von *Optimierungsaufgaben,* die in den *Technik-* , *Natur-* und auch in den *Wirtschaftswissenschaften* Anwendung finden.
Hierzu zählen u.a. die *lineare, nichtlineare, ganzzahlige, dynamische* und *stochastische Optimierung,* die *Vektoroptimierung,* die *Variationsrechnung* und die *optimale Steuerung.*
Dabei versteht man unter *optimal,* daß ein *Gütekriterium* (Kostenfunktion, Gewinnfunktion, Nutzenfunktion ...) *minimal* oder *maximal* wird, wobei gewisse *Beschränkungen* zu beachten sind.

Theoretische Hilfsmittel zum Auffinden *optimaler Vorgehensweisen* liefert die *mathematische Optimierung,* die auch als *mathematische Programmierung* bezeichnet wird.

♦

Mathematische Modelle für *Optimierungsaufgaben* haben die *folgende Struktur* :
Maximiere oder *minimiere* ein *gegebenes Gütekriterium* (als *Zielfunktion* bezeichnet) unter *Berücksichtigung* gewisser *Nebenbedingungen/Beschränkungen* (Gleichungen und Ungleichungen).

♦

Die einzelnen *Gebiete* der *mathematischen Optimierung* unterscheiden sich durch die *Gestalt*
* der *Zielfunktion,*
* der *Nebenbedingungen*

♦

Im Rahmen dieses Buches betrachten wir *Optimierungsaufgaben,* in denen die *Zielfunktionen* und die Funktionen der *Nebenbedingungen* durch *reelle Funktionen* von *n reellen Variablen* gebildet werden und die *Nebenbedingungen* algebraische *Gleichungen* oder *Ungleichungen* sind.
Dies sind aber nicht die einzigen *Optimierungsaufgaben,* die in der *Ingenieurmathematik* von Bedeutung sind (siehe Abschn.30.1).

30.1   Ingenieurtechnische Anwendungen

Die ersten *mathematischen Optimierungsaufgaben* enstanden aus Fragestellungen in den *Naturwissenschaften* und werden mit der Entwicklung der *Differentialrechnung* seit dem siebzehnten Jahrhundert betrachtet. Diese Aufgaben lassen sich mit Mitteln der Differentialrechnung lösen und heißen *Extremwertaufgaben* (siehe Abschn. 30.2).

Weiterhin sei an das berühmte *Problem der Brachistochrone* erinnert, das 1696 von Bernoulli formuliert wurde und das zur Entwicklung der *Variationsrechnung* führte. Die *Variationsrechnung* bildet die *Grundlage* für eine Reihe von *physikalischen Problemen*, die auf *Variationsprinzipien* beruhen.

Nachdem bis in dieses Jahrhundert

* *Extremwertaufgaben* für Funktionen von n Variablen,
* Aufgaben der *Variationsrechnung*

in *Technik* und *Naturwissenschaften* zur Lösung einiger Aufgaben benutzt wurden, nahm die *Anwendung* der *Optimierungstheorie* seit den vierziger Jahren mit der Entwicklung der *neuen Theorien* der

* *Linearen Optimierung*
* *Nichtlinearen Optimierung*
* *Optimalen Steuerung*

einen wesentlichen *Aufschwung.*

Diese drei Theorien, die *neue Lösungsstrategien* erfordern, haben ein breites Anwendungsfeld, wobei die *lineare Optimierung* hauptsächlich bei *ökonomischen Fragestellungen* auftritt, wie z.B. der *Gewinnmaximierung* und der *Kostenminimierung*.

Optimierungsaufgaben über *Funktionenräumen,*d.h.

* *Variationsrechnung,*
* *Optimale Steuerung,*

haben große Bedeutung bei der *Optimierung zeitabhängiger Prozesse, z.B.* in der *Steuerungs- und Regelungstheorie.* Auf diese Probleme können wir im Rahmen dieses Buches nicht eingehen. Hierfür bieten die Systeme bis jetzt noch keine Lösungsmethoden an.

Die meisten *Optimierungsaufgaben* in *Technik* und *Naturwissenschaften* sind *nichlinear* und besitzen eine *komplexe Struktur* (siehe [26], [35] und [40]). Deshalb müssen wir uns im Rahmen dieses Buches auf wenige Anwendungsaufgaben beschränken.

Einfache praktische Anwendungen für *Extremwertaufgaben* und Aufgaben der *linearen Optimierung* findet man im Beispiel 30.1 bzw. 30.7.

Probleme der *Optimierung* gewinnen für praktische Problemstellungen in *Technik* und *Naturwissenschaften* immer mehr an *Bedeutung.* Die Ursache hierfür ist, das man bei auftretenden *Prozessen Rohstoffe* und *Energie sparen* bzw. *maximale Produktionsergebnisse* erzielen möchte.

♦

30.2   Extremwertaufgaben

Eine *Optimierungsaufgabe* für *Funktionen* besteht darin, *Minima* oder *Maxima*, d.h. *kleinste* oder *größte Funktionswerte*, zu bestimmen, d.h.

* $y = f(x) \to$ Minimum / Maximum
$ x$
bei *Funktionen einer Variablen,*

* $z = f(x_1, x_2, ..., x_n) \to$ Minimum / Maximum
$ x_1, x_2, ..., x_n$
bei *Funktionen von n Variablen.*

Bei diesen Aufgaben können *zusätzlich Nebenbedingungen* in *Form* von *Gleichungen* auftreten, wie wir im folgenden sehen. Diese Aufgaben können mit den Mitteln der *Differentialrechnung* untersucht werden.

Wenn man nicht explizit zwischen *Minimum* oder *Maximum* unterscheidet, spricht man von einem *Extremum* (*Extremwert*) oder *Optimum* (*Optimalwert*).

Deshalb sind Aufgaben dieser Art unter der Bezeichnung *Extremwertaufgaben* (*Extremalaufgaben*) bekannt.

Dabei werden die Funktionswerte als *Extremwerte* und die dazugehörigen Punkte als *Extremwertstellen* (*Extremalstellen*) bezeichnet.

Bei *Extremwerten* ist zwischen *lokalen* (*relativen*) und *globalen* (*absoluten*) zu unterscheiden:

*   *lokale Extremwerte*
realisieren nur in einer *Umgebung* eines *Punktes* ein *Minimum* oder *Maximum,*

*   *globale Extremwerte*
realisieren im *gesamten Definitionsbereich* bzw. einem gegebenen *abgeschlossenem Gebiet* das *Minimum* oder *Maximum* einer *Funktion.*

Für *praktische Anwendungen* sind meistens *globale Extremwerte* gesucht, die jedoch rechnerisch schwieriger zu bestimmen sind. ♦

Bei den im folgenden behandelten *Extremwertaufgaben* für *Funktionen* werden nur *lokale* (*relative*) *Extremwerte* bestimmt. Für diese Aufgaben sind bei Funktionen ab zwei Variablen noch *Nebenbedingungen* (Beschränkungen) in Form von *Gleichungen* zugelassen sind, d.h., es sind *Aufgaben* der folgenden *Form* zu lösen:

$$z = f(x_1, x_2, ..., x_n) \rightarrow \underset{x_1, x_2, ..., x_n}{\text{Minimum / Maximum}}$$

unter m *Gleichungsnebenbedingungen*

$$g_j(x_1, x_2, ..., x_n) = 0 \ , \ j = 1, 2, ... , m \ (<n)$$

Bereits *Extremwertaufgaben* als klassische (seit langem bekannte) Optimierungsaufgaben haben eine Reihe von *Anwendungen* in *Technik* und *Naturwissenschaften*, wie im Beispiel 30.1 zu sehen ist. Einen *breiteren Anwendungsbereich* besitzen jedoch Aufgaben der *nichtlinearen Optimierung*, die wir im Abschn.30.4 betrachten. Dies liegt darin begründet, daß bei *praktischen Problemen* meistens *Ungleichungen* als Beschränkungen (Nebenbedingungen) auftreten und *globale* (*absolute*) Extremwerte gesucht sind.

♦
Beispiel 30.1:
Die im *folgenden* gegebenen *Extremwertaufgaben* werden im Verlaufe dieses Abschnitts mit den *Systemen* gelöst.
a) In *Technik* und *Naturwissenschaften* wird häufig der *Wert* einer betrachteten *Größe* x durch m *Beobachtungen* (*Messungen*) x_i *bestimmt.*
Bei dieser Verfahrensweise ensteht die *Frage* nach dem *optimalen Beobachtungswert* (*Schätzwert*) für die *technische* oder *naturwissenschaftliche Größe* x.
Ein *konkretes Beispiel* hierfür liefert die *Temperaturmessung:*
Eine unbekannte *konstante Temperatur* x wird in regelmäßigen Abständen *gemessen*, wobei die *erhaltenen Meßwerte*
x_i (i = 1 , ... , m)
i.a. *fehlerbehaftet* sind. *Gesucht* wird ein *optimaler Beobachtungswert/Schätzwert* x^0 für die *Temperatur.*
Eine Möglichkeit zur *Bestimmung* des *optimalen Beobachtungswertes* x^0 für x besteht in der *Lösung* der *Extremwertaufgabe*

$$f(x) = \sum_{k=1}^{m} \left(x_k - x\right)^2 \rightarrow \underset{x}{\text{Minimum}}$$

d.h., es wird die *Methode der kleinsten Quadrate* (*Fehlerquadratmethode*) eingesetzt (siehe Abschn.21.4 und 32.5).

b) Betrachten wir eine weitere *Anwendung* für die *Methode der kleinsten Quadrate:*
   Es sind n *gemessene Zahlenpaare* (Punktepaare)
   (x_1, y_1) , (x_2, y_2) , ... , (x_n, y_n)
   durch eine *lineare Funktion* (*Gerade*) *anzunähern* (siehe Abschn.21.4 und 32.5).
   Bei der *Anwendung* der *Methode der kleinsten Quadrate* wird diese *Gerade* y = a·x + b so *konstruiert*, daß die *Summe* der *Abstandsquadrate* der *Punkte* zur *Geraden minimal* wird, d.h., die noch *unbekannten Parameter* a und b sind *Lösungen* der *Extremwertaufgabe*

$$F(a,b) = \sum_{i=1}^{n} (y_i - a \cdot x_i - b)^2 \rightarrow \underset{a,b}{\text{Minimum}}$$

Die *Parameter* a und b bestimmen sich folglich als *Minimalstellen* der *Funktion* F(a,b).
Eine *konkrete Aufgabe* dieser Art findet man im *Beispiel 32.11*.

c) Die *Biegelinie* eines einseitig eingespannten *Balkens* der *Länge* L unter dem *Einfluß* einer *Kraft* K ist *näherungsweise* durch die *Funktion*

$$y(x) = \frac{K}{2 \cdot E \cdot F} \cdot (L \cdot x^2 - \frac{1}{3} \cdot x^3)$$

gegeben, worin
*   E : das *Elastizitätsmodul*
*   F : das *Flächenmoment* des *Balkenquerschnitts*
bedeuten.
Gesucht ist die *Stelle* x des *Balkens* ($0 \leq x \leq L$) an der die *Balkenbiegung* am *größten* ist, d.h., es ist das *globale Maximum* der *Funktion* einer Variablen y(x) im *Intervall* [0,L] gesucht.

d) Betrachten wir das folgende Beispiel aus [41]/II,IV,2.5.4:
   Aus einem *Baumstamm* mit *kreisrundem Querschnitt* soll durch *Längsschnitt* ein *Balken* mit *rechteckigem Querschnitt* so *herausgesägt* werden, daß sein *Widerstandsmoment* W

$$W(b,h) = \frac{b \cdot h^2}{6}$$

ein *Maximum annimmt*, wobei
*   b : die *Balkenbreite*
*   h : die *Balkendicke*
bezeichnen.

Balkenbreite b und *-dicke* h sind *voneinander abhängig*, d.h., mit dem gegebenen *Radius* R des *Baumes* durch folgende *Gleichung* verbunden:

$$b^2 + h^2 = 4 \cdot R^2$$

Damit ist die *Extremwertaufgabe*

$$W(b,h) = \frac{b \cdot h^2}{6} \to \underset{b,h}{\text{Maximum}}$$

für die *Funktion* W(b,h) der beiden *Variablen* b und h mit der *Gleichungsnebenbedingung*

$$b^2 + h^2 = 4 \cdot R^2$$

zu *lösen*.

♦

Da bei vielen *Funktionen* in *Technik* und *Naturwissenschaften* die *Variablen* x_i nur *positive Werte* annehmen können und *beschränkt* sind, muß bei den *Extremwertaufgaben* $0 \le x_i \le L$ *zusätzlich gefordert* werden.

Diese *Forderung* wurde bei den Beispielen weggelassen, da sie sonst mit der im folgenden angegebenen Lösungsmethode nicht mehr lösbar sind, sondern auf die Methoden der *nichtlinearen Optimierung* aus Abschn.30.4 zurückgegriffen werden muß.

♦

Zur *Lösung* von *Extremwertaufgaben* ohne Nebenbedingungen gibt es die Möglichkeit, die *notwendigen Optimalitätsbedingungen*

* $f'(x) = 0$

bei *Funktionen* f(x) *einer Variablen* x,

*

$$\frac{\partial f(x_1, ..., x_n)}{\partial x_1} = 0$$

$$\vdots$$

$$\frac{\partial f(x_1, ..., x_n)}{\partial x_n} = 0$$

bei *Funktionen* $f(x_1, x_2, ..., x_n)$ von *n Variablen* für *lokale Extremwertstellen heranzuziehen*.

Die *Lösungen* der *Gleichungen* aus den *Optimalitätsbedingungen* bezeichnet man als *stationäre Punkte*. Die *Optimalitätsbedingungen* können in den *Systemen* mit den *Kommandos* zur *Differentiation*

(siehe Abschn.24.2) und *Gleichungslösung* (siehe Abschn.23.4) *berechnet* werden, falls die entstandenen *Gleichungen exakt lösbar* sind.

Eine *numerische Lösung* der *Gleichungen* der *notwendigen Optimalitätsbedingungen* wird *nicht empfohlen*, sondern die *direkte numerische Lösung* der *Aufgabe* (siehe [26], [40]).

♦ Die *stationären Punkte* müssen mittels *hinreichender Optimalitätsbedingungen*, z.B. $f''(x) \neq 0$ für *Funktionen* $y=f(x)$ *einer Variablen* x, auf *Optimalität überprüft* werden.
Für $n \geq 3$ (d.h. ab drei Variablen) gestaltet sich diese Überprüfung für praktische Probleme häufig undurchführbar, da man die aus den Ableitungen zweiter Ordnung der Zielfunktion gebildete n-reihige *Hesse-Matrix* auf *positive Definitheit* untersuchen muß.

♦ Kommen bei *Optimierungsaufgaben* noch *Gleichungen* als *Nebenbedingungen* hinzu, d.h., werden Aufgaben der *Form*

$$z = f(x_1, x_2, ..., x_n) \rightarrow \underset{x_1, x_2, ..., x_n}{\text{Minimum / Maximum}}$$

$$g_j(x_1, x_2, ..., x_n) = 0 \ , \ j = 1, 2, ..., m \ (<n)$$

betrachtet, so sind *zwei Lösungsmöglichkeiten* anwendbar:

I. Falls man die *Gleichungen nach gewissen Variablen auflösen* kann, werden diese in die *Zielfunktion eingesetzt* und man erhält ein *Problem ohne Nebenbedingungen*, wie im Beispiel 30.2d) demonstriert wird. Diese Vorgehensweise wird als *Eliminationsmethode* bezeichnet.

II. Die *Lagrangesche Multiplikatorenmethode* als universelle Lösungsmethode ist immer anwendbar und beruht auf folgender *Vorgehensweise*:

1. Zuerst wird aus der *Zielfunktion* und den Funktionen der *Nebenbedingungen* die *Lagrangefunktion*

$$L(\mathbf{x}; \boldsymbol{\lambda}) = L(x_1, x_2, ..., x_n; \lambda_1, \lambda_2, ..., \lambda_m) =$$

$$f(x_1, x_2, ..., x_n) + \sum_{i=1}^{m} \lambda_i \cdot g_i(x_1, x_2, ..., x_n)$$

mit den *Lagrangeschen Multiplikatoren*
$\lambda_1, \lambda_2, ..., \lambda_m$
gebildet.

2. Anschließend werden die *notwendigen Optimalitätsbedingungen* auf die *Lagrangefunktion* L bzgl. der *Varia-*

blenvektoren **x** und **λ** angewandt. Dies gibt die folgenden n+m *Gleichungen* (k = 1 ,..., n ; i = 1 ,..., m)

$$\frac{\partial}{\partial x_k} L(x_1, x_2, \ldots, x_n ; \lambda_1, \lambda_2, \ldots, \lambda_m) = 0$$

$$\frac{\partial}{\partial \lambda_i} L(x_1, x_2, \ldots, x_n ; \lambda_1, \lambda_2, \ldots, \lambda_m) = g_i(x_1, x_2, \ldots, x_n) = 0$$

die sich unter *Verwendung* des *Gradienten* in der folgenden *vektoriellen Form* schreiben :

$$\mathbf{grad}\, f(x_1, x_2, \ldots, x_n) + \sum_{i=1}^{m} \lambda_i \cdot \mathbf{grad}\, g_i(x_1, x_2, \ldots, x_n) = 0$$

$$\mathbf{g}(x_1, x_2, \ldots, x_n) = 0$$

Die *Lösungsmethoden* I. und II. lassen sich ebenfalls unter Verwendung der *Kommandos/Menüfolgen* zur *Differentiation* und *Gleichungslösung* in den einzelnen *Systemen* durchführen, falls sich die entstandenen Gleichungen exakt lösen lassen.

♦

Beispiel 30.2:

a) Für die im Beispiel 30.1a) nach der *Methode der kleinsten Quadrate* erhaltene *Extremwertaufgabe*

$$f(x) = \sum_{k=1}^{m} \left(x_k - x\right)^2 \rightarrow \underset{x}{\text{Minimum}}$$

liefert die *notwendige Optimalitätsbedingung*

$$f'(x) = -2 \cdot \sum_{k=1}^{m} \left(x_k - x\right) = 0$$

aus der sich als *Lösung* das *arithmetische Mittel* aus den n *Meßwerten* ergibt:

$$x^{\circ} = \frac{1}{n} \cdot \sum_{k=1}^{m} x_k$$

Da die *hinreichende Bedingung* $f''(x) = 2 \cdot m > 0$ erfüllt ist, liefert die gefundene *Lösung* x° das Minimum, d.h. den *optimalen Beobachtungswert* (*Schätzwert*) für die *technische* oder *naturwissenschaftliche Größe* x.

b) Die *Lösung* der *Extremwertaufgabe*

$$F(a,b) = \sum_{i=1}^{n} (y_i - a \cdot x_i - b)^2 \rightarrow \underset{a,b}{\text{Minimum}}$$

für die *Methode der kleinsten Quadrate* aus Beispiel 30.1b) ergibt sich aus den *notwendigen Optimalitätsbedingungen*

$$\frac{\partial F(a,b)}{\partial a} = -2 \cdot \sum_{i=1}^{n} (y_i - a \cdot x_i - b) \cdot x_i = 0$$

$$\frac{\partial F(a,b)}{\partial b} = -2 \cdot \sum_{i=1}^{n} (y_i - a \cdot x_i - b) = 0$$

die sich zu den folgenden zwei *linearen Gleichungen* zur *Bestimmung* von a und b umformen lassen:

$$a \cdot \sum_{i=1}^{n} x_i^2 + b \cdot \sum_{i=1}^{n} x_i = \sum_{i=1}^{n} x_i \cdot y_i$$

$$a \cdot \sum_{i=1}^{n} x_i + b \cdot n = \sum_{i=1}^{n} y_i$$

Diese beiden Gleichungen lassen sich einfach durch Elimination oder die Cramersche Regel lösen.

c) Für ein *relatives Maximum* der *Biegelinie*

$$y(x) = \frac{K}{2 \cdot E \cdot F} \cdot (L \cdot x^2 - \frac{1}{3} \cdot x^3)$$

eines *Balkens* aus Beispiel 30.1c) ergibt sich die *notwendige Optimalitätsbedingung:*

$$y'(x) = \frac{K}{2 \cdot E \cdot F} \cdot (2 \cdot L \cdot x - x^2) = 0$$

die die beiden *Lösungen* x = 0 und x = 2·L besitzt, wobei die erste ein *relatives Minimum* und die zweite ein *relatives Maximum* ist, wie man leicht mit der *hinreichenden Optimalitätsbedingung* y''(x) ≠ 0 (>0 Minimum, <0 Maximum) *nachprüft*.

Das *relative Maximum* liegt aber *außerhalb* des *Definitionsgebietes* (0 ≤ x ≤ L) der Biegelinie, die offensichtlich ihr *Maximum* bei x=L erreicht. Dies ist aber kein relatives sondern ein *absolutes Maximum* im Definitionsbereich und kann nicht mit den Optimalitätsbedingungen berechnet werden.

d) Für ein *maximales Widerstandsmoment* W eines *Balkens* aus Beispiel 30.1d) ist die *Extremwertaufgabe*

$$W(b,h) = \frac{b \cdot h^2}{6} \underset{b,h}{\to} \text{Maximum}$$

für die *Funktion* W(b,h) der beiden *Variablen* b und h mit der *Gleichungsnebenbedingung*

$$b^2 + h^2 = 4 \cdot R^2$$

zu *lösen*.

Dafür lassen sich die *zwei* beschriebenen *Lösungsmöglichkeiten* anwenden :

I. *Auflösung* der *Gleichungsnebenbedingung* nach einer Variablen, z.B.

$$h^2 = 4 \cdot R^2 - b^2$$

und *Einsetzen* in die *Zielfunktion* ergibt die *Aufgabe*

$$W(b) = \frac{b \cdot (4 \cdot R^2 - b^2)}{6} \underset{b}{\to} \text{Maximum}$$

ohne Nebenbedingungen.

Die *notwendige Optimalitätsbedingung* liefert

$$W'(b) = \frac{4 \cdot R^2 - 3 \cdot b^2}{6} = 0$$

Hieraus erhält man die *Gleichung*

$$4 \cdot R^2 - 3 \cdot b^2 = 0$$

die die folgenden *Lösungen* für b besitzt

$$b = \pm \frac{2 \cdot \sqrt{3}}{3} \cdot R$$

wobei nur die *positive Lösung* gefragt ist. Die *hinreichende Optimalitätsbedingung* W''(b) = −b < 0 zeigt, das diese Lösung ein *Maximum* realisiert.

Wenn man diese Lösung in die Gleichungsnebenbedingung für b einsetzt, ergibt sich als *Lösung* für h

$$h = \frac{2 \cdot \sqrt{6}}{3} \cdot R$$

Damit haben wir die *Balkenbreite* und *-dicke* für das *maximale Widerstandsmoment* erhalten.

II. Die Anwendung der *Lagrangeschen Multiplikatorenmethode* liefert die *Lagrangefunktion*

$$L(b,h,\lambda) = \frac{b \cdot h^2}{6} + \lambda \cdot (b^2 + h^2 - 4 \cdot R^2) \underset{b}{\to} \text{Maximum}$$

Hierfür ergeben die *notwendigen Optimalitätsbedingungen* das Gleichungssystem

$$\frac{\partial L(b,h,\lambda)}{\partial b} = \frac{h^2}{6} + 2 \cdot \lambda \cdot b = 0$$

$$\frac{\partial L(b,h,\lambda)}{\partial h} = \frac{2 \cdot b \cdot h}{6} + 2 \cdot \lambda \cdot h = 0$$

$$\frac{\partial L(b,h,\lambda)}{\partial \lambda} = b^2 + h^2 - 4 \cdot R^2 = 0$$

das für b und h die gleiche *Lösung* wie bei I. besitzt, die sich per Hand mittels Elimination erhalten läßt.

Man kann für beide Lösungsmöglichkeiten auch die in den *Systemen* vorhandenen *Kommandos/Menüfolgen* zur *Gleichungslösung* verwenden.

♦

Es sei nochmals darauf hingewiesen, daß bei Extremwertaufgaben nur *lokale* (relative) *Extremwerte* ermittelt werden können. Deshalb wurden im Beispiel 30.2 *Beschränkungen* (z.B. *Positivitätsforderungen*) für die Variablen *weggelassen*.

Die *Bestimmung globaler* (absoluter) *Extremwerte* führt zur *nichtlinearen Optimierung*, die im Abschn. 30.4 behandelt wird.

♦

Die im folgenden aufgeführten *Kommandos* der *Systeme* dienen der *Suche* eines *lokalen Extremums*, ohne daß man sich um die einzelnen Lösungsschritte kümmern muß:

MACSYMA stellt das *Kommando*

MACSYMA

stap (ZF , UNB , GNB , V)

zur *Bestimmung* von *lokalen Minima* und *Maxima* von Aufgaben mit *Gleichungs-* und *Ungleichungsnebenbedingungen* zur Verfügung, wobei im *Argument* für

* ZF

   der *Funktionsausdruck* der *Zielfunktion*,

* UNB

   die *Ungleichungsnebenbedingungen* in *Listenform*,

* GNB

   die *Gleichungsnebenbedingungen* in *Listenform*,

* V

   die *Variablen* in *Mengenschreibweise*

einzugeben sind.

Falls die entsprechenden Nebenbedingungen nicht vorkommen, so ist [ ] einzugeben.

Veranschaulichen wir die Anwendung des *Kommandos* **stap** im folgenden Beispiel.

Beispiel 30.3:

a) Zur *Lösung* der *Aufgabe* der *Balkenbiegung* aus *Beispiel 30.2c)*

$$y(x) = \frac{K}{2 \cdot E \cdot F} \cdot (L \cdot x^2 - \frac{1}{3} \cdot x^3) \to \underset{x}{\text{Maximum}}$$

liefert MACSYMA mittels des

* *Kommandos*
   stap (K*(L*x^2–x^3/3)/(2*E*F) , [ ] , [ ] , [x])
   die beiden *Lösungen* x = 0 und x = 2·L, die jedoch nicht die Aufgabe im Intervall [0,L] lösen.

* *Kommandos*
   solve (**diff** (K*(L*x^2–x^3/3)/(2*E*F) , x) = 0 , x)
   zur *Lösung* der *notwendigen Optimalitätsbedingung*

$$\frac{d}{dx}\left(\frac{K}{2 \cdot E \cdot F} \cdot (L \cdot x^2 - \frac{1}{3} \cdot x^3) \right) = 0$$

ebenfalls die beiden *Lösungen* x = 0 und x = 2·L, die jedoch nicht die Aufgabe im Intervall [0,L] lösen.

b) Zur *Lösung* der *Aufgabe* des *maximales Widerstandsmoments* W eines *Balkens* aus *Beispiel 30.2d)*

$$W(b,h) = \frac{b \cdot h^2}{6} \to \underset{b,h}{\text{Maximum}} \quad , \quad b^2 + h^2 = 4 \cdot R^2$$

liefert MACSYMA mittels des

* *Kommandos*
   stap (b * h^2/6 , [ ] , [b^2 + h^2 = 4 * R^2] , [b , h])
   keine Lösung.

* *Kommandos*
   solve ([**diff** (b * h^2/6 + l * (b^2 + h^2 – 4 * R^2) , b) = 0 , **diff** (b * h^2/6 + l * (b^2 + h^2 – 4 * R^2) , h) = 0 , **diff** (b * h^2/6 + l * (b^2 + h^2 – 4 * R^2) , l) = 0] , [b , h , l])
   zur *Lösung* der *notwendigen Optimalitätsbedingung* für die *Lagrangefunktion*

$$L(b,h,\lambda) = \frac{b \cdot h^2}{6} + \lambda \cdot (b^2 + h^2 - 4 \cdot R^2)$$

neben weiteren Werten die *Lösung*

$$b = \frac{2 \cdot \sqrt{3}}{3} \cdot R \quad , \quad h = \frac{2 \cdot \sqrt{6}}{3} \cdot R$$

wobei im *Argument* des *Kommandos* für λ die Bezeichnung l verwandt wurde.

♦

MAPLE

MAPLE stellt nach dem *Laden* des Zusatzpaketes *student* mittels **with** (student) ;
die *Kommandos*

* **maximize** (f , V) ;   zur *Maximierung*,
* **minimize** (f , V) ;   zur *Minimierung*

einer *Zielfunktion* f zur Verfügung, wobei im *Argument* für

* f : der *Funktionsausdruck* der *Zielfunktion,*
* V : die *Variablen* in Mengenschreibweise

einzugeben sind.

Ein *Nachteil* der *beiden Kommandos* **maximize** und **minimize** besteht darin, daß manchmal globale (absolute) Extremwerte über dem gesamten Definitionsgebiet der Funktion f bestimmt werden. Dies ist aber wenig nützlich, da man entweder lokale (relative) Extremwerte oder globale (absolute) in einem beschränkten Bereich sucht.

♦

Bessere Eigenschaften besitzt das ebenfalls im Zusatzpaket *student* vorhandene *Kommando* **extrema**, das nur *relative Extremwerte* bestimmt. Dieses *Kommando* ist *folgendermaßen anzuwenden*:
extrema (f , G , V , 'erg') : erg ;
Die *Argumente* dieses *Kommandos* haben folgende *Bedeutung*:

* f : *Funktionsausdruck* der *Zielfunktion,*
* G : *Gleichungsnebenbedingungen,*
* V : *Variablen* (in Mengenschreibweise),
* 'erg' : Dieses mögliche *vierte Argument bezeichnet* einen *Variablennamen* (hier wurde *erg* gewählt). Diese Angabe bewirkt die Ausgabe der Extremalstellen (stationären Punkte). Fehlt dieses Argument, so werden nur die Werte der Funktion f (Extremwerte) an den Extremalstellen ausgegeben.

Wenn *keine Nebenbedingungen* G vorliegen, muß { } geschrieben werden.

Ein weiterer *Vorteil* des *Kommandos* **extrema** gegenüber den beiden anderen *Kommandos* **maximize** und **minimize** liegt darin, daß *Gleichungsnebenbedingungen* berücksichtigt werden.♦

Beispiel 30.4:

a) Zur Lösung der *Aufgabe* der *Balkenbiegung* aus *Beispiel 30.2c)*

$$y(x) = \frac{K}{2 \cdot E \cdot F} \cdot (L \cdot x^2 - \frac{1}{3} \cdot x^3) \to \underset{x}{\text{Maximum}}$$

liefert MAPLE mittels des

*   *Kommandos*
    maximize (K * (L * x^2 – x^3/3)/(2 * E * F) , x) ;
    die beiden *Lösungen*

    $$x = 0 \text{ und } x = \frac{2 K L^3}{3 E F}$$

    die jedoch nicht die Aufgabe im Intervall [0,L] lösen.

*   *Kommandos*
    extrema (K * (L * x^2 – x^3/3)/(2 * E * F) , { } , x , 'erg') : erg ;
    die beiden *Lösungen* x = 0 und x = 2·L, die jedoch nicht die Aufgabe im Intervall [0,L] lösen.

*   *Kommandos*
    solve (**diff** (K*(L*x^2–x^3/3)/(2*E*F) , x) = 0 , x) ;
    zur *Lösung* der *notwendigen Optimalitätsbedingung*

    $$\frac{d}{dx}\left(\frac{K}{2 \cdot E \cdot F} \cdot (L \cdot x^2 - \frac{1}{3} \cdot x^3) \right) = 0$$

    ebenfalls die beiden *Lösungen* x = 0 und x = 2·L, die jedoch nicht die Aufgabe im Intervall [0,L] lösen.

b) Zur *Lösung* der *Aufgabe* des *maximales Widerstandsmoments* W eines *Balkens* aus *Beispiel 30.2d)*

$$W(b,h) = \frac{b \cdot h^2}{6} \to \underset{b,h}{\text{Maximum}} \quad , \quad b^2 + h^2 = 4 \cdot R^2$$

liefert MAPLE mittels des

*   *Kommandos*
    extrema (b * h^2/6 , { b^2 + h^2 = 4 * R^2 } , { b , h } , 'erg') : erg ;
    die *Lösung*

    $$b = \frac{2 \cdot \sqrt{3}}{3} \cdot R \quad , \quad h = \frac{2 \cdot \sqrt{6}}{3} \cdot R$$

    Hier besteht der Vorteil darin, daß man die Gleichungsnebenbedingung direkt eingibt und nicht nach einer Variablen auflösen muß.

*   *Kommandos*

solve ({ **diff** (b * h^2/6 + 1 * (b^2 + h^2 − 4 * R^2) , b) = 0 , **diff** (b * h^2/6 + 1 * (b^2 + h^2 − 4 * R^2) , h) = 0 , **diff** (b * h^2/6 + 1 * (b^2 + h^2 − 4 * R^2) , l) = 0 } , { b , h , l }) ;

zur *Lösung* der *notwendigen Optimalitätsbedingung* für die *Lagrangefunktion*

$$L(b,h,\lambda) = \frac{b \cdot h^2}{6} + \lambda \cdot (b^2 + h^2 - 4 \cdot R^2)$$

die *Lösung*

$$b = \frac{2 \cdot \sqrt{3}}{3} \cdot R \quad , \quad h = \frac{2 \cdot \sqrt{6}}{3} \cdot R$$

wobei im *Argument* des *Kommandos* für λ die Bezeichnung l verwandt wurde.

♦

MATHEMATICA

MATHEMATICA besitzt *keine Kommandos* zur *exakten Lösung* von *Extremwertaufgaben.* Man findet *nur* das *Numerikkommando* **FindMinimum** zur *näherungsweisen Berechnung* eines *lokalen* (relativen) *Minimums* von *Funktionen* einer oder mehrerer Variablen. Im *Argument* dieses *Kommandos* stehen:

* die zu *minimierende Zielfunktion* f,
* die *Listen* der *Variablen* und ihrer *Startwerten* für die *Minimumsuche*.

So suchen die *Kommandos*

* **FindMinimum** [f[x] , { x , a }]
  ein *lokales Minimum* der *Funktion* f(x) *einer Variablen* für den *Startwert* x = a,
* **FindMinimum** [f[x] , { x , a , b , c }]
  ein *lokales Minimum* der *Funktion* f(x) *einer Variablen* für den *Startwert* x = a im *Intervall* [b , c],
* **FindMinimum** [f[x,y] , { x , a } , { y , b }]
  ein *lokales Minimum* der *Funktion* f(x,y) *zweier Variablen* für die *Startwerte* x = a und y = b.

Wenn MATHEMATICA *zwei Startwerte* verlangt, z.B., wenn keine Ableitungen gebildet werden können, so sind die *Kommandos* in der *Form*

* **FindMinimum** [f[x] , { x , { a , b } }]
  für *Funktionen einer Variablen*
* **FindMinimum** [f[x,y] , { x , { a , b } } , { y , { c , d } }]
  für *Funktionen zweier Variablen*

einzugeben.

Sucht man ein *Maximum* für die Funktion f, so ist dies äquivalent zur Minimumsuche von –f, so daß das obige Kommando von MATHEMATICA ebenfalls anwendbar ist.

Günstige *Startwerte* für die *Minimumsuche* kann man z.B. bei Funktionen mit einer oder zwei unabhängigen Variablen aus der *grafischen Darstellung* (mittels des *Kommandos* **Plot** aus Abschn.22.1) erhalten.

♦

Beispiel 30.5:

a) Da MATHEMATICA direkt nur *numerische Lösungen* berechnen kann, lassen sich die Aufgaben aus Beispiel 30.2 hiermit nur lösen, wenn für die enthaltenen Konstanten konkrete Zahlenwerte eingesetzt werden.
Lösen wir die *Aufgabe* der *Balkenbiegung* aus *Beispiel 30.2c)* für die konkreten Werte K = 8 , E = 2 , F = 2 , L = 1 , d.h. die *Aufgabe*

$$y(x) \;=\; x^2 - \frac{1}{3} \cdot x^3 \;\underset{x}{\to}\; \text{Maximum}$$

im *Intervall* [0,1]. Das *Kommando* (mit negativer Zielfunktion)
FindMinimum [– x^2 + x^3/3 , { x , 0.5 }]
liefert für den *Startwert* 0.5 den *Wert* x = 2, der aber außerhalb des Intervalls [0,1] liegt. Verwendet man das *Kommando*
FindMinimum [– x^2 + x^3/3 , { x , 0.5 , 0 , 1 }]
mit *Vorgabe* des *Intervalls*, so wird *keine Lösung* geliefert, da dieses *Kommando* nur *lokale Minima* berechnet, die im gegebenen Intervall nicht vorkommen.

b) Die *Aufgabe* des *maximales Widerstandsmoment* W eines *Balkens* aus *Beispiel 30.2d)*

$$W(b,h) \;=\; \frac{b \cdot h^2}{6} \;\underset{b,h}{\to}\; \text{Maximum} \quad , \qquad b^2 + h^2 = 4 \cdot R^2$$

kann MATHEMATICA mit dem *Kommando*
Solve [{ **D** [b * h^2/6 + l * (b^2 + h^2 – 4 * R^2) , b] == 0 ,
D [b * h^2/6 + l * (b^2 + h^2 – 4 * R^2) , h] == 0 , **D** [b * h^2/6 + l * (b^2 + h^2 – 4 * R^2) , l] == 0 } , { b , h , l }]
zur *Lösung* der *notwendigen Optimalitätsbedingung* für die *Lagrangefunktion*

$$L(b,h,\lambda) \;=\; \frac{b \cdot h^2}{6} + \lambda \cdot (b^2 + h^2 - 4 \cdot R^2)$$

exakt lösen und erhält

$$b = \frac{2 \cdot \sqrt{3}}{3} \cdot R \qquad , \qquad h = \frac{2 \cdot \sqrt{6}}{3} \cdot R$$

wobei im *Argument* des *Kommandos* für λ die Bezeichnung l verwandt wurde.

♦

MATLAB

MATLAB besitzt *keine integrierten Kommandos* zur *exakten* oder *numerischen Lösung* von *Extremwertaufgaben.*
Man kann jedoch die Toolbox *Optimization* zusätzlich kaufen, die eine Reihe von Kommandos enthält, von denen wir das *Numerik-kommando*

fminu (' f ' , SW)

zur *näherungsweisen Berechnung* eines *lokalen* (relativen) *Minimums* von *Funktionen* einer oder mehrerer Variablen betrachten.
Im *Argument* dieses *Kommandos* stehen in
* ' f ' : die zu *minimierende Zielfunktion* f , wobei ab zwei *Variablen* diese in der *Form* $x(1)$, $x(2)$, ... geschrieben werden müssen.
* SW : die *Startwerten* für die *Minimumsuche.* Ab zwei Variablen müssen diese als *Feld* [..,..,..,..] eingegeben werden.

So suchen die *Kommandos*
* **fminu** (' f(x) ' , a)
  ein *lokales Minimum* der *Funktion* f(x) *einer Variablen* für den *Startwert* x = a,
* **fminu** (' f (x(1) , x(2)) ' , [a , b])
  ein *lokales Minimum* der *Funktion* f(x,y) *zweier Variablen* für die *Startwerte* x = a und y = b.

Beispiel 30.6:

Da MATLAB nur *numerische Lösungen* berechnen kann, lassen sich die Aufgaben aus Beispiel 30.2 hiermit nur lösen, wenn für die enthaltenen Konstanten konkrete Zahlenwerte eingesetzt werden.
Lösen wir die *Aufgabe* der *Balkenbiegung* aus *Beispiel 30.2c)* für die konkreten Werte K = 8 , E = 2 , F = 2 , L = 1 , d.h. die *Aufgabe*

$$y(x) = x^2 - \frac{1}{3} \cdot x^3 \underset{x}{\to} \text{Maximum}$$

im *Intervall* [0,1]. Das *Kommando* (mit negativer Zielfunktion)

fminu (' − x^2 + x^3/3 ' , 0.5)

liefert für den *Startwert* 0.5 den *Wert* x = 2, der aber außerhalb des Intervalls [0,1] liegt.

♦

Zusammenfassend kann man zur *Lösung* von *Extremwertaufgaben* der *Form*

$$z = f(x_1, x_2, \ldots, x_n) \rightarrow \underset{x_1, x_2, \ldots, x_n}{\text{Minimum / Maximum}}$$

wobei höchstens noch *Nebenbedingungen* in *Gleichungsform* (*Gleichungsnebenbedingungen*)

$$g_j(x_1, x_2, \ldots, x_n) = 0, \quad j = 1, 2, \ldots, m$$

auftreten dürfen, folgendes *bemerken:*
Es bieten sich mehrere *Vorgehensweisen* unter Verwendung der *Systeme* an, um existierende *Lösungen* zu *erhalten:*

I. Die *exakte* oder *numerische Lösung* der *notwendigen Optimalitätsbedingungen* kann mit *allen Systemen schrittweise* versucht werden, indem man

   1. die *notwendigen Optimalitätsbedingungen* unter Verwendung der *Kommandos/Menüfolgen* zur *Differentiation aufstellt,*
   2. die entstandenen *Gleichungen* mit den *Kommandos* zur *Gleichungslösung* (aus Kap.23) exakt oder näherungsweise *löst.* Da diese Gleichungen i.a. nichtlinear sind, wird man schnell an Grenzen stoßen.

   Die so erhaltenen Lösungen sind mit den *hinreichenden Optimalitätsbedingungen* auf *Optimalität* zu *überprüfen.* Die Vorgehensweise wird für MACSYMA und MAPLE in den gegebenen Beispielen illustriert. Bei den anderen Systemen ist die Vorgehensweise analog.
   Diese Methode sollte aber nur angewandt werden, wenn in dem gegebenen System kein Kommando zur Minimierung/Maximierung existiert, bzw. dieses versagt.

II. Man kann die *Kommandos* zur *exakten Lösung* von *Extremwertaufgaben* anwenden. Allerdings besitzen von allen *Systemen* nur MACSYMA und MAPLE derartige Kommandos.
   MACSYMA und MAPLE sind mit den *Kommandos* **stap** bzw. **extrema** in der Lage, *Gleichungsnebenbedingungen* bei Extremwertaufgaben direkt zu verarbeiten, wie wir in den Beispielen sahen. Dies ist natürlich für den Anwender wesentlich vorteilhafter, da sich das Auflösen von Gleichungen meistens schwierig gestaltet.

III. Falls die unter I. und II. beschriebenen Methoden versagen, ist man auf *numerische Methoden* zur Lösung von *Extremwertaufgaben* angewiesen. Hierfür besitzen nur MATHEMATICA das integrierte *Kommando* **FindMinimum**, so daß man für die *anderen*

Systeme eventuell vorhandene *Zusatzprogramme* nutzen bzw. selbst schreiben muß.

So findet man *numerische Methoden* bei MATHCAD und MATLAB im Elektronischen Buch *Numerical Recipes* bzw. in der Toolbox *Optimization*.

Für MATLAB wurde das *Kommando* **fminu** aus dieser Toolbox angewandt. Für MATHCAD gestaltet sich die Anwendung der Optimierungskommandos aus dem Kap.8 (Minimization or Maximization of Functions) des Elektronischen Buches etwas aufwendiger, so daß wir im Rahmen dieses Buches hierauf verzichten.

♦

30.3   Lineare Optimierung

Die *einfachste Struktur* ergibt sich für ein *Optimierungsproblem* mit *Ungleichungsnebenbedingungen*, wenn die *Zielfunktion* f und die *Funktionen* g_j der *Nebenbedingungen linear* sind, d.h., wenn das *Optimierungsproblem* die folgende *Form* besitzt:

$$c_1 \cdot x_1 + c_2 \cdot x_2 + \ldots + c_n \cdot x_n \to \underset{x_1, x_2, \ldots, x_n}{\text{Minimum}}$$

$$a_{11} \cdot x_1 + a_{12} \cdot x_2 + \ldots + a_{1n} \cdot x_n \leq b_1$$

$$a_{21} \cdot x_1 + a_{22} \cdot x_2 + \ldots + a_{2n} \cdot x_n \leq b_2$$

$$\vdots \qquad\qquad \vdots$$

$$a_{m1} \cdot x_1 + a_{m2} \cdot x_2 + \ldots + a_{mn} \cdot x_n \leq b_m$$

$$x_j \geq 0 \quad , \quad j = 1, \ldots, n$$

bzw. in *Matrizenschreibweise* (siehe Kap.20)

$$\mathbf{c}^T \cdot \mathbf{x} \to \text{Minimum} \quad , \quad \mathbf{A} \cdot \mathbf{x} \leq \mathbf{b} \quad , \quad \mathbf{x} \geq 0$$

wobei die *Konstanten*

$$a_{ij} , \ b_i , \ c_j \qquad (i = 1, 2, \ldots, m \ ; \ j = 1, 2, \ldots, n)$$

gegeben und die unbekannten *Variablen*

$$x_1, x_2, \ldots, x_n$$

zu *bestimmen* sind.

Aufgaben dieser Art werden als *Probleme* der *linearen Optimierung* (*linearen Programmierung*) bezeichnet, deren Theorie seit den vierziger Jahren stark entwickelt wurde.

Die *gegebene Aufgabenstellung* der *linearen Optimierung* enthält alle auftretenden Fälle :
* Falls eine *Gleichungsnebenbedingung* vorkommt, so kann diese durch zwei Ungleichungen beschrieben werden.
* Falls *Ungleichungen* mit $\geq$ vorkommen, so können sie durch Multiplikation mit -1 in Ungleichungen mit $\leq$ transformiert werden.
* Falls ein *Zielfunktion* zu *maximieren* ist, so erhält man durch Multiplikation mit -1 eine zu minimierende Zielfunktion.

♦

Im Gegensatz zu den Extremwertaufgaben aus Abschn.30.2 sind bei den Aufgaben der *linearen Optimierung* nur *globale (absolute) Extrema* gesucht, d.h. für unsere Aufgabenstellung *globale Minima*. Da die *Zielfunktion linear* ist, können hier keine lokalen Extrema existieren, wie man sich leicht überlegt.

♦

Die *lineare Optimierung* tritt meistens bei *ökonomischen Fragestellungen* auf, in denen *Kosten* und *Rohstoffverbrauch minimiert* bzw. der *Produktionsgewinn maximiert* werden sollen.
Hierzu zählen *Aufgaben* der *Transportoptimierung, Produktionsplanung, Mischungsoptimierung, Gewinnmaximierung, Kostenminimierung*.
Im folgenden Beispiel 30.7 geben wir ein konkretes *Beispiel* für die *Gewinnmaximierung* der *Produktion* einer Firma.

♦

Beispiel 30.7:
Eine *Firma* stellt n *Produkte*
P_1 , P_2 , ... , P_n
mit den *Mengen*
x_1 , x_2 , ... , x_n
mit Hilfe von m *Produktionsfaktoren* (Arbeit, Maschinen, Energie, Rohstoffe usw.)
F_1 , F_2 , ... , F_m
her, die mit maximal
b_1 , b_2 , ... , b_m
Mengeneinheiten (ME) pro betrachteter *Produktionsperiode* verfügbar sind und für die *Reingewinne* (in GE)
g_1 , g_2 , ... , g_n

je Stück erzielt werden.

Die Aufgabe der *Gewinnmaximierung* in der Firma besteht darin, den *Betriebsgewinn* zu *maximieren*.

Mathematisch bedeutet dies, die *lineare Gewinnfunktion* G zu *maximieren*, d.h.

$$G(x_1, x_2, \ldots, x_n) = g_1 \cdot x_1 + g_2 \cdot x_2 + \ldots + g_n \cdot x_n \to \underset{x_1, x_2, \ldots, x_n}{\text{Maximum}}$$

Wenn für die einzelnen *Produkte* P_i

*   die *Herstellungskosten* c_i

*   die *Verkaufspreise* p_i

bekannt sind, so gilt für die *Reingewinne* g_i offensichtlich

$$g_i = p_i - c_i \qquad\qquad (i = 1, 2, \ldots, n)$$

In diesem Fall ist folgende *Gewinnfunktion* zu *maximieren*:

$$p_1 \cdot x_1 + p_2 \cdot x_2 + \ldots + p_n \cdot x_n - c_1 \cdot x_1 - c_2 \cdot x_2 - \ldots - c_n \cdot x_n \to \underset{x_1, x_2, \ldots, x_n}{\text{Maximum}}$$

Die *Nebenbedingungen* für die *Gewinnmaximierung* ergeben sich *folgendermaßen*:

Für die *Erzeugung* von je einer *Einheit* der n *Produkte* werden die in der folgenden Tabelle gegebenen *Mengen* von *Produktionsfaktoren* benötigt:

	P_1	P_2	$\ldots$	P_n
F_1	a_{11}	a_{12}	$\ldots$	a_{1n}
F_2	a_{21}	a_{22}	$\ldots$	a_{2n}
$\vdots$	$\vdots$	$\vdots$	$\vdots$	$\vdots$
F_m	a_{m1}	a_{m2}	$\ldots$	a_{mn}

Aus dieser Tabelle ergeben sich unter Verwendung der verfügbaren Mengen an Produktionsfaktoren folgende *Ungleichungen*:

$$a_{11} \cdot x_1 + a_{12} \cdot x_2 + \ldots + a_{1n} \cdot x_n \le b_1$$
$$a_{21} \cdot x_1 + a_{22} \cdot x_2 + \ldots + a_{2n} \cdot x_n \le b_2$$
$$\vdots$$
$$a_{m1} \cdot x_1 + a_{m2} \cdot x_2 + \ldots + a_{mn} \cdot x_n \le b_m$$

$$x_j \ge 0 \quad , \quad j = 1, \ldots, n$$

Betrachten wir ein *konkretes Zahlenbeispiel* für die *Gewinnmaximierung* in einer Firma, die *vier Produkte* mit Hilfe der *drei Produktionsfaktoren Energie, Rohstoffe* und *Maschinen* herstellt:

$$6 \cdot x_1 + 7 \cdot x_2 + 6 \cdot x_3 + 8 \cdot x_4 \rightarrow \underset{x_1, x_2, x_3, x_4}{\text{Maximum}}$$

$$3 \cdot x_1 + 4 \cdot x_2 + 8 \cdot x_3 + 6 \cdot x_4 \leq 5500$$

$$8 \cdot x_1 + 2 \cdot x_2 + 4 \cdot x_3 + 2 \cdot x_4 \leq 6100$$

$$4 \cdot x_1 + 6 \cdot x_2 + 2 \cdot x_3 + 4 \cdot x_4 \leq 5200$$

$$x_1 \geq 0 \ , \ x_2 \geq 0 \ , \ x_3 \geq 0 \ , \ x_4 \geq 0$$

Diese Aufgabe besitzt die *Lösung*

$$x_1 = 600, \ x_2 = 100, \ x_3 = 0, \ x_4 = 550$$

die im folgenden mit Hilfe der *Systeme* berechnet wird.

♦

Für *lineare Optimierungsprobleme* existieren *Lösungsverfahren*, die eine vorhandene *exakte Lösung* in *endlich vielen Schritten* (mit Ausnahme der Entartungsfälle) liefern. Damit sind sie im Rahmen der Computeralgebra lösbar.

Das bekannteste dieser Verfahren ist die *Simplexmethode*. Sie ist in die *Systeme* MAPLE und MATHEMATICA integriert und auch im *Tabellenkalkulationsprogramm* EXCEL (siehe [3]) enthalten. In MATHCAD, MATLAB muß man auf das Elektronische Buch *Numerical Recipes* bzw. die Toolbox *Optimization* zurückgreifen.

♦

Aufgaben der *linearen Optimierung* lassen sich mit folgenden *Systemen lösen:*

MAPLE

MAPLE kann nach dem Laden des Zusatzpakets *Simplexmethode* durch **with** (simplex) ; mit den *Kommandos*

- **maximize** (ZF , NB , NONNEGATIVE) ;
- **minimize** (ZF , NB , NONNEGATIVE) ;

Aufgaben der *linearen Optimierung* für die *Minimierung* bzw. *Maximierung* lösen.

Die *Argumente* der *Kommandos* haben folgende Bedeutung:

* ZF : Hier ist die *lineare Zielfunktion* einzugeben.
* NB : Hier sind die *linearen Nebenbedingungen* als Menge einzugeben.
* NONNEGATIVE : Dieses *mögliche dritte Argument* bewirkt die *Nichtnegativität* der Variablen x_j, d.h. $x_j \geq 0$ für $j = 1,...,n$.

Beispiel 30.8:

Betrachten wir das *konkrete Zahlenbeispiel* aus *Beispiel 30.7* für die *Gewinnmaximierung* in einer Firma, die *vier Produkte* mit Hilfe der *drei Produktionsfaktoren Energie, Rohstoffe* und *Maschinen* herstellt.

Für die Lösung dieser Aufgabe ist das *Kommando* **maximize** folgendermaßen *einzugeben:*
maximize (6*x1 + 7*x2 + 6*x3 + 8*x4 , { 3*x1 + 4*x2 + 8*x3 + 6*x4 <= 5500 , 8*x1 + 2*x2 + 4*x3 + 2*x4 <= 6100 , 4*x1 + 6*x2 + 2*x3 + 4*x4 <=5200 } , NONNEGATIVE) ;
MAPLE liefert die berechnete *Lösung* in der folgenden Form
{ x3 = 0 , x2 = 100 , x4 = 550 , x1 = 600 }
♦

MATHCAD

MATHCAD besitzt keine integrierten Kommandos zur Lösung von Aufgaben der linearen Optimierung, so daß man auf das Elektronischen Buch *Numerical Recipes* zurückgreifen muß. In diesem Buch befindet sich ein Abschnitt über *lineare Optimierung* (Abschn. 8.6) mit dem *Kommando* **simplx**, das wir im folgenden Beispiel 30.9 erläutern. Sobald man das Elektronische Buch installiert hat, steht das Kommando zur Verfügung

Beispiel 30.9:
Lösen wir das *konkrete Zahlenbeispiel* aus *Beispiel 30.7* für die *Gewinnmaximierung* in einer Firma, die *vier Produkte* mit Hilfe der *drei Produktionsfaktoren Energie, Rohstoffe* und *Maschinen* herstellt mit dem *Kommando* **simplx,** das folgende *drei Argumente* benötigt:
I. *Matrix* der *Koeffizienten* der zu maximierenden *Zielfunktion* (Konstanten werden weggelassen) und der *Nebenbedingungen.* Die erste Spalte der Matrix ist für die rechten Seiten der Ungleichungen reserviert (in der ersten Zeile ist hier eine Null einzutragen).
II. *Anzahl* m_1 der *Ungleichungen* mit $\le$
III. *Anzahl* m_2 der *Ungleichungen* mit $\ge$
Wir übernehmen den *Berechnungsteil aus* dem gegebenen *Elektronischen Buch* und setzen unser Beispiel ein. Es ist zu beachten, daß die *Variablen* mit *Literalindex* (siehe Abschn.13.2) zu verwenden sind:
Objective function :
$$\mathrm{Ob}(x_1, x_2, x_3, x_4) := 6 \cdot x_1 + 7 \cdot x_2 + 6 \cdot x_3 + 8 \cdot x_4$$
Constraints :
$$3 \cdot x_1 + 4 \cdot x_2 + 8 \cdot x_3 + 6 \cdot x_4 \le 5500$$
$$8 \cdot x_1 + 2 \cdot x_2 + 4 \cdot x_3 + 2 \cdot x_4 \le 6100$$
$$4 \cdot x_1 + 6 \cdot x_2 + 2 \cdot x_3 + 4 \cdot x_4 \le 5200$$
$$\cdot x_1 \ge 0, x_2 \ge 0, x_3 \ge 0, x_4 \ge 0$$

$$v := \text{simplx} \left[\begin{bmatrix} 0 & 6 & 7 & 6 & 8 \\ 5500 & -3 & -4 & -8 & -6 \\ 6100 & -8 & -2 & -4 & -2 \\ 5200 & -4 & -6 & -2 & -4 \\ 0 & -1 & 0 & 0 & 0 \\ 0 & 0 & -1 & 0 & 0 \\ 0 & 0 & 0 & -1 & 0 \\ 0 & 0 & 0 & 0 & -1 \end{bmatrix}, 3, 4 \right] \qquad v = \begin{bmatrix} 600 \\ 100 \\ 0 \\ 550 \end{bmatrix}$$

Maximum value of objective function:

$$\text{Ob}\left(v_1, v_2, v_3, v_4\right) = 8.7 \cdot 10^3$$

Wie die *Matrix* im *Argument* des *Kommandos* **simplx** für eine konkrete Aufgabe zu *bilden* ist, läßt sich gut erkennen:

* Die *erste Zeile* enthält die *Koeffizienten* der zu *maximierenden Zielfunktion*.
* Die Art der Eingabe für die *Koeffizienten* der *Nebenbedingungen* (mit umgekehrten Vorzeichen) läßt sich unmittelbar aus dem Vergleich dieser Bedingungen und der zweiten bis letzten Zeile der Matrix entnehmen.
* Die beiden *restlichen Argumente* des Kommandos bezeichnen die *Anzahl* der *Ungleichungen* mit ≤ (3) und ≥ (4).

Die gefundene *Lösung*

$$x_1 = 600 \,, \ x_2 = 100 \,, \ x_3 = 0 \,, \ x_4 = 550$$

steht im *Vektor* **v** und abschließend wird der *Optimalwert* (hier Maximum) 8700 der Zielfunktion berechnet.

♦

MATHEMA-TICA

MATHEMATICA kann mittels der *Kommandos*

* **ConstrainedMin** [ZF , NB , V]
* **ConstrainedMax** [ZF , NB , V]

Aufgaben der *linearen Optimierung* für die *Minimierung* bzw. *Maximierung* lösen.

Die *Argumente* der *Kommandos* haben folgende Bedeutung:

* ZF : Hier ist die lineare *Zielfunktion* einzugeben.
* NB : Hier sind die linearen *Nebenbedingungen* in *Listenform* einzugeben.
* V : Hier sind die *Variablen* in *Listenform* einzugeben.

Die *Positivitätsforderungen* $x_j \geq 0$ werden von MATHEMATICA *automatisch berücksichtigt.*
Einfacher gestaltet sich die Eingabe der Zielfunktion und der Nebenbedingungen bei der Anwendung des weiteren in MATHEMATICA integrierten *Kommandos*

* **LinearProgramming** [c , A , b]
  zur Lösung des *linearen Optimierungsproblems* in der *vektoriellen Form*

  $$c \cdot x \to \underset{x}{\text{Minimum}} \quad , \quad A \cdot x \geq b \quad , \quad x \geq 0$$

  Als *Argumente* dieses *Kommandos* sind lediglich
  * der *Vektor* **c** der *Koeffizienten* der *Zielfunktion,*
  * die *Matrix* **A** der *Koeffizienten* der *Nebenbedingungen*
  * der *Vektor* **b** der *rechten Seiten* der *Nebenbedingungen*
  einzugeben.
  Die Variablenbezeichnungen werden bei diesem Kommando nicht benötigt.

Bei dem *Kommando* **LinearProgramming** ist zu *beachten,* daß im *Gegensatz* zu den *Kommandos* **ConstrainedMin** und **ConstrainedMax** in den *Nebenbedingungen* die *Ungleichungen* mit $\geq$ zu bilden sind und daß die *Zielfunktion* immer *minimiert* wird.
Aufgaben, die noch nicht diese Form besitzen, lassen sich durch eventuelle Multiplikationen mit −1 auf die geforderte Form transformieren.
♦
Beispiel 30.10:
Betrachten wir das *konkrete Zahlenbeispiel* aus *Beispiel 30.7* für die *Gewinnmaximierung* in einer Firma, die *vier Produkte* mit Hilfe der *drei Produktionsfaktoren Energie, Rohstoffe* und *Maschinen* herstellt. Wir lösen im folgenden diese Aufgabe mit den beiden gegebenen *Kommandos* **ConstrainedMax** und **LinearProgramming:**
* Bei Verwendung des *Kommandos* **ConstrainedMax** liefert
  ConstrainedMax [6*x1 + 7*x2 + 6*x3 + 8*x4 , { 3*x1 + 4*x2 + 8*x3 + 6*x4 <= 5500 , 8*x1 + 2*x2 + 4*x3 + 2*x4 <= 6100 , 4* x1 + 6*x2 + 2*x3 + 4*x4 <= 5200 } , { x1 , x2 , x3 , x4 }]
  die *Lösung* in der *Form*
  { 8700 , { x1 –> 600 , x2 –> 100 , x3 –> 0 , x4 –> 550 } }
  wobei die erste Zahl 8700 nach der geschweiften Klammer den Wert der Zielfunktion für die berechnete Lösung angibt.
* Bei Verwendung des *Kommandos* **LinearProgramming** liefert

LinearProgramming [–{ 6 , 7 , 6 , 8 } ,–{ { 3 , 4 , 8 , 6 } , { 8 , 2 , 4 , 2 } , { 4 , 6 , 2 , 4 } } , –{ 5500 , 6100 , 5200 }]

die *Lösung* in der *Form* { 600 , 100 , 0 , 550 }

♦

MATLAB

MATLAB besitzt keine integrierten Kommandos zur Lösung von Aufgaben der linearen Optimierung, so daß man auf die Toolbox *Optimization* zurückgreifen muß, in der man das *Kommando* **lp** zur *Lösung* von *Aufgaben* der *linearen Optimierung* in folgender *vektorieller Form*

$$\mathbf{c} \cdot \mathbf{x} \to \underset{\mathbf{x}}{\text{Minimum}} \quad , \quad \mathbf{A} \cdot \mathbf{x} \le \mathbf{b}$$

findet.

Sobald man die *Toolbox installiert* hat, steht das *Kommando*
lp (c , A , b)
zur Verfügung, in dessen *Argument*
* **c** den *Koeffizientenvektor* aus der *Zielfunktion*
* **A** die *Koeffizientenmatrix* aus den *Nebenbedingungen*
* **b** den *Vektor* der *rechten Seiten* der *Nebenbedingungen*
bedeuten.

Beispiel 30.11:
Betrachten wir das *konkrete Zahlenbeispiel* aus *Beispiel 30.7* für die *Gewinnmaximierung* in einer Firma, die *vier Produkte* mit Hilfe der *drei Produktionsfaktoren Energie, Rohstoffe* und *Maschinen* herstellt.
Für die Lösung dieser Aufgabe ist das *Kommando* **lp** folgendermaßen *einzugeben:*
c = [–6 , –7 , –6 , –8] ;
a = [3,4,8,6;8,2,4,2;4,6,2,4;–1,0,0,0;0,–1,0,0;0,0,–1,0;0,0,0,–1] ;
b = [5500 , 6100 , 5200 , 0 , 0 , 0 , 0] ;
x = **lp** (c , a , b)
MATLAB liefert das *Ergebnis* in der *Form*
x =
    600.00
    100.00
      0.00
    550.00
♦

MuPAD

MuPAD stellt die *Kommandos*
• **linopt::maximize** (ZF , NB , NonNegative , VAR) ;
• **linopt::minimize** (ZF , NB , NonNegative , VAR) ;
zur *Lösung* von *Aufgaben* der *linearen Optimierung* für die *Minimierung* bzw. *Maximierung* zur Verfügung.
Die *Argumente* der *Kommandos* haben folgende Bedeutung:

* ZF : Hier ist die *lineare Zielfunktion* einzugeben.
* NB : Hier sind die *linearen Nebenbedingungen* als Menge einzugeben.
* NonNegative : Dieses *mögliche dritte Argument* bewirkt die *Nichtnegativität* der Variablen x_j, d.h. $x_j \geq 0$ für $j = 1,...,n$.
* VAR : Hier sind die Variablen als Menge einzugeben.

Beispiel 30.12:

Betrachten wir das *konkrete Zahlenbeispiel* aus *Beispiel 30.7* für die *Gewinnmaximierung* in einer Firma, die *vier Produkte* mit Hilfe der *drei Produktionsfaktoren Energie, Rohstoffe* und *Maschinen* herstellt. Für die Lösung dieser Aufgabe ist das *Kommando* **maximize** folgendermaßen *einzugeben:*

linopt::maximize (6*x1 + 7*x2 + 6*x3 + 8*x4 , { 3*x1 + 4*x2 + 8*x3 + 6*x4 <= 5500 , 8*x1 + 2*x2 + 4*x3 + 2*x4 <= 6100 , 4*x1 + 6*x2 + 2*x3 + 4*x4 <=5200 } , NonNegative , { x1, x2 , x3 , x4 }) ;

MuPAD liefert die berechnete *Lösung* in der folgenden Form

{ x4 = 550 , x3 = 0 , x1 = 600 , x2 = 100 }

♦

30.4   Nichtlineare Optimierung

Im Abschn.30.3 haben wir gesehen, daß sich die *einfachste Struktur* für ein *Optimierungsproblem* mit *Ungleichungsnebenbedingungen* ergibt, wenn die *Zielfunktion* f und die *Funktionen* g_j der *Nebenbedingungen* lineare reelle Funktionen von n Variablen sind.

Die meisten *Optimierungsaufgaben* in *Technik* und *Naturwissenschaften* lassen sich jedoch nicht zufriedenstellend durch lineare Modelle beschreiben. Deshalb ist es für die *Ingenieurmathematik* notwendig, sich mit Problemen der *nichtlinearen Optimierung* zu beschäftigen.

Die in *Technik* und *Naturwissenschaften* auftretenden Aufgaben der *nichtlinearen Optimierung* sind *komplexerer Natur,* so daß wir hierfür im Rahmen des Buches keine Beispiele geben und auf die Literatur verweisen (siehe [35]). Wir illustrieren die Problematik nur an einem einfachen Beispiel (siehe Beispiel 30.13).

Sobald eine Ungleichung der *Nebenbedingungen* oder die *Zielfunktion* einer Optimierungsaufgabe *nichtlinear* sind, spricht man von einem Problem der *nichtlinearen Optimierung,* deren Theorie seit den fünfziger Jahren stark entwickelt wurde.

Probleme der *nichtlinearen Optimierung* haben die *folgende Form:*
Eine *Zielfunktion* f ist bezüglich der *Variablen*

$x_1, x_2, \ldots, x_n$

zu *minimieren*, d.h.

$f(x_1, x_2, \ldots, x_n) \to \underset{x_1, x_2, \ldots, x_n}{\text{Minimum}}$

wobei noch *Nebenbedingungen* in Form von *Ungleichungen*

$g_j(x_1, x_2, \ldots, x_n) \le 0$, $j = 1, 2, \ldots, m$

zu berücksichtigen sind.

◆

Die *gegebene Aufgabenstellung* der *nichtlinearen Optimierung* ist hinreichend allgemein, d.h. sie enthält alle auftretenden Fälle :

* Falls eine *Gleichungsnebenbedingung* vorkommt, so kann sie durch zwei Ungleichungen beschrieben werden.

* Falls *Ungleichungen* mit $\ge$ vorkommen, so können sie durch Multiplikation mit -1 in Ungleichungen mit $\le$ transformiert werden.

* Falls ein *Zielfunktion* zu *maximieren* ist, so erhält man durch Multiplikation mit -1 eine zu minimierende Zielfunktion.

◆

Im Gegensatz zu den Extremwertaufgaben aus Abschn.30.2 sind bei den Aufgaben der *nichtlinearen Optimierung* ebenso wie bei der *linearen Optimierung* nur *globale (absolute) Extrema* gesucht, d.h. für unsere Aufgabenstellung *globale Minima*.

◆

Illustrieren wir die *Problematik* der *nichtlinearen Optimierung* im folgenden Beispiel 30.13.

Beispiel 30.13:

Bei dem folgenden *Transportproblem* sind nicht nur die *Transportkosten* zu minimieren, sondern auch gleichzeitig die *Kosten* für die *Verpackung:*

Eine *Firma* benötigt in einem gegebenen Zeitraum A m^3 eines *Rohstoffs*, der von einem *Erzeuger* in zylindrischen *Fässern* (mit Deckel) mit dem *Radius* x_1 und der *Höhe* x_2 geliefert wird. Die *Anzahl* N der von der Firma benötigten *Fässer* beträgt damit

$$N = \frac{A}{\pi \cdot x_1^2 \cdot x_2}$$

Die *Transportkosten* pro Faß (unabhängig von der Größe) ergeben sich zu B DM. Diese und die Kosten der Fässer müssen von der Firma getragen werden.

Die *Kosten* (Herstellungs- und Materialkosten) für die *Fässer* belaufen sich auf C DM pro m^2, wobei das *Volumen* der Fässer D m^3 *nicht überschreiten* darf.

Für die *Firma* entsteht das Problem der *Minimierung* der *Gesamtkosten* (Transportkosten + Kosten für die Fässer), so daß die folgende *Zielfunktion*

$$f(x_1,x_2) = B \cdot N + N \cdot C \cdot (2 \cdot \pi \cdot x_1^2 + 2 \cdot \pi \cdot x_1 \cdot x_2)$$

$$= \frac{A \cdot B}{\pi \cdot x_1^2 \cdot x_2} + 2 \cdot A \cdot C \cdot \left(\frac{1}{x_1} + \frac{1}{x_2}\right) \rightarrow \underset{x_1,x_2}{\text{Minimum}}$$

unter den *Beschränkungen*:

$$\pi \cdot x_1^2 \cdot x_2 \leq D \quad , \quad x_1 \geq 0 \quad , \quad x_2 \geq 0$$

zu minimieren ist.

Da die *Zielfunktion* und *eine Beschränkung nichtlinear* sind und die Beschränkungen durch Ungleichungen gegeben sind, liegt ein *Problem* der *nichtlinearen Optimierung* vor.

♦

Für die allgemeine Aufgabe der *nichtlinearen Optimierung* ergeben sich unter *Verwendung* der *Lagrangefunktion* (hier als *Kuhn-Tucker-Funktion* bezeichnet)

$$L(\mathbf{x};\boldsymbol{\lambda}) = L(x_1, x_2, ..., x_n; \lambda_1, \lambda_2, ..., \lambda_m) =$$

$$f(x_1, x_2, ..., x_n) + \sum_{j=1}^{m} \lambda_j g_j(x_1, x_2, ..., x_n)$$

mit den *Lagrangeschen Multiplikatoren* (*Kuhn-Tucker-Multiplikatoren*)

$$\lambda_1, \lambda_2, ..., \lambda_m$$

die *Optimalitätsbedingungen* (*Kuhn-Tucker-Bedingungen*)

$$\frac{\partial L}{\partial x_k} = \frac{\partial f(x_1, x_2, ..., x_n)}{\partial x_k} + \sum_{i=1}^{m} \lambda_i \cdot \frac{\partial g_i(x_1, x_2, ..., x_n)}{\partial x_k} = 0$$

$$\lambda_i \cdot g_i(x_1, x_2, ..., x_n) = 0 \quad , \quad g_i(x_1, x_2, ..., x_n) \leq 0 \quad , \quad \lambda_i \geq 0$$

($k = 1, ..., n$; $i = 1, ..., m$)

die unter einer Reihe von Voraussetzungen *notwendig* und *hinreichend* sind.

Die *Kuhn-Tucker-Bedingungen* liefern ein *System* von *nichtlinearen Gleichungen* und *Ungleichungen* zur *Bestimmung* der *Unbekannten*

$$x_1, x_2, ..., x_n; \lambda_1, \lambda_2, ..., \lambda_m$$

Dieses System läßt aber in den wenigsten Fällen eine exakte Lösung zu, da für nichtlineare Gleichungen und Ungleichungen *kein endlicher Lösungsalgorithmus* existiert. Deshalb gelingt die Lösung nichtlinearer Optimierungsprobleme meistens nicht mit den Mitteln der Computeralgebra und man ist auf *numerische Methoden* angewiesen.

♦

Obwohl die *lineare Optimierung* eine spezielle Klasse der *nichtlinearen Optimierung* bildet, unterscheiden sich die *Lösungsalgorithmen* wesentlich. Während für die meisten praktischen Probleme der *linearen Optimierung* die *Simplexmethode* einen *endlichen Lösungsalgorithmus* liefert, existiert für die nichtlineare Optimierung keine derartige universelle Lösungsmethode.

♦

Betrachten wir die *Kuhn-Tucker-Bedingungen* an einem *Beispiel*.

Beispiel 30.14:

a) Verwenden wir das Problem aus Beispiel 30.13 mit den konkreten Zahlenwerten A=1000, B=10, C=20 D=10, so ergibt sich das *nichtlineare Optimierungsproblem*

$$f(x_1, x_2) = \frac{10000}{\pi \cdot x_1^2 \cdot x_2} + 40000 \cdot \left(\frac{1}{x_1} + \frac{1}{x_2} \right) \rightarrow \underset{x_1, x_2}{\text{Minimum}}$$

unter den *Beschränkungen* :

$$\pi \cdot x_1^2 \cdot x_2 \leq 10 \ , \ x_1 \geq 0 \ , \ x_2 \geq 0$$

Hierfür lautet die *Kuhn-Tucker-Funktion*

$$L(x_1, x_2 ; \lambda_1, \lambda_2, \lambda_3) =$$

$$\frac{10000}{\pi \cdot x_1^2 \cdot x_2} + 40000 \cdot \left(\frac{1}{x_1} + \frac{1}{x_2} \right) + \lambda_1 \cdot \left(\pi \cdot x_1^2 \cdot x_2 - 10 \right) - \lambda_2 \cdot x_1 - \lambda_3 \cdot x_2$$

so daß die *Kuhn-Tucker-Bedingungen* die folgende Form haben:

$$\frac{\partial L}{\partial x_1} = -\frac{20000}{\pi \cdot x_1^3 \cdot x_2} - 40000 \cdot \frac{1}{x_1^2} + \lambda_1 \cdot 2 \cdot \pi \cdot x_1 \cdot x_2 - \lambda_2 = 0$$

$$\frac{\partial L}{\partial x_2} = -\frac{10000}{\pi \cdot x_1^2 \cdot x_2^2} - 40000 \cdot \frac{1}{x_2^2} + \lambda_1 \cdot \pi \cdot x_1^2 - \lambda_3 = 0$$

$$\lambda_1 \cdot \left(\pi \cdot x_1^2 \cdot x_2 - 10 \right) = 0 \ , \ \lambda_2 \cdot x_1 = 0 \ , \ \lambda_3 \cdot x_2 = 0$$

$$\pi \cdot x_1^2 \cdot x_2 \leq 10 \ , \ x_1 \geq 0 \ , \ x_2 \geq 0 \ , \ \lambda_1 \geq 0 \ , \ \lambda_2 \geq 0 \ , \ \lambda_3 \geq 0$$

d.h., es sind 5 Gleichungen und 6 Ungleichungen bzgl. der Unbekannten

$$x_1 \quad , \quad x_2 \quad , \quad \lambda_1 \quad , \quad \lambda_2 \quad , \quad \lambda_3$$

zu lösen.

Man erkennt bereits an diesem einfachen Beispiel, wie *kompliziert* die von den Kuhn-Tucker-Bedingungen erzeugten *Gleichungen* und *Ungleichungen* sind, für die sich eine exakte Lösung schwierig gestaltet. Dieses System von Gleichungen und Ungleichungen wird von keinem *System* exakt gelöst, selbst wenn man die Ungleichungen wegläßt.
Deshalb führen nur *numerische Lösungsmethoden* zum Ziel.
Im Beispiel 30.15 werden wir diese Aufgabe mit MATLAB lösen, das als einziges von den im Buch betrachteten *Systemen* in seiner Toolbox *Optimization* die *numerische Lösung nichtlinearer Optimierungsprobleme* gestattet.

b) Für das einfache *quadratische Optimierungsproblem*

$$f(x_1, x_2) = \left(x_1 - 1\right)^2 + \left(x_2 - 1\right)^2 \ \rightarrow \ \underset{x_1, x_2}{\text{Minimum}}$$

$$x_1 + x_2 - 1 \leq 0$$

lauten die *Kuhn-Tucker-Funktion*

$$L(x_1, x_2, \lambda) = \left(x_1 - 1\right)^2 + \left(x_2 - 1\right)^2 + \lambda \cdot (x_1 + x_2 - 1)$$

und die *Kuhn-Tucker-Bedingungen*

$$2 \cdot \left(x_1 - 1\right) + \lambda = 0$$

$$2 \cdot \left(x_2 - 1\right) + \lambda = 0$$

$$\lambda \cdot (x_1 + x_2 - 1) = 0$$

$$x_1 + x_2 - 1 \leq 0 \ , \ \lambda \geq 0$$

aus denen sich die *Lösung*

$$x_1 = \frac{1}{2} \quad , \quad x_2 = \frac{1}{2} \quad , \quad \lambda = 1$$

mit dem *minimalen Zielfunktionswert* 0.5 durch *Elimination* berechnen läßt.
Die *Systeme* MATHCAD und MATHEMATICA finden nur Lösungen der Kuhn-Tucker-Bedingungen, wenn man die beiden Ungleichungen

$$x_1 + x_2 - 1 \leq 0 \ , \quad \lambda \geq 0$$

wegläßt und die Kommandos zur Gleichungslösung heranzieht (siehe Abschn. 9.2 und Kap.13). Lediglich MAPLE löst die kompletten Kuhn-Tucker-Bedingungen.

Da in den *Systemen* bis auf MACSYMA *keine Kommandos* zur *nichtlinearen Optimierung* enthalten sind, kann man lediglich versuchen, die von den Kuhn-Tucker-Bedingungen gelieferten Gleichungen und Ungleichungen mit den in den *Systemen* enthaltenen Kommandos zur Gleichungslösung zu lösen. Dies ist aber nur bei sehr einfachen Aufgaben möglich, wie wir im Beispiel 30.14 gesehen haben. Man ist deshalb auf *numerische Methoden* angewiesen, die nur im *Tabellenkalkulationsprogramm* EXCEL *integriert,* wie im Buch [3] des Autors illustriert wird. Des weiteren findet man im Elektronischen Buch *Numerical Recipes* und in der Toolbox *Optimization* von MATHCAD bzw. MATLAB *Kommandos* zu *numerischen Lösung* von Aufgaben der *nichtlinearen Optimierung,* wobei MATHCAD aber nur Aufgaben ohne Beschränkungen numerisch löst.

♦

MACSYMA läßt zwar in seinem *Kommando* **stap** *Ungleichungsnebenbedingungen* zu (siehe Abschn.30.2), löst aber hiermit keines der beiden einfachen Beispiele 30.14a) und b).

♦

Betrachten wir ein *Numerikkommando* von MATLAB aus der Toolbox *Optimization* zur *Lösung* von *Aufgaben* der *nichtlinearen Optimierung:*

MATLAB

MATLAB löst mittels des *Numerikkommandos*

constr (' f = f(x) ; g = g(x) ; ' , SW)

die *Minimierungsaufgabe*

$f(\mathbf{x}) \rightarrow$ Minimum , $\mathbf{g}(\mathbf{x}) \le 0$

bzgl. des *Vektors* **x**, wobei

* f : eine *skalare* und **g** eine *vektorielle Funktion*

* SW : die *Startwerte* (als Feld) für das Verfahren

darstellen.

Dabei ist zu beachten, daß die Komponenten von **x** in der Form x(1) , x(2) , ... zu schreiben sind und alle Nebenbedingungen als Vektorfunktion einzugeben sind.

Wir illustrieren die Vorgehensweise bei der Anwendung dieses Kommandos im folgenden Beispiel.

Beispiel 30.15:

a) Für die *Aufgabe*

$$f(x_1,x_2) = \frac{10000}{\pi \cdot x_1^2 \cdot x_2} + 40000 \cdot \left(\frac{1}{x_1} + \frac{1}{x_2}\right) \;\to\; \underset{x_1,x_2}{\text{Minimum}}$$

mit den *Beschränkungen*

$$\pi \cdot x_1^2 \cdot x_2 \;\le\; 10 \;,\; x_1 \ge 0 \;,\; x_2 \ge 0$$

aus *Beispiel 30.14a)* wird in MATLAB mittels des *Kommandos*
constr (' f = 10000/(pi * x(1)^2 * x(2)) + 40000 * (1/x(1) + 1/x(2))) ; g = [pi * x(1)^2 * x(2) − 10 ; −x(1) ; −x(2)] ; ' , [1 , 2])
mit den *Startwerten* x(1) = 1 , x(2) = 2
die *numerische Lösung* x(1) = 1.17 , x(2) = 2.34 *erhalten.*
Für *andere Startwerte* wurde diese Lösung allerdings nicht berechnet.

b) Die *Aufgabe*

$$f(x_1,x_2) = \left(x_1 - 1\right)^2 + \left(x_2 - 1\right)^2 \;\to\; \underset{x_1,x_2}{\text{Minimum}}$$

$$x_1 + x_2 - 1 \le 0$$

aus *Beispiel 30.14b)* wird in MATLAB mittels des *Kommandos*
constr (' f = (x(1) − 1)^2 + (x(2) − 1)^2 ; g = x(1) + x(2) − 1 ; ', [1,1])
mit den *Startwerten* x(1)=1 und x(2)=1
numerisch gelöst und die *Lösung* x(1)=0.5 und x(2)=0.5 *erhalten.*
Für *andere Startwerte* wurde diese Lösung ebenfalls berechnet.

♦

Numerische Methoden zur Lösung von Aufgaben der *nichtlinearen Optimierung* können auch im Rahmen der *Systeme realisiert* werden, indem man die im Kap.15 besprochenen *Programmiermöglichkeiten* benutzt, um *numerische Lösungsalgorithmen* zu *programmieren.* Im Buch [2] des Autors wird dies für MATHCAD demonstriert, indem das klassische *Gradientenverfahren* programmiert wird und *Straffunktionenmethoden* verwendet werden.

♦

31   Wahrscheinlichkeitsrechnung

Neben *deterministischen Ereignissen*, bei den der *Ausgang* eindeutig *bestimmt* ist, spielen in *Technik* und *Naturwissenschaften Ereignisse* eine große Rolle, die vom *Zufall abhängen*, d.h. deren Ausgang *unbestimmt* ist. Derartige Ereignisse werden als *zufällige Ereignisse* oder *Zufallsereignisse* bezeichnet.

In der Mathematik versteht man unter einem *zufälligen Ereignis* die mögliche *Realisierung* eines *Zufallsexperiments* (*zufälligen Versuchs*).

Zufallsexperimente lassen sich folgendermaßen *charakterisieren:*
* Sie werden unter *Zufallsbedingungen* durchgeführt und lassen sich beliebig oft *wiederholen*.
* Es sind mehrere *verschiedene Ergebnisse* möglich.
* Das *Eintreffen* oder *Nichteintreffen* eines *Ereignisses* ist *zufällig*.

Beispiele für *Zufallsexperimente* sind
* *Werfen* einer *Münze*,
* *Würfeln* mit einem *Würfel*,
* *Ziehen* von *Lottozahlen*,
* Auswahl von Produkten bei der *Qualitätskontrolle*.

Die *Wahrscheinlichkeitsrechnung* untersucht *zufällige Ereignisse* mit den Mitteln der Mathematik, indem sie unter Verwendung der Begriffe *Wahrscheinlichkeit*, *Zufallsgröße* und *Verteilungsfunktion* quantitative *Aussagen* über *zufällige Ereignisse* gewinnt.
♦

Im Rahmen des vorliegenden Buches werden wir *wichtige Standardaufgaben* der Wahrscheinlichkeitsrechnung *mittels* der betrachteten *Systeme lösen*.

Eine umfassende Abhandlung der Wahrscheinlichkeitsrechnung und Statistik unter Verwendung der Systeme muß aufgrund der großen Stofffülle einem gesonderten Buch vorbehalten bleiben.

Für DERIVE und MATHEMATICA existieren bereits die *Bücher* [61], [75] und [82] zur Lösung von Aufgaben der Wahrscheinlichkeitsrechnung und Statistik.♦

Es gibt eine Reihe *spezieller Systeme* wie SAS, UNISTAT, STATGRA-PHICS, SYSTAT und SPSS, die nur zur *Lösung* von *Aufgaben* der *Wahrscheinlichkeitsrechnung* und *Statistik* erstellt wurden und deshalb i.a. wesentlich umfangreichere Möglichkeiten bieten.

Dies bedeutet aber nicht, daß Computeralgebra- und Mathematikprogramme für diese Art Aufgaben untauglich sind. Wir werden im Verlauf der Kap.31 und 32 sehen, daß sich *Standardaufgaben* der *Wahrscheinlichkeitsrechnung* und *Statistik* mittels der im Buch betrachteten *Systeme* ebenfalls erfolgreich lösen lassen.

♦

DERIVE, MAPLE und MATHEMATICA stellen integrierte *Zusatzpakete/Zusatzprogramme* für die *Wahrscheinlichkeitsrechnung* und *Statistik* zur Verfügung, die mittels der *Kommandos/Menüfolgen*

*   **File ⇒ Load ⇒ Utility...** ⇒ Probabil   (DERIVE)
*   **with** (stats) **;**   (MAPLE)
*   **Needs** ["Statistics`Master`"]   (MATHEMATICA)

geladen werden.

Für MATHCAD gibt es *drei* zusätzliche *Elektronische Bücher* und für MATLAB eine *Toolbox* zur *Wahrscheinlichkeitsrechnung* und *Statistik*. Auf diese Bücher gehen wir im folgenden jedoch nicht ein, da diese nicht integriert sind, sondern extra gekauft werden müssen.

♦

In diesem Kapitel werden wir *Grundaufgaben* der *Wahrscheinlichkeitsrechnung* mit den *Systemen* lösen. *Aufgaben* der *Statistik* betrachten wir im Kap.32.

Wir können im Rahmen dieses Buches nur die *wichtigsten Funktionen* und *Kommandos* zur *Wahrscheinlichkeitsrechnung* und *Statistik* besprechen.

Einen *Überblick* über *sämtliche integrierten Funktionen* zur *Wahrscheinlichkeitsrechnung* und *Statistik* erhält man in den *Systemen* aus den integrierten *Hilfen*.

31.1   Ingenieurtechnische Anwendungen

Eine Reihe von *Problemen* in *Technik* und *Naturwissenschaften* kann mit Hilfe der *Wahrscheinlichkeitsrechnung* gelöst werden. Dazu gehören u.a.:

*   Die in einer Telefonzelle ankommenden Gespräche (Theorie der Wartesysteme),
*   Die Lebensdauer eines technischen Geräts (Zuverläßigkeitstheorie),

* Die Abweichungen der Maße eines hergestellten Teils von den Sollwerten,
* Das Zufallsrauschen in der Signalübertragung

Weitere Anwendungen findet man in [41]/3/II.

31.2 Kombinatorik

Die *Kombinatorik* befaßt sich damit, auf welche Art man eine vorgegebene Anzahl von *Elementen anordnen* bzw. wie man aus einer vorgegebenen Anzahl von Elementen *Gruppen von Elementen auswählen* kann. Dies benötigt man u.a. zur *Berechnung klassischer Wahrscheinlichkeiten.*

31.2.1 Fakultät und Binomialkoeffizient

Zur Berechnung der *Formeln* der *Kombinatorik* benötigt man
* die *Fakultät* $k! = 1 \cdot 2 \cdot 3 \cdot \ldots \cdot k$ einer *natürlichen Zahl* k
* den *Binomialkoeffizienten*

$$\binom{a}{k} = \frac{a \cdot (a-1) \cdots (a-k+1)}{k!}$$

wobei a eine *reelle* und k eine *natürliche Zahl* darstellen.
Im Falle, daß a = n ebenfalls eine *natürliche Zahl* ist, läßt sich die *Formel* für den *Binomialkoeffizienten* in der folgenden Form schreiben:

$$\binom{n}{k} = \frac{n!}{k! \cdot (n-k)!}$$

Zur *Berechnung* der *Fakultät* k! stellen die *Systeme* folgende *Kommandos/Menüfolgen* zur Verfügung:
AXIOM *berechnet* mit dem *Kommando*

AXIOM

factorial (k)
die *Fakultät* k!
DERIVE *berechnet* mit der *Menüfolge*

DERIVE

Author ⟹ Expression... k! ⟹ Simplify
die *Fakultät* k!
MACSYMA *berechnet* mit einem der *Kommandos*

MACSYMA

* k!
* **factorial** (k)
die *Fakultät* k!
MAPLE *berechnet* mittels

MAPLE

k! ;
die *Fakultät* k!

MATHCAD	Bei MATHCAD wird k! in das *Arbeitsfenster eingegeben* und mit einer *Selektionsbox umrahmt.* Die abschließende Auslösung einer der folgenden *Aktivitäten* :

* *Aktivierung* der *Menüfolge*
  Symbolic ⇒ Evaluate Symbolically (oder **Simplify**)
* *Eingabe* des *numerischen Gleichheitszeichens* =
* *Eingabe* des *symbolischen Gleichheitszeichens* →
berechnet die *Fakultät* k!

MATHEMA-TICA	MATHEMATICA *berechnet* mittels k! die *Fakultät* k!
MATLAB	MATLAB *berechnet* mit dem *Kommando* **prod** (1:k) die *Fakultät* k!
MuPAD	MuPAD *berechnet* mittels k! ; die *Fakultät* k!

♦

Der *Binomialkoeffizient* kann mit allen *Systemen* durch *Berechnung* der angegebenen *Formeln* erhalten werden.
Da diese Berechnungsart für den Anwender umständlich und aufwendig ist, stellen zur *direkten Berechnung* des *Binomialkoeffizienten*

$$\binom{a}{k}$$

folgende Systeme *Kommandos/Menüfolgen* zur *Verfügung:*

AXIOM	AXIOM *berechnet* mit dem *Kommando* **binomial** (a , k) den *Binomialkoeffizienten.*
DERIVE	DERIVE *berechnet* mittels der *Menüfolge* **Author ⇒ Expression... comb** (a , k) ⇒ **Simplify** mit dem *Kommando* **comb** den *Binomialkoeffizienten.*
MACSYMA	MACSYMA *berechnet* mit dem *Kommando* **binomial** (a , k) den *Binomialkoeffizienten.*
MAPLE	MAPLE *berechnet* mit dem *Kommando* **binomial** (a , k) ; den *Binomialkoeffizienten.*
MATHEMA-TICA	MATHEMATICA *berechnet* mit dem *Kommando* **Binomial** [a , k]

MuPAD

den *Binomialkoeffizienten.*
MuPAD *berechnet* mit dem *Kommando*
binomial (a , k) ;
den *Binomialkoeffizienten.*

♦

Beispiel 31.1:

Der *Binomialkoeffizient* $\binom{10}{4}$ wird in den einzelnen *Systemen* fol-

gendermaßen *berechnet:*
* AXIOM : **binomial** (10 , 4)
* DERIVE :
  Author ⇒ **Expression... comb** (10 , 4) ⇒ **Simplify**
* MACSYMA : **binomial** (10 , 4)
* MAPLE : **binomial** (10 , 4) ;
* MATHEMATICA : **Binomial** [10 , 4]
* MuPAD : **binomial** (10 , 4) ;
und als *Ergebnis* 210 erhalten.

♦

31.2.2 Permutationen, Variationen und Kombinationen

Zur *Berechnung* klassischer *Wahrscheinlichkeiten* benötigt man die
Formeln der *Kombinatorik*, d.h. für
* *Permutationen*
  (*Anordnung* von n verschiedenen *Elementen mit Berücksichti-
  gung* der *Reihenfolge*)
  n!
* *Variationen*
  (*Auswahl* von k *Elementen* aus n gegebenen Elementen *mit Be-
  rücksichtigung* der *Reihenfolge*)
  * $\dfrac{n!}{(n-k)!}$ *ohne Wiederholung*

  * n^k *mit Wiederholung*
* *Kombinationen*
  (*Auswahl von* k *Elementen* aus n gegebenen Elementen *ohne Berücksichtigung* der *Reihenfolge*)
  * $\binom{n}{k}$ *ohne Wiederholung*

$$* \quad \binom{n+k-1}{k} \qquad \textit{mit Wiederholung}$$

Die *Formeln* der *Kombinatorik* lassen sich in allen *Systemen* unter Verwendung der Kommandos zur Berechnung von Fakultät und Binomialkoeffizient einfach *berechnen*. Benötigt man diese Formeln öfters, so empfiehlt es sich, diese als Funktionen zu definieren

♦

31.3   Wahrscheinlichkeiten und Zufallsgrößen

Bei *zufälligen Ereignissen* benötigt man eine *Maßzahl* (die sogenannte *Wahrscheinlichkeit*), die die *Chance* für das *Eintreten* des *Ereignisses* beschreibt. Praktischerweise wählt man diese Zahl zwischen 0 und 1, wobei die Wahrscheinlichkeit 0 für das *unmögliche* und 1 für das *sichere* Ereignis stehen.

Die erste Begegnung mit dem Begriff *Wahrscheinlichkeit* für ein zufälliges Ereignis hat man bei der

* *klassischen Definition* der *Wahrscheinlichkeit* als *Quotient* aus *Anzahl* der *günstigen Fälle* und *Anzahl* der *möglichen Fälle*. Diese *Wahrscheinlichkeiten* lassen sich in allen *Systemen* unter *Verwendung* der *Formeln* der *Kombinatorik* einfach *berechnen*.

* *relativen Häufigkeit* als *Quotient* aus dem m-maligen *Auftreten* eines *Ereignisses* bei zufälligen Versuchen und der *Anzahl* n der durchgeführten *zufälligen Versuche* (n > m).

Diese *anschaulichen Definitionen* reichen für einfache Fälle aus. *Allgemein* verwendet man eine *axiomatischen Definition* der *Wahrscheinlichkeit*, die in den Lehrbüchern zu finden ist (siehe [41]/3 /II).

♦

Der Begriff *Zufallsgröße* (*Zufallsvariable*) spielt in der *Wahrscheinlichkeitsrechnung* und *Statistik* eine *grundlegende Rolle*. Er wird eingeführt, um mit zufälligen Ereignissen rechnen zu können. Eine exakte Definition ist mathematisch anspruchsvoll.

Für die *Anwendung* genügt es zu wissen, daß die *Zufallsgröße als eine Funktion definiert* ist, die den *Ereignissen* eines *Zufallsexperiments reelle Zahlen zuordnet*. Man unterscheidet zwischen zwei *Arten von Zufallsgrößen:*

* *diskrete Zufallsgröße:*
  kann nur *endlich* (oder *abzählbar unendlich*) *viele* Werte annehmen,

* *stetige Zufallsgröße:*
kann beliebig viele Werte annehmen.

Wahrscheinlichkeiten und *Zufallsgrößen* gehören neben den *Verteilungsfunktionen* (Abschn.31.4) zu den *grundlegenden Begriffen* der *Wahrscheinlichkeitsrechnung* , die mit den Mitteln der Mathematik zufällige Ereignisse untersucht.

♦

Geben wir einfache *Beispiele* zur Erläuterung der Begriffe *Wahrscheinlichkeit* und *Zufallsgröße*.

Beispiel 31.2:

a) Betrachten wir das Standardbeispiel des *Würfelns* mit einem idealen *Würfel*. Die *Wahrscheinlichkeit*, eine bestimmte *Zahl* zwischen 1 und 6 zu *werfen*, bestimmt sich mittels der *klassischen Wahrscheinlichkeit* als *Quotient* der *günstigen Fälle* (1) und der *möglichen Fälle* (6) zu 1/6.

Als *diskrete Zufallsgröße* X für dieses *zufällige Experiment* verwenden wir die Funktion die dem zufälligen Ereignis des Würfelns einer bestimmten Zahl genau diese Zahl zuordnet, d.h., X ist eine Funktion, die die Werte 1 , 2 , 3 , 4 , 5 , 6 annehmen kann.

b) Die *Anzahl* der täglich in einer Firma in einer bestimmten Zeit *produzierten Teile* kann als *diskrete Zufallsgröße* betrachtet werden, die alle ganzzahligen Werte in einem Intervall annehmen kann.

c) Die *Temperatur* eines zu *bearbeitenden Werkstücks* kann als *stetige Zufallsgröße* aufgefaßt werden, wobei sie alle Werte in einem gewissen *Temperaturintervall* annehmen kann, das für die Bearbeitung erforderlich ist.

d) Der *Benzinverbrauch* eines Pkw kann als *stetige Zufallsgröße* aufgefaßt werden.

♦

31.4   Verteilungsfunktionen

Hat man eine *Zufallsgröße* gegeben, so stellt sich die Frage, mit welchen *Wahrscheinlichkeiten* die einzelnen Werte realisiert werden. Diese *Zuordnung* der *Wahrscheinlichkeiten* zu den *Werten* der *Zufallsgröße* wird durch die *Verteilungsfunktion* (*Wahrscheinlichkeitsfunktion*) gegeben.

Die *Verteilungsfunktion* F(x) einer *Zufallsgröße* X ist durch

$$F(x) = P(X \le x)$$

definiert, wobei

$$P(X \le x)$$

die *Wahrscheinlichkeit* dafür angibt, daß die *Zufallsgröße* X einen Wert kleiner oder gleich als die Zahl x annimmt.

♦

Die *Verteilungsfunktion* einer
- *diskreten Zufallsgröße* X mit den *Werten*

$$x_1, x_2, \ldots, x_n, \ldots$$

  ergibt sich zu

$$F(x) = \sum_{x_i \le x} p_i$$

  wobei

$$p_i = P(X = x_i)$$

  die *Wahrscheinlichkeit* dafür ist, daß X den *Wert* x_i annimmt.
- *stetigen Zufallsgröße* X ist durch

$$F(x) = \int_{-\infty}^{x} f(t)\, dt$$

  gegeben, wobei f(t) die *Wahrscheinlichkeitsdichte* bezeichnet.

In der Wahrscheinlichkeitsrechnung und Statistik spielen die *inversen Verteilungsfunktionen* F^{-1} eine große Rolle. Man bezeichnet den *Wert* x_s als *s-Quantil*, wenn gilt

$$F(x_s) = P(X \le x_s) = s, \text{ d.h., } x_s \text{ ermittelt sich aus } x_s = F^{-1}(s)$$

wobei s eine gegebene Zahl aus dem Intervall [0,1] ist.

♦

Für *praktische Anwendungen* wichtige
- *diskrete Verteilungsfunktionen* sind:
  - *Binomialverteilung* B (n , p) :
    Mit der *Wahrscheinlichkeit*

$$P(X = k) = \binom{n}{k} \cdot p^k \cdot (1 - p)^{n-k}$$

    dafür, daß bei n unabhängigen Versuchen (*mit Zurücklegen*), die nur das *Ergebnis* A (mit *Wahrscheinlichkeit* p) oder das *komplementäre Ergebnis* $\overline{A}$ (mit *Wahrscheinlichkeit* 1−p) haben können, das *Ergebnis* A *k-mal auftritt* (k = 0, 1 ,..., n).
  - *Hypergeometrische Verteilung* H (N , M , n) :

Mit der *Wahrscheinlichkeit*

$$P(X=k) \ = \ \frac{\dbinom{M}{k} \cdot \dbinom{N-M}{n-k}}{\dbinom{N}{n}}$$

dafür, daß bei n ($\leq$N) *Versuchen* der zufälligen Entnahme eines Elements *ohne Zurücklegen* aus einer Gesamtheit von N Elementen, von denen M (1$\leq$M<N) eine gewünschte Eigenschaft E haben, k Elemente (k = 0, 1 ,..., min(n,M)) mit dieser Eigenschaft E auftreten.

- *Poisson-Verteilung* P(λ) mit dem *Parameter* λ:
  Mit der *Wahrscheinlichkeit*

$$P(X=k) \ = \ \frac{\lambda^k}{k!} \cdot e^{-\lambda} \ (\ k = 0, 1, 2,... \ )$$

Diese Verteilung kann als gute Näherung für die Binomialverteilung verwendet werden, wenn n groß und p klein sind und λ gleich n· p gesetzt wird.

- *stetige Verteilungsfunktionen* sind

  - *Normalverteilung* N(μ,σ) mit der

    * *Dichte*

$$f(t) \ = \ \frac{1}{\sigma \cdot \sqrt{2 \cdot \pi}} \cdot e^{-\frac{1}{2} \cdot \left(\frac{t-\mu}{\sigma}\right)^2}$$

    * *Verteilungsfunktion*

$$F(x) \ = \ \frac{1}{\sigma \cdot \sqrt{2 \cdot \pi}} \cdot \int_{-\infty}^{x} e^{-\frac{1}{2} \cdot \left(\frac{t-\mu}{\sigma}\right)^2} dt$$

in denen

μ den *Erwartungswert*,

σ die *Standardabweichung*,

σ^2 die *Streuung/Varianz*

darstellen (siehe Abschn.31.5). Gelten μ = 0 und σ = 1 , so spricht man von der *standardisierten* (oder *normierten*) *Normalverteilung* N(0,1), deren Verteilungsfunktion mit ϕ bezeichnet wird. Diese Verteilungsfunktion ist in vielen Tafeln und Taschenrechnern enthalten und auch in den *Systemen* integriert.

Falls man die *Wahrscheinlichkeiten* für eine *Normalvertei-lung* mit beliebigem Erwartungswert μ und beliebiger Standardabweichung σ berechnen möchte, so kann dies mit Hilfe der *standardisierten Normalverteilung* folgendermaßen geschehen:

$$P(X \leq x) = \phi \left(\frac{x - \mu}{\sigma} \right) = \phi(u)$$

$$P(X \geq x) = 1 - P(X < x) = 1 - \phi \left(\frac{x - \mu}{\sigma} \right) = 1 - \phi(u)$$

wobei sich u folgendermaßen berechnet:

$$u = \frac{x - \mu}{\sigma}$$

Außerdem wird das
- *Fehlerintegral*

$$Fi(x, y) = \frac{2}{\sqrt{\pi}} \cdot \int_x^y e^{-t^2} \, dt$$

benötigt.
- *Weitere* wichtige *Verteilungen* (vor allem für die Statistik) sind die *Chi-Quadrat-*, *Student-* und *F-Verteilung*.

Betrachten wir praktische *Beispiele* für die *Binomial-* und *Normalverteilung*.

Beispiel 31.3:

a) Beim *Produktionsprozeß* einer *Ware* ist *bekannt*, daß 80% *fehlerfrei*, 15% mit *leichten* (vernachlässigbaren) *Fehlern* und 5% mit *großen Fehlern* hergestellt werden. Wie groß ist die *Wahrscheinlichkeit* P, daß von den nächsten hergestellten 100 Exemplaren dieser Ware

a1) höchstens 3,   a2) genau 10,   a3) mindestens 4

große Fehler besitzen?

Als *Zufallsgröße* X verwenden wir die *Anzahl* der *Waren* mit *großen Fehlern*. Unter Verwendung der *Binomialverteilung* B (100 , 0.05) mit der *Verteilungsfunktion* F, die mit den Systemen berechnet werden kann, ergibt sich *folgende Lösung*:

a1) $P(X \leq 3) = F(3) = 0.258$

a2) $P(X = 10) = P(X \leq 10) - P(X \leq 9) = F(10) - F(9) = 0.017$

a3) $P(X \geq 4) = 1 - P(X < 4) = 1 - P(X \leq 3) = 1 - F(3) = 0.742$

b) Die *Lebensdauer* von *Fernsehgeräten* sei *normalverteilt* mit dem *Erwartungswert* $\mu = 10000$ Stunden und der *Standardabweichung* $\sigma = 1000$ Stunden.

Wie groß ist die *Wahrscheinlichkeit*, daß ein zufällig der Produktion entnommenes *Fernsehgerät*

b1) *mindestens* 12000 Stunden,

b2) *höchstens* 6500 Stunden,

b3) *zwischen* 7500 und 10500 Stunden

läuft?

Als *Zufallsgröße* X verwenden wir die *Lebensdauer* der *Fersehgeräte* und erhalten folgende Lösungen, wobei die *Verteilungsfunktion* F der *Normalverteilung* (mit μ = 10000 und σ = 1000) mit den *Systemen* berechnet werden kann:

b1) $P(X \geq 12000) = 1 - P(X < 12000) = 1 - F(12000) = 0{,}023$

b2) $P(X \leq 6500) = F(6500) = 0{,}00023$

b3) $P(7500 \leq X \leq 10500) = F(10500) - F(7500) = 0{,}685$

c) Verwenden wir das Beispiel aus [41]/3,II,6:

Der *Durchmesser* der in einem Werk hergestellten *Schrauben* wird als *Zufallsgröße* angenommen, die einer *Normalverteilung* mit dem *Erwartungswert* (*Sollwert*) μ = 10mm und der *Standardabweichung* σ = 0.2mm genügt. *Zugelassen* sind *Abweichungen* des *Durchmessers* vom *Sollwert* von 0.3mm.

Es ist das *Problem* zu *lösen*, wie groß der *Ausschuß* der *Produktion* bei diesen Annahmen ist.

♦

Die *Systeme* stellen folgende *Kommandos/Menüfolgen* für *Verteilungen* zur Verfügung :

• Für *diskrete Verteilungen:*

DERIVE   DERIVE stellt nach dem *Laden* der *Zusatzdatei* PROBABIL.MTH mittels **file ⇒ Load ⇒ Utility...** Probabil u.a. folgende *Menüfolgen* zur Verfügung:

     * **Author ⇒ Expression... binomial_density** (k , n , p) ⇒ **Simplify**

     zur *Berechnung* der *Wahrscheinlichkeit* P(X = k) für die *Binomialverteilung* B (n , p),

     * **Author ⇒ Expression... binomial_distribution** (k , n , p) ⇒ **Simplify**

     zur *Berechnung* der *Verteilungsfunktion*

$$F(k) = P(X \leq k) = \sum_{i=0}^{k} P(X = i)$$

     für die *Binomialverteilung* B (n , p),

     * **Author ⇒ Expression... hypergeometric_density** (k , n , M , N) ⇒ **Simplify**

zur *Berechnung* der *Wahrscheinlichkeit* P(X = k) für die *hypergeometrische Verteilung* H (N , M , n),

* **Author** ⇒ **Expression... hypergeometric_distribution** (k , n , M , N) ⇒ **Simplify**

zur Berechnung der *Verteilungsfunktion*

$$F(k) \; = \; P(X \le k) \; = \; \sum_{i=0}^{k} P(X = i)$$

für die *hypergeometrische Verteilung* H (N , M , n),

* **Author** ⇒ **Expression... poisson_density** (k , q) ⇒ **Simplify**

zur Berechnung der *Wahrscheinlichkeit* P(X = k) für die *Poisson-Verteilung* mit $\lambda = q$,

* **Author** ⇒ **Expression... poisson_distribution** (k , q) ⇒ **Simplify**

zur Berechnung der *Verteilungsfunktion*

$$F(k) \; = \; P(X \le k) \; = \; \sum_{i=0}^{k} P(X = i)$$

für die *Poisson-Verteilung* mit $\lambda = q$.

Beispiel 31.4:

Der *Wert* der *Verteilungsfunktion* F(3)=0.258 für die *Binomialverteilung* B (100 , 0.05) aus *Beispiel 31.3a1)* wird in DERIVE *mittels*

Author ⇒ **Expression... binomial_distribution** (3 , 100 , 0.05) ⇒ **Simplify**

berechnet.

♦

MAC-SYMA

MACSYMA stellt u.a. die folgenden *diskreten Verteilungen* zur Verfügung:

* **binomial_distrib** (k , n , p)

zur Berechnung der *Wahrscheinlichkeit* P(X = k) für die *Binomialverteilung* B (n , p),

* **hypergeometric_distrib** (k , N , M , n)

zur Berechnung der *Wahrscheinlichkeit* P(X = k) für die *hypergeometrische Verteilung* H (N , M , n),

* **poisson_distrib** (k , q)

zur Berechnung der *Wahrscheinlichkeit* P(X = k) für die *Poisson-Verteilung* mit $\lambda = q$.

Beispiel 31.5:
Der *Wert* der *Verteilungsfunktion* F(3)=0.258 für die *Binomialverteilung* B (100 , 0.05) aus *Beispiel 31.3a1)* wird in MACSYMA *mittels* **binomial_distrib** (3 , 100 , 0.05) *berechnet.*
♦

MAPLE

MAPLE stellt nach dem Laden des Zusatzpakets *Statistik* mittels **with** (stats) ; u.a. die folgenden *diskreten Verteilungen* zur Verfügung:

*   **statevalf** [pf , **binomiald** [n , p]] (k) ;
    zur Berechnung der *Wahrscheinlichkeit* P(X = k) für die *Binomialverteilung* B (n , p),
*   **statevalf** [dcdf , **binomiald** [n , p]] (k) ;
    zur Berechnung der *Verteilungsfunktion*

$$F(k) \; = \; P(X \le k) \; = \; \sum_{i=0}^{k} P(X = i)$$

    für die *Binomialverteilung* B (n , p),
*   **statevalf** [pf , **hypergeometric** [M , N , n]] (k) ;
    zur Berechnung der *Wahrscheinlichkeit* P(X = k) für die *hypergeometrische Verteilung* H (N , M , n),
*   **statevalf** [dcdf , **hypergeometric** [M , N , n]] (k) ;
    zur Berechnung der *Verteilungsfunktion*

$$F(k) \; = \; P(X \le k) \; = \; \sum_{i=0}^{k} P(X = i)$$

    für die *hypergeometrische Verteilung* H (N , M , n),
*   **statevalf** [pf , **poisson** [q]] (k) ;
    zur Berechnung der *Wahrscheinlichkeit* P(X = k) für die *Poisson-Verteilung* mit $\lambda = q$,
*   **statevalf** [dcdf , **poisson** [q]] (k) ;
    zur Berechnung der *Verteilungsfunktion*

$$F(k) \; = \; P(X \le k) \; = \; \sum_{i=0}^{k} P(X = i)$$

    für die *Poisson-Verteilung* mit $\lambda = q$.

Beispiel 31.6:
Der *Wert* der *Verteilungsfunktion* F(3)=0.258 für die *Binomialverteilung* B (100 , 0.05) aus *Beispiel 31.3a1)* wird in MAPLE *mittels* **statevalf** [dcdf , **binomiald** [100 , 0.05]] (3) ;
berechnet.
♦

MATHCAD besitzt eine Reihe von *integrierten Funktionen* zu *diskreten Verteilungen*, von denen wir im folgenden die wichtigsten aufzählen:

* **dbinom** (k , n , p)
  zur Berechnung der *Wahrscheinlichkeit* P(X = k) für die *Binomialverteilung* B (n , p),

* **pbinom** (k , n , p)
  zur Berechnung der *Verteilungsfunktion*

  $$F(k) \ = \ P(X \leq k) \ = \ \sum_{i=0}^{k} P(X = i)$$

  für die *Binomialverteilung* B (n , p),

* **dpois** (k , q)
  zur Berechnung der *Wahrscheinlichkeit* P(X = k) für die *Poisson-Verteilung* mit $\lambda = q$,

* **ppois** (k , q)
  zur Berechnung der *Verteilungsfunktion*

  $$F(k) \ = \ P(X \leq k) \ = \ \sum_{i=0}^{k} P(X = i)$$

  für die *Poisson-Verteilung* mit $\lambda = q$.

Die *Eingabe* des *numerischen Gleichheitszeichens* nach der entsprechenden Funktion berechnet den *gewünschten Funktionswert*.

Beispiel 31.7:
Der *Wert* der *Verteilungsfunktion* F(3)=0.258 für die *Binomialverteilung* B (100 , 0.05) aus *Beispiel 31.3a1)* wird in MATHCAD *mittels* **pbinom** (3 , 100 , 0.05) = 0.258 *berechnet.*
♦

MATHEMATICA stellt nach dem Laden des Zusatzpakets *Statistik* mittels **Needs** [″Statistics`Master`″] folgende *Kommandos* zur Verfügung:

* **BinomialDistribution** [n , p]
  für die *Binomialverteilung* B (n , p)

* **HypergeometricDistribution** [n , M , N]
  für die *hypergeometrische Verteilung* H (N , M , n)

* **PoissonDistribution** [q]
  für die *Poisson-Verteilung* mit $\lambda = q$

* **CDF** [*Verteilung* , x]
  liefert die zu einer *Verteilung* gehörige *Verteilungsfunktion* F(x).

Beispiel 31.8:
Der *Wert* der *Verteilungsfunktion* F(3)=0.258 für die *Binomialverteilung* B (100 , 0.05) aus *Beispiel 31.3a1)* wird in MATHEMATICA *mittels* **CDF** [**BinomialDistribution** [100 , 0.05] , 3] *berechnet.*

Falls man eine *diskrete Verteilung* in einem zur Verfügung stehenden *System* nicht findet, so kann man sie ohne große Mühe mit den enthaltenen Kommandos zur Summation und Berechnung von Binomialkoeffizienten berechnen.

- Für *stetige Verteilungen:*
  DERIVE *berechnet* mit der *Menüfolge*

DERIVE

  * **Author** ⇒ **Expression... normal** (x , m , s) ⇒ **OK** ⇒ **Simplify** ⇒ **Approximate...** ⇒ **Approximate**
    den Wert der *Verteilungsfunktion* für die *Normalverteilung* N(m,s) an der Stelle x. Wenn man m und s wegläßt, so wird die *standardisierte Normalverteilung* berechnet.
  * **Author** ⇒ **Expression... erf** (y) ⇒ **OK** ⇒ **Simplify** ⇒ **Approximate...** ⇒ **Approximate**
    das *Fehlerintegral* Fi(0,y)
  * **Author** ⇒ **Expression... erf** (x , y) ⇒ **OK** ⇒ **Simplify** ⇒ **Approximate...** ⇒ **Approximate**
    das *Fehlerintegral* Fi(x,y)

Beispiel 31.9:
Der *Wert* der *Verteilungsfunktion* F(12000)=0.977 für die *Normalverteilung* N (10000 , 1000) aus *Beispiel 31.3b1)* wird in DERIVE *mittels*
Author ⇒ **Expression... normal** (12000 , 10000 , 1000) ⇒ **OK** ⇒ **Simplify** ⇒ **Approximate...** ⇒ **Approximate**
berechnet.

♦

MAC-SYMA

MACSYMA stellt u.a. folgende *Kommandos* für *stetige Verteilungen* zur Verfügung:
  * **normal_distrib** (x , m , s)
    berechnet den Wert der *Verteilungsfunktion* der *Normalverteilung* N(m,s) an der Stelle x.
  * **standard_normal_distrib** (x)
    berechnet den Wert der *Verteilungsfunktion* der *standardisierten Normalverteilung* an der Stelle x.

Beispiel 31.10:
Der *Wert* der *Verteilungsfunktion* F(12000)=0.977 für die *Normalverteilung* N (10000 , 1000) aus *Beispiel 31.3c)* wird in MACSYMA *mittels* **normal_distrib** (12000 , 10000 , 1000) *berechnet.*

♦

MAPLE

MAPLE stellt nach dem Laden des Zusatzpakets *Statistik* mittels **with** (stats) ; u.a. die folgenden *Kommandos* für *stetige Verteilungen* zur Verfügung:

* **statevalf** [pdf , **normald** [m , s]] (x) ;
  berechnet den Wert der *Dichte* der *Normalverteilung* N(m,s) an der Stelle x.

* **statevalf** [cdf , **normald** [m , s]] (x) ;
  berechnet den Wert der *Verteilungsfunktion* für die *Normalverteilung* N(m,s) an der Stelle x. Wenn man m und s wegläßt, so wird die *standardisierte Normalverteilung* berechnet.

* **ChiSquare** (s , n) ;
  berechnet das s-*Quantil* x_s für die *Chi-Quadrat-Verteilung* mit dem *Freiheitsgrad* n.

* **Fdist** (s , n , m) ;
  berechnet das s-*Quantil* x_s für die *F-Verteilung* mit den *Freiheitsgraden* n und m.

* **StudentsT** (s , n) ;
  berechnet das s-*Quantil* x_s für die *Student-Verteilung* mit dem *Freiheitsgrad* n.

Beispiel 31.11:
Der *Wert* der *Verteilungsfunktion* F(12000)=0.977 für die *Normalverteilung* N (10000 , 1000) aus *Beispiel 31.3b1)* wird in MAPLE *mittels*
statevalf [cdf , **normald** [10000 , 1000]] (12000) ;
berechnet.

♦

MATH-CAD

MATHCAD stellt u.a. folgende Funktionen für *stetige Verteilungen* zur Verfügung:

* **dnorm** (x , m , s)
  berechnet den *Wert* der *Dichte* der *Normalverteilung* N(m,s) an der Stelle x.

* **pnorm** (x , m , s)
  berechnet den *Wert* der *Verteilungsfunktion* für die *Normalverteilung* N(m,s) an der Stelle x.

* **cnorm** (x)

berechnet den *Wert* der *Verteilungsfunktion* der *standardisierten Normalverteilung* $N(0,1)$ an der Stelle x.

* **dchisq** (x , n)
  berechnet den *Wert* der *Dichte* der *Chi -Quadrat -Verteilung* mit dem *Freiheitsgrad* n an der Stelle x.

* **pchisq** (x , n)
  berechnet den *Wert* der *Chi -Quadrat -Verteilung* mit dem *Freiheitsgrad* n an der Stelle x.

* **dF** (x , m , n)
  berechnet den *Wert* der *Dichte* der *F-Verteilung* mit den *Freiheitsgraden* n und m an der Stelle x.

* **pF** (x , m , n)
  berechnet den *Wert* der *Verteilungsfunktion* der *F-Verteilung* mit den *Freiheitsgraden* n und m an der Stelle x.

* **dt** (x , n)
  berechnet den *Wert* der *Dichte* der *Student-Verteilung* mit dem *Freiheitsgrad* n an der Stelle x.

* **pt** (x , n)
  berechnet den *Wert* der *Verteilungsfunktion* der *Student-Verteilung* mit dem *Freiheitsgrad* n an der Stelle x.

Die *Eingabe* des *numerischen Gleichheitszeichens* nach der entsprechenden Funktion berechnet den *gewünschten Funktionswert*.

Beispiel 31.12:

Der *Wert* der *Verteilungsfunktion* F(12000)=0.977 für die *Normalverteilung* N (10000 , 1000) aus *Beispiel 31.3b1)* wird in MATHCAD *mittels* **pnorm** (12000 , 10000 , 1000) = 0.977 *berechnet*.

♦

MATHE-MATICA

MATHEMATICA stellt nach dem *Laden* des Zusatzpakets *Statistik* mittels **Needs** ["Statistics`Master`"] u.a. folgende *Kommandos* zur Verfügung:

* **NormalDistribution** [m , s]
  für die *Normalverteilung* N(m,s)

* **ChiSquareDistribution** [n]
  für die *Chi -Quadrat -Verteilung* mit dem *Freiheitsgrad* n

* **FRatioDistribution** [m , n]
  für die *F-Verteilung* mit den *Freiheitsgraden* n und m

* **StudentTDistribution** [n]
  für die *Student-Verteilung* mit dem *Freiheitsgrad* n

* **PDF** [*Verteilung* , x]

berechnet die *Dichtefunktion* zur im Argument angegebenen *Verteilung* an der Stelle x,

* **CDF** [*Verteilung* , x]
berechnet die *Verteilungsfunktion* zur im Argument angegebenen *Verteilung* an der Stelle x,

* **Quantile** [*Verteilung* , s]
liefert das *Quantil* x_s zur im Argument angegebenen *Verteilung*,

* **Erf** [y]   berechnet das *Fehlerintegral* Fi(0,y),

* **Erf** [x , y]   berechnet das *Fehlerintegral* Fi(x,y),

* **InverseErf** [s]
berechnet die *Inverse* des *Fehlerintegrals* Fi(0,y), d.h., es wird r so bestimmt, daß s = **Erf** [r] gilt,

* **InverseErf** [x , s]
berechnet die *Inverse* des *Fehlerintegrals* Fi(x,y), d.h., es wird r so bestimmt, daß s = **Erf** [x , r] gilt.

Beispiel 31.13:

a) Die *Kommandofolge*

Verteilung = **NormalDistribution** [0 , 1] ;

Plot [{ **PDF** [*Verteilung* , x] , **CDF** [*Verteilung* , x] }, { x , −3 , 3 }]

zeichnet *Dichte-* und *Verteilungsfunktion* der *standardisierten Normalverteilung* im Intervall [−3 , 3] in ein Koordinatensystem (siehe Abb.31.1).

b) Der *Wert* der *Verteilungsfunktion* F(12000)=0.977 für die *Normalverteilung* N (10000 , 1000) aus *Beispiel 31.3b1)* wird in MATHEMATICA mittels

CDF [**NormalDistribution** [10000 , 1000] , 12000] //**N**

berechnet.

◆

Abb.31.1.
Dichte- und *Verteilungs-funktion* der standardisierten Normal-verteilung mittels MATHEMATICA

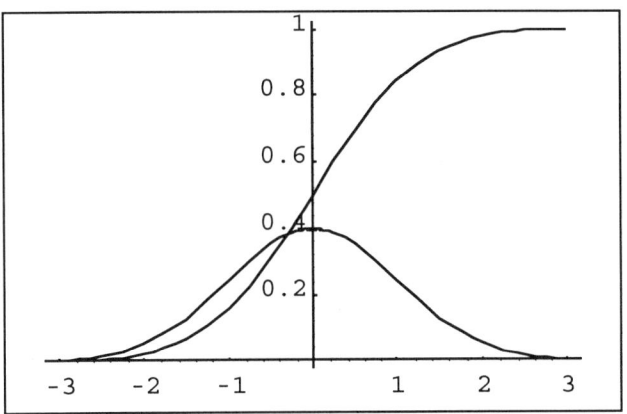

 Falls man eine *stetige Verteilung* in einem zur Verfügung stehenden *System* nicht findet, so kann man sie ohne große Mühe mit den enthaltenen Kommandos zur Integration berechnen.

♦

31.5 Momente von Verteilungen

Die *Verteilung* einer *Zufallsgröße* X ist durch die Kenntnis ihrer *Verteilungsfunktion* (bzw. *Dichtefunktion*) bestimmt.

Weitere *wichtige Informationen* über eine *Verteilung* geben die *Momente*, von denen wir nur

* *Erwartungswert (Mittelwert)*
* *Streuung (Varianz)*

als die beiden wesentlichsten betrachten:

• Der *Erwartungswert* einer *Zufallsgröße* X als wichtigstes Moment gibt an, welchen Wert die betreffende Zufallsgröße X im *Durchschnitt* realisieren wird. Deshalb wird auch die Bezeichnung *Mittelwert* verwendet.

Für den *Erwartungswert* $\mu = E(X)$ einer

* *diskreten Zufallsgröße* X mit den *Werten*

  $x_1, x_2, \ldots$

  und den *Wahrscheinlichkeiten* $p_i = P(X = x_i)$ erhält man

  $$\mu = E(X) = \sum_{i=1}^{\infty} x_i \cdot p_i$$

* *stetigen Zufallsgröße* X mit der *Dichte* f(x) erhält man

$$\mu = E(X) = \int\limits_{-\infty}^{\infty} x \cdot f(x)\, dx$$

wobei man die Konvergenz der unendlichen Reihe bzw. des uneigentlichen Integrals voraussetzen muß.

- Die *Streuung/Varianz* einer *Zufallsgröße* X gibt die durchschnittliche *Abweichung* ihrer Werte vom *Erwartungswert* ab. Mit einem *gegebenen Erwartungswert* E berechnet sich die *Streuung/Varianz* σ^2 aus

$$\sigma^2 = E(X - E(X))^2$$

Der Wert σ wird als *Standardabweichung* bezeichnet.

Nur MATHEMATICA stellt folgende *Kommandos* zur Verfügung, um *Erwartungswert* und *Streuung* für eine Zufallsgröße mit einer gegebenen Verteilung zu berechnen:

MATHEMATICA MATHEMATICA stellt nach dem Laden des Zusatzpakets *Statistik* mittels **Needs** [" Statistics`Master` "] die *Kommandos*

* **Mean** [*Verteilung*]
  zur *Berechnung* des *Erwartungswertes*,
* **Variance** [*Verteilung*]
  zur *Berechnung* der *Streuung/ Varianz*,
* **StandardDeviation** [*Verteilung*]
  zur *Berechnung* der *Standardabweichung* für die im Argument einzugebende *Verteilung* zur Verfügung.

Beispiel 31.14:

Das *Kommando*

* **Mean** [**BinomialDistribution** [100 , 0.05]]
  berechnet den bekannten *Erwartungswert* 5 für die *Binomialverteilung* B (100 , 0.05) aus *Beispiel 31.3a1)*,
* **Variance** [**BinomialDistribution** [100 , 0.05]]
  berechnet die *Streuung/Varianz* 4.75 für die gleiche *Binomialverteilung* B (100 , 0.05)
* **StandardDeviation** [**BinomialDistribution** [100 , 0.05]]
  berechnet die *Standardabweichung* 2.17945 für die gleiche *Binomialverteilung* B (100 , 0.05)
  ♦

Da nur MATHEMATICA Kommandos zur Berechnung von Erwartungswert und Streuung einer Zufallsgröße mit vorgegebener Verteilung besitzt, müssen diese in den anderen Systemen durch Berechnung der gegebenen Formeln ermittelt werden.

Empirische Erwartungswerte und *Streuungen* für entnommene *Stichproben* werden mit den *Systemen* im Abschn. 32.3 berechnet.♦

31.6 Zufallszahlen

Die *stochastische Simulation* und die mit ihr eng verwandten *Monte-Carlo-Methoden* werden in Technik und Naturwissenschaften angewandt, wenn die betrachteten Vorgänge, Phänomene oder Systeme so komplex sind, daß die Anwendung deterministischer Methoden zu aufwendig wird oder wenn gewisse Größen zufallsbedingt sind.

Allgemein versteht man unter *Simulation* die Untersuchung des Verhaltens eines Vorgangs/Systems mit Hilfe eines *Ersatzsystems*. Dabei wird für das *Ersatzsystem* ein *mathematisches Modell* verwandt, das unter Verwendung von Computern ausgewertet wird. In diesem Falle spricht man von digitaler Simulation.

Stochastische Simulationen werden u.a bei folgenden Problemen angewandt:

* Meß- und Prüfvorgänge
* Lagerhaltungsprobleme
* Verkehrsabläufe
* Bedienungs- und Reihenfolgeprobleme

Zur *stochastischen Simulation* benötigt man *Zufallszahlen*, die vorgegebenen Verteilungen genügen. Diese lassen sich mittels Computer erzeugen und werden als *Pseudozufallszahlen* bezeichnet.

Als *Monte-Carlo-Methoden* wird eine *Klasse* von *Näherungsverfahren* zur *Lösung* verschiedener *deterministischer mathematischer Probleme* bezeichnet, die auf *Methoden* der *Wahrscheinlichkeitsrechnung* und *Statistik* beruhen.

Monte-Carlo-Methoden lassen sich wie folgt *charakterisieren* :

* *Annäherung* des gegebenen *Problems* durch ein *stochastisches Modell*.
* *Durchführung zufälliger Experimente* unter Verwendung von *Zufallszahlen* anhand dieses stochastischen Modells.
* In *Auswertung* der *Ergebnisse* dieser *zufälligen Experimente* werden *Näherungswerte* für das *gegebene Problem* erhalten.

Monte-Carlo-Methoden benötigen zur ihrer Durchführung *Zufallszahlen* und können zur *Lösung* einer *Vielzahl* mathematischer *Probleme* herangezogen werden, so u.a. zur

* *Lösung* von algebraischen *Gleichungen* und *Differentialgleichungen*
* *Berechnung* von *Integralen*
* *Lösung* von *Optimierungsaufgaben*

Sie sind aber nur zu *empfehlen*, wenn *höherdimensionale Probleme* vorliegen, wie dies z.B. bei mehrfachen Integralen der Fall ist. Hier sind die Monte-Carlo-Methoden in gewissen Fällen den deterministischen numerischen Verfahren überlegen.

♦

Die *Systeme* stellen folgende *Kommandos/Menüfolgen* zur *Erzeugung* von *Zufallszahlen* zur Verfügung:

AXIOM

AXIOM stellt folgende *Kommandos* zur *Erzeugung* von *Zufallszahlen* bereit, wobei n eine positive ganze Zahl darstellt:

* **random** (n)

 liefert eine *gleichverteilte ganzzahlige Zufallszahl* aus dem Intervall (0,n).

Beispiel 31.15:

random (1000) erzeugt z.B. die *Zufallszahl*   738

♦

DERIVE

DERIVE stellt folgende *Menüfolgen* zur *Erzeugung* von *Zufallszahlen* bereit, wobei n eine positive ganze Zahl darstellt:

* **Author** ⇒ **Expression...** **random** (n) ⇒ **Simplify**

 liefert eine *gleichverteilte ganzzahlige Zufallszahl* z aus dem Intervall [0,n), d.h. $0 \le z < n$.

* **Author** ⇒ **Expression...** **random_vector** (n,s) ⇒ **Simplify**

 liefert einen n-dimensinalen *Zeilenvektor*, dessen *Komponenten gleichverteilte ganzzahlige Zufallszahlen* aus dem *Intervall* (–s,s) sind.

* **Author** ⇒ **Expression...** **random_matrix** (m,n,s) ⇒ **Simplify**

 liefert eine *Matrix* vom *Typ* (m,n), deren Elemente *gleichverteilte ganzzahlige Zufallszahlen* aus dem Intervall (–s,s) sind.

Vor der Verwendung der beiden letzten *Kommandos*

random_vector und **random_matrix**

muß die *Zusatzdatei* MISC.MTH mittels der *Menüfolge*

File ⇒ **Load** ⇒ **Utility...** Misc

geladen werden.

Beispiel 31.16:

a) Die *Menüfolge*

 Author ⇒ **Expression...** **random** (10) ⇒ **Simplify**

 liefert z.B. die *Zufallszahl* 3

b) Die *Menüfolge*

 Author ⇒ **Expression...** **random_vector** (7,3) ⇒ **Simplify**

 liefert z.B. den *Zufallsvektor* [2 , –2 , 2 , 0 , 0 , 1 , 2]

c) Die *Menüfolge*

 Author ⇒ **Expression...** **random_matrix** (2,3,5) ⇒ **Simplify**

 liefert z.B. die *Zufallsmatrix*

$$\begin{pmatrix} -4 & 0 & 0 \\ 0 & 2 & 3 \end{pmatrix}$$

♦

MACSYMA

MACSYMA stellt folgende *Kommandos* zur *Erzeugung* von *Zufalls-zahlen* bereit:

* **random** (a)
  liefert eine *gleichverteilte Zufallszahl* aus dem Intervall [0,a], wo-bei die erzeugten Zahlen vom gleichen Typ wie a sind, d.h., entweder ganze Zahlen (wenn a ganzzahlig) oder Dezimalzahlen (wenn a Dezimalzahl).

* **random_array** (x , n)
  berechnet ein Feld x von n *gleichverteilten Zufallszahlen* aus dem Intervall (0,1).

Beispiel 31.17:
random (10) ; erzeugt z.B. die *ganze Zufallszahl*   4
random (10.) ; erzeugt z.B. die *Zufallszahl* (*Dezimalzahl*) 7.16757
♦

MAPLE

MAPLE stellt folgende *Kommandos* zur *Erzeugung* von *Zufallszah-len* bereit:

* **rand** ( ) ;
  liefert eine zwölfstellige nichtnegative *gleichverteilte ganze Zu-fallszahl*

* **rand** (a .. b) ;
  liefert eine Prozedur zur Erzeugung *gleichverteilter ganzer Zu-fallszahlen* im Intervall [a,b] (siehe Beispiel 31.18b).

* **rand** (n) ;
  stellt eine *abgekürzte Schreibweise* für die Funktion
  rand (0 .. n–1) ;
  dar, wobei n eine ganze positive Zahl darstellt.

Beispiel 31.18:
a) **rand** ( ) ; erzeugt z.B. die *Zufallszahl*   297962718781
b) z:=**rand** (10 .. 100) ;
   liefert eine *Prozedur* zur *Erzeugung gleichverteilter ganzer Zu-fallszahlen* aus dem Intervall [10,100], die mittels z( ) ; aufgeru-fen wird. So wird z.B. bei zweimaligem Aufruf folgendes gelie-fert:
   z( ) ;
   93
   z( ) ;
   20

c) z:=**rand** (10) ;

liefert eine *Prozedur* zur *Erzeugung gleichverteilter Zufallszahlen* aus dem Intervall [0,9], die mittels z( ) ; aufgerufen wird. So wird z.b. bei dreimaligem Aufruf folgendes geliefert:

z( ) ;

7

z( ) ;

0

z( ) ;

1

♦

MATHCAD

MATHCAD besitzt eine Reihe von *integrierten Funktionen* zur *Erzeugung* von *Zufallszahlen*, die *verschiedenen Verteilungen* genügen. Wir beschränken uns auf die *Funktionen* zur *Erzeugung gleichverteilter* und *normalverteilter Zufallszahlen* (a>0):

* **rnd** (a)

erzeugt eine *gleichverteilte Zufallszahl* aus dem Intervall [0,a], wenn man nach Eingabe dieser Funktion das *numerische Gleichheitszeichen* eintippt.

* **runif** (n , a , b)

erzeugt einen Vektor, dessen n Komponenten *gleichverteilte Zufallszahlen* aus dem Intervall [a,b] sind (a<b), wenn man nach Eingabe dieser Funktion das *numerische Gleichheitszeichen* eintippt.

* **rnorm** (n , m , s)

erzeugt einen Vektor, dessen n Komponenten *normalverteilte Zufallszahlen* mit dem *Erwartungswert* $\mu = m$ und der *Standardabweichung* $\sigma = s$ sind, wenn man nach Eingabe dieser Funktion das *numerische Gleichheitszeichen* eintippt.

Beispiel 31.19:

a) Möchte man z.B. *eine gleichverteilte Zufallszahl* aus dem Intervall [0,5] erzeugen, gibt man die *Funktion* **rnd** (5) ein, tippt abschliessend das numerische Gleichheitszeichen ein und erhält z.B. **rnd** (5) = 2.925

Dabei kann man Dezimalzahlen mit maximal 15 Stellen erzeugen (siehe Abschn.12.2).

b) Möchte man *fünf gleichverteilte Zufallszahlen* aus dem *Intervall* [0,2] erzeugen, so verwendet man die Funktion **runif** (5, 0, 2)

Als Ergebnis erhält man einen *Vektor* von *Zufallszahlen* z.B. in der folgenden Form:

$$\mathbf{runif}\,(5,0,2) \;=\; \begin{pmatrix} 0.701 \\ 1.646 \\ 0.348 \\ 1.421 \\ 0.608 \end{pmatrix}$$

c) Möchte man *sechs normalverteilte Zufallszahlen* mit dem *Erwartungswert* 0 und der *Standardabweichung* 1 erzeugen, so verwendet man die Funktion **rnorm** (6, 0, 1)
Als *Ergebnis* erhält man einen *Vektor von Zufallszahlen* z.B. in der folgenden *Form:*

$$\mathbf{rnorm}\,(6,0,1) \;=\; \begin{pmatrix} -0.951 \\ -1.686 \\ 0.044 \\ -0.121 \\ 0.556 \\ 2.192 \end{pmatrix}$$

◆

MATHEMA-TICA

MATHEMATICA *erzeugt* mittels

* **Random** [*type* , *range* , *precision*]
  eine *gleichverteilte Zufallszahl* vom Type *type* im Bereich *range* mit der Genauigkeit *precision* (kann weggelassen werden).

* **Random** [ ]
  eine *gleichverteilte reelle Zufallszahl* im *Intervall* [0,1]

* L = **Table** [**Random** [...] , { N }]
  eine *Liste* L von N *gleichverteilten Zufallszahlen*, wobei für *Random* eines der vorangehenden Kommandos einzusetzen ist.

Beispiel 31.20:

a) Das *Kommando* **Random** [Real , { −2.8 , 3.2 } , 6]
   erzeugt eine *reelle Zufallszahl* aus dem *Intervall* [−2.8 , 3.2] mit insgesamt *sechs Ziffern*: z.B. 2.12223

b) Das *Kommando* **Random** [Integer , { −163 , 352 } , 3]
   erzeugt eine *ganze Zufallszahl* aus dem *Intervall* [−163 , 352], die aus *drei Ziffern* besteht, z.B. 206
   während das *Kommando* **Random** [Integer , { −163 , 352 }]
   eine *ganze Zufallszahl* aus dem gleichen Intervall erzeugt, die auch aus weniger als drei Ziffern bestehen kann, z.B. −53

c) Das *Kommando*
   L = **Table** [**Random** [Integer , { 0 , 50 }] , { 10 }]

liefert z.B. die *Liste*

L = { 16 , 34 , 40 , 3 , 24 , 36 , 29 , 38 , 46 , 14 }

von 10 *ganzzahligen Zufallszahlen* aus dem *Intervall* [0,50].

♦

MATLAB

MATLAB stellt folgende *Kommandos* zur *Erzeugung* von *Zufallszahlen* bereit:

* **rand**

  liefert eine *gleichverteilte Zufallszahl* aus dem Intervall (0,1).

* **randn**

  liefert eine *normalverteilte Zufallszahl* mit Erwartungswert 0 und Streuung 1.

* **rand** (m , n)

  liefert eine *Matrix* vom *Typ* (m,n), deren Elemente *gleichverteilte Zufallszahlen* aus dem Intervall (0,1) sind.

* **randn** (m , n)

  liefert eine *Matrix* vom *Typ* (m,n), deren Elemente *normalverteilte Zufallszahlen* mit Erwartungswert 0 und Streuung 1 sind.

Beispiel 31.21:

a) **rand** erzeugt z.B. die *Zufallszahl* 0.9501

b) **randn** erzeugt z.B. die *Zufallszahl* −0.4326

c) **randn** (3,4)

   erzeugt die z.B. folgende *Matrix* mit *normalverteilten Elementen*

$$\begin{pmatrix} -1.6656 & -1.1465 & -0.0376 & -0.1867 \\ 0.1253 & 1.1909 & 0.3273 & 0.7258 \\ 0.2877 & 1.1892 & 0.1746 & -0.5883 \end{pmatrix}$$

♦

MuPAD

MuPAD stellt folgende *Kommandos* zur *Erzeugung* von *Zufallszahlen* bereit:

* **random** ( ) ;

  liefert eine *gleichverteilte* positive *ganze Zufallszahl,* die aus 12 Ziffern besteht.

* **random** (a .. b) ;

  liefert eine Prozedur zur Erzeugung *gleichverteilter ganzer Zufallszahlen* im Intervall [a,b] (siehe Beispiel 31.22b).

* **random** (n) ;

  stellt eine *abgekürzte Schreibweise* für die Funktion

  random (0 .. n−1) ;

  dar, wobei n eine ganze positive Zahl darstellt.

Beispiel 31.22:

a) **random** ( ) ; erzeugt z.B. die *Zufallszahl* 427419669081

b) z:=**random** (–3 .. 5) ;

liefert eine *Prozedur* zur *Erzeugung gleichverteilter ganzer Zu-fallszahlen* aus dem Intervall [–3,5], die mittels z( ) ; aufgerufen wird. So wird z.B. bei zweimaligem Aufruf folgendes geliefert:

z( ) ;

5

z( ) ;

–3

◆

Falls man die obigen Beispiele zur *Zufallszahlenerzeugung* auf dem Computer nachvollziehen möchte, ist zu beachten, daß i.a. andere Zahlen erhalten werden. Dies ist auch bei mehrmaligen Anwendungen der Kommandos zu beobachten. Einige Systeme bieten die Möglichkeit, den Zufallszahlengenerator zurückzusetzen.

◆

Falls man *Zufallszahlen* benötigt, die einer *anderen Verteilung* genügen, so findet man entweder Zusatzpakete oder weitere Kommandos in den Systemen, oder man verwendet Formeln, die z.B aus *gleichverteilten Zufallszahlen*, *Zufallszahlen* mit der *gewünschten Verteilung* erzeugen. So kann man die *Formel* von *Box-Jenkins* (siehe [2]) verwenden, um aus gleichverteilten normalverteilte Zufallszahlen zu erhalten.

◆

32 Statistik

Die *Statistik* befaßt sich allgemein mit *Massenerscheinungen* und liefert *Methoden*, um diese *Massenerscheinungen*
* zu *beschreiben*
* zu *beurteilen*
* *quantitativ* zu *erfassen*

Dazu wertet die *Statistik* vorhandenes *Datenmaterial* (Zahlenmaterial) für die betrachtete *Massenerscheinung* aus, das meistens durch *Stichproben* (siehe Abschn.32.2) gewonnen wird.

Die *mathematische Statistik* unterscheidet zwischen *beschreibender* (*deskriptiver*) und *schließender* (*induktiver*) *Statistik:*

* Die *beschreibende Statistik* gewinnt nur *Aussagen* über das *vorliegende Datenmaterial,* das
    * *aufbereitet* und in *anschaulicher Form* (durch *Grafiken, Diagramme* usw.) *dargestellt* wird,
    * anhand *statistischer Maßzahlen charakterisiert* wird.
* Die *schließende Statistik* beschäftigt sich unter Verwendung der *Wahrscheinlichkeitstheorie* damit, aus *vorliegendem Datenmaterial,* das durch *Stichproben* gewonnen wurde, allgemeine *Aussagen* über die betrachtete *Grundgesamtheit* zu gewinnen.

Das *vorliegende Datenmaterial* wird in *Technik* und *Naturwissenschaften* mittels *Beobachtungen* (Zählungen, Messungen) oder *Experimenten* gewonnen:

* Dabei werden *Stichproben* (siehe Abschn.32.2) aus der betrachteten *Grundgesamtheit* gezogen, da in der Praxis die *Erfassung* der *gesamten Daten* der *Grundgesamtheit* (*Totalerfassung*) nicht möglich oder ökonomisch nicht vertretbar ist.
* So wird z.B. bei der *Qualitätskontrolle* nicht der gesamte Posten untersucht, sondern nur ein *repräsentativer Querschnitt* von beispielsweise 1000 Teilen.
* Je nach *Anzahl* der *betrachteten Merkmale/Zufallsgrößen* (siehe Abschn.31.3) in einer *Grundgesamtheit* spricht man von
    * *eindimensionalen/univariaten* (bei einem Merkmal),

* *zweidimensionalen/bivariaten* (bei zwei Merkmalen),
* *mehrdimensionalen/multivariaten* (ab drei Merkmalen).

Stichproben

Da vorliegendes *Datenmaterial* (d.h. die *Stichprobe*) meistens mehrmals benötigt wird, empfiehlt sich bei der Anwendung der *Systeme* die *Zuweisung* in eine *Liste*, so daß die Daten nicht jedesmal neu eingegeben werden müssen.

◆

Die *Systeme* gestatten die *grafische Darstellung* der *Werte* einer *Stichprobe*, die *Stichprobenpunkte* heißen. Derartige *Grafiken* bezeichnet man als *Punktgrafiken*. Diese Grafiken haben wir bereits im Abschn.22.3 kennengelernt.

◆

Während die *beschreibende Statistik* nur *Aussagen* über das *vorliegende Datenmaterial* gewinnt, d.h. über die *vorliegende Stichprobe*, werden in der *schließenden Statistik* aus einer Stichprobe *Aussagen* unter Verwendung der *Wahrscheinlichkeitsrechnung* über die übergeordnete *Gesamtheit* (*Grundgesamtheit*) gewonnen.

Die *Grundidee* der *schließenden Statistik* besteht also kurz gesagt im *Schluß* vom *Teil* aufs *Ganze*.

Ein *typisches Beispiel* für die *schließende Statistik* bildet die *Qualitätskontroll* in einer Firma:

* Für eine hergestellte Ware werden aus den *Merkmalen* einer aus der *Tagesproduktion* entnommenen *Stichprobe* mittels der *schließenden Statistik Aussagen* über die *Merkmale* der *Gesamtproduktion* (*Grundgesamtheit*) erhalten.
* Dagegen liefert die *beschreibende Statistik* nur *Aussagen* über die der Tagesproduktion entnommene *Stichprobe*.

◆

In der *schließenden Statistik* liegt der *mathematische Inhalt* darin, anhand einer zufällig entnommenen *Stichprobe Aussagen* über die *unbekannten Momente* (*Erwartungswert, Streuung,...*) bzw. die *unbekannte Verteilungsfunktion* der betrachteten *Grundgesamtheit* unter Verwendung der *Wahrscheinlichkeitsrechnung* zu gewinnen.

Die Methoden hierfür werden in der

* *Schätztheorie* (*Schätzungen* für die *Momente*),

* *Testtheorie* (Überprüfung von *Hypothesen* über *Verteilungsfunktionen* und *Momente*)
gegeben.

♦

 Für die *Ingenieurmathematik* spielt die *schließende Statistik* die größere Rolle, während in den *Wirtschaftswissenschaften* die *beschreibende* und *schließende Statistik* gleichgroße Bedeutung besitzen.

♦

32.1   Ingenieurtechnische Anwendungen

Wir haben bereits die *Qualitätskontrolle* als wichtige *Anwendung* der *Statistik* in der Technik kennengelernt:

Das Problem der *Qualitätskontrolle* entsteht bei den meisten Firmen, sowohl bei den benötigten Zulieferteilen als auch bei den hergestellten Produkten. Da bei beiden eine größere Anzahl auftritt, läßt sich nicht mehr jedes auf die geforderte Qualität untersuchen, so daß man auf Stichproben angewiesen ist und diese mit den Methoden der Statistik untersuchen muß (siehe [41]/3,III).

Eine *weitere* wichtige *Anwendung* der *Statistik* findet man bei der *Korrelations-* und *Regressionsanalyse* (siehe [41]/3,III). Hiermit wird ein vermuteter *Zusammenhang zwischen Größen* in Technik und Naturwissenschaften *untersucht* und für diesen Zusammenhang eine *Funktion konstruiert* (siehe Abschn.32.5).

Es gibt noch eine Vielzahl weiterer Anwendungen, die man in den Lehrbüchern der Statistik findet.

32.2   Stichproben

Beim *Sammeln* von *Daten*, die *Eigenschaften* (*Merkmale*) von *Dingen* betreffen, wie z.B. die *Qualität* eines *Produkts* (brauchbar oder defekt), ist es oft *unmöglich* oder *unpraktisch* (*ökonomisch nicht vertretbar*), die *gesamte Menge/Gruppe* zu *betrachten*.

Anstatt die gesamte *Menge/Gruppe* zu untersuchen, die *Grundgesamtheit* heißt, betrachtet man nur einen kleinen *Teil* der Menge/Gruppe, der *Stichprobe* genannt wird:

- Die *Grundgesamtheit* kann aus endlich oder unendlich vielen Dingen bestehen.
- Eine mit Hilfe eines *Auswahlverfahrens* ermittelte endliche *Teilmenge* (mit n Elementen) einer *Grundgesamtheit* wird als *Stich-*

probe vom *Umfang* n bezeichnet. Erfolgt die *Auswahl zufällig*, so spricht man von einer *Zufallsstichprobe*, die man in der *schließenden Statistik* benötigt, um mit Hilfe der *Wahrscheinlichkeitsrechnung* Aussagen über die zugrundeliegende *Grundgesamtheit* zu erhalten.

• Je nach *Anzahl* der betrachteten *Merkmale/Zufallsgrößen* (siehe Abschn.31.3) in einer *Grundgesamtheit* spricht man von

  * *eindimensionalen/univariaten Stichproben* (bei einem Merkmal),

  * *zweidimensionalen/bivariaten Stichproben* (bei zwei Merkmalen),

  * *mehrdimensionalen/multivariaten Stichproben* (ab drei Merkmalen). Bei N Merkmalen

    $$X_1, X_2, \ldots, X_N$$

    spricht man auch von einer N–*dimensionalen Stichprobe*.

• Für *ein–* und *zweidimensionale Stichproben* vom *Umfang* n ergibt sich folgendes:

  * Eine *eindimensionale Stichprobe* vom *Umfang* n für das Merkmal X besteht aus den n *Werten* (*Stichprobenwerten*)

    $$x_1, x_2, \ldots, x_n$$

  * Eine *zweidimensionale Stichprobe* vom *Umfang* n für die Merkmale X und Y besteht aus den n *Stichprobenpunkten*

    $$(x_1, y_1), (x_2, y_2), \ldots, (x_n, y_n)$$

♦

Beispiel 32.1:

a) Betrachten wir die beiden *eindimensionalen Stichproben* vom *Umfang* 10
Stichprobe Nr.1:
3150 , 3249 , 3059 , 3361 , 3248 , 3254 , 3259 , 3353 , 3145 , 3051
Stichprobe Nr.2:
3255 , 3151 , 3347 , 3153 , 3248 , 3057 , 3156 , 3252 , 3251 , 3148
für die *Lebensdauer* (in Stunden) von *100 Watt-Glühbirnen*.
Für diese beiden Stichproben werden im Abschn.32.3 *statistische Maßzahlen* berechnet.

b) Betrachten wir eine *zweidimensionale Stichprobe* vom *Umfang* 5:
Um die *Abhängigkeit* des *Bremsweges* eines Pkw von der *Geschwindigkeit* zu untersuchen, wird für 5 verschiedene Geschwindigkeiten (in km/h) der Bremsweg (in m) gemessen

Geschwin-digkeit x	20	40	70	80	100
Bremsweg	5	10	20	30	40

Diese Stichprobe wird im Abschn.32.5 dazu benutzt, um für den vermuteten *funktionalen Zusammenhang* zwischen *Geschwindigkeit* und *Bremsweg* eines Pkws mittels der *Regressionsanalyse* eine *Regressionsgerade* zu berechnen.

◆

32.3   Statistische Maßzahlen

Im folgenden betrachten wir wichtige *statistische Maßzahlen* für vorliegendes *Datenmaterial* einer *eindimensionalen Stichprobe:*
Für n gegebene *Zahlenwerte /Daten* einer *eindimensionalen Stichprobe* (siehe Abschn.32.2)

$$x_1, x_2, ..., x_n$$

berechnet sich

* das *arithmetische Mittel* (*empirischer Mittelwert*) $\bar{x}$ aus

$$\bar{x} = \frac{1}{n} \cdot \sum_{i=1}^{n} x_i$$

* der *Median* $\tilde{x}$ aus

$$\tilde{x} = \begin{cases} x_{k+1} & \text{falls } n = 2k + 1 \,(\text{ungerade}) \\ \dfrac{x_k + x_{k+1}}{2} & \text{falls } n = 2k \,(\text{gerade}) \end{cases}$$

wenn die Werte x_i der Größe nach geordnet sind, d.h.

$$x_1 \leq x_2 \leq ... \leq x_n$$

Einige *Systeme* stellen für diese Anordnung (der Größe nach) ein *Sortierkommando* **sort** zur Verfügung, wie aus den folgenden Beispielen ersichtlich ist.

* das *geometrische Mittel* (alle $x_i > 0$) aus

$$x_g = \sqrt[n]{x_1 \cdot x_2 \cdots x_n}$$

* die *empirische Streuung/Varianz* aus

$$s^2 = \frac{1}{n-1} \cdot \sum_{i=1}^{n} (x_i - \bar{x})^2$$

wobei s als *empirische Standardabweichung* bezeichnet wird.
Zur *Berechnung* dieser *statistischen Maßzahlen* werden von den *Systemen* folgende *Kommandos/Menüfolgen* zur Verfügung gestellt:
DERIVE *berechnet* mit der *Menüfolge*

DERIVE

* **Author ⇒ Expression... average** (*Daten*) ⇒ **OK** ⇒

Simplify ⇒ **Basic...** ⇒ **OK**
(bzw. **Simplify** ⇒ **Approximate...** ⇒ **Approximate**)
das *arithmetische Mittel* $\bar{x}$ *exakt* bzw. *numerisch,*

* **Author** ⇒ **Expression... var** (*Daten*) ⇒ **OK** ⇒
Simplify ⇒ **Basic...** ⇒ **OK**
(bzw. **Simplify** ⇒ **Approximate...** ⇒ **Approximate**)
exakt bzw. *numerisch* die *Streuung / Varianz* in der *Form*

$$\frac{1}{n} \cdot \sum_{i=1}^{n} (x_i - \bar{x})^2$$

d.h., es wird durch n anstatt durch n–1 dividiert,
wobei im *Argument* der *Kommandos* für *Daten* die Werte der *Stichprobe*

$$x_1, \ldots, x_n$$

als *Liste* einzusetzen sind oder vorher die *Zuweisung*
Daten := [x1 , x2 , ... , xn]
erfolgen muß.

Beispiel 32.2:
Verwenden wir die *eindimensionale Stichprobe Nr. 1* aus *Beispiel 32.1a)*. Durch die *Zuweisung*
Daten1 := [3150 , 3249 , 3059 , 3361 , 3248 , 3254 , 3259 , 3353 , 3145 , 3051]
wird die *Stichprobe* der Liste *Daten1* zugeordnet.

- Mittels einer der *Menüfolgen*

  * **Author** ⇒ **Expression... average** (*Daten1*) ⇒ **OK** ⇒
  Simplify ⇒ **Basic...** ⇒ **OK**

  * **Author** ⇒ **Expression... average** (*Daten1*) ⇒ **OK** ⇒
  Simplify ⇒ **Approximate...** ⇒ **Approximate**

  werden 32129/10 bzw. 3212.9 für den *Mittelwert* berechnet.

- Mittels einer der *Menüfolgen*

  * **Author** ⇒ **Expression... var** (*Daten1*) ⇒ **OK** ⇒
  Simplify ⇒ **Basic...** ⇒ **OK**

  * **Author** ⇒ **Expression... var** (*Daten1*) ⇒ **OK** ⇒
  Simplify ⇒ **Approximate...** ⇒ **Approximate**

  werden 354583/30 bzw. 11819.4 für die *Streuung/Varianz* berechnet.

  ◆

MACSYMA   MACSYMA stellt folgende *Kommandos* zur Verfügung:

* **sample_mean** (*Daten*)
zur *Berechnung* des *arithmetischen Mittels* $\bar{x}$,

* **sample_median** (*Daten*)

zur *Berechnung* des *Medians* $\tilde{x}$,

* **sample_variance** (*Daten*)
  zur *Berechnung* der *Streuung/Varianz*, wobei wie in DERIVE durch n anstatt durch n−1 dividiert wird.

* **sample_standard_deviation** (*Daten*)
  zur *Berechnung* der *Standardabweichung*.

Dabei sind im *Argument* der *Kommandos* für *Daten* die Werte der eindimensionalen *Stichprobe*

$x_1, \ldots, x_n$

als *Liste* einzusetzen oder vorher die *Zuweisung*

Daten: [x1 , x2 , ... , xn]

vorzunehmen.

Beispiel 32.3:

Verwenden wir die beiden *eindimensionalen Stichproben* aus *Beispiel 32.1a)*. Durch die *Zuweisung*

Daten1 : [3150 , 3249 , 3059 , 3361 , 3248 , 3254 , 3259 , 3353 , 3145 , 3051]

Daten2 : [3255 , 3151 , 3347 , 3153 , 3248 , 3057 , 3156 , 3252 , 3251 , 3148]

werden die *Stichproben* den beiden Listen *Daten1* und *Daten2* zugeordnet.

Zur Berechnung des *Medians* müssen beide *Stichproben* der *Größe* nach *geordnet* werden:

Daten1m : [3051 , 3059 , 3145 , 3150 , 3248 , 3249 , 3254 , 3259 , 3353 , 3361]

Daten2m : [3057 , 3148 , 3151 , 3153 , 3156 , 3248 , 3251 , 3252 , 3255 , 3347]

Diese *Anordnung* kann durch das *Kommando* **sort** geschehen:

Daten1m : **sort** (*Daten1*)

Daten2m : **sort** (*Daten2*)

MACSYMA *berechnet* für die gegebenen *Stichproben* mittels

* **sample_mean** (*Daten1*)
  den *Mittelwert* 32129/10 für die *Stichprobe Nr.1*
  sample_mean (*Daten2*)
  den *Mittelwert* 16009/5 für die *Stichprobe Nr.2*

* **sample_median** (*Daten1m*)
  den *Median* 6497/2 für die *Stichprobe Nr.1*
  sample_median (*Daten2m*)
  den *Median* 16009/5 für die *Stichprobe Nr.2*

* **sample_variance** (*Daten1*)
  die *Streuung/Varianz* 354583/30 für die *Stichprobe Nr.1*

sample_variance (*Daten2*)
die *Streuung/Varianz* 309548/45 für die *Stichprobe Nr.2*
* **sample_standard_deviation** (Daten1)
die *Standardabweichung*

$$\frac{\sqrt{354583}}{\sqrt{30}}$$

für die *Stichprobe Nr.1*

♦

MAPLE

MAPLE stellt nach dem Laden des Zusatzpakets *Statistik* mittels **with** (stats) **;** die folgenden *Kommandos* zur Verfügung:
* **describe** [**mean**] (*Daten*) **;**
zur *Berechnung* des *arithmetischen Mittels* $\bar{x}$,
* **describe** [**median**] (*Daten*) **;**
zur *Berechnung* des *Medians* $\tilde{x}$,
* **describe** [**variance**] (*Daten*) **;**
zur *Berechnung* der *Streuung/Varianz,*
wobei im Argument der Kommandos für *Daten* die Werte der eindimensionalen *Stichprobe*
x_1 , ... , x_n
als *Liste* einzusetzen sind oder vorher die *Zuweisung*
Daten := [x1 , x2 , ... , xn]
erfolgen muß.
Beispiel 32.4:
Verwenden wir die beiden *eindimensionalen Stichproben* aus *Beispiel 32.1a).* Durch die *Zuweisung*
Daten1 := [3150 , 3249 , 3059 , 3361 , 3248 , 3254 , 3259 , 3353 , 3145 , 3051] ;
Daten2 := [3255 , 3151 , 3347 , 3153 , 3248 , 3057 , 3156 , 3252 , 3251 , 3148] ;
werden die *Stichproben* den beiden Listen *Daten1* und *Daten2* zugeordnet.
Zur Berechnung des *Medians* müssen beide *Stichproben* der *Größe* nach *geordnet* werden:
Daten1m := [3051 , 3059 , 3145 , 3150 , 3248 , 3249 , 3254 , 3259 , 3353 , 3361] ;
Daten2m := [3057 , 3148 , 3151 , 3153 , 3156 , 3248 , 3251 , 3252 , 3255 , 3347] ;
Diese *Anordnung* kann durch das *Kommando* **sort** geschehen:
Daten1m := **sort** (*Daten1*) ;
Daten2m := **sort** (*Daten2*) ;

MAPLE berechnet für die gegebenen *Stichproben* mittels
* **describe** [**mean**] (*Daten1*) ;
  den *Mittelwert* 32129/10 für die *Stichprobe Nr.1*
  describe [**mean**] (*Daten2*) ;
  den *Mittelwert* 16009/5 für die *Stichprobe Nr.2*
* **describe** [**median**] (*Daten1m*) ;
  den *Median* 6497/2 für die *Stichprobe Nr.1*
  describe [**median**] (*Daten2m*) ;
  den *Median* 3202 für die *Stichprobe Nr.2*
* **describe** [**variance**] (*Daten1*) ;
  die *Streuung/Varianz* 1063749/100 für die *Stichprobe Nr.1*
  describe [**variance**] (*Daten2*) ;
  die *Streuung/Varianz* 154774/25 für die *Stichprobe Nr.2*
  ◆

MATHCAD

MATHCAD stellt folgende *Kommandos* zur Verfügung:
* **mean** (x)
  berechnet das *arithmetische Mittel* $\bar{x}$,
* **var** (x)
  berechnet die *Streuung/Varianz*, wobei wie bei DERIVE durch n
  anstatt durch n−1 dividiert wird,
* **stdev** (x)
  berechnet die *Standardabweichung*,
wenn nach der Eingabe des entsprechenden Kommandos das *numerische Gleichheitszeichen* eingetippt wird und die Werte der *eindimensionalen Stichprobe*
$x_1, ..., x_n$
vorher als *Spaltenvektor* **x** in der *Form*

$$x := \begin{pmatrix} x_1 \\ \vdots \\ x_n \end{pmatrix}$$

eingegeben oder eingelesen wurden.

Beispiel 32.5:
Verwenden wir die *eindimensionale Stichprobe Nr. 1* aus *Beispiel
32.1a)*. Falls sich die *verwendete Stichprobe* in einer ungeordneten
Form in einem Spaltenvektor *Daten1* befinden, so können die Zahlen der Sichprobe mit dem *Kommando* **sort** der Größe nach geordnet werden:
Daten1m := **sort** (*Daten1*)

$$Daten1m = \begin{pmatrix} 3051 \\ 3059 \\ 3145 \\ 3150 \\ 3248 \\ 3249 \\ 3254 \\ 3259 \\ 3353 \\ 3361 \end{pmatrix}$$

Die anschließenden *Eingaben*
mean (*Daten1m*) = 3212.9   **var** (*Daten1m*) = 10637.49
stdev (*Daten1m*) = 103.13820825
berechnen *Mittelwert, Streuung/Varianz* bzw. *Standardabweichung*
für die *Stichprobe Nr. 1.*

♦

MATHEMA-TICA

MATHEMATICA stellt nach dem Laden des Zusatzpakets *Statistik*
durch **Needs** [" Statistics`Master` "] folgende *Kommandos* zur Verfügung:

*   **Mean** [*Daten*]   berechnet das *arithmetische Mittel* $\bar{x}$
*   **GeometricMean** [*Daten*] berechnet das *geometrische Mittel* x_g

*   **Median** [*Daten*]   berechnet den *Median* $\tilde{x}$
*   **Variance** [*Daten*]   berechnet die *Varianz*

wobei im Argument der Kommandos für *Daten* die Werte der *eindimensionalen Stichprobe*
$x_1, ..., x_n$
als *Liste* einzusetzen sind oder vorher die *Zuweisung*
Daten := { x1 , x2 , ... , xn }
erfolgt sein muß.

Beispiel 32.6:
Verwenden wir die *eindimensionale Stichprobe Nr. 1* aus Beispiel
20.1a). Durch die *geordnete Zuweisung*
Daten1m := { 3051 , 3059 , 3145 , 3150 , 3248 , 3249 , 3254 , 3259 ,
3353 , 3361 }
wird die *Stichprobe* der Liste *Daten1m* zugeordnet.

Falls sich die Stichprobe in ungeordneter Form als Liste Daten1 im Arbeitsfenster befindet, kann sie mittels des Kommandos sort geordnet werden: *Daten1m* := **Sort** [*Daten1*]

Durch anschließende *Eingabe* von

Mean [*Daten1m*] ; **Median** [*Daten1m*] ; **Variance** [*Daten1m*]

werden

Mittelwert = 32129/10, *Median* = 6497/2, *Varianz* = 354583/30

für die *Stichprobe Nr.1 berechnet.*

♦

MATLAB

MATLAB stellt folgende *Kommandos* zur Verfügung:

* **mean** (*Daten*)

  zur *Berechnung* des *arithmetischen Mittels* $\bar{x}$,

* **median** (*Daten*)

  zur *Berechnung* des *Medians* $\tilde{x}$,

* **std** (*Daten*)

  zur *Berechnung* der *Streuung/Varianz*, wobei wie in DERIVE durch n anstatt durch n–1 dividiert wird.

wobei im *Argument* der *Kommandos* für *Daten* die *Werte* der eindimensionalen *Stichprobe*

x_1 , ... , x_n

als *Feld* einzusetzen sind oder vorher die *Zuweisung*

Daten = [x1 , x2 , ... , xn]

erfolgen muß.

Beispiel 32.7:

Verwenden wir die *eindimensionale Stichprobe Nr.1* aus Beispiel 32.1a). Durch die *Zuweisung*

Daten1 = [3150 , 3249 , 3059 , 3361 , 3248 , 3254 , 3259 , 3353 , 3145 , 3051]

wird die *Stichprobe* dem Feld *Daten1* zugeordnet.

Zur Berechnung des *Medians* muß die *Stichprobe* der *Größe* nach *geordnet* werden. Dies kann mit dem *Kommando* **sort** (*Daten1*) geschehen und ergibt

Daten1m = [3051 , 3059 , 3145 , 3150 , 3248 , 3249 , 3254 , 3259 , 3353 , 3361]

MATLAB berechnet hierfür mittels

* **mean** (*Daten1*)

  den *Mittelwert* 3212.9 für die *Stichprobe Nr.1*

* **median** (*Daten1m*)

  den *Median* 3248.5 für die *Stichprobe Nr.1*

* **std** (*Daten1*)

  die *Standardabweichung* 108.7172 für die *Stichprobe Nr.1* . ♦

Falls in einem *System* keine Kommandos/Menüfolgen zur Berechnung *statistischer Maßzahlen* gefunden werden, so lassen sich die hierfür gegebenen Formeln einfach mit den vorhandenen Kommandos zur Summierung und Wurzelberechnung berechnen.

♦

32.4 Schätzungen und Tests

Die *wichtigsten Momente* der *Wahrscheinlichkeitsverteilung* einer *Grundgesamtheit* sind *Erwartungswert* und *Streuung/Varianz*.
Da bei vielen *Grundgesamtheiten* weder die *Momente* noch die *Verteilung* bekannt sind, kann nur versucht werden, diese aus entnommenen *Stichproben* zu bestimmen. Die *Statistik* stellt hierfür die *Schätz-* und *Testtheorie* zur Verfügung:

*   Die *Schätztheorie*
    ermittelt aus den aus einer *Stichprobe* berechneten *empirischen Mittelwert* und *Streuung/Varianz* mittels einer *Punkt–* oder *Intervallschätzung Näherungswerte* für *Erwartungswert* und *Streuung/Varianz* der *Wahrscheinlichkeitsverteilung* der betrachteten *Grundgesamtheit*.
*   Die *Testtheorie*
    überprüft aufgrund von *Stichprobenergebnissen* die *Annahmen* (*Hypothesen*) *über* bestimmte *Eigenschaften* (d.h. *Verteilungsfunktion* und *Momente*) einer *Grundgesammtheit* auf ihre *Richtigkeit*.

Im Rahmen des vorliegenden Buches können wir nicht näher auf die *Schätz-* und *Testtheorie* eingehen. Wir untersuchen in den *Systemen* nur Möglichkeiten, um Untersuchungen hierzu durchführen zu können.

Von den *Systemen* besitzt nur MATHEMATICA integrierte *Kommandos* zur *Schätz-* und *Testtheorie*.
MATHCAD und MATLAB stellen *Elektronische Bücher* bzw. *Toolboxen* für die *Statistik* zur Verfügung, in denen man *Kommandos* zur *Schätz-* und *Testtheorie* findet. Diese müssen jedoch extra gekauft werden, so daß wir auf eine Besprechung verzichten.
Außerdem können die in den *Systemen* vorhandenen Kommandos zur Berechnung von Verteilungsfunktionen, Quantilen usw. verwendet werden, falls keine speziellen Kommandos zu Schätzungen und Tests vorhanden sind.

♦

Ohne tiefer in die Schätztheorie eindringen zu müssen, kann man die *Kommandos* von MATHEMATICA heranziehen, um *Schätzungen* von *Momenten* durchführen zu lassen:

MATHEMA-TICA

MATHEMATICA benötigt zur *Schätzung* von *Momenten* das Zusatzpaket *Statistik*, das mittels des *Kommandos*
Needs ["Statistics`Master`"] geladen wird.

Wenn die als *normalverteilt* vorausgesetzten *Daten* einer konkreten eindimensionalen *Stichprobe* vom *Umfang* n als *Liste*

Daten:= { x_1 , x_2 , ... , x_n }

eingegeben oder *eingelesen* wurden, sind folgende *Kommandos* anwendbar:

- **MeanCI** [*Daten* , *Optionen*]
  berechnet das *Konfidenzintervall* für den *unbekannten Erwartungswert* (Mittelwert), wobei eine Näherung für die ebenfalls unbekannte Streuung/Varianz über die Student-Verteilung gewonnen wird.
  Als *Standardwert* für das *Konfidenzniveau* verwendet das Programm 0.95.
  Im *Argument* des *Kommandos* sind die folgenden beiden *Optionen* möglich:
  * *KnownVariance* → s
    zur *Vorgabe* eines *Wertes* s für die *Streuung/Varianz*,
  * *ConfidenceLevel* → k
    zur Vorgabe eines *Konfidenzniveaus* k, falls man nicht den Standardwert 0.95 verwenden möchte.

Beispiel 32.8:
Für die *eindimensionale Stichprobe Nr. 1* aus Beispiel 32.1a), die wir der Liste *Daten1m* zuweisen, d.h.
Daten1m := { 3051 , 3059 , 3145 , 3150 , 3248 , 3249 , 3254 , 3259 , 3353 , 3361 }
berechnet das *Kommando* **MeanCI** [*Daten1m*]//**N**
das *Konfidenzintervall* [3135.13 , 3290.67]
für den *unbekannten Erwartungswert*.
Gibt man z.B. für die *Streuung/Varianz* die im Beispiel 32.6 berechnete *empirische Varianz* 11819.4 vor, so *berechnet* das *Kommando* **MeanCI** [*Daten1, KnownVariance* → 11819.4]//**N**
das *Konfidenzintervall* [3145.52 , 3280.28]
Ändert man noch zusätzlich das *Konfidenzniveau* zu 0.9, so berechnet das *Kommando*
MeanCI [*Daten1, KnownVariance* → 11819.4, *ConfidenceLevel* → 0.9]//**N**

das *Konfidenzintervall* [3156.35 , 3269.45]

◆

*   **VarianceCI** [*Daten* , *Optionen*]
    berechnet das *Konfidenzintervall* für die *unbekannte Streuung*, wobei als *Standardwert* für das *Konfidenzniveau* 0.95 verwendet wird. Mittels der *Option*
    ConfidenceLevel → k
    kann das *Konfidenzniveau verändert* werden.
    Beispiel 32.9:
    Für die Stichprobe *Daten1m* aus Beispiel 32.1a) *berechnet*
    VarianceCI [*Daten1m*]//**N**
    das *Konfidenzintervall* [5591.98 , 39392.4]
    für die *unbekannte Streuung*.
    Ändert man das *Konfidenzniveau* zu 0.9, so *berechnet* das *Kommando* **VarianceCI** [*Daten1* , *ConfidenceLevel* →0.9]//**N**
    das *Konfidenzintervall* [6287.31 , 31991.4]

    ◆

MATHEMA-TICA

Ohne tiefer in die *Testtheorie* eindringen zu müssen, kann man die *folgenden Kommandos* von MATHEMATICA heranziehen, um *Tests* von *Hypothesen* durchführen zu lassen:
MATHEMATICA besitzt folgende *Kommandos* zur *Durchführung* von *Signifikanztests*:

*   **MeanTest** [*Daten* , m , *SignificanceLevel* → α , *Optionen*]
    führt den folgenden *Signifikanztest* durch:
    Für die Stichprobe *Daten* wird bei einer *Irrtumswahrscheinlichkeit* von α die *Hypothese* geprüft, ob der *Erwartungswert* m beträgt.
    Für den *Signifikanztest* sind u.a. folgende *Optionen* möglich:
    *   Die *Irrtumswahrscheinlichkeit* kann mittels *SignificanceLevel* → α *geändert* werden. Wird diese Option verwendet, so erscheint im Ergebnis die zusätzliche *Meldung*, ob die *Hypothese angenommen* (*Fail to reject null hypothesis at significance level*→α) oder *abgelehnt* (*Reject null hypothesis at significance level*→α) wird. Man muß hier allerdings *beachten*, daß man für α statt des *Signifikanzniveaus* s die *Irrtumswahrscheinlichkeit* α eingeben muß, die mittels s = 1 − α zusammenhängen.
    *   Ein *zweiseitiger Test* wird mittels der Option *TwoSided* → *True* durchgeführt.
    *   Mittels der Option *FullReport* → *True* wird ein umfangreicher Bericht ausgegeben.

Beispiel 32.10:
Für die Stichprobe *Daten1m* haben wir im Beispiel 32.6 den *Stichprobenmittelwert* 3212.9 erhalten. Der mittels des *Kommandos*

MeanTest [*Daten1m*, 3210, *SignificanceLevel* → 0.1 , *TwoSided* → True]

durchgeführte *Signifikanztest* liefert das *Ergebnis*:

{ *TwoSidedPValue* → 0.934622, *Fail to reject null hypothesis at significance level* → 0.1 },

d.h., die *Hypothese* wird *angenommen*.

♦

- **VarianceTest** [*Daten* , s , *Optionen*]
  führt den folgenden *Signifikanztest* durch:
  Für die *Daten* einer *Stichprobe* wird die *Hypothese* geprüft, ob die *Streuung* s beträgt.
  Die gleichen *Optionen* wie beim Kommando *MeanTest* sind möglich.

32.5   Korrelation und Regression

Im Abschn.21.4 sind wir bereits auf das in *der Ingenieurmathematik* wichtige Problem eingegangen, eine nur durch n *Punkte* (*Wertetabelle*)

$$(x_1,y_1) , (x_2,y_2) , \dots , (x_n,y_n)$$

gegebene *Funktion* einer Variablen durch eine *analytisch gegebene Funktion* (z.B. Polynom) f(x) *anzunähern* und haben hierfür die *Methoden* der

* *Interpolation*
* *kleinsten Quadrate*

genannt. Bei dieser Vorgehensweise ist ein *funktionaler Zusammenhang* bereits *bekannt*.

Im *Gegensatz* hierzu stehen die *folgenden Betrachtungen:*

Wir betrachten die *einfache Korrelations-* und *Regressionsanalyse*, deren *Ausgangspunkt* wie bei der Interpolation n *Punkte* (*Stichprobenpunkte – Punktwolke*) einer *zweidimensionalen Stichprobe*

$$(x_1,y_1) , (x_2,y_2) , \dots , (x_n,y_n)$$

bilden, die durch *Beobachtungen* (Zählungen, Messungen) oder *Experimenten* aus zwei *Merkmalen* X und Y gewonnen wurde, zwischen denen man aber *nur* einen *funktionalen Zusammenhang* *vermutet*.

Da man bei der *Korrelations-* und *Regressionsanalyse* einen *funktionalen Zusammenhang* nur *vermutet*, wird zuerst die *Korrelationsanalyse* herangezogen, die unter Verwendung von Methoden der *Wahrscheinlichkeitsrechnung/Statistik* Aussagen über die *Stärke* des *vermuteten Zusammenhangs* zwischen den beiden *Merkmalen* X und Y liefert, wobei die *Merkmale* X und Y i.a. als *Zufallsgrößen* aufgefaßt werden.

Als *Maß* für den *linearen Zusammenhang* wird der *Korrelationskoeffizient* ρ_{XY} verwendet. Für $\left|\rho_{XY}\right| = 1$ besteht dieser *lineare Zusammenhang* mit der *Wahrscheinlichkeit* 1.

Ehe man eine *Korrelationsanalyse* durchführt, empfiehlt sich die *grafische Darstellung* (siehe Abschn.22.3) der *Stichprobenpunkte* (*Punktwolke*), um einen ersten Eindruck zu erhalten, ob ein *linearer Zusammenhang* vorliegen kann.

♦

Die *Regressionsanalyse untersucht* nach der Korrelationsanalyse die *Art* des *Zusammenhangs* zwischen den *Merkmalen* (*Zufallsgrößen*) X und Y mit den Mitteln der *Wahrscheinlichkeitsrechnung/Statistik*.

Eine große Bedeutung für die *Ingenieurmathematik* besitzt die *lineare Regression*, die sich damit befaßt, einen *linearen Zusammenhang* (*Regressionsgerade*)

$$Y = a\,X + b$$

zwischen den *Merkmalen* (*Zufallsgrößen*) X und Y herzustellen, falls der *Korrelationskoeffizient* in der Nähe von 1 liegt.

Für die vorliegende *Stichprobe* führt dies auf das Problem, die *Stichprobenpunkte*

$$(x_1,y_1)\,,\,(x_2,y_2)\,,\,\ldots\,,\,(x_n,y_n)$$

durch eine *Gerade* (*empirische Regressionsgerade*) $y = a\,x + b$ *anzunähern*.

Dazu wird das *Gaußsche Prinzip der kleinsten Quadrate* zur Approximation von Funktionen verwendet (siehe Beispiel 30.2):

$$F(a,b) = \sum_{i=1}^{n}(y_i - a\cdot x_i - b)^2 \to \underset{a,b}{\text{Minimum}}$$

d.h., die unbekannten *Parameter* a und b werden so *bestimmt*, daß die *Summe* der *Quadrate* der *Abweichungen* der einzelnen *Punkte* von der *Regressionsgeraden minimal* wird.

Analog wie bei der *linearen Regression* verfährt man bei der *nichtlinearen Regression*. Es ist nur die *Geradengleichung* durch die gewünschte *Regressionskurve* zu *ersetzen*. Über die Form der zu wählenden Kurve erhält man Informationen aus der *grafischen Darstellung* der Stichprobenpunkte (Punktwolke).

♦

Bevor man eine *lineare Regression* durchführt, muß man mittels *Korrelationsanalyse* feststellen, ob der Grad des *linearen Zusammenhangs* ausreichend ist, um eine *empirische Regressionsgerade* nach dem beschriebenen Prinzip für eine gegebene Stichprobe *konstruieren* zu können.

Da man nur die *zweidimensionale Stichprobe* (*Stichprobenpunkte*)

$$(x_1, y_1), (x_2, y_2), \ldots, (x_n, y_n)$$

für die beiden *Merkmale* X und Y besitzt, kann man mit Hilfe des hieraus berechneten *empirischen Korrelationskoeffizienten*

$$r_{XY} = \frac{\sum_{i=1}^{n} (x_i - \overline{x}) \cdot (y_i - \overline{y})}{\sqrt{\sum_{i=1}^{n} (x_i - \overline{x})^2} \cdot \sqrt{\sum_{i=1}^{n} (y_i - \overline{y})^2}}$$

über *statistische Tests* Aussagen zum linearen Zusammenhang gewinnen.

Für den *empirischen Korrelationskoeffizienten* gilt

$$-1 \leq r_{XY} \leq +1$$

und er ist genau dann gleich ± 1, wenn alle Stichprobenpunkte auf einer Geraden liegen. Deshalb kann man ohne statistische Tests bei hinreichend großer Stichprobe die *empirische Regressionsgerade* konstruieren, wenn der *empirische Korrelationskoeffizient* in der Nähe von -1 oder $+1$ liegt.

♦

Betrachten wir ein *konkretes Beispiel* zur *Konstruktion* einer *Regressionsgeraden* aus einer gegebenen Wertetabelle.

Beispiel 32.11:

Untersuchen wir mittels *Korrelation* und *Regression* den *Zusammenhang* zwischen *Geschwindigkeit* und *Bremsweg* eines *Pkws*, der im *Beispiel 32.1b)* durch die folgende *Wertetabelle gegeben* wird.

Geschwin-digkeit x	20	40	70	80	100
Bremsweg y	5	10	20	30	40

Mathematisch bedeutet dies, daß für die zu bestimmende*Funktion* die fünf *Stichprobenpunkte*

$(20, 5), (40, 10), (70, 20), (80, 30), (100, 40)$

im *xy-Koordinatensystem* gegeben sind.

In den *folgenden Beispielen 32.12–32.15* wenden wir die *Korrelations-* und *Regressionsanalyse* an, um die gegebenen *Stichprobenpunkte* mittels der in den *Systemen* enthaltenen *Kommandos* durch eine *Gerade (empirische Regressionsgerade) anzunähern.*

Dafür berechnen wir zuerst den *empirischen Korrelationskoeffizienten,* um *Aussagen* über den *linearen Zusammenhang* zu erhalten. Dies ist mit allen *Systemen* durch Berechnung der gegebenen Formel einfach möglich.

Zusätzlich enthalten die *Systeme* MAPLE, MATHCAD spezielle *Kommandos* zur *Berechnung* des *empirischen Korrelationskoeffizienten,* so daß man nur die *zweidimensionale Stichprobe* eingeben muß.

♦

Für die *Korrelations-* und *Regressionsanalyse* stellen die *Systeme* folgende *Kommandos* zur Verfügung:

MAPLE

MAPLE erfordert nach dem Laden des Zusatzpakets *Statistik* mittels **with** (stats) **;** folgende *Vorgehensweise* für die *lineare Regression*:

- Zuerst werden die vorliegenden n *Stichprobenpunkte*

  $(x_1, y_1), (x_2, y_2), \ldots, (x_n, y_n)$

  den *Listen* X und Y zugewiesen, d.h.

  $X := [x_1, x_2, \ldots, x_n] : Y := [y_1, y_2, \ldots, y_n];$

- Danach liefern die *Kommandos*

  * **describe [linearcorrelation]** (X,Y) **;**

    den *empirischen Korrelationskoeffizienten,*

  * **fit [leastsquare [[x , y]]] ([X , Y]) ;**

    die *empirische Regressionsgerade.*

Beispiel 32.12:

Für die *Stichprobenpunkte* aus *Beispiel 32.11* wird folgendes berechnet:

with (stats) **:**

$X := [20 , 40 , 70 , 80 , 100] : Y := [5 , 10 , 20 , 30 , 40] :$

describe [linearcorrelation] (X ,Y) **;**

$$\frac{179}{8364} \sqrt{2091}$$

evalf (″) **;**

$$.9786243625$$

fit [leastsquare [[x , y]]] ([X , Y]) ;

$$y = -\frac{1265}{204} + \frac{179}{408} x$$

evalf (″) **;**

$$y = -6.200980392 + .4387254902 \; x$$

d.h., der berechnete *empirische Korrelationskoeffizient* ist gleich 0.979 und die berechnete *empirische Regressionsgerade* hat die folgende Form: $y = 0.439 \cdot x \; - 6.201$

◆

MATHCAD MATHCAD stellt folgende *Kommandos* zur *linearen Regression* zur Verfügung :

* **corr** (x , y)
  berechnet den *Korrelationskoeffizienten,*
* **slope** (x , y)
  berechnet die *Steigung* a der *Regressionsgeraden* y = a x + b,
* **intercept** (x , y)
  berechnet den *Abschnitt* b der *Regressionsgeraden* y = a x + b auf der y-*Achse,*

wenn nach der Eingabe des entsprechenden Kommandos ein Gleichheitszeichen eingetippt wird und die n *Stichprobenpunkte*

(x_1, y_1) , (x_2, y_2) , ... , (x_n, y_n)

vorher unter Verwendung der *Operatorpalette Nr. 4*

als Spaltenvektoren

$$x := \begin{pmatrix} x_1 \\ \vdots \\ x_n \end{pmatrix} \qquad y := \begin{pmatrix} y_1 \\ \vdots \\ y_n \end{pmatrix}$$

eingegeben wurden.

Beispiel 32.13:

Für die *Stichprobenpunkte* aus *Beispiel 32.11* wird folgendes berechnet:

$$x := \begin{pmatrix} 20 \\ 40 \\ 70 \\ 80 \\ 100 \end{pmatrix} \qquad y := \begin{pmatrix} 5 \\ 10 \\ 20 \\ 30 \\ 40 \end{pmatrix}$$

corr (x , y) = 0.97862436   **slope** (x , y) = 0.43872549

intercept (x , y) = −6.20098039

d.h., der berechnete *empirische Korrelationskoeffizient* ist gleich 0.979 und die berechnete *empirische Regressionsgerade* hat die *Form*
y = 0.439 · x − 6.201
♦

MATHEMA-TICA

MATHEMATICA erfordert für die *lineare Regression* folgende *Vorgehensweise:*
* Die n *Stichprobenpunkte*
$(x_1, y_1), (x_2, y_2), ..., (x_n, y_n)$
werden mittels der *Zuweisung*
daten := { { x_1, y_1 }, { x_2, y_2 }, ..., { x_n, y_n } }
zu einer *Liste* zusammengefaßt, die hier mit *daten* bezeichnet wird.
* Die *empirische Regressionsgerade* wird mittels des *Kommandos*
y[x_] := **Fit** [*daten* , { 1 , x } , x]
berechnet und der *Funktion* y(x) *zugewiesen.*
Die *Kommandofolge*
p1 := **ListPlot** [*daten* , Prolog → AbsolutePointSize [5]] **;**
p2 := **Plot** [y[x] , { x , a , b }] **;**
Show [p1 , p2]
zeichnet die gegebenen *Stichprobenpunkte*
$(x_1, y_1), (x_2, y_2), ..., (x_n, y_n)$
und die berechnete *Regressionsgerade* im *Intervall* [a,b] in ein *gemeinsames Koordinatensystem* (siehe Beispiel 32.14).

Nach dem Laden des Zusatzpaketes *Statistik* kann anstatt des *Kommandos* **Fit** zusätzlich das *Kommando* **Regress** (mit gleichem Argument) verwendet werden. Dieses Kommando gibt noch zusätzliche Informationen aus.
♦

Beispiel 32.14:
Für die *Stichprobenpunkte* aus *Beispiel 32.11* wird folgendes berechnet:
daten:= { { 20 , 5 } , { 40 , 10 } , { 70 , 20 } , { 80 , 30 } , { 100 , 40 } }
y[x_]:= **Fit** [*daten* , { 1 , x } , x] ; y[x]
−6.20098 + 0.438725 x
p1 := **ListPlot** [*daten* , Prolog → AbsolutePointSize [5]] **;**
p2 := **Plot** [y[x] , { x , 10 , 100 }] **;**
Show [p1 , p2]
Die berechnete *empirische Regressionsgerade* y = 0.439 · x − 6.201

wird zusammen mit den gegebenen *Stichprobenpunkten* in Abb.
32.1 *grafisch dargestellt.*

♦

Abb.32.1.
Empirische
Regressions-
gerade aus
Beispiel
32.14 mittels
MATHEMA-
TICA

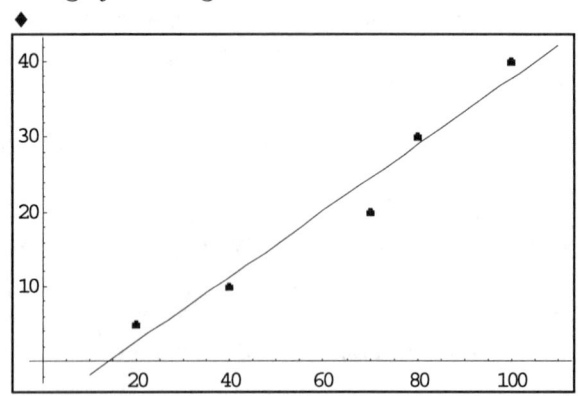

MATLAB

MATLAB erfordert folgende *Vorgehensweise* für die *Regression* :
* Zuerst werden die vorliegenden n *Stichprobenpunkte*
  (x_1,y_1) , (x_2,y_2) , ... , (x_n,y_n)
  den *Feldern* X und Y zugewiesen, d.h.
  $X = [x_1, x_2, ..., x_n]$
  $Y = [y_1, y_2, ..., y_n]$
* Danach liefert das *Kommando* **polyfit** (X , Y , n)
  das durch die *Stichprobenpunkte* bestimmte *Regressionspolynom*
  n-ter Ordnung.
  Für n=1 erhalten wir damit die *Regressionsgerade.*
* Das *Kommando* **corrcoef** (X , Y)
  berechnet den *Korrelationskoeffizienten.*

Beispiel 32.15:
Für die *Stichprobenpunkte* aus *Beispiel 32.11* wird die *empirische
Regressionsgerade* mittels MATLAB folgendermaßen *berechnet:*
X = [20 , 40 , 70 , 80 , 100]
Y = [5 , 10 , 20 , 30 , 40]
polyfit (X , Y , 1)
Die berechnete *Regressionsgerade* hat die folgende *Form:*
y = 0.4387 · x − 6.2010
Der *Korrelationskoeffizient* wird mittels des *Kommandos*
corrcoef (X , Y) zu 0.9786 *berechnet.*

♦

 Falls in einem *System* keine Kommandos zur *Korrelations-* und *Regressionsanalyse* enthalten sind, kann man die hierfür gegebenen Formeln mit den integrierten Kommandos zur Summenberechnung, Differentiatiation und Gleichungsauflösung einfach berechnen.
♦

33   Zusammenfassung

Das Anliegen des Buches besteht darin, *ausgehend* von einem zu lösenden *mathematischen Problem*, bei der *Anwendung* der behandelten *Systeme* AXIOM, DERIVE, MACSYMA, MAPLE, MATHCAD, MATHEMATICA, MATLAB und MuPAD die *Vorgehensweise* zu erklären, *Gemeinsamkeiten* herauszuarbeiten und *Vor-* und *Nachteile* aufzuzeigen.

Für die Lösung von *Aufgaben* der *Ingenieurmathematik* mit den behandelten *Systemen* lassen sich zusammenfassend *folgende Einschätzungen* geben:

- Die *Systeme* können eine Vielzahl von *Aufgaben* in Sekundenschnelle *exakt lösen*. Falls die exakte Lösung versagt, stellen die Systeme zusätzliche Methoden zur *näherungsweisen* (numerischen) *Lösung* zur Verfügung. Dies darf aber den Anwender nicht dazu verleiden, allen berechneten Ergebnissen blindlings zu trauen. Die *Systeme* können auch *einzelne fehlerhafte Ergebnisse* liefern.

  Deshalb sollten die *erhaltenen Ergebnisse überprüft* werden:
  * durch *Anwendung* eines *anderen Systems*,
  * durch eine *Probe* (z.B. bei Gleichungen),
  * durch eventuell mögliche *grafische Darstellungen*.

- Die *Systeme* besitzen *umfangreiche Grafikmöglichkeiten* zur Darstellung von *2D-* und *3D-Grafiken*, die man zur Lösung zahlreicher Probleme heranziehen kann.

- Die *Programmiermöglichkeiten* innerhalb der *Systeme* gestatten dem Anwender durch *Schreiben* eigener *Programme*, auch Aufgaben zu lösen, für die keine Kommandos/Menüs in einem System existieren.

- Die *Systeme* besitzen eine Reihe von *Gemeinsamkeiten:*
  * Alle *Systeme* verwenden *Prinzipien* der *Computeralgebra* zur *exakten* (*symbolischen*) *Berechnung* und *Algorithmen* der *numerischen Mathematik* zur *näherungsweisen* (*numerischen*) *Berechnung* eines gegebenen Problems.

* Für eine Reihe von *Operationen* existieren *ähnliche Kommandos* in den *Systemen,* wobei der *Kommandoname* aus der *englischen Bezeichnung* für die *durchzuführende Operation* resultiert, so z.B. **integrate** bzw. **int** für die *Integration* oder **differentiate** bzw. **diff** bzw. **dif** für die *Differentiation.*
* Die *Gestaltung* der *Benutzeroberfläche* in der für WINDOWS-*Programme* gewöhnten Form in *Menü-* und *Symbolleisten* und das *Arbeitsfenster.*
* Die *Gestaltung* des *Arbeitsfenster* in *Textbereiche* für *erläuternden Text* und *Rechenbereiche* für durchzuführende *Rechnungen.*
* Das *Listenkonzept* zur *Darstellung* von *Matrizen* und *Vektoren*
* Es gibt aber auch *Unterschiede* zwischen den *Systemen:*
    * Da die einzelnen *Systeme kommerziell vermarktet* werden, kann man nicht erwarten, daß sie aufeinander abgestimmt sind. Sie verwenden nicht immer gleiche *Bezeichnungen* für *Kommandos/Menüs* zur Lösung des gleichen Problems. Die *Menü-* und *Symbolleisten* unterscheiden sich ebenfalls und die *Arbeitsfenster* lassen eine unterschiedliche *Gestaltung* zu. Weiterhin ist die Schreibweise der zu lösenden Aufgaben in der *mathematischen Notation* nicht in allen *Systemen* möglich, wie wir gesehen haben.
    * Obwohl alle *Systeme* Methoden der Computeralgebra und der numerischen Mathematik anwenden, zeigen sie *unterschiedliche Eigenschaften* bei der *Lösung* eines *Problems.* Von einigen *Systemen* wird ein gegebenes Problem gelöst, von anderen nicht. Dies resultiert daraus, daß die Systeme von verschiedenen Wissenschaftlergruppen entwickelt werden, die nach Ansicht des Autors nicht miteinander zusammenarbeiten.
    * Die in den *Systemen* enthaltenen *Programmiersprachen* lassen zwar typische Eigenschaften der *prozeduralen Programmierung* erkennen , *unterscheiden* sich aber wesentlich, so daß *kein Austausch* der erstellten *Programme* zwischen *verschiedenen Systemen* möglich ist.

Aus den geschilderten Gründen kann deshalb für den Anwender *kein bestes System* empfohlen werden. Alle haben *Vor-* und *Nachteile* und alle *Systeme* können *einzelne fehlerbehaftete Rechnungen* durchführen. Deshalb wird für *wichtige Rechnungen* empfohlen, möglichst zwei Systeme einzusetzen.♦

Da man in keinem Buch alle Möglichkeiten eines *Computeralgebra-Systems* behandeln kann, wird dem Leser empfohlen, unter Verwendung der im System *integrierten Hilfe* mit den gegebenen *Kommandos/Menüs* zu *experimentieren*, um die vorhandenen Möglichkeiten voll ausnutzen zu können.

♦

Wenn man *Zugang* zum *Internet* hat, lassen sich *neue Informationen* und *Hilfen* zu den besprochenen *Systemen* unter folgenden WWW-*Adressen* erhalten:

* AXIOM
  http : // www.nag.com
* DERIVE
  http : // www.derive.com
* MACSYMA
  http : // www.macsyma.com
* MAPLE
  http : // www.maplesoft.com
* MATHCAD
  http : // www.mathsoft.com
* MATHEMATICA
  http : // www.wri.com
* MATHLAB
  http : // www.mathworks.com
* MuPAD
  http : // www.uni-paderborn.de/MuPAD

♦

Literaturverzeichnis

Computeralgebra- und Mathematikprogramme

[1] Benker: Mathematik mit dem PC, Vieweg Verlag Braunschweig, Wiesbaden 1994,

[2] Benker: Mathematik mit MATHCAD, Springer Verlag Berlin, Heidelberg, New York 1996,

[3] Benker: Wirtschaftsmathematik mit dem Computer, Vieweg Verlag Braunschweig, Wiesbaden 1997,

[4] Braun, Häuser: Macsyma, Version2, Addison-Wesley Bonn 1995,

[5] Braun, Häuser: MATLAB für Ingenieure, Addison-Wesley Bonn 1995,

[6] Fuchssteiner u.a.: MuPAD Benutzerhandbuch, Birkhäuser Verlag Basel 1993,

[7] Fuchssteiner u.a.: MuPAD User's Manual, Wiley-Teubner Stuttgart 1996,

[8] Geddes u.a.: Programmieren mit Maple V, Springer Verlag Berlin, Heidelberg, New York 1996,

[9] Hörhager, Partoll: Mathcad 6.0/PLUS 6.0 für Windows, Addison-Wesley Bonn 1996,

[10] Jenks, Sutor: Axiom, Springer Verlag Berlin, Heidelberg, New York 1992,

[11] Koepf: Höhere Analysis mit Derive, Vieweg Verlag Braunschweig, Wiesbaden 1994,

[12] Koepf, Ben-Israel, Gilbert: Mathematik mit Derive, Vieweg Verlag Braunschweig, Wiesbaden 1993,

[13] Kofler: Mathematica 3.0, Addison-Wesley Bonn 1997,

[14] Kofler: Maple V Release 4, Addison-Wesley Bonn 1996,

[15] Lammarsch, Post: Rechnen und Programmieren mit Maple, Addison-Wesley Bonn 1996,

[16] Maeder: Programming in Mathematica, Addison-Wesley 1996,

[17] Maeder: The Mathematica Programmer, Academic Press 1996,

[18]   Noll: Mathematica interaktiv, Hanser Verlag München 1997,
[19]   Schwardmann: Computeralgebra-Systeme, Addison-Wesley Bonn 1995,
[20]   Petersen: The Elements of Mathematica Programming, Springer Verlag Berlin, Heidelberg, New York 1996,
[21]   Wolfram: Das Mathematica-Buch, Addison-Wesley Bonn 1997,

Ingenieurmathematik

[22]   Andrié, Meier: Analysis für Ingenieure, VDI Verlag Düsseldorf 1996,
[23]   Andrié, Meier: Lineare Algebra und Geometrie für Ingenieure, VDI Verlag Düsseldorf 1996,
[24]   Ansorge, Oberle: Mathematik für Ingenieure (Band 1,2), Akademie Verlag Berlin 1994,
[25]   Blatter: Ingenieur Analysis (Band 1,2), Springer Verlag Berlin, Heidelberg, New York 1996,
[26]   Bomze, Grossmann: Optimierung–Theorie und Algorithmen, Wissenschaftsverlag Mannheim 1993,
[27]   Brauch, Dreyer, Haake: Mathematik für Ingenieure, Teubner Verlag Stuttgart 1992,
[28]   Burg, Haf, Wille: Höhere Mathematik für Ingenieure (Band I-V), Teubner Verlag Stuttgart 1992,
[29]   Dallman, Elster: Einführung in die höhere Mathematik für Naturwissenschaftler und Ingenieure (Band 1-3), Fischer Verlag Jena 1981,
[30]   Engeln-Müllges, Reuter: Numerische Mathematik für Ingenieure, BI Wissenschaftsverlag Mannheim, Wien, Zürich 1988,
[31]   Feldmann: Repetitorium der Ingenieurmathematik (Band 1-2), Verlag Feldmann 1991, 1989,
[32]   Fetzer, Fränkel: Mathematik (Band 1-2), VDI Verlag Düsseldorf 1995,
[33]   Herrmann: Höhere Mathematik für Ingenieure (Band 1-2), Oldenbourg Verlag München, Wien 1994,
[34]   Jänich: Analysis für Physiker und Ingenieure, Springer Verlag Berlin, Heidelberg, New York 1995,
[35]   Krabs: Einführung in die lineare und nichtlineare Optimierung für Ingenieure, Teubner Verlag Leipzig 1983,
[36]   Kreyszig: Advanced Engineering Mathematics, John Wiley & Sons New York 1995,
[37]   Kuscer, Kodre: Mathematik in Physik und Technik, Springer Verlag Berlin, Heidelberg, New York 1993,

[38] Leupold u.a.: Analysis für Ingenieure, Fachbuchverlag Leipzig 1991,

[39] Mathematik für Ingenieure und Naturwissenschaftler (20 Bände), Teubner Verlag Stuttgart, Leipzig 1993,

[40] Papageorgiou: Optimierung, Oldenbourg Verlag München, Wien 1991,

[41] Papula: Mathematik für Ingenieure und Naturwissenschaftler (Band 1-3), Vieweg Verlag Braunschweig, Wiesbaden 1994,

[42] Rießinger: Mathematik für Ingenieure, Springer Verlag Berlin, Heidelberg, New York 1996,

[43] Rüegg: Wahrscheinlichkeitsrechnung und Statistik, Eine Einführung für Ingenieure, Oldenbourg Verlag München, Wien 1993,

[44] Spiegel: Höhere Mathematik für Ingenieure und Naturwissenschaftler, McGraw Hill 1991,

[45] Stingl: Mathematik für Fachhochschulen - Technik und Informatik -, Hanser Verlag München, Wien 1988,

[46] Stoyan: Stochastik für Ingenieure und Naturwissenschaftler, Akademie Verlag Berlin 1993,

[47] Weber: Einführung in die Wahrscheinlichkeitsrechnung und Statistik für Ingenieure, Teubner Verlag Stuttgart 1988,

[48] Wörle, Rumpf, Erven: Ingenieurmathematik in Beispielen (Band 1-4), Oldenbourg Verlag München, Wien 1992, 1994,

Ingenieurmathematik mit dem Computer

[49] Abell, Braselton: Differential Equations with Mathematica, Academic Press 1997,

[50] Abell, Braselton: Differential Equations with Maple V, Academic Press, 1994,

[51] Adams, Tocci: Applied MAPLE for Engineers and Scientists, Artech House Boston, London 1996,

[52] Bahder: Mathematica for Scientists and Engineers, Addison-Wesley 1994,

[53] Beltzer: Engineering Analysis with Maple/Mathematica, Academic Press 1996,

[54] Betounes: Partial Differential Equations with Maple and Vector Analysis, Springer Verlag Berlin, Heidelberg, New York 1998,

[55] Biran, Breiner: Matlab für Ingenieure, Addison-Wesley Bonn 1995,

[56]   Borgert, Schwarze: Maple in der Physik, Addison-Wesley Bonn 1995,

[57]   Braun, Häuser: Mathematica für Ingenieure, Thomson Publishing 1996,

[58]   Braun, Häuser: Maple V für Ingenieure, Thomson Publishing 1995,

[59]   Coombes, Hunt, Lipsman, Osborn, Stuck: Differential Equations with Mathematica, John Wiley & Sons New York 1995,

[60]   Dick, Riddle: Applied Electronic Engineering with Mathematica, Addison-Wesley 1994,

[61]   Dolejsky, Overbeck-Larisch: Stochastik mit Mathematica, Vieweg Verlag Braunschweig, Wiesbaden 1997,

[62]   Donnelly: MathCad for Introductory Physics, Addison-Wesley 1992,

[63]   Enns, McGuire: Nonlinear Physics with MAPLE for Scientists and Engineers, Birkhäuser Verlag Basel 1997,

[64]   Enns, McGuire: A Laboratory Manual for Nonlinear Physics with MAPLE for Scientists and Engineers, Birkhäuser Basel 1997,

[65]   Erben: Statistik mit Excel5, Oldenbourg Verlag München Wien 1995,

[66]   Etter: Engineering Problem Solving with MATLAB, Prentice Hall 1997,

[67]   Etter: Introduction to MATLAB for Engineers and Scientists, Prentice Hall 1997,

[68]   Feagin: Methoden der Quantenmechanik mit Mathematica, Springer Verlag Berlin, Heidelberg, New York 1995,

[69]   Fleischhauer: Excel in Naturwissenschaft und Technik, Addision Wesley Bonn 1998,

[70]   Gäng: Excel 5 für Wissenschaft und Technik, DATA Becker Düsseldorf 1994,

[71]   Ganzha, Strampp: Differentialgleichungen mit Mathematica, Vieweg Verlag Braunschweig, Wiesbaden 1995,

[72]   Ganzha, Strampp, Vorozhtsov: Höhere Mathematik mit Mathematica (Band 1-4), Vieweg Verlag Braunschweig, Wiesbaden 1997,

[73]   Gaylord, Kamin, Wellin: Einführung in die Programmierung mit Mathematica, Birkhäuser Basel 1995,

[74]   Glattfelder, Schaufelberger: Lineare Regelsysteme - Eine Einführung mit MATLAB, Hochschulverlag der ETH Zürich 1996,

[75]   Grabinger: Stochastik mit DERIVE, Dümmler Verlag Bonn
        1994,

[76]   Gray, Mezzino, Pinsky: Ordinary Differential Equations with
        Mathematica, Springer Verlag (Telos) Berlin, Heidelberg, New
        York 1996,

[77]   Greene: Classical Mechanics with Maple, Springer Verlag Ber-
        lin, Heidelberg, New York 1995,

[78]   Herrmann: Mathematica, Addison-Wesley Bonn 1997,

[79]   Hoffmann: Matlab und Simulink, Addison Wesley Bonn
        1998,

[80]   Horbatsch: Quantum Mechanics using Maple, Springer Verlag
        Berlin, Heidelberg, New York 1995,

[81]   Hörhager: Maple in Technik und Naturwissenschaft, Addison-
        Wesley Bonn 1995,

[82]   Jäger: Statistik mit Mathematica, Springer Verlag Berlin, Hei-
        delberg, New York 1997,

[83]   Komma: Moderne Physik mit Maple, Int.Thomson Publishing
        1995,

[84]   Kragler: Mathematica für Ingenieure, Addison-Wesley Bonn
        1998,

[85]   Krawietz: Maple V für das Ingenieurstudium, Springer Verlag
        Berlin, Heidelberg, New York 1997,

[86]   Kreyszig, Normington: Mathematica Computer Manual for Ad-
        vanced Engineering Mathematics, John Wiley & Sons New
        York 1995,

[87]   Kreyszig, Normington: Maple Computer Manual for Advanced
        Engineering Mathematics, John Wiley & Sons New York 1995,

[88]   Kythe, Puri, Schäferkotter: Partial Differential Equations and
        Mathematica, CRC Press 1996,

[89]   Lindek, Stelzer: Mathematica für Physiker, Addison-Wesley
        Bonn 1997,

[90]   Maeder: Mathematica für Ingenieure, Addison-Wesley 1996,

[91]   Malek-Madani: Advanced Engineering Mathematics with Ma-
        thematica and Matlab, Addison-Wesley New York 1997,

[92]   Monka, Voß: Statistik am PC, Hanser Verlag München Wien
        1996,

[93]   Ogata: Solving Control Engineering Problems with Matlab,
        Prentice-Hall 1993,

[94]   Olness, Zimmerman: Mathematica for Physics, Addison-Wes-
        ley New York 1995,

[95]   Ross: Introductory Ordinary Differential Equations with Mathematica, Springer Verlag Berlin, Heidelberg, New York 1994,

[96]   Tam: A Physicist's Guide to Mathematica, Academic Press 1997,

[97]   Van Loan: Introduction to Scientific Computing: A Matrix Vector Approach Using MATLAB, Prentice Hall 1997,

[98]   Varley: Mathematica Exercises in Introductory Physics, Prentice Hall 1996,

[99]   Vvedensky: Partial Differential Equations with Mathematica, Addison-Wesley New York 1993,

[100]   Westermann: Mathematik für Ingenieure mit Maple (Band 1-2) , Springer Verlag Berlin, Heidelberg, New York 1996/97,

[101]   Werner: Mathematik lernen mit Maple, Band 1-2, dpunkt Verlag 1996/97,

[102]   Wieder: Introduction to MathCad for Scientists and Engineers, McGraw–Hill 1992.

Sachwortverzeichnis

Excel für Techniker und Ingenieure

Eine grundlegende Einführung am Beispiel technischer Problemstellungen

von Hans-Jürgen Holland und Frank Bracke

2., überarb. u. erw. Aufl. 1996. VIII, 176 S.
Br. DM 36,00 ISBN 3-528-15478-0

Aus dem Inhalt: Inhalt: Rechnen in Tabellen - Verwenden von Datenbankfunktionen - Erstellung von Diagrammen - Optimierungsrechnungen mittels "Was-Wäre-Wenn"-Analyse - Selbsterstellte Funktionen - Organisation von Arbeitsmappen.

Dieses ist die aktualisierte Auflage des bewährten Studientextes für Ingenieurstudenten und Techniker.

Anhand eines durchgängigen, technisch orientierten Beispiels führt dieses Buch den Leser Schritt für Schritt an die Erstellung von Berechnungs- und Datenblättern, Diagrammen und Arbeitsmappen heran.

Für komplexere Aufgabenstellungen aus dem Arbeitsbereich von Ingenieuren und Technikern werden ferner die Datenbankfunktionen, etwa für die Erfassung und Auswertung von Meßwerten oder Materialeigenschaften, erörtert. Das Buch zeigt, daß für spezielle Aufgabenstellungen die Entwicklung selbstdefinierter Funktionen sinnvoll sein kann, und demonstriert Optimierungsmöglichkeiten mit Hilfe der "Was-Wäre-Wenn"-Analyse.

Änderungen vorbehalten.
Stand Februar 1998
Erhältlich im Buchhandel
oder beim Verlag.

Abraham-Lincoln-Str. 46
Postfach 1547
65005 Wiesbaden
Fax: (06 11) 78 78-4 00
http://www.vieweg.de

Visual Basic für technische Anwendungen

Grundlagen, Beispiele und Projekte für Schule und Studium

von Jürgen Radel

1998. X, 230 S. mit 1 Diskette (Ausbildung und Studium)
Geb. DM 59,00 ISBN 3-528-05584-7

Aus dem Inhalt: Inhalt: Programmiergrundlagen - Notwendige Mathematische Grundlagen programmtechnisch behandelt - Gleichungen, Funktionen, Rechentafeln programmieren - Beispiele aus der Mechanik (Resultierende, Auftrieb, Schwerpunkt, Trägheitsmoment u. a.) - Technik-Projekte (Motorenkundliches, Pumpen und Verdichter, Metalltechnik, Kunststoffverarbeitung) - Weitere Anwendungen, z. B. Projektverwaltung

Dieses Buch führt den Leser zielgerichtet und projektorientiert in die moderne Programmiersprache Visual Basic ein. Die Grundlagen der Programmierarbeit werden zunächst an möglichst einfach gehaltenen Beispielen demonstriert. Das für technische Anwendungen notwendige mathematische Grundlagenwissen wird an Hand verschiedener komplett durchprogrammierter Projekte eingeübt und gesichert.

Es folgen im Hauptteil des Buches Technikbeispiele und -projekte aus den Gebieten Mechanik, Motorenkunde, Pumpen- bzw. Verdichterbau, Metallkunde und Kunststoffverarbeitung. Die kompletten Programmlistings sind auf einer 3,5" Diskette dem Buch im Quellcode beigegeben, so daß dem interessierten Leser ein vertieftes Studium - weit über den Rahmen des Buches hinaus - ermöglicht wird.

Änderungen vorbehalten.
Stand Februar 1998
Erhältlich im Buchhandel
oder beim Verlag.

Abraham-Lincoln-Str. 46
Postfach 1547
65005 Wiesbaden
Fax: (06 11) 78 78-4 00
http://www.vieweg.de

vieweg

Regelungstechnik und Simulation

Grundlagen, praktische Umsetzung, Software zur Visualisierung und Simulation

von Anatoli Makarov

2. Aufl. 1998. VIII, 263 S. mit Simulationsprogramm
zur Regeltechnik auf Diskette.
Geb. DM 89,00
ISBN 3-528-15278-8

Aus dem Inhalt: Grundbegriffe der Regelungstechnik -
Beschreibung und Analyse linearer Regelweise im Zeit- und
Frequenzbereich - Reglerentwurfsverfahren - Numerische Verfahren zur Simulation von Regelkreisen - Grundlagen der digita-
len Regelung - Grundbegriffe der Fuzzy-Set-Theorie

Auch die neue 2. Auflage bietet die Grundlagen der
Regelungstechnik für angehende Ingenieure in besonderer
Form: Es enthält eine umfassende Darstellung der grundlegenden
Begriffe und Verfahren der klassischen Regelungstechnik, die durch
die beigefügte Simulationssoftware veranschaulicht werden. Neu hinzuge-
kommen sind insbesondere Verfahren zur Fuzzy-Regelung.

Die Software, die Simulationsexperimente ermöglicht, unterstützt durch
die visuelle Präsentation ein tieferes Verständnis des Lehrgebietes.
Für die neue Auflage wurde sie noch einmal verbessert.

Änderungen vorbehalten.
Stand Februar 1998
Erhältlich im Buchhandel
oder beim Verlag.

Abraham-Lincoln-Str. 46
Postfach 1547
65005 Wiesbaden
Fax: (06 11) 78 78-4 00
http://www.vieweg.de

vieweg